建筑智能化系统设计与实施

主编　宫周鼎
参编　杜洪文

中国电力出版社
CHINA ELECTRIC POWER PRESS

内 容 提 要

本书具有紧贴实用操作的特点。全书共分 13 章，内容包括建筑智能化系统工程的基本概念、用户需求分析、子系统组成、规划设计方法、施工图会审、相关专业协调、系统集成、工程招标投标、施工管理、工程验收与系统维护安全运行等方面关于项目实际操作的实用内容。

本书适合从事建筑智能化系统工程的设计、审图、施工、监理、装修、物业管理、房地产开发等相关人员使用，也可供大专院校相关专业的师生学习和参考。

图书在版编目（CIP）数据

建筑智能化系统设计与实施 / 宫周鼎主编．—北京：中国电力出版社，2021.3（2024.1重印）
ISBN 978-7-5198-5001-2

Ⅰ．①建…　Ⅱ．①宫…　Ⅲ．①智能化建筑–自动化系统–系统设计　Ⅳ．①TU855

中国版本图书馆 CIP 数据核字（2020）第 182503 号

出版发行：中国电力出版社
地　　址：北京市东城区北京站西街 19 号（邮政编码 100005）
网　　址：http://www.cepp.sgcc.com.cn
责任编辑：杨淑玲（010-63412602）
责任校对：黄　蓓　王小鹏
装帧设计：张俊霞
责任印制：杨晓东

印　　刷：北京锦鸿盛世印刷科技有限公司
版　　次：2021 年 3 月第一版
印　　次：2024 年 1 月北京第二次印刷
开　　本：787 毫米×1092 毫米　16 开本
印　　张：20.75
字　　数：472 千字
定　　价：68.00 元

作 者 简 介

宫周鼎，国家注册电气工程师，毕业于西安交通大学，教授级高级工程师。毕业后一直从事建筑电气的设计、科研、评标、施工总包及施工图审查等技术工作。曾获国家科技进步一等奖 1 项和部级奖 3 项。出版专著《建筑电气施工图设计与审查问题详解》等 4 部，发表专业论文 50 多篇。

在所完成设计的几十项工程中有特级、一级建筑项目十余项。作为总包项目经理完成了“建设部智能建筑示范工程厦门中闽大厦”项目（属于超高层特级建筑，高 178m、建筑面积 7 万 m^2）。作为该项目智能化系统总设计师，总揽该工程的需求调研、可行性报告、方案设计、总体设计、深化设计、总包施工管理等工作，该项目被评为全国智能建筑百项经典工程。

1998 年以来，作为智能建筑专家多次参加北京、厦门、广州、深圳、西安等地评标工作。2001 年以来，实地考察法国、德国、意大利等十余国家智能建筑，为北京研修班及北大房地产 EMBA 班等讲授建筑智能化系统，在工业和信息化人才培训基地——北京六度天成教育科技有限公司讲授弱电工程师课程，先后入选中国勘察设计协会工程智能设计分会专家委员会、中国建筑业协会智能建筑分会专家委员会、中央单位政府采购评审专家库、中国国际招标网专家库、北京市人力资源和社会保障局专家库、北京市住房和城乡建设委员会专家委员会等。参与编写、审查的规范有《建筑弱电工程施工及验收规范》（DB 11/883—2012）等。近年来，参与评审的代表性智能建筑项目有北京夏季奥运会场馆、冬季奥运会场馆、国家大剧院安防改造工程、郑州地铁指挥中心综合楼、广州亚运会场馆、钦州市体育中心、北京北方中惠金融城、农业部科技发展中心科技楼、海军总医院综合楼、中国海关博物馆、昆仑银行大楼、晋中学院、青岛地铁、中国农业银行数据中心、太原理工大学数据中心等大型工程。

从事建筑施工图审查工作十余年，曾任职北京大图国际建筑设计咨询有限公司等审图机构技术副总经理、总工程师，积累了丰富的专业技术经验，熟悉电气专业标准规范，熟悉建筑、结构、给水排水、暖通空调、建筑电气以及建筑智能化系统工程相关技术管理和协调组织，熟悉建筑工程建设程序及法规规定，应多家单位邀请在全国各地讲授电气施工图设计与审查问题。在长期的设计、科研、著述和讲课过程中，成果丰硕。

序　言

在现代社会所谓的第四次工业革命浪潮的不断冲击下，智能化、数字化、信息化社会不断推进，建筑技术与信息技术的相互渗透、相互结合和迅猛发展，在20世纪80年代中期产生的智能建筑，在21世纪得到了持续快速的发展。

几十年来，我国智能建筑事业在国家建设主管部门的领导下蓬勃发展。近年来，我国先后在平安城市、数字城市、智慧城市方面试点众多，投资规模很大，举世瞩目。作为智慧城市，一般包括智能建筑、物联网、大数据、云计算、空间数据、人工智能等方面内容。显然，智能建筑是智慧城市首屈一指的基础性设施，因此，我国的智能建筑项目之多，规模之大，堪称世界之冠。这种情况引起了业界、学界广泛的关注。

我国智能建筑事业起步较晚，各方面的基础较差，导致有的建设单位对智能建筑的要求不甚明确，影响了建筑物功能的发挥；有的业主对智能建筑建设程序不了解，造成投资浪费，工期拖延；有的业主受供货商的误导，片面理解智能建筑的含义，以为有了综合布线系统就是智能建筑；也有的业主脱离所建工程实际需要，片面追求所谓的5A、7A、9A；甚至有的业主在不了解智能建筑的最新技术和市场动态的情况下，使用了国际上早已过时的系统设备。在技术队伍中，由于历史的原因，这方面的人才较缺乏。同时，这方面的技术发展又是日新月异，导致技术人员中，有相当多的人不适应新形势下大量的智能建筑工程建设需要。所有这些，客观上都要求有关的专家、学者不断出版智能建筑方面的书籍，以适应不同行业、不同岗位、不同层次的人员的需要。令人欣慰的是，近年来，在各方面的努力下，陆续出版了为数不少的智能建筑方面的书籍。但是，在林林总总的书籍中，理论原理性的、编译类图书的比例较高，而工程实际所迫切需要的能够理论联系实际，可对设计、施工、安装、运行起到借鉴指导作用的实用书籍却寥若晨星。在此情况下，特组织工程一线技术人员编写了本书。

本书作者在积累智能建筑设计、施工工程经验的基础上，从智能建筑的基本概念出发，阐述了智能建筑的发展历史、基本构成、主要设计方法；比较全面地介绍了建筑智能化系统的子系统的组成和功能，包括综合布线与计算机网络系统、楼宇自动控制系统、火灾自动报警系统、安全防范系统、背景音乐和公共广播系统、卫星及有线电视系统、信息通信系统、地下停车场自动管理系统、地下通信系统、因特网接入系统、物业管理信息系统、视频会议系统、智能化系统集成等。本书系统地介绍了建筑智能化系统的设计与会审、专业协调、技术要点等设计与实施的实务，阐述了智能建筑的建设程序、工程招标投标、施工与调试、工程验收与人员培训、物业管理及安全运行等有关方面的知识。

该书的特点：一是贴近工程实际，取材新颖，信息量大，体现了实际工作的需要，实用性较强；二是着重对系统集成这个热点问题做了大量的探讨，而系统集成是反映智能化系统技术水平高低的重要标志，也是智能建筑中的难点；三是不仅对建筑智能化系统内部的专业配合做了具体描述，还对建筑、装修、结构、暖通空调、给水排水及强电等专业与智能化系统的相互配合协调做了详细、全面的阐述。四是对智能建筑的发展前景做了简明扼要的描绘，具有超前意识。这些对于改善智能建筑的工程管理，提高项目决策水平，减少失误，加强环保与节能工作，提高项目效益，改善人们的生活和工作条件，都是有益的。本书可作为从事智能建筑的建设者、设计者、施工者、监理者以及有关专业师生的参考书籍。

本书作者是从事建筑工程多年的教授级高级工程师，具有丰富的实践经验，曾获国家科技进步奖一等奖，曾作为国家建设部的智能建筑示范工程的项目负责人，总揽智能化系统的技术工作，积累了可贵的工程经验。为编写此书，作者在工作之余经常加班加点，付出辛勤努力，值得肯定与赞赏。智能建筑历史尚短，有许多理论和实践问题等待人们去解决。希望本书的出版将有助于拓宽建筑智能化系统设计和施工人员的视野，有助于提高智能建筑工程的设计水平和质量，同时能够对建设具有中国特色的智能建筑起到积极的推动作用。

教授级高级工程师　孙蓓云

2021.2

前　言

建筑智能化系统工程就是以建筑工程为平台，将通信自动化、办公自动化、建筑设备自动化等及在此基础上的系统集成和服务管理进行优化组合，进而形成高效、舒适、便利的建筑环境。它是现代建筑技术与计算机技术、控制技术、通信技术及图像显示技术等现代信息技术相结合的高科技结晶。在工程实践中，业界通常也将建筑智能化系统工程简称为智能建筑或者弱电工程。

近 20 年来，智能建筑事业在我国的蓬勃发展，引起了业界、学界的广泛关注和重视。本人长期从事智能建筑方面的设计、监理及工程承包，深感智能建筑技术发展迅速，无论是新观念还是新手段，均推动了技术的变革与进步。随着新的设计、新产品的不断涌现和完善，在智能建筑建设的实际工作中，迫切需要及时总结经验，交流推广最新科技成果，以满足我国智能建筑事业飞速发展的需要。在这中间，工程设计作为智能建筑工程建设的灵魂，作用尤为重要。但是，在实际的项目实施中，智能建筑各个系统设计不规范，设计深度达不到住房和城乡建设部颁布的现行《建筑工程施工图设计文件深度规定》的现象比比皆是，进而影响建设单位的招标顺利进行，妨碍投标单位（承包商）的报价、投标，严重的时候还可能拖延整个工程项目的进度。为此，编写了《建筑智能化系统设计与实施》一书。

本书依据国家现行的行政法规及技术规范、标准，从实际出发，在总结工程经验和吸收最新技术成果的基础上，重点阐述了智能建筑的前期规划要点、建设程序和方法、设计阶段与深度、专业协调、质量保证等内容，并针对项目实施中常见问题给出相应的对策。

本书共分 13 章，内容包括建筑智能化系统的基本概念、用户需求、子系统组成、各系统设计方法、施工图会审、专业协调、系统集成、工程招标投标、工程管理、工程验收与安全运行等方面内容。本书是一本贴近智能建筑工程建设实际事务、可操作性强的实用类图书，可供从事智能建筑房地产开发人员、设计人员、施工人员、监理人员使用，也可供教学及理论研究人员参考。

本书在编写过程中得到了北京六度天成教育科技有限公司的大力支持，许多同志提供了技术资料，教授级高级工程师孙蓓云女士校审了全稿，杨淑玲编辑做了大量认真细致的工作，在此一并致谢。

因本人水平有限，谨借此书抛砖引玉，书中不妥之处在所难免，恳望读者斧正。有关本书的任何疑问、意见和建议，请加 QQ 群（166842110）进行讨论，有专家在线进行答疑解惑。

编者

2021 年 2 月

目　录

第1章　建筑智能化系统概述

“建筑智能化系统”是我国住房和城乡建设部颁布的法规、通知等文件中对本行业的称呼；“智能建筑”是国家标准《智能建筑设计标准》等设计规范中对本行业的称呼；为了简洁，行业人士也将其称为“弱电工程”或者简称“弱电”。总之，这些不同名称都从一定角度体现了物理建筑与信息空间的融合，都对应一个英文缩写词 IB。从专业的角度看，建筑智能化系统属于建筑电气的两大组成（强电、弱电）之一，隶属于建筑电气工程专业。

按照国家标准《智能建筑设计标准》的定义，智能建筑就是以建筑为平台，基于对各类智能化信息的综合应用，集架构、系统、应用、管理及优化组合为一体，具有感知、传输、记忆、推理、判断和决策的综合智慧能力，形成以人、建筑、环境互为协调的整合体，为人们提供安全、高效、便利及可持续发展功能环境的建筑。

1.1　建筑智能化系统发展动态

随着人类科学技术的发展，人类的居住环境也逐步改善。建筑发展到今天，随着现代建筑技术的发展，古老的建筑业出现了智能建筑这样一座里程碑，这是高科技的信息技术与建筑技术的应用结晶，它使人类的居住环境日趋极致。智能建筑集中体现了现代以人为本的建筑思想以及系统工程学的成果，它是土木工程技术与现代通信技术、计算机技术、控制技术的结晶。

十九大明确了我国的经济建设已经从高速增长阶段转向高质量发展阶段，目前时期要转变发展方式，转换增长动能，优化经济结构。我们从事的建筑业，长期以来依靠投资推动、规模扩张、低要素成本优势保持较快的发展。现在，随着资源约束、环境约束、劳动力成本上升等因素影响，如果还要依靠传统的老方法推动建筑业增长就难以为继了。我们的出路在于高新科技引领，并且不断创新。大力推动建筑智能化系统技术的升级换代（如智慧建筑、智慧小区的相关概念）就是其中一个重要方面。

虽然智能建筑的历史不长，但发展势头迅猛。建筑装备了智能化系统以后，无论从功能的客观需要，还是从投资的回报效益来看，都是十分必要和值得的。我国正逐步打破行业垄断，为信息科学技术的百舸争流、发扬光大奠定了良好的基础。

我国的智能建筑事业近年来取得了巨大的成绩。在市场需要的巨大动力驱动下，目前智能建筑正快步发展。从数量上看，由无到有，已有大量的智能建筑楼宇和智能化小区建成或在建。从质量上看，计算机网络及数据处理技术突飞猛进，系统集成的级别由BMS级、IBMS级基础上进一步发展。建成的智能建筑开通率较高，发挥了较好的作用。

事物都是一分为二的。应当看到，近年来智能建筑事业在发展中也存在不少问题。在管理方面，除了住房和城乡建设部外，尚有工业和信息化部、公安部等与智能建筑有关。但有关的管理规定尚不够详细具体，技术标准和验收规范尚未构成完整体系（有的已颁布，有的尚在编制中），工程验收机构、验收程序、验收手段、验收标准尚有不明确之处。另外，已颁布的规定在执行落实中也参差不齐，监管力度不够。就单个智能建筑而言，不少业主重建设轻管理。

在市场方面，缺乏相应的技术服务和咨询机构，而众多的开发商对智能建筑不甚明了。于是，他们多路出击，向众多的系统集成商发出合作意向，让集成商在竞争中竞相压价。结果，恶性竞争导致低价签约，然后再在施工过程中寻机出招加价，或偷换产品档次，降低服务质量，这必然引起一系列的纠纷。另外，有的开发商不招标或招标流于形式，有的干脆暗箱操作，使不具备条件的承包商能够承接重要工程，这就为日后的工程质量埋下了隐患，也使投资者的利益得不到保证。

在技术方面，存在的问题五花八门。主要是设计水平不高、设计深度不够、功能配置不合理、产品搭配不科学：设备专业的设计与自控专业的设计相脱节；对于系统集成缺乏智能化程度高的软件，有的项目不是按实际需要确定目标，而是追求虚名和商业利益，照搬照抄，机械模仿，盲目攀比。另外，目前进口产品的功能不能完全满足国内智能建筑的信息化需要，有待于技术进步。而国内产品的国产化率和产品质量都有待提高，智能建筑市场不小份额为国外产品所占领。

在工程实施方面，主要是统筹综合管理型人才少，专业协调缺乏经验，智能化系统与建筑、设备、装修等专业配合不紧密，导致管线碰撞、浪费空间资源的现象不少，业主在施工中反复变更使用要求等。人才的培养是个战略问题，目前学校里尚缺有关专业，社会上缺少国内外技术交流机会，工程上的培训流于形式，难于深入。这就影响了造就大批实用人才目标的实现。

以上这些问题的存在妨碍了智能建筑事业的健康发展，其表现引人注目。如何看待我国智能建筑事业的现存问题？如何依法加强市场监管，完善市场秩序？对此，业界、学界莫衷一是，看法不同。一般认为，应当在中国改革开放这个大环境下去审视这个问题。中国的智能建筑事业从无到有，从小到大，今天已成为建筑业持续发展的亮点，对经济发展起了积极的促进作用。风物长宜放眼量，20多年来的实践表明，发展智能建筑，扩大对外技术交流，有利于缩小我国与先进国家在信息社会方面的差距，有利于提高我国的经济增长率，有利于提高人民的生活水平。只要积极引导，加强监管，规范运作，智能建筑事业的健康、高速发展就具有充分的保障。在发展中规范，在规范中发展，中国智能建筑事业理应有一个光明的前景。

综合归纳各方面的资料，智能建筑有活跃的发展动态和众多有希望的突破点。从已经发生和正在发生的情况看，宏观地讲，有以下方面：

（1）智慧城市热潮带动智能化大发展。由于社会主义制度的优越性，政府在大力推动“平安城市”试点、“数字城市”试点后，我国城市建设方面的信息化、数字化、智能化技术发展有了长足进步。在此基础上，我国政府高屋建瓴，进一步提出建设“智慧城市”试点目标任务，第一批有 193 个城市，后逐步增加到 400 个城市，基本囊括了全国的大中型城市，其工程的市场规模达数万亿元之多。一般而言智慧城市的概念包括建筑智能化系统、大数据、物联网、云计算、无线通信、人工智能、空间数据信息技术等方面。有些业内人士预测，智慧城市很可能是我国赶超西方发达国家的一个重要领域。显然，建筑智能化系统工程作为智慧城市的基础设施，在这项伟大事业中排位是首屈一指的。有这个巨大的市场需求推动，建筑智能化系统工程技术的发展前景必然是十分喜人的。

（2）以系统集成、系统联动为标志的智能化水平大幅提高。通过多年来关于系统集成必要性的争论，业内以及管理部门的主流认识早已肯定了系统集成的必要性，系统集成与系统联动将从深度和广度两方面继续发展。这一点从一些强制性技术规范的条文就可以清楚体现。

较高级别的系统集成不仅是宣传上的需要（名声好听、亮点好看），也是实际工程的需要，首先是满足管理的需要。在认识明确的基础上，由于市场需要的推动，系统集成必将有一个较大的发展。目前，工程上已做到 BAS 级的集成较多，另有一些工程做到了 BMS 级，比较先进的正在朝实现 IBMS 级的集成努力。一些厂商先后推出了系统集成的软硬件产品，例如：西安协同公司早些年推出了国内较早的系统集成技术；HONEYWELL 公司曾推出了数个版本的 EBI 系统，SIEMENS 公司曾推出了数个版本 Facility WorksIBMS 系统。前者以机电设备控制系统为中心，将防火子系统和安保子系统均集成在中央平台上，这三个子系统集成在一个中央站服务器中，可实现 BMS 级的集成。Facility WorksIBMS 系统主要由 Facility SCADA、Facility Office 和 Facility Connect 等部分组成。它是一个基于分布式控制的企业网上的管理系统，即可独立支持某一系统，也能集成智能建筑的主要信息域控制系统，它不仅可以实现机电系统监控中心功能，也具有较多的集中管理功能，其主要特点是物业管理软件的内容较多，包容多种通信协议/接口。

另外，多年前北京有公司推出了乾元集成系统，可实现 BMS 级集成；北京还有公司推出了中央集成监控管理系统 WT–IBCIS；上海有公司推出了 IBMS 集成系统。近年来推出的系统集成技术产品更多、更先进。IBMS 级的系统集成能够给业主带来巨大的综合效益，许多业主热衷于此。但是，尽管目前有多种解决方案，事实上，真正实现智能建筑内所有信息域、控制域各系统的集成，仍存在着诸多困难，特别是在实用性、可靠性等方面尚不尽如人意。好在目前对实现 IBMS 级的集成尚不是所有项目的迫切需要。

（3）网络通信技术尤其是无线通信长足发展。多年来上网方式多样化，信息传输速度和质量都大为提高。随着 cat6、cat6A、cat7、cat8 线缆及其技术应用大量铺开，千兆网、万兆网高速发展，我国高速信息示范网核心路由器的信息吞吐量走在世界前列，能实现 1s 就能完成数万本每本 25 万字的书的信息数据传输任务。近年来我国光纤网络设施建设的速度一直在稳步加快。根据工业和信息化部发布的最新数据显示，光纤接入用户占比达到 92%；98%

以上行政村覆盖光纤，基本上中国的光纤宽带网络已覆盖全国。当我们进入数字时代的下一阶段时，这些光纤连接的网络设施将在未来最具突破和创新的应用中发挥关键作用。

上网方式多样化，宽带接入高速化。用于个人计算机的调制解调器速度由开始时的300bit/s到33.6kbit/s，后由56kbit/s到ISDN（一线通）的64kbit/s/128kbit/s，DSL（数字用户线路）等，现在通过光纤入户可实现更高速的通信。除了电视网、电话网、数据网之外，市场已开发出可通过电力网上网的产品。有供电线路的地方都可上网，且速度可达2Mbit/s。另外，在实现手机无线上网的同时，无线宽带接入互联网技术也发展很快，“蓝牙”技术可实现传输速度为2Mbit/s，传输距离达10m的短距无线传输。也有一些公司的无线接入互联网技术，其传输速度为11Mbit/s，传输距离可达100m。显然，未来的无线接入互联网技术将速度更快，距离更远，安装更简便。

随着5G技术、6G技术开发的巨大进步，万物互联的现实性将日益明显，5G等新信息技术将是确保人工智能及其他新技术发挥最佳性能的输配基础设施。如今网上信息已经极大丰富，大众传媒高度发达，我国的网民用户达8.5亿人，电视频道2000多个，99%的手机上网，互联网普及率日益上升，加上量子计算机的发展，以及互联网硬件技术、软件正在以几何级数高速增长，可以想见一个信息技术新时代将到来。

在智能建筑里广泛应用的局域网，已经迎来“全光时代”，2019年6月，中国勘察设计协会发布了中国首个无源光局域网（简称 POL）工程技术标准，从规划设计、设备配置、施工、调试与试运行、检测和验收六大维度阐述和定义POL全光园区设计和施工规范。POL是点对多点的光纤传输技术、接入技术；上行为时分多址方式，下行为广播方式，可组成星形、树形、总线形等拓扑结构。该标准可有效指导设计单位、智能化集成商等提高设计能力、施工质量和交付效率，支撑POL在智能建筑和智慧园区的标准化建设和广泛应用。据介绍，作为新一代技术，POL相比传统交换机园区网络可以节省80%弱电机房、90%布线空间、80%能耗及30%工程TCO（过程总成本）。

（4）未来家庭智能化将包括家庭自动化、信息网络化、计算机人性化。家庭自动化包括家用电器和住宅设备自动化和遥控化，家政安保具有高度的安全性（防火、防盗、防意外），紧急救助，水、电、气、热的远程控制与自动查抄，舒适的生活环境（冷热水供应、空调、新鲜空气、采光照明等），车库、庭院的控制，智能移动执行装置处理家务，家庭交互式游戏娱乐装置。信息网络化的组成有电视、电话、计算机三网合一，齐全的通信设施（电话、传真、计算机），完备的信息设备（CATV、STV、图文电视、双向购物电视），可实现信息自动查询、视频点播、可视电话、远程医疗、远程教育、远程办公等。计算机人性化组成有语音识别、图像识别、信息融合、无显示器、无键盘、功能强大的智能家庭软件开发平台等。

（5）21世纪的网络社会将继续“宽频带革命”，宽频带将引起网络革命。它不仅包括因特网的高速化、大容量，也包括网络结构的变化、终端的变化、通信的光信号化、光的多重化等。例如，在传送能力方面，曾经的目标——计算机同电视一样传送活动画面，早就在实现6～7Mbit/s时达到；今天及今后，电视数字化和双向化使电视机拥有信息处理能力，电视机就如同个人计算机。

（6）照明控制智能化、分布化。不仅节能，还可控制照度、时序、颜色、启动时间长短等。

（7）楼宇自控方式的发展经过了 20 世纪 70 年代集中式的中央监控系统到 20 世纪 80 年代集散式控制系统的历程后，自进入 21 世纪以来，在分散式控制/开放式集散控制系统方面获得长足进步，正在朝着控制节点（控制器）立体网状化，通过同层水平线路的互联互通、各个层竖向线路的互联互通实现数据、信息的共享和使用，从而达到网状结构，向不要中心机房方向发展。同时，为了运营维护的方便快捷，使用移动终端，主要是手机等采用无线方式通信的设备，对建筑设备设施进行运维管理的智能系统——移动端建筑设备管理系统（mobile terminal building equipment management system）也在发展中，移动端建筑设备管理系统是计算机端建筑设备管理系统及其他系统功能在手机端的实现。计算机端建筑设备监控系统能够实现对暖通空调系统、变配电系统、公共照明系统、给排水系统、电梯和自动扶梯系统、门禁系统、视频监控系统及能耗监测系统的参数采集和操作控制，移动端建筑设备管理系统实际上就是计算机端系统在移动端系统的实现，这个所谓的新系统其实只是前端设备由固定位置的计算机换作手机，也能够实现计算机端建筑设备监控系统的基本功能。在日常运营中，报警功能是计算机端建筑设备监控系统的重要功能之一，它需要报警信息能得到及时的处理，以免故障扩大。但是，计算机端监控系统一般固定在中央控制室，如果系统报警时运维管理人员不在监控系统平台前，就无法在第一时间采取行动，实现对报警的快速反应。移动端系统在时间的快捷性和空间的便利性方面，可以较好地解决此类问题，因此移动端管理系统能够体现系统优势，对报警等信息做到及时采取对策。

（8）网络传输介质产品升级换代进展迅速，参数标准日新月异。以光纤为例，随着收发技术的提高，光电器件、连接器技术的发展，信息传输能力将大为增强。光纤所具有的高带宽、高保密性、高抗干扰性，光纤到桌面已成为现代信息技术发展的趋势。因此可以相信，综合布线网络可接入的内容将由目前的电话通信、计算机数据通信及图像会议电视通信向保安监控、有线电视、火灾报警、楼宇自控、停车场及广播等方面扩展。实现住宅内的电话、计算机、电视三网合一，楼宇内的一网多能为期不会太远。实际上，通过适配器保安监控已可接入综合布线网络，只是造价较高，效果较差，有待改进，与规范要求有差距。

（9）国内建起了多个协作网组织，大力推广新兴技术与通信协议。目前不论是实时控制域还是管理信息域，都在向开放式系统方向进步。这方面的通用现场总线技术的发展，可树立一个互操作性的行业标准，有利于推动开发互操作进步。

（10）在发展信息、控制等方面功能的同时，智能建筑将逐步具有反映建筑物自身变化的“感知器官”，各种“感知器官”有机结合起来后就形成了“神经系统”。这个“神经系统”与建筑物的“大脑”——计算机系统共同作用，即可使智能建筑成为某种意义上的“活的建筑物”。它可及时感知建筑物的基础、楼板、墙、梁、柱应力变化和损害，它具有自适应能力，及时发现智能化各子系统的故障、性能减弱甚至失效，从而决定设备更换的时机。

(11) 撇开恶性低价竞争不谈，随着技术的进步，生产率的提高，流通领域的合理化，建筑智能化系统产品报价有良性下降的趋势。例如，个人计算机在增强功能的同时价格不断下降。以超宽频光缆为传导的第二代因特网，其使用费接近于零。它可使先前光缆的一线一终端变为一线八终端，且互不干扰，任意使用。用户只交一次基础费，其他终端均可按需使用。由于投资成本降低，性价比越来越好，这将更有利于智能建筑的发展。

(12) 智能建筑从办公类建筑向医院、学校、工厂、宾馆等各类建筑项目深入发展。与此同时，在单幢建筑的基础上，在向建筑群、综合智能化社区等大范围发展，并通过社区间广域网络、通信管理中心进而发展为智能化、信息化城市和信息化大社会。未来的智能建筑将与信息产业相互促进、共存共荣，围绕人们生产生活的综合信息服务将深入社会的各个角落，人们的工作与社会环境的传统界限将被打破，实现零时间零距离的交流。人们的生活观念和生活方式将发生巨大变化，到那时，随着智能建筑的普及，社会上关于智能建筑的提法将逐步淡化，并趋于消失。

从最近的发展情况看，建筑智能化系统将以现有的成熟技术为依托，大力推进其与人员、机构、日常生活的结合。具体地讲，有以下方面将深刻影响建筑智能化系统的设计、施工、验收、运营保养等诸多方面：

(1) 物联网技术将使得建筑智能化系统的智能化程度更高，以至于许多人急着将“智能建筑”升级为“智慧建筑”。引入了云计算为上层控制、管理手段后，物联网改变了以往的建筑智能化系统整体结构，从而为建筑智能化系统打开了崭新的广阔前景。

(2) 建筑智能化系统的感知层将由更多的更加灵敏的网络型传感器组成，例如力学传感器能可靠感知各种级别的地震后建筑物内部受力情况、受破坏程度、梁柱的强度现状等信息，从而为下一步的加固或重建提供决策依据。又如视觉感知引入了超高清晰度的摄像机后，为进行进一步的视频智能化应用分析提供了巨大可能。

(3) 建筑智能化系统的网络层将由传输介质和具有IP功能的控制器组成。

(4) 建筑智能化系统的应用层将由比今天更强大的集中管理和分散应用功能软件挂帅指挥。在软件的数据分析能力、综合决策能力大幅度上升的情况下，建筑内部机电设备的检测、监视、控制管理、节能策略等方面的水平将显著提升，从而对诸如中央空调、公共照明、水泵风机等更加精细管理，在增强用户环境舒适程度的同时，空气质量、照明照度等的调节自动化程度更高，节能效果更好。

(5) 建筑智能化系统将出现适用于建筑物的海量现场存储设备，成为建筑物的“智慧型大脑”，大数据提供全方位的云服务以及虚拟技术，从而使建筑智能化系统集成度更高，系统联动的智能化更高。

(6) 建筑智能化系统的管理更加精细，特别是对水、电、燃气、冷量、热量等资源的计量和使用管理更加精准细致，并引入到对可再生能源的管理中去。

(7) 建筑智能化系统的技术创新、应用创新不断涌现，以便满足市场社会的需求增长。

(8) 建筑智能化系统的外延明显，范围将扩大，与智慧小区、智慧城市会深度交叉融合，并发展到旅游、文化娱乐、展览、医疗、教育、交通、安全、应急、城市管理等各个方面。

（9）建筑智能化系统工程在发展中的标准化不断推进，其推荐性和强制性的规划规范、设计规范、施工规范、验收规范、运行维护规范等将推陈出新，与时俱进，逐步从跟随、滞后于工程实际到引领潮头。该行业的管理制度趋于成熟，从业培训上岗规范化，操作与培训教材实用化，技术职称评定程序化。

（10）建筑智能化系统的安全技术更加先进、完善，智能分析落实于防火、防盗、防地震、防雷击等方面，系统集成将使安全方面的信息采集、真实情况判断、快速反应、系统联动等方面智能化更高，大大缩短早期反应时间，大幅度减少灾害损失。日常的工作运行更加可靠，操作更加简便易行。在这些宏观区域，智能化系统将与我国的北斗卫星系统技术结合，在以往 GIS 地理信息系统基础上引入地球空间信息技术，用大约 0.4m 的尺度，经度纬度为据编码定义物体位置，会极大提高社会应急管理等方面智慧化水平。

（11）建筑智能化系统的设计技术日新月异，将过去的二维平面表达设计意图方式过渡到三维、四维表达（BIM 制图），使设计这个工程的灵魂地位更加突出，效益更加显著。同时，AI（人工智能）、云计算、大数据、新一代音频技术和视频技术以及无线通信技术等的引入，甚至引入我国的北斗卫星系统数据，使空间地理信息系统 GIS 运用其地址编码方法和技术，将使建筑智能化系统设计水平大为提高，新技术使智能化功能如虎添翼。

（12）建筑智能化系统的中级控制器的能力大幅度提升后，会出现网格化的建筑智能化系统，取代中央控制室等弱电机房的作用。从而使建筑智能化系统更精干，施工更容易，管理更简单。

进入 21 世纪以来，我国经济发展进入新阶段，智能建筑已为万众所瞩目。我国的建筑智能化系统事业面临着机遇和挑战。立足现实，放眼未来，作为率先建成的智能建筑，将以在中国开智能建筑之先河，独领一时之风骚，跃居当今同行业的时代潮流前列，并以智能化名厦，载入建筑史册。在 21 世纪的今天，全国人民期待着国民经济快速健康发展，在建设智慧城市试点的热潮中，在数万亿元资金规模的市场需求推动下，在政府和企业旺盛需求的召唤中，业界期待着智能建筑取得更大成就。建筑业需要智能建筑，中国的经济发展需要智能建筑，在巨大的社会需求推动下，中国的智能建筑必将在深度和广度两方面同时迅猛发展，智能建筑将从 1.0 级向 2.0 级即智慧建筑挺进，从而使建筑业拥有一个辉煌美好的明天。

1.2　建筑智能化系统的主要内容及建设宗旨

所谓建筑智能化系统工程是一个综合的系统的概念，首先它是建筑技术与信息化新技术相结合的结果，其内容一般主要指建筑智能化系统工程的范畴。因此智能建筑就是以建筑工程为平台，将计算机技术、通信自动化、办公自动化、建筑设备自动化及在此基础上的系统集成和服务管理进行优化组合，通过对建筑设备的自动监控，对建筑信息资源的管理，以及信息服务和功能优化组合，进而形成高效、舒适、安全、便利、灵活的建筑环境。它是现代建筑技术与计算机技术、控制技术、通信技术及图像显示技术等现代信息技术相结合的高科技结晶。宏观地看，智能建筑还应包括良好的建筑环境（如造型、层高、净空、采光等）、力学结构、机电设备配置（如空调、新风机、电梯、自动化车库等）等。通常的说法，智能建筑的主要内容是指 3A，即通信自动化、楼控自动化、办公自动化，也有人认为是指 5A 或者 7A。5A、7A 之说与 3A 之说的区别在于是否将保安、消防等子系统单独列出。智能建筑的主要内容可以概括为信息域和控制域两大部分。因为建筑智能化系统工程的各个子系统均可分别划归这两大部分之中。而且智能建筑的系统集成也是以这两大部分作为两大支柱进行分层信息管理的。

建筑智能化系统工程的主要内容是以其功能为核心的，常见的系统功能包括：

（1）建筑设备的监控管理，如集中控制、就地排除故障、设备过载监测、设备运行状态监测、设备基本信息管理、远程遥控、异地诊断等。

（2）安全防范管理，包括周界监测、视频监控、入侵监测、巡更管理、案件记录、报警管理等。

（3）消防管理，包括消防报警监测、消防灭火设备联动监测、紧急广播监测、消防电话通信管理、报警处理应对等。

（4）物业管理，包括用电量计量、用水量计量、耗冷量计量、耗热量计量、设备维护、收费管理、人员管理等。

（5）地下停车场汽车库的管理，包括出入口管理、车位管理、反向寻车、车流引导、车辆安全、临时停车收费、固定车辆管理等。

（6）公共信息服务，如信息台、大屏幕、问询处、电钟系统等。

（7）综合布线与计算机网络管理，包括有线通信和无线通信管理。

（8）广播、音响、有线电视和卫星电视等音频和视频服务管理。

（9）办公自动化管理，包括各种电子系统业务软件应用管理。

（10）系统集成和系统联动管理，以系统集成为手段达到各种智能化功能。

（11）电子信息系统的安全防护和系统设备维护管理，包括用户权限管理和数据库管理。

（12）其他专项应用功能。

建筑智能化系统的建设宗旨一般是：

（1）全面贯彻执行现行有效的国家标准、建筑业行业标准、地方政府标准，特别是要严格执行其中的有关建筑智能化系统工程的强制性规范条文。

（2）总体规划，统筹兼顾，分步实施。

（3）系统技术成熟可靠，经济实用，安全稳定。

（4）节约能源，使用方便，兼容能力强，使用寿命长。

（5）对于大型、中型项目，要争取项目建成后 5 年内国际先进，国内一流。

1.3 建筑智能化系统的构成及其子系统

建筑智能化系统工程的基本构成按系统分层包括子系统与系统集成，按功能分为硬件和软件部分，按位置分为机房设备、终端设备、中间设备及传输介质。

就基本构成和子系统而言，以往主要包括楼宇自控系统、综合布线系统与计算机网络系统、火灾自动报警系统等 10 余个系统，系统集成主要由各种管理软件、服务器数据库、各种网关接口等组成。

建筑智能化系统工程的系统集成及其结构一般分成四层：第一层为单一功能专用系统可单独建设使用，是建筑智能化系统的基础；第二层为多功能系统，它是根据用途稍做归类管理形成的；第三层为集成系统，将楼宇内众多弱电系统集成为三大块，这是标志性的技术进步；第四层为一体化集成管理系统，将楼宇内的所有或绝大部分控制、信息系统集中到一个管理平台上，这是智能建筑目前的理想境界。

建筑智能化系统工程的系统集成及其结构可用金字塔形式表示，四层的系统集成组成示意图如图 1–1 所示。

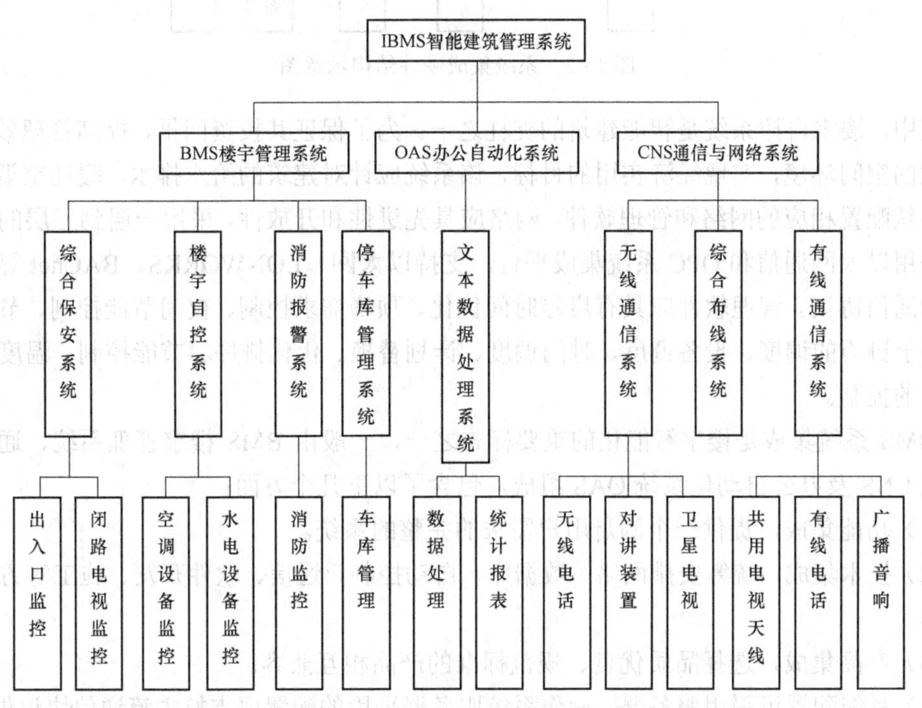

图 1–1 建筑智能化系统工程的系统集成组成示意图

系统集成硬件结构可用图 1–2 表示。其间使用的接口有 RS485、RS422、RS232 等，通信协议有 TCP/IP 等。

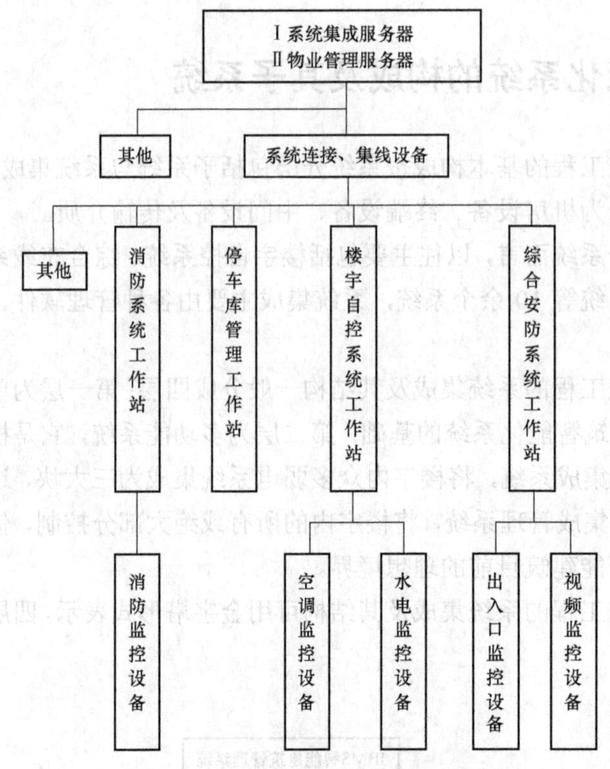

图 1-2 系统集成硬件结构示意图

其中，楼宇自控系统是智能建筑的支柱之一。为了保证其投资回报，提高管理效率，提供舒适的空间环境，实现经济实用的目标，该系统应针对建筑的给水排水、暖通空调、电气设备系统配置相应的网络和管理软件。网络应具先进性和开放性，采用一层到三层的网络结构，采用以太网通信和 OPC 系统集成平台，支持以太网、LONWORKS、BACnet 等及不同厂家的通信协议。管理软件应具有启停时间优化、顶峰需求控制、夜间节能控制、节假日调度、基于日历的调度、设备调度、时间调度、计划替换、优化排序、节能控制、温度湿度及新风量的控制。

IBMS 系统集成是楼宇智能化的重要标志之一，一般由 BMS 楼宇管理系统、通信自动化系统 CNS 及办公自动化系统 OAS 组成，包含了以下几个方面：

（1）功能集成，提供一个满足用户需求的完整的系统。

（2）技术集成，统筹安排网络、数据库、自动控制、通信、软件开发、施工等方面的技术工作。

（3）产品集成，选择品质优良、规范标准的产品相互兼容。

（4）系统配置可采用服务器，操作系统服务器采用的配置要支持主流通信协议做 IBMS 系统软件二次开发。该系统应达到的目标是多方面的，主要有：实现大楼集中管理，节省人力资源，避免重复劳动；对用户需求反应迅速，并做出有效记录；提供多媒体通信方式；提高大楼内外通信速度；以节能的方式提高舒适的人工环境；综合管理大楼设备，节省维修及物料开支；物业管理部门对人员、设备、能耗等方面的情况及时掌握；财务部门可对房产租赁、出售、使用等情况做实时管理。

办公自动化系统主要包括日常管理办公自动化系统、基础信息管理系统、大厦信息服务系统，其实现方式一般是在综合布线形成的计算机网络基础上，采用统一开放的管理平台及管理模式，数据库服务器操作系统、数据库系统、客户操作系统都要采用当前先进配置，应当能实现快速有效的自动化办公，提高工作效率；实时有效地对建筑设备或环境进行管理，为建筑的运行和维护提供信息资源和支持；数据库可为众用户提供信息资源和信息服务，使智能建筑成为信息高速公路的主节点。

软件环境及构成一般是镶嵌式、模块化。一般来说，不论是国内还是国外的产品，目前市场上建筑智能化系统的系统软件构成大同小异，但是都需要满足我国标准规范对建筑智能化系统的要求，完成屏幕显示字符的汉化，取得工业和信息化部颁发的软件销售许可证。

建筑智能化系统工程发展到今天，早已不是 20 世纪与 21 世纪的世纪之交建设部发文界定该专项工程承包资质所概括的 20 多个子系统了。如今，业界一般认为，建筑智能化系统工程包括 8 大组成部分，50 多个子系统。

建筑智能化系统的体系构成示意图如图 1–3 所示。

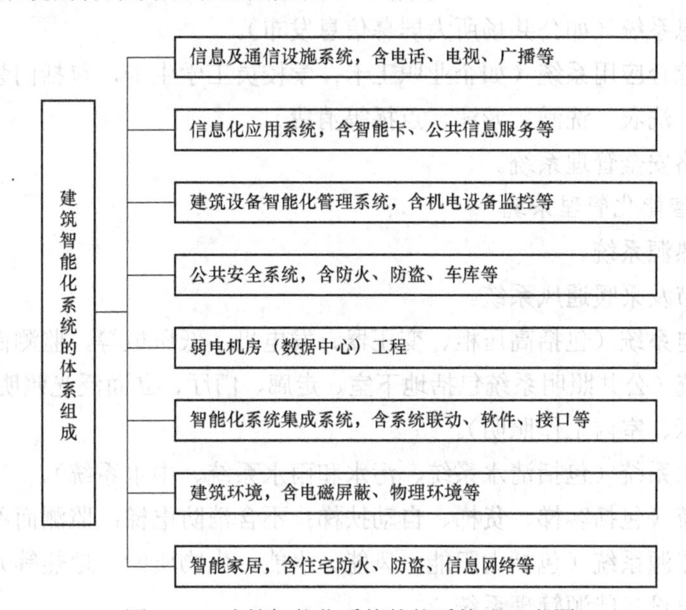

图 1–3 建筑智能化系统的体系构成示意图

建筑智能化系统工程目前有 8 大系统组成，50 多个子系统，包括（不限于）：

1. 信息及通信设施系统（基础设施如公共交通路网）

（1）综合布线系统（包括语音、数据系统、电源设备等）。

（2）互联网信息接入系统。

（3）电话交换系统。

（4）计算机信息通信网络系统。

（5）室内移动通信覆盖系统。

（6）卫星通信系统。

（7）共用有线电视系统。

（8）卫星电视接收系统（有境内、境外两部分，解码器管理不同）。

（9）广播、扩声、音响等音频系统（包括消防广播，平急两用）。

（10）视频会议（电视）系统。

（11）公共时钟系统。

（12）其他相关信息及通信设施系统。

2. 信息化应用系统

（1）地理信息应用、利用北斗卫星空间编码信息应用、卫星导航定位系统等。

（2）与建筑使用性质相关的专业化业务系统（依建筑使用性质而定，如图书馆的检索系统、体育馆的竞赛系统、医院的诊疗系统、学校的多媒体教学系统、图像信息管理系统、建筑及小区物业管理系统等）。

（3）公共服务系统（如人力资源招聘和求职、工程招标投标、继续教育、企业信誉信息、项目资源交易、交通地图等公共服务平台）。

（4）大众信息系统（如公共场所大屏幕信息发布）。

（5）智能卡综合应用系统（如企业职工卡；学校员工学生卡，包括门禁、就餐、借书、考试成绩、停车、洗衣、洗澡、游泳、点播等消费）。

（6）信息网络安全管理系统。

3. 建筑设备智能化管理系统

（1）冷源、热源系统。

（2）空气调节及采暖通风系统。

（3）供电配电系统（包括高压柜、变压器、发电机、低压柜等，监测而不控制）。

（4）照明系统（公共照明系统包括地下室、走廊、门厅、立面泛光照明等，一般不含应急照明、疏散指示、室内工作照明）。

（5）给水排水系统（包括清水系统、污水和雨水系统、中水系统）。

（6）电梯系统（包括客梯、货梯、自动扶梯；不含消防电梯；监测而不控制）。

（7）可再生能源系统（包括太阳能、风能、水能、生物质能、地热等）。

（8）建筑机电设备能源管理系统。

（9）机电设备单项监控系统。

（10）与集成关联的其他建筑设施系统。

4. 公共安全系统

（1）火灾自动报警与消防联动系统（包括电气火灾监控系统、消防电源监控系统、防火门监控系统、消防广播、消防电话、防排烟、喷淋、气体灭火等系统）。

（2）汽车库及停车场管理系统（包括出入口管理和车位引导、反向寻车等）。

（3）应急联动及相关技术防范系统。

（4）安全技术防范系统，包括入侵报警系统、视频监控系统、出入口控制系统、电子巡更系统、访客对讲系统、综合安全管理系统。

5. 智能化系统集成系统

（1）系统集成应用软件。

（2）智能化系统信息共享平台。

（3）系统集成的配置（包括不同集成档次的系统接口等）。

6. 数据中心（弱电机房）工程

（1）机房接地系统（包括等电位联结、静电防护等）。

（2）机房照明系统（包括应急的备用照明）。

（3）机房建筑。

（4）机房环境。

（5）机房空气调节系统。

（6）机房电源系统。

（7）防漏电及电气火灾监控系统。

（8）机房安全系统。

（9）机房温度、湿度等环境参数监控系统。

7. 建筑环境

（1）建筑物电磁环境（包括对内、对外整体的电磁屏蔽等）。

（2）建筑物空气质量（包括 CO、CO_2、有害气体浓度等）。

（3）建筑物的物理环境。

（4）建筑物的照明环境（包括自然采光和人工照明）。

（5）建筑物的整体环境。

8. 智能家居

（1）居住区安全防范系统（周界防入侵、出入口管理、防火、防盗、防事故）。

（2）住宅套内信息网络系统。

（3）家居设备管理系统。

（4）家庭安全防范系统（主要是防火、防盗、防侵入）。

目前，智慧管廊方兴未艾，作为智慧城市工程的组成部分，由于其中的视频监控系统、温度自动检测系统、智能照明等都为弱电工程公司承做，将来也可能将智慧管廊归到建筑智能化系统中来。另外，以地理信息系统 GIS 为基础发展起来的空间信息系统会与建筑智能化系统融合，利用我国的北斗卫星系统对建筑空间进行精准的定位。

第2章　建筑智能化系统的用户需求

建筑智能化系统的用户需求是智能建筑设计和工程建设的依据和出发点，它决定智能建筑的建设目标、系统集成的级别、投资规模以及基本要求。因此，对于用户需求要仔细推敲，反复权衡，业主和智能化设计单位应当在市场调查、多方咨询的基础上进行认真的讨论研究，以使用户需求经济适用、针对性强、恰如其分。鉴于建设周期较长，信息技术发展迅速，用户需求应有一定的超前性和先进性。

在设计的各个阶段以及建设过程中，用户需求可根据实际情况做出适当的调整和补充，并为今后的发展留有适当的余地。当前，在智能建筑的建设中存在着两种倾向，一种是盲目攀比，过分追求宣传效果，制造卖点，不顾本工程的具体条件，脱离实际地追求高级别和浮华效应，造成投资的浪费和工期的无奈拖延。另一种是一味讲究投资低廉、经济可用，结果是事与愿违，尚未完工就已落后，是否追加投资，骑虎难下。在业界，易被人认为有哗众取宠之心，无搞智能化之实。这种情况一般发生在那些看到智能化既是形势需要，又是商业炒作卖点的人身上，但对于资金紧张的开发商而言，他们的策略就是以少量资金，获取虚名，搞个花架子，诱导购买者。这两种情况都是害人害己的，是不可取的。设计单位和集成商尤其要避免只讲速度，不做用户需求调研，凭经验拿起就做的毛病，应当针对项目个性特点，量体裁衣，兼顾先进性、经济性、实用性等多个方面确定用户需求。

智能建筑的基本要求是依据用户需求编写的，它是智能化设计的指导纲要，其内容主要是建设目标、技术标准和指标、设备性能等，包括系统集成的级别、联动的功能、子系统的选择、上网方式、在信息网络中的位置角色、主要技术参数、投资规模限制、行业中的定位、智能建筑的整体级别等。如果分类调研，有建筑业务需求、系统功能需求、系统计算数量需求、设备性能需求、用户安全需求等方面。

2.1　建筑智能化系统的一般技术要求

从宏观上看，建筑智能化系统对设计者的基本技术要求至少应当包括：

（1）从对象建筑的整体功能出发，设计时综合考虑各子系统的界面和系统集成应用，系统的设计、设备采购、安装调试、维护保养、技术服务的全过程，由总设计师通盘考虑技术方案。

（2）从满足使用要求的前提出发，确定建筑智能化的建设目标、管理机制和各方面的用途，概算得出投资回报率。

（3）对于通用网络的设计应注意分布式的网络管理，能够使不同的网管协议、多方面的用户安全共存于一个网络管理环境中。

（4）应明确设计深度，专业分工，符合规范要求，充分体现实用性、先进性、可靠性、开放性等一般原则，便于用户使用与管理。

（5）尽量提高系统的智能化水平，降低对操作人员的要求，采用网络管理专家系统使网络管理智能化、简单化。

依据用户需求调查提纲，完成用户需求调查后，应在此基础上通过与业主的磋商，完成用户需求调查报告。

例：智能大厦用户需求调查提纲

智能建筑项目组将于××年××月××日前往业主现场进行用户需求调查。根据智能建筑工程建设的要求，拟定智能大厦用户需求调查的内容如下：

（1）业主对该大厦智能系统的建设目标，包括技术目标、工程目标和经济目标等。

（2）业主对该大厦智能系统的功能需求。

（3）业主准备在智能系统建设中的投资计划。

（4）土建设计、施工状态对智能系统建设提供的条件和影响，以及可能实现的功能分析。

（5）地方建设部门对该项目智能系统建设目标和功能的要求。

以上问题将由项目组与业主协商完成。

智能建筑工程需求调查的主要信息一般包括以下方面：

1. 建筑设备监控系统（BAS）

建筑设备监控系统通常也叫楼宇自控系统。楼宇所需控制设备调查表见表 2–1 和表 2–2，业主根据实际物业管理需要情况逐项填报即可。其他需要了解的内容包括设备间位置和面积、设备系统图、设备清单、技术条件及控制要求以及系统网络分级等。

表 2–1　　机电设备调查一览表示意

序号	设备名称	数　量	设备位置
1			
2			

表 2–2　　受控设备调查一览表示意

序号	设备名称	控制功能
1		
2		

建筑设备监控系统的用户需求有的采用技术偏离表的方式表达，也可以用功能选配表附加文字说明的方式来表达。前者多用于建设单位（甲方）招标，后者多用于设计单位或承包商（乙方）的系统设计。基本内容如下：

工程实施的目标是实现系统的使用功能，建筑设备监控系统的主要系统功能宏观上包括冷冻站（制冷）系统的监控、热交换（热力）系统的监控、空调系统的监控、风机盘管系统的监控、新风系统、送/排风系统的监控、给/排水系统的监控、公共照明系统的监控（有智能照明竞争问题）、变配电系统、电梯系统的监测（不能控制）、BAS 工作站等。

具体的 BAS 功能集中体现在 BAS 监控表中，共有 28 项，包括空调机组、新风机组、通风机、排烟机、冷水机组、冷冻水泵、冷却水泵、冷却塔、热交换器、热水循环泵、生活水泵、清水池、生活水箱、排水泵、集水坑、污水泵、污水池、高压柜、变压器、低压配电柜、柴油发电机、电梯（客梯、货梯、消防梯）、自动扶梯、照明配电箱、动力配电箱、控制箱、巡更点、门禁开关。

以空调冷热源监控功能选配表 2–3 为例。

表 2–3　　空调冷热源监控功能选配表

系统设备及运行参数或状态	监测	报警	自动控制			系统操作	存储
			联锁	顺序启停	程序控制		
蒸发器进出口水温、压力		○					○
冷凝器进出口水温、压力	○	○					○
换热器一、二次侧进出口温度、压力	○						○
分、集水器温度、压力	○						○
集水器各回水支管温度	○						○
采暖系统供回水干管温度、压力	○						○
采暖系统供回蒸汽干管温度、压力	○						○
冷水机组	○	○		○		○	○
锅炉	○			○		○	○
热泵	○			○		○	○
太阳能集热系统	○	○				○	○
冷却塔风机	○	○	○		○	○	○
冷却塔供回水旁通阀开度	○			○	○	○	○
换热器水阀开度	○				○	○	○
冷却塔接水盘高/低液位	○	○					○
蒸发器、冷凝器水流开关状态	○	○					○
冷水机组、锅炉电耗							○
空调系统用燃气总量							○
建筑从冷热网取冷热总量							○

注：表中各行的项目是根据设备的配置情况而确定；○表示配置该设备应选配的监控功能。

2. 综合布线及计算机网络系统

综合布线系统是基础设施，计算机网络系统是在综合布线系统之上组建局域网等。

（1）主机房的位置（程控交换机房和计算机房）。

（2）每层楼的数据点数和语音点数，分布位置，语音点、数据点的布点标准（一般按照多少建筑使用面积设置一对信息点确定设计标准；也有按照一个工作区多少面积来确定布点标准）。

（3）大厦的计算机网络系统是否分为内部局域网和外网（与互联网接通），是否拟态传真。

（4）垂直主干线是采用光纤还是五类双绞线，数据通信速率要求。

（5）对网络带宽和网络节点的楼层分布的要求，网络的安全级别和保密要求。

（6）计算机网络系统是否要求上卫星，是否需要独立的网络管理软件。

3. 火灾自动报警与联动控制系统

根据国家和地方的消防法规、规范、标准以及行业规范，首先根据建筑设计防火规范确定设计对象的设防类别，应当建设哪些消防子系统，功能标准如何。然后确定火灾探测器如烟感器、温感器、燃气探测器的探头类型、数量和安装位置及保护面积，自动喷淋头数目，增压泵、补压泵、喷淋泵、消防水泵的数量，设备功率及控制需求，防水门、防火阀、排烟风机、正压送风机等设备数量及安装位置。子系统的组成和配置决定了该火灾自动报警与联动控制系统的基本使用功能。

4. 背景音乐及公共广播系统

大多数的甲方把本系统和消防紧急广播、保安事故广播融为一体，即平、急两用。可手动/自动更换，或应用计算机技术自动切换。需要明确的用户需求包括：

（1）本系统需提供几套节目源，系统的功能和容量。

（2）需求设计备用接口数量，备用电源供电时间。

（3）预计投入投资额度，系统点数（播音口分布及功率要求）。

5. 综合保安监控系统

首先，应当根据该建筑工程的设防类别，确定安防系统包括哪些子系统，如入侵报警系统、视频监控系统、出入口控制系统、电子巡查系统、访客对讲系统、综合安全管理系统等，这是安防系统宏观方面的功能。例如，常见的视频监控系统的功能包括：

（1）对监控对象清晰度的要求。

（2）对监控密度是否有特殊要求？

（3）是否有特殊场所需要有特殊要求？

（4）对摄像机的外形是否有特殊要求？

（5）是否采用计算机多媒体技术存储图像或采用长延时录像机录像？是否采用动态存储？数据需要保存一个月还是半个月，具体时间长短取决于存储硬盘的容量大小。

（6）保安人员巡逻路线的电子巡视。

（7）保安人员的通信和报警设备。

6. 有线电视及卫星天线电视系统

首先明确项目所在当地是否有垄断机构已经包揽了所有项目的有线电视及卫星天线电视系统工程，其次看项目是否涉外。对于国内的有线电视和卫星电视节目一般是能上则上，或者是中央台、地方台的节目全部上马。

具体的问题例如以下部分：

（1）拟设计多少套节目？建筑物内有多少涉外单位？

（2）拟转播哪些节目内容？自办节目几套？例如图文电视广告、商业、金融、股票等。

（3）拟接收多少套国外卫星电视节目？

（4）是否需要自动跟踪天线？

（5）是否支持多媒体信息的传输和接收，包括视频、音频、图文等信息？

（6）是否支持不同的接收终端，包括电视机或微机/工作站？

（7）是否提供双向传输通道，便于用户点播节目？

（8）是否采用计算机自动管理？是否采用三网合一的方式运营？

（9）是否采用基于综合布线系统的星形传输网络，便于用户的增减和移动，以及维护和管理？

7. 通信系统

（1）电话系统采用直拨电话或选择分机方式。如果选择分机方式，要选择程控交换机门数，以及交换机的技术要求和功能要求。

（2）依据实际情况，要求厂商在程控交换机软件设计和售后服务问题中，按几种不同门数客户进行独立单元控制。

（3）程控交换机系统具有完善的内外部计费功能，并能输出计费清单。

（4）程控交换机设 24h 电子邮箱，并能从各地调出或调入。

（5）程控交换机软件维护，版本升级均不允许停机。

（6）确保通信的可靠性。设备出现故障时，将指定用户线与中继线接通，保证重要部门通信不受影响。

（7）程控交换机是目前处于国际先进水平的机器，且留有升级至可视电话通信的可能与扩容的可能。

（8）程控交换机出现故障，要求厂商提供全天候 24h 的售后服务，可进行遥控诊断、维护、需要时售后服务人员在 2h 内到达现场维修和技术支援。

8. 信息化应用系统

信息化应用系统的功能主要取决于该建筑物的建筑使用性质。就是说，与建筑使用性质相关的专业化业务系统是主干，例如体育馆有体育竞赛系统，图书馆有情报检索系统，医院有患者叫号系统等。物业管理系统、公共服务系统、大众信息系统、智能卡综合应用系统、信息网络安全管理系统一般属于公用的系统，各个单位的使用功能大同小异。

9. 系统集成

系统集成是系统联动的基础设施，是体现建筑智能化水平的制高点。如果一个建筑建设了一些智能化子系统，没有系统集成，一切控制、调节全靠人工操作来实现相关功能，那么，这个建筑的智能化水平是比较低的。

建筑智能化系统以系统集成为核心，如何选择其功能定位？正因为系统集成和与之相关的系统联动，在一定程度上体现所在工程的智能化程度和信息化水平。因此，系统集成往往成为开发单位进行工程宣传的亮点，销售部门的卖点。建筑设备监控系统是系统集成的主体部分，与系统集成关联密切，在技术方案中占据重要位置。目前主要有三级系统集成：BAS、BMS、IBMS（系统集成与系统联动）。

IBMS 系统集成由 4 层结构组成：① 最高层：IBMS。② 次高层：BMS、OAS、CNS。③ 第三层：BAS、SAS、FAS、车库、数据处理、有线通信、无线通信等。④ 基础层：制冷、供热、水电等机电系统监控，消防监控，电视，广播，计算机网络等子系统。

10. 智能化系统机房工程

按照《数据中心设计规范》（GB 50174—2017），智能化系统机房工程分为 A、B、C 共 3 级；A 级建设标准最高，C 级建设标准最低。按照此设计规范进行，可以提供建筑智能化系统机房的基本环境功能。至于机房的主要使用功能，则取决于该项目的建筑使用性质和建筑智能化系统本身的建设标准的高低。

智能建筑的基本要求是依据用户需求编写的，它是智能化设计的指导纲要，其内容包括系统集成的级别、联动的功能、子系统的选择、上网方式、在信息网络中的位置角色、主要技术指标、投资规模限制、行业中的定位、智能建筑的整体级别等。

根据众多工程的实践经验，投资资金是制约智能建筑工程建设的重要因素。因此，智能建筑的基本要求必须从实际出发，量体裁衣，量力而行。

2.2　建筑智能化系统的商务要求

建筑智能化系统的商务要求一般体现在招标的前附表、商务条件中，主要包括：

（1）建筑智能化系统承包商的企业组织机构、弱电专项工程施工资质、设计资质、安全生产许可证、企业同类业绩、ISO 9000 系列或其他系列的 3 个认证（质量管理、环境、职业健康/安全体系）、社保缴纳、财务报表及审计报告、企业诉讼及不良行为等企业基本条件。

（2）拟投入项目的人力资源和设备资源。前者包括项目经理和技术负责人的执业资格证书、职称证书、注册证、注册章、安全 B 证、无在施工程证明、工作年限证明等；项目部组成人员的上岗证和专业职称证书；后者包括施工机械、工具，特别是测试仪器（要求施工单位质检员 100%检测，验收时仅抽检小部分点）、租赁设备及租赁合同、设备折旧管理办法、购货发票等，要按要求出示齐全。

（3）施工工期、质量等级要求、投标有效期、投标保证金、银行保函、承诺书、企业信誉材料（包括网上截图）、售后服务及质量保证期等。

2.3 建筑智能化系统的设计目标

建筑智能化系统的宏观建设目标就是建设档次，即高档标准、中档标准、低档标准。类似于智能建筑的设计标准 2000 年时曾经提及的甲级智能建筑、乙级智能建筑、丙级智能建筑的概念。

目标的概念，主要着眼于技术需求、资金实力两个方面。建设目标的准确定位，对于建筑智能化系统的设计至关重要。试想，如果一个项目建设目标定的低了，不仅完不成既定的投资规模，更重要的是该项目可能未建就已经落后，档次不够，不能满足业主的使用功能需要，这是表面的节省，实际的巨大浪费。反之，如果一个项目建设目标定得过高，突破项目预算过多，不仅没有资金完成既定的建筑工程，更重要的是该项目可能无法实施，超支不被批准，不能满足业主的基本要求，业主从而要求设计师重新设计，造成重大返工。

宏观地看，建筑建筑智能化系统的主要任务就是通过调研、规划、统筹、比对、选择、计算、配置和构建建筑物的信息网络系统、建筑设备监控管理系统、安全防范系统、系统集成等硬件基础设施，配合应用软件，建立面向使用者的平台，实现建筑内数字化、自动化、智能化和信息化的管理和使用。

智能建筑的智能化体现在其建筑智能化系统的功能上，因而建筑智能化系统的主要务就是使智能建筑的室内成为具有反应能力和适应能力的现代化人工环境。依赖于集成网络系统的发展，先进的集成网络系统不仅应提高整个建筑物的档次，而且可以使具有大量机电设备的智能建筑的高能耗明显降低，使投资回收时间从一般的三年变得更短。

过去曾经的传统型集成网络是采用特定网关（Gateway）联网的集成方法。由于目前世界上没有一家公司或者集团能够生产智能建筑的全部设备，同时，各厂商出于保护自己产品的目的采用自设的通信协议，因此，要实现传统型的网络集成，就必须开发大量的网关。这种联网不过是硬件连接，即通过继电器触头或开关获得其他系统的信号，即使通过通信接口进行连接也只是对特定系统的报警信号的简单接收，未能实现系统之间的软件连接。这种集成网络虽然在工程中可以实现既定的目标，但每个网关只适应特定的系统，不能适应设备变化和软件升级，因此，新式的集成网络技术已基本取代传统的集成技术。

新式的集成网络技术就是不依赖于楼控系统或其他某个系统，而是采用二级或三级网络结构。一级为主干网，主要由管理机电设备终端、办公自动化终端、通信管理终端、物业管理终端等通过以太网连接起来构成。下级网由不同以太网连接的各子系统终端组成。现场总线网一般由楼控系统的现场总线和与此相连的末端设备组成。其中的通信协议已为 BAC net、Lonworks 国际通用标准协议，这就为更大范围的系统集成奠定了基础。建筑智能化系统设计的主要目标包括以下方面：

1. 实现数据环境集成

数据环境集成是实现系统集成的各项功能和管理目标的基础工作。IBMS 级的系统集成囊括了弱电各种子系统。实现数据库的集成是实现数据集成的有效方式。数据库集成是指大厦范围数据处理的过程，它将大厦内部各部门分散的原始操作数据和来自外部的数据进行汇集、整理，形成完整、及时、准确和明了的信息，存储在大厦的共享“信息池”中，使最终用户能随时自主地访问和分析数据。“信息池”中收集存储了不同数据源中的数据，包括关系表、压缩的商业法则、文档、图像甚至电视片断，通过数据的组织提供整个大厦内部跨平台的数据。

建立“信息池”的目的是提供一个较高质量的综合数据平台，用以支持大量带有决策性的操作，“信息池”能合并、翻译、变换和综合运作数据，将查询、报表和分析三大功能完全集成在一起，对处理各种复杂问题可寻求一种更快捷、更有效的解决办法。

数据库集成可用于所有主流的操作系统，支持各种类型的数据关系模型，对多种数据源是开放的，得到了广泛的平台和数据库的支持。

2. 实现各项功能集成

实现各项功能集成是智能建筑建设的根本任务。系统集成是建筑智能化系统建设的一体化解决方案，是保证系统顺利按时完成并投入使用的最关键、最重要的部分。为此，在技术方案设计中应对集成部分给予了特别的重视，系统集成应保证实现以下主要的功能：整体性能的提高（与独立、分散的系统相比）；完成信息（不同平台、不同系统）的交换、共享和维护；实现关联业务流程的整合（事务的自动触发与启动）；保证关键子系统的独立性；实现中央数据库的自顶往下的设计；对其他子系统不排斥，提供集成新子系统的手段；网络结构保证大厦范围内的各子系统、各种设备及各种工作人员之间的信息畅通；系统实现跨子系统的联动。

弱电系统实现集成以后，原本各自独立的子系统从集成平台的角度来看，就如同一个系统一样，无论信息点和受控点是否在一个子系统内都可以建立联动关系。这种跨系统的控制流程，大大提高了大楼的自动化水平。例如：上班时楼宇自控系统将办公室的灯光、空调自动打开，保安系统立刻对工作区撤防，门禁、考勤系统能够记录上下班人员和时间，同时 CCTV 系统也可由摄像机记录人员出入的情况。当大楼发生火灾报警时，楼宇自控系统断开相关区域的照明及空调电源，门禁系统打开房门的电磁锁，CCTV 系统将火警画面切换给主管人员和相关领导；同时停车场系统打开栅栏机，尽快疏散车辆。客人进入大堂，人脸识别系统快速识别，信息发布屏打出欢迎标语，音响系统发出迎宾曲，信息引导系统引导客人入位。这些事件的综合处理，在各自独立的弱电系统中是不可能实现的，而在集成系统中却可以按实际需要设置后得到实现，这就极大地提高了大楼的集成管理水平。

（1）系统联动。BMS 级系统集成跨系统的联动，实现全局事件的管理和工作流程自动化是系统集成的重要特点，也是最直接服务于用户的功能。BMS 通过对各子系统的集成，更有效地对大楼内的各类事件进行全局联动管理，这样节省了人力，也提高了大楼对突发事件的响应能力，使主管人员迅速做出决策，以减少某些事故带来的危害和损失。同时可以通过编制时间响应程序和事件响应程序的方式，来实现大楼内机电设备流程的自动化控制，节省能源消耗和人员成本。采用集成智能建筑物管理系统，系统间的联动方式几乎是任意的，联动方式可以编程，能够根据用户的需求设定，例如：

1）CCTV 与保安系统联动。防盗报警信号可以联动报警区域的摄像机，将图像切换到控制室的监视器上，并进行录像。在下班时间有人进入消防楼梯，系统也联动相应楼层摄像机和录像机。多个报警信号出现时，报警信号可以顺序切换到不同的监视器上，报警解除后图像自动取消，防止漏报。有人在防盗系统设防期间进入安装探测器的办公室或开启安装门感应器的房门时，CCTV 系统可在控制室内自动切换到相应区域图像信号。

2）CCTV 与消防报警系统联动。火灾报警系统出现火警信号时，该区域摄像机信号切换到控制室监视器上，观察是否误报或火情大小。

3）CCTV 与门禁系统联动。当有人进入房门读卡时，摄像机也可将这一过程切换到控制室，并进行录像。在特殊场合，进入房门需经保安人员认可时，CCTV 将图像切换到指定的监视器上，由保安人员认可后才可以进入房门。

4）CCTV 与巡更系统联动。在巡更人员到达巡更站点时，可联动摄像机保证巡更者的安全。

5）CCTV 与停车场管理系统联动。当车辆进出停车场时联动摄像机，并进行录像，以便以后对照进出车辆的情况，保证车辆安全。当停车场系统出现故障时，联动摄像机观察故障情况，在控制室内操作栅栏机，保证车辆通行，并及时维修。

6）消防报警系统与其他系统联动。消防报警系统本身具备了国家规定的联动功能，但其并不能够实现弱电系统的全面联动，与其他系统联网后除了能够实现与 CCTV 系统的联动外，还可以实现多种功能的联动。

7）消防报警系统与智慧卡门禁系统的联动。当出现火警后 BMS 可以联动智慧卡读卡机电磁锁，打开出现火情层面的所有房门的电磁锁，以确保人员的迅速疏散。

8）消防报警系统与配电照明系统的联动。消防报警系统与配电照明系统和通风系统的联动是在出现火警时关断相应层面的新风机组、风机盘管和配电照明，防止火情进一步扩展。

9）消防报警系统与故障监测。由于楼宇自控系统对消防报警系统的重要部件设备进行监视，当消防报警系统设备出现故障以后会立刻通知相关的部门。

10）智慧卡系统与其他系统联动。智慧卡系统除了与防火系统和 CCTV 系统联动还可以与照明系统相联动。

11）智慧卡系统与照明系统联动。当有人读卡时，照明系统将打开相应区域的公共照明，并根据设定的延时时间关闭灯光照明。

12）智慧卡系统与空调系统联动。智慧卡系统也可与新风机和风机盘管系统联动，通过智慧卡控制打开新风机组和风机盘管，当有人进入办公室后打开空调。

13）智慧卡系统与保安系统联动。当保安系统出现报警时，智慧卡系统也可以按照程序关闭指定的出入口，只能由保安人员打开。

BAS 中设备集成：BAS 楼宇集成管理系统主要是楼宇内部实时信息系统的集成。这些系统对报警要设定，要求在有限时间内得到快速响应。BMS 集成以下弱电子系统：楼宇设备自控系统（BAS）、火灾报警子系统（FAS）、闭路监控及保安管理系统（SMS）等。

BMS 楼宇集成管理是将各个弱电子系统通过相应的网关接口，集成到 BMS 楼宇集成管理平台下，具体集成方式如下说明：

楼宇设备自控系统（BAS）：是以该系统为基础，不存在网关接口问题。

火灾报警系统集成（FAS）：通过消防报警系统网关，将报警信息集成到 BMS 楼宇集成管理系统中，通过 BMS 楼宇集成管理系统，可以实现对火灾报警系统的二次监控。

（2）CAS、OAS 集成。CAS 主要是大厦内通信相关子系统或设备的集成，主要包括网络管理、程控交换机管理、内部寻呼无线通信。

CAS 集成主要体现在各个子系统保持相对独立基础上，各子系统与 BMS 其他弱电子系统的接口，并因此带来的互动服务，例如 BMS 可以将火灾报警信息通过寻呼系统与主要人员相连，可以通过软件设定与程控交换机相连，将火灾报警信息送至消防局。

OAS 是针对大厦使用要求，通过选用一些标准的办公软件开发平台和相应的软件程序包，开发出适合大厦具体要求的办公/物业管理软件，主要包括财务/人事、决策支持、公共信息、Internet/Intranet 浏览等。

OAS 集成主要体现在基于网络基础的集成使用软件开发，采用相关的平台和工具软件包。OAS 处于大厦内主干网络上，是信息的综合和集成。

（3）BMS、OAS、CAS 关系。

BMS、OAS、CAS 保持相对独立性，三者之间具体关系体现在 IBMS 一体化集成管理系统中具体功能要求。

3. 实现高效、快捷、节能的集中管理

智能建筑的主要特点就是为用户提供实现高效、快捷、节能的集中管理的手段。实现这些功能是系统集成的首要任务。智能建筑不仅外在名称好听，更重要的是它的内容，即它可通过建筑设备自动化控制达到明显的节能效果，通过计算机网络形成的“神经系统”实现快捷简便的管理，通过国际互联网专线接入系统实现建筑物之间、城际之间，甚至国际间通畅的信息交流，从而达到高效办公的目的。

系统集成的最终任务就是将智能建筑为经营管理和服务的需要而购置的各种弱电系统和设备尽可能在统一的软、硬件平台上（包括网络和数据库等）组成一个能满足各项功能需求的完整的系统。

为了实现上述功能集成，工程中有关系统技术人员应密切配合，从可行性研究、需求调研、系统分析，直到系统总体设计、详细设计（包括各分系统设计以及所有接口设计）、系统实施、安装调试、鉴定验收等系统建设的全过程，自始至终都应围绕全面实现这些目标而努力。

4. 提供综合的完善的软件功能要求

从目前国内外的现状来看，大多数集成商都是提供成套的计算机设备、控制设备、网络设备、操作系统和数据库系统等产品，同时开发相应的软件，按一定的标准规范，建立一个大型的应用系统或网络工程。

集成系统是一个先进而又经济实用的综合系统，可分为综合布线及计算机网络系统、楼宇自控系统、消防报警系统、背景音乐和公共广播系统、保安监控系统、卫星电视系统、地下通信系统、停车场收费管理系统、管理信息系统等，对如此大的范围内的弱电系统实行总集成，达到信息共享、资源共享，提高整个项目的运营效率和综合服务水平，就必须根据各子系统之间的相互关联和数据流向，高起点地建设一个能满足当前和今后发展需求的综合管理信息系统，即集成系统。

所谓“高起点”，至少包含以下含义：建设大厦集成系统，不但要搞好信息基础设施，根据信息采集、处理、存储和流动要求，构筑由信息设备、通信网络、数据库和支持软件等组成的计算机和网络环境，而且还要建立信息资源管理的标准，搞好业务过程处理的信息化，保证按标准、按规范组织信息、管理信息，培养和提高全员的信息化水平和素质，从而实现更高层次的数据环境和人文环境的集成。可以说，系统集成的核心任务是数据集成，是对信息资源实行标准化和规范化管理。而要做到这一点，就要求集成系统的开发商和用户始终紧密配合，不断深入信息需求分析，搞好总体规划的设计，综合用好新一代的信息技术。

5. 提供系统技术简便升级的基础道路

充分的集成技术储备是实现功能集成的保证。在实际的系统建设中，要全面实现功能集成是一件十分重要的任务，需要足够的集成技术储备做保证。由于历史的原因或者内部体制和外部条件的种种约束，至今弱电系统的各类应用平台仍十分复杂，它们相互之间，或与新建的系统及设备之间系统平台互不兼容，网络结构和数据库结构不一致，内部和外部都无法联网通信、共享资源，特别是各类应用系统开发的软件，标准化和规范性不高，将导致不同的分系统和子系统之间连接困难。为此，要实现功能集成应在以下两方面有相当的集成技术储备做保证。

（1）对商品化的软、硬件产品的集成技术。广泛掌握各厂商的产品特性、测试条件和工具、接口特性和标准；熟悉国际、国内有关的标准、规范和协议；制定一套行之有效的测试、验收和工程实施标准；选择合适的软硬件接口技术、连接技术，落实有关通信协议及接口转换的安排。

（2）对开发的应用软件的集成技术。从应用软件开发的最初阶段，就要按系统集成的要求，加强对软件开发的管理、软件质量的管理、文档的管理，保证应用软件的可维护性、可靠性、可读性、可移植性和兼容性，从总体上取得对各子系统应用软件的控制权和维护权。通过对各子系统的适当调整，实现各个应用系统的可互联性。

6. 配合其他专业全面实现建筑使用功能

建筑智能化系统的主要作用就是提供使用功能，包括为建筑里的人员提供舒适健康卫生的空气环境（温度、湿度、二氧化碳浓度、一氧化碳浓度、有害气体浓度等控制）、节约电能、节约用水、快捷的信息网络服务、音频服务、视频服务、防火防盗防雷防静电防意外的安全服务、电子政务、电子商务等。

综上所述，建设建筑智能化系统的基本设计任务就是由具有建筑智能化系统专项设计资质的设计单位先后完成建筑智能化系统的方案设计、初步设计、施工图设计（包括招标前的一次施工图和评标后的二次施工图即深化设计文件）。

第3章 建筑智能化系统设计

建筑智能化系统设计在智能建筑中虽然所占投资比例不多，但是它在智能建筑工程建设中处于龙头地位。建筑智能化系统作为大厦物业管理的大脑和神经中枢，应当对其设计予以充分的重视。然而，长期以来国内对建筑智能化系统设计在弱电工程里的龙头地位重视不够，有些项目甚至被要求免费设计。事实上一个建筑智能化系统是否先进好用，在很大程度上取决于设计水平的高低。设计是工程的灵魂，许多施工验收、用户使用出现的问题，其根源都在设计中。例如弱电机房位置不当、面积过小、门开向错；系统功能不全、技术不先进；线槽的占槽率超标；不同的工作电压线路安装在同一槽、管内；防雷接地措施缺少等，影响验收交接等，都是设计阶段留下的隐患。虽然建筑智能化系统的子系统一般包括建筑设备监控系统、综合布线与计算机网络系统等数十个部分，但是其设计方法有共同之处，下面分节叙述。

3.1 设计的地位和作用

建筑智能化系统工程设计体现了当代社会对建筑的信息化、数字化、智能化的市场需求，由“设计是工程的灵魂”这句话可见建筑智能化系统工程设计在智能建筑中不可替代的重要作用。

我国政府对建筑智能化系统采取专项资质管理，工程承包单位必须具有设计、施工双重专项资质才行。因此，设计是企业生存的首要条件，设计能力高低首先直接关系到企业能不能拿到建筑智能化系统的工程合同。

建筑智能化系统的方案设计主要作用就是构建系统框架或用于评审；初步设计包括扩大初步设计，主要用于工程概算和报批。

一次施工图设计的作用是作为招标工作中的技术文件使用，它是承包商报价、投标的主要依据。二次施工图设计的作用是作为订货、施工、验收和运行维护的依据。

建筑智能化系统的深化设计是在完成建筑智能化系统的招标工作、确定了建筑智能化系统的技术品牌和工程承包商后进行的二次施工图设计。所以该设计文件定位是真正的施工图，是订货、安装、监理（施工监理非设计监理，照图施工，旁站监督）、验收、归档、维护及运行保养的依据。

在方案设计、初步设计阶段，务必要从宏观上全面、整体把握建筑设备监控系统的设计结构，处理好 BAS（楼控）与 SAS（安防）、FAS（消防）等相邻系统的关系。举例来说，建筑里的机电动力设备分属于两个机房管理控制，即消防控制室和中央控制室，BAS 与 FAS 的关系主要是：

（1）建筑设备可以分为消防用电设备和非消防用电设备。BAS 平时控制公共照明等机电设备，火灾时被“强切”退出。FAS 平时不控制动作，火灾时“强投”应急照明等消防用电负荷。

（2）在控制级别上，FAS 比 BAS 有优先权。所以在空间位置上 FAS 的控制节点设置于电源柜、动力柜的开关上或公共照明箱的主开关（电磁脱扣器引出一对干触点），而 BAS 控制点设在分路开关（深夜切断小部分或者大部分公共照明回路电源）。

（3）火灾时通过双电源终端互投切换装置（ATSE）实现确保 FAS 供电，非消防用电负荷一律切除。应急照明包括楼梯灯、走道疏散指示灯等强制点亮。

（4）对于平、急两用的风机和水泵的控制箱，FAS 控制优先，但采用互锁装置保证不与 BAS 的控制环节发生冲突（FAS 控制继电器的动断触点串接在 BAS 控制的动合触点前）。对于平、急两用的广播音响应急广播优先，火灾确认后强制切换到自动广播。

（5）与门电路（串联）实现优先权；或门电路用以提高可靠性。

3.2　设计程序和设计原则

1. 设计阶段的划分

按照我国建设主管部门关于设计行业的规定，实行三段式的设计管理，即建筑工程设计一般分为方案设计、初步设计、施工图设计三个阶段。但是建筑智能化系统分为四段，多一个深化设计作为施工图的第二次设计，也可看作第四阶段，一般来说，土建设计单位对建筑智能化系统只是做到一次施工图。

有的工程比较巨大、复杂，往往在初步设计后附加“扩大初步设计”，简称扩初。对于建筑智能化系统工程设计，国家建设主管部门规定，在工程招标前，设计图纸时不许指定制造厂商和产品品牌。所以，施工图设计分为一次设计和深化设计（即二次施工图设计）。招标后的深化设计才能按招标结果明确制造厂商和产品品牌。

其中施工图设计的工作范围包括：首先要了解目标建筑物所处的地理环境、建筑物用途、建筑智能化系统的建设目标定位、建筑设备规模与控制工艺及监控范围等工程情况。这些情况一般在工程招标技术文件中介绍，设计者也可以根据自己的经验，提出具体实施方案。一般工程招标书或设计任务书是进行建筑智能化系统工程设计的首要依据，根据其中的建筑物地理环境、建设用途、工程范围等工程情况，选择合适的国家或地方标准规范作为设计依据。设计工作的参考资料一般包括：

（1）建设单位的用户需求、工程的可行性研究报告、有关招标意向文件等。

（2）土建设计单位的方案设计、初步设计说明；建筑、采暖、通风、空调、电力、照明、给排水等专业的智能化控制要求。

（3）现行有效的国家标准、行业标准、地方标准等以及有关多方的变更要求、甲乙双方协调书面记录等。

2. 设计的工作程序

按照工作先后顺序，设计工作依次可分为方案及技术经济可行性分析、初步设计、扩大初步设计、一次施工图、深化设计、施工图会审及竣工图等任务。

（1）方案及技术经济可行性分析。该项工作在智能化系统刚起步时大致属于立项内容，现今往往不做。其内容是由业主委托技术咨询单位、经济评估单位或专业设计研究单位进行，其工作程序是先进行调查研究，了解项目的环境资料、市场需求、业主的建设目标、投资规模弹性范围、工期要求、房地产业动态，然后，根据用户的使用要求、建设目标，有针对性地选择有关对口的技术设备，在性能大致与业主的要求档次相符的前提下，制订几套各具特点的建设方案，并对其进行技术性能与经济成本的性价比分析，从经过优化的方案中选择出1～3个方案供业主选择，并提出报告撰写者自己的意见。

（2）初步设计。按照早在1997年建设部290号文件的规定，建筑智能化系统工程应由该项目的土建工程设计单位总体负责，招标前的智能化系统设计必须由具有合格设计资质的设计机构承担，招标后的深化设计由中标的承包商承担。因此，业主应当委托合格的单位承担设计工作。初步设计是设计单位应首先完成的工作。初步设计主要由四部分组成，即初步设计报告、系统图、主要的平面布置图及投资概算。

初步设计说明内容包括设计依据、设计内容、系统功能及主要指标等方面的文字描述，包括一些必要的表格。

系统图一般是按各子系统单独出图，在此基础上，可制作综合性的框架结构图，特别是系统集成与软件开发，可有多种灵活的表现形式。总之，要求表达出系统的基本结构、主体组成、层次分布、主要设备选型以及线路敷设原则等。

主要的平面布置图包括中央控制室的布置、各弱电机房的位置、主要设备分布、线路敷设方式及路由、弱电竖井位置及平面布置等。

投资概算的前半部是主要设备材料表，后半部是根据工程概算定额计算出的分项造价及造价汇总。

（3）扩大初步设计。这是设计工作的第二步，目的在于从宏观上确定智能化系统的建设级别，整体结构及技术特点。与土建设计相比，智能化系统设计工作因其先进而复杂的特点，设计步骤与内容有着其独特性。该设计的重点在于系统集成，其内容应在初步设计的基础上具体化。为了突出重点，保证重要目标的实现，宜对楼控系统、计算机网络系统、办公自动化系统、消防系统、安保系统编写详细的专题报告，对其设计原则、技术措施、实现的手段和程序做出尽可能详细的阐述。

（4）一次施工图及深化设计。根据政府规定，深化设计应在项目设计单位的指导下，由招标确定的系统集成商完成出图工作。深化设计与土建设计有很大不同，此阶段要等甲方将弱电总包单位、分包单位、主要订货合同、施工合同确定后，针对已选定的具体设备进行为安装调试服务的工程细致设计，因为建筑法规定招标前设计单位不能指定产品，应在设计单位配合下业主选择设备或通过招标决定，而智能化系统设备之间往往表现形式差异较多，因此，确定设备生产制造商是深化设计的前提，否则便是无的放矢。在产品选择方面，虽然大家都希望产品国产化，但事实上目前是外商占领了部分市场，这是因为国际著名公司的产品系列齐全，生产规模大，便于配套。但是如今国产设备也大为进步，而且售价较低。

深化设计的内容应符合标书及合同建设目标的要求，其深度应满足施工安装、调试的需要。深化设计分为两大部分，一为工程图纸，二为软件文本。图纸包括目录、设计说明、设备材料表、详细的平面布置图、系统图、控制原理图、机房平面布置图、安装详图、端子接线图、竖井平面布置图、管线断面布置图、桥架电缆排列断面图、非标部件大样图等。软件文本主要指系统集成、物业管理及办公自动化系统的界面样张，软件的结构、组成、功能，系统集成的联动安排、功能详述等。

（5）施工图会审及竣工图：在深化设计之后，现场施工之前，应组织有业主、监理、土建设计单位及承包商参加的图纸会审。会审的目的是审查、确认将要用于施工的蓝图，其重点是智能化系统与建筑设备专业在空间的位置有无冲撞、有无优化调整的可能。另外要注意与装修工程的配合，保证智能建筑级别所要求的吊顶高度。例如，一般智能建筑应保证吊顶高度不低于2.7m。竣工图整体上看就是盖了竣工章的深化设计图，个别地方有变更则以黑色线条示出即可。

3. 设计原则

（1）先进性。系统先进性表现在许多方面，一般应包括系统适应性强，系统组成模块化，可分为不同等级的独立系统，每级都具有非常清楚的功能和权限，既可用于单独的管理，也可用于一个区域的、分散的集中管理。例如在楼控的网络扩展方面，可与其他厂家的系统或产品（包括各种形式PLC，消防系统等）连接；具有优越的远程通信功能，能够使不同楼宇间的控制系统联系起来组成一个集群系统；具有网络结构的开放性和兼容性，确保先进通信技术结合的能力，保证系统结构在产品更新换代时的延续性。

（2）实用性。指技术、设备是成熟可靠的，既要满足实用要求又要使用可靠。目前建筑智能化系统的业界常见外商的夸张宣传，其实有的是刚试用，性能尚不稳定。特别是一些软件，未经工程使用检验，不可贸然采用，即不能做试验工程。工程不同于科研，必须按合同交工，不许失败。

（3）开放性。建筑智能化系统目前发展快，厂商多，但标准不统一，常自成一家，排斥别的产品。如无开放性，则系统运行后便受制于人，只能使用同一厂家产品，即使价格昂贵也别无选择。所以开放性是公平竞争的前提，同时，也是系统集成的基本要求。智能化的重要目标是系统集成，没有开放性，楼控系统与车库自动化系统、保安监控系统、消防系统等都无法集成。这方面的工作正逐步进行，现用的方法是采用网关实现系统间的通信，所以要求产品的工业标准能相互沟通。一般国外大的产品公司这方面做得较好，故在建设智能大厦之初，应考虑到今后系统增加的需要，若无远虑，必有近忧。事物都是一分为二的，互联网是世界上最大的计算机网络，因此，智能建筑建立与互联网的联系是必然的，也是开放性的最好体现。但对外联系的开通为外部的不法侵入提供了可能，这就埋下了安全隐患，因此，必须在开放的同时采取必要的安全措施。

（4）可操作性。智能化的特点应是功能强而易操作。建筑智能化系统目前的趋势是子系统越来越多，越来越复杂，对操作管理的要求越来越高，对用户要求相对降低。这一方面主要是PC界面越来越友好，它是直接面对用户的人机对话窗口，系统要运行管理，首先管理者要面对中控室终端PC屏幕，观察运行，发出指令均在此处进行。计算机界面如复杂，用户学习掌握就困难，许多业主一开始不提出此方面的要求，系统供应商提供什么业主都接受。实际上各个厂家的用户界面有时差别很大，尽管系统交付使用时培训一段时间，但在实际工作中，还会遇到各种问题无法解决，问题往往发生在终端，还得靠厂家远程指导解决。而此项服务，有的厂家还不能提供。

（5）可集成性。与之相联系的是兼容性。国内很重视系统集成甚至把它作为建筑智能化系统水平高低的标志，但技术上难度大，目前学界和业界都正在联合攻关。理论上描述的智能化系统情景诱人，但实际上与之尚有差距，现在业界重视系统集成，宣传方面这是一个亮点，但从实际工程来看，系统集成在各地发展得很不平衡，原因之一就是各弱电系统的可集成性参差不齐，有的系统还停留在楼宇机电系统的集成控制阶段，有的已经初步实现以楼控为主的控制域和以综合布线为主的信息域的集成。所谓初步是因为还存在不少问题，例如有的工程通过中央数据库联通控制域和信息域，达到信息共享，一个子系统可以访问另一个子系统，但是，反应速度较慢。如果报警速度慢，则妨碍使用。一般的办公楼可集成的系统应包括楼控、消防、保安、广播、车库等系统，可集成性保证了系统联动的实现。

（6）可扩充性。现在信息技术发展快，每隔几年技术产品就要升级换代。智能建筑投资巨大，必须有超前意识，在设计中采取措施为今后业主扩充系统、技术升级做好准备。例如，选用质量较好的终端执行器件，在升级时不波及这些硬件设施。

（7）可靠性。指技术成熟，工作可靠，运行故障少，性能稳定，易于互换维修。具体讲，即在设计上充分体现分散控制、集中管理的特点，保证每个子系统都能独立控制，同时在中央工作站又能做到集中管理，使得整个系统结构完善、性能可靠。系统的各级别设备都可独立完成操作，即在同一时刻组成不同级别的集散系统（或不同级别的结构组织形式）。尽量采用免维护产品是提高可靠性的有效途径。例如兰吉尔公司专利产品——电动液压调节阀和电磁阀，以其高精度和低故障率大大提高了系统的可靠性。

（8）安全性。以人为本，安全第一。所谓安全性，一是人员、设备的安全，不被损害；二是指信息安全，既不能信息主动外泄，也不能被外来手段侵入。要求系统工作的安全保密性能好，对内事故少，故障影响面小，对外既保证交流畅通又可防止病毒侵入、机密外泄等问题发生。

（9）经济性。指性能价格比好，即物美价廉，物超所值。智能建筑效益巨大，投资也大，中国的国情决定了工程建设一定要少花钱，多办事，提倡节约。事实上，从智能建筑的实际来看，多花钱未必能办好事，花巨资建成的系统不能全部使用或基本不用便是极大的浪费。

因此，必须从实际需要出发，档次定位适中，不盲目攀比，在产品选型上货比三家，选用市场上性能好而价廉的产品。目前，系统中的各个组成部分已由过去的非标准化产品发展成标准化、专业化产品，从而使系统的设计安装及扩展更加方便、灵活，系统的运行更加可靠，系统的投资大大降低。

以空调自控系统为例，所谓经济实用，要求内容应包括结构形式为模块式，控制方式灵活，控制层的维护和扩展方便。管理系统可以方便地扩展，节省初期投资，系统各部分可分别随调试完成投入使用。系统能够满足物业管理上节省费用的要求，投入有限的使用能量即能保证房间的高标准和舒适性。

3.3 设计依据与选用因素

1. 建筑智能化系统的设计依据

设计说明应当列出各个系统的主要规范，其他有关规范一揽子列最后。设计依据是设计的出发点，原始的存档文件一般包括以下三部分：

（1）建设单位的批文、要求，用户需求；立项文件、用户需求调查报告、招标的标书、合同所附的验收标准及业主的建设要求。

（2）投标的承诺书、投标文件皆有法律效力，不要为了取悦建设单位随意放大质保期，国家要求2年，不必写5年，否则有可能亏损。

（3）设计标准和规范主要有国家标准、行业标准、地方标准、国际标准、协会/团体标准、企业标准6类。

不论是强制性、推荐性（带/T）两种规范的哪一种，只要是现行规范，都是有效的，设计中都应当全面执行。要注意其中的强制性条文，黑体字，设计单位如果违反强制性条文，可能影响自己的设计资质。

国家、地方政府的有关设计规范、标准，内容暂缺的方面可参照相应的国际标准及行业标准执行。

国家标准与地方标准：后者要求更高，原则上就高不就低，从严不从宽，全符合才行。全国各地经济发展不平衡，经济发达地区的地方标准往往要求高些。例如2012年北京市颁行的《弱电工程施工及验收规范》（DB 11/883—2012），内容包括各个子系统，有强条，其中BAS的施工、调试、检测较细致。

目前标准数量多，标准总是滞后于工程市场，标准之间的矛盾具体问题要具体对待，以主规范、新规范为主，没有对应内容的可以使用国际IEC、IEO规范。消防方面注意建筑高度超过100m的超高层项目，涉及没有对应规范的内容，往往要组织专家论证技术方案。

住房和城乡建设部系统的单位出台了许多智能化系统的图集，设计中可以大量采用标准图集，例如机房防雷接地方面。

应当列出的标准规范一般有项目涉及的综合性规范、安全方面的规范、对口的专项规范等。

（4）土建设计文件，内容包括建筑、强电电气、空调、通风、采暖、给排水及结构等专业提供的设计资料。在深化设计阶段，系统集成商向参与集成的各弱电系统所提要求，各弱电系统向系统集成商提供的协作资料和接口通信协议承诺，各专业协调所形成的变更纪要，尤其是管槽施工方面的调整亦应作为变更设计的依据。

（5）有关本工程设计的政府文件，如法律、法规、通知等，都要执行，不然影响工程验收、使用。

2. 选择适用的系统设计标准的相关因素

在设计、审查、施工、验收中如何选择规范，这就涉及标准、规范的效力。应当选用现行有效、适用的标准、规范，不然设计工作前提就错了。

标准的类型大致有6类，即国家标准（以汉语拼音字头大写GB为标志，级别高，适于全国各个地区、各个行业，但它是不能突破的底线故要求不高）、地方标准（以汉语拼音字头大写DB为标志，级别低，仅适于本省市辖区内各个行业，适于各地经济发展不平衡导致的建设标准不同，故一般要求较高）、行业标准（以汉语拼音字头大写JGJ等为标志，JGJ指建筑业；GA指公安；DL指电力行业标准；YD指电信行业标准。适于全国本行业，一般较为具体，可操作性强）、国际标准（我国经常借鉴的标准有国际电气工程委员会IEC、国际标准组织IEO等）、企业标准（由企业编制的技术标准）、协会/团体标准（行业协会组织编写的技术标准，在西方国家是主要标准）等。

标准的适用性是设计时要注意的。首先是适用范围，要注意设计规范的适用范围，不能张冠李戴。适于住宅工程的规定未必适于公共建筑。其次是标准的性质是推荐性（以“/T”为标志）还是强制性，有的标准规范整本都是强制性条文，而大多数规范标准是只有一部分条文是强制性条文，简称“强条”；强条俗称是设计工作的“高压线”，应当严格执行，不能违反。所以，标准规范往往将强条以黑体字印出。注意，标准中的规定一般是最低要求。

由于政出各门，标准实施现状是各种标准中对同一问题的规定多有不一致之处，相互矛盾，由此对设计造成困扰。如何处理这种规范标准之间的矛盾关系？规定不一致主要是发生在国家标准与地方标准之间，处理的原则基本是“就高不就低，从严不从宽，就新不就旧”，就是设计中执行要求较高、规范发布时间相对较短的技术规定。因为执行了较高的要求，较低的要求同时也满足了；反之，较高的现行规范没有执行，直接影响工程验收。例如，对某市项目，在电气消防不同的设计规范里，应急照明灯具新品订货时蓄电池的技术指标要求，有30min、60min、90min 3种，订货选用90min的产品，即可同时满足各个规范要求。

标准的时效性，直接关系到设计单位、施工单位的经济利益。例如一个工程施工数年，刚完工就有新规范颁布，如果按照新规范验收，那么许多方面将不符合新规范要求。在实际工程实践里，有多种情况区别对待。按住房和城乡建设部主管部门111号文件规定，设计文件审查标准以设计合同签订日期为准执行；而北京市有关部门则规定审查施工图以规划许可证上的日期为准执行；一般单位例如消防部门以规范发布时的实施日期为准执行。对于绿色通道项目等特殊项目，则以特批日期为准执行。

宏观地看，设计文件最常见的时效性问题是两个：一是“滞后”采用了过期作废的标准规范；二是“超前”采用了尚未实施的标准规范。前者主要因为总是复制以前的电子文档，不与时俱进，导致设计依据多有已经废止规范；后者则是混淆规范上发布日期与实施日期，或者将网上流传的征求意见稿、报批稿等与传言混在一起。设计人拿不准时，可以上网例如到“工程标准网”查询，确定执行现行有效的标准规范。

建设项目适用标准规范和管辖范围以项目属地化为原则。例如，广东省的设计单位承接北京市建设项目，必须执行北京市地方标准，不得使用在广东省有效的地方标准。

3. 设计标准与设计规范的知识要点

（1）标准、规范的体系：工业与民用，这是我国两大标准体系，各自规定了其规范的适用范围。如果按照项目实施先后顺序来分类，主要有五阶段的子规范，即规划规范、设计规范、施工规范、验收规范、运行维护规范。

（2）标准、规范的性质：强制性和推荐性。强制性如GB国家标准；DB省、市地方标准；JGJ、YD、GA等行业标准。推荐性标准如GB/T、DB/T、JGJ/T、GA/T等。

（3）公共建筑与住宅工程：这是民用建筑里面的两大分类。公共建筑与住宅使用性质有诸多不同，两者的适用规范是有不同的内容。特别是关于住宅的规定有许多地方不能用于公共建筑。建筑智能化系统一般属于民用建筑，设计师要注意以下几点：

1）注意标准图集的局限性。标准图集可以节省大量工作量，技术可靠。但是，标准图集往往滞后于标准规范的修编，从而造成某些时候标准图集与标准、规范不一致。这时必须以标准规范为准。

2）注意设计标准、规范有发布日期，实施日期，废止日期；住房和城乡建设部文件规定设计文件适用的规范以设计合同日期当天有效为准（此日后新颁布的标准规范不适用，下同）；有的地方政府以该项目规划许可证日期当天有效为准；有的特殊项目走绿色通道等方式，先建后补手续，特批日期当天有效为准。

3）不能采用已废止的标准规范，不能超前采用未正式颁布的。设计文件、投标文件中采用废止规范很多，是不应该的。例如网上曾经出现的《火灾自动报警系统设计规范（2008年版）》，就没有正式颁布。

4）注意地方标准的区域局限。不论设计单位在何处，设计文件必须执行项目建设所在地的地方标准；地方标准只能用于当地，换了项目地址出了省市地界可不能再用。例如天津的设计公司习惯于在图纸上使用天津的地方标准，但是，对北京市的项目设计中，仍然使用天津的地方标准就是不对的。实际工作中往往是电子文档复制使用没有删改干净。

5）注意援外项目与国内项目的区别。国内的设计公司在承担境外项目时，有两种约定情况：一是采用国内的设计标准；二是采用当地国家的标准。需要设计前要先明确。

（4）公共性标准，即通用的专业技术标准。

1）制图标准包括图例符号等，如建筑电气专业、设备专业等图例符号。建筑电气专业包括智能化系统设计根本的特点是以抽象的方法而不是写实的方法画图体现设计意图。图符选用可执行《建筑电气制图标准》（GB/T 50786—2012）。图名、图幅、比例、线宽、颜色、图层、图签，5 个专业会签，审定、审核、校对、设计人签字等属于设计的技术措施。

2）设计深度规定：政府对建筑业设计采取 3 段式管理，建筑工程设计文件设计深度规定中专设“建筑智能化系统”一节。另外还有通用技术标准，如统一电气专业技术措施（行业的市、院）、标准图集、技术规程、测检方法及标准、产品制造标准、安装标准等。现行的《智能建筑设计施工图集》涵盖了设计和施工两方面内容，其中罗列了细节做法和系统模式等，可作为具体工程的参考。有些设计单位别出心裁搞出的设计，或者业主提出一些过高要求，实际上实现不了，结果是花钱多而效果不理想，因此，应用标准来衡量是必要的，有助于恰如其分地设计技术方案。

（5）母规范，即综合性规范。全国性的内容涵盖智能建筑整体的综合性规范主要是《智能建筑设计标准》，其中主要内容有系统集成、BAS、OAS、CAS 及住宅智能化等。内容较全面。全国行业综合性规范有《民用建筑电气设计》等。由于智能建筑发展快，其设计标准的深度和广度发展是迅速的。以建筑电气、建筑智能化系统综合性规范举例：《智能建筑设计标准》（GB 50314—2015），包括了安防、布线、楼控、消防等所有智能化系统；《民用建筑电气设计标准》（GB 51348—2019），民用建筑电气设计标准是当家规范，包括了10kV 及以下强电、弱电内容；《建筑物防雷设计规范》（GB 50057—2010），包括了直击雷、侧击雷、感应雷（闪电感应）的设计防范措施。

（6）子规范，即专项子系统专业性标准规范，针对母规范中某一专题展开详述。仅就智能建筑中的一个子系统做出的规定。对于工程现场的建筑智能化系统承包商来说，综合性规范过于原则、宽泛，专项子系统规范明确、具体，对于工程设计、施工、验收更为实用。常见的专项子系统规范如下：

1）《综合布线设计规范》（GB 50311—2016）。

2）《建筑设备监控系统工程技术规范》（JGJ/T 334—2014）。

3）《公共广播系统技术规范》（GB 50526—2010）。

4）《有线电视网络工程设计标准》（GB/T 50200—2018）。

5）《民用闭路电视技术规范》（GB 50198—2011）。

6）《数据中心设计规范》（GB 50174—2017）。

7）《视频安防监控系统工程设计规范》（GB 50395—2007）。

8）《楼宇对讲电控防盗门通用技术条件》（GA/T 72—2005）。

9）《火灾报警系统设计规范》（GB 50116—2013）。

10）《出入口控制系统工程设计规范》（GA/T 394—2002）。

11）《入侵报警系统工程设计规范》（GA/T 368—2001）。

12）《安全防范工程技术规范》（GB 50348—2018）。

13）《厅堂扩声系统设计规范》（GB 50371—2006）。

14）《会议电视会场系统工程设计规范》（GB 50635—2010）。

15）《建筑物电子信息系统防雷技术规范》（GB 50343—2012）。

16）《电子工程节能设计规范》（GB 50710—2011）。

17)《视频显示系统工程技术规范》(GB 50464—2008)。

18)《会议系统工程设计规范》(YDT 5032—2005)。

19)《电子会议系统工程设计规范》(GB 50799—2012)。

20)《住宅区和住宅建筑内光纤到户通信设施工程设计规范》(GB 50846—2012)等。

其中《建筑物电子信息系统防雷技术规范》是保证人员、设备安全的专项规范。

(7)按建筑功能性质区分的有关规范:

1)《教育建筑电气设计规范》(JGJ 310—2013)。

2)《医疗建筑电气设计规范》(JGJ 312—2013)。

3)《体育建筑智能化系统工程技术规范》(JGJ/T 179—2009)。

4)《住宅建筑规范》(GB 50368—2005)。

5)《住宅设计规范》(GB 50096—2011)。

6)《住宅建筑电气设计规范》(JGJ 242—2011)。

7)《住宅区和住宅建筑内通信设施工程设计规范》(GB/T 50605—2010)。

8)《交通建筑电气设计规范》(JGJ 243—2011)。

9)《金融建筑电气设计规范》(JGJ 284—2012)等。

标准及规范是行业管理的核心内容之一,也是设计、业主、施工、监理等各方共同的标尺。在实际工程中之所以在业主、施工方、监理之间产生矛盾,一个重要原因便是在此方面没有一把共同的尺子衡量是非。这方面目前的局面是多种标准共存,有的执行北美的、有的执行欧洲的、有的执行地方的,这些标准各取所需。应当承认,这些标准都起到了一定作用,总的来看,国家的技术管理相对工程实际需要尽管有所滞后,主管部门还是在市场需要的推动下陆续出台了一些重要的标准规范,基本满足了工程建设的需要。

在智能建筑的设计标准规范(国际、国家、行业、地方、协会、企业标准)里,由于我国智能化系统设计起步较晚,有些方面的标准暂付阙如,国际标准可以作为参考执行的技术标准,起着暂时替代国内所缺标准的作用,其在工程中的指导地位取决于有关各方的约定。IBS有关国际标准以IEC、ISO系列标准为主,其数量特别是其中的工业产品标准非常多,可以说是汗牛充栋。熟悉所有这些标准是件不容易的事,况且也没多大必要。根据工程的需要,对国际标准从整体上应有大致的了解,搞清分类的概念,有什么具体问题查找相关的标准即可。

我们国家的标准化工作做得比较好。政府历来重视工程标准、规范的编制,许多行业的规范齐全,其中国家标准是在全国范围内都应执行的权威标准。标准作为指导文件,本应在建设项目之前出台,但理论只能是实践的总结,故现实中智能建筑规范曾经滞后。在发展中规范,在规范中发展,这样做符合一般规范的产生过程。

过去国内用得较多的设计规范是地方标准。北京、上海、江苏等走在前面。上海市的《智能建筑设计标准》出台比较早,涉及面较全,在许多工程中被采用,发挥了较好的作用。此标准率先提出高、中、低档建设目标,并把各专业协调问题列出来,要求建筑与智能化各专业设计档次配套一致,好马配好鞍。以建筑专业为例,它提出了层高的要求,提出了环境如温度、湿度、一氧化碳、二氧化碳、有害气体含量等指标。

标准在工程中的作用众所周知，无论是设计、施工、业主、质检、监理，都要以此为依据开展工作，不能自作主张，自定标尺。包括地方住房和城乡建设委员会、质量监督检验检疫局等组织的智能建筑验收，也是以国家标准等标准规范为依据。

3.4 系统设计技术措施和一般方法

智能建筑在起始阶段主要在办公楼方面发展，时至今日，智能建筑的类型已是多种多样，五彩缤纷，智能银行、智能医院、智能综合楼、智能宾馆饭店、智能商务写字楼……几乎所有的建筑类型都可智能化，其各自特点主要在于使用性质的区别、子系统的多少、系统集成级别的高低、功能的不同等方面。

3.4.1 智能化系统设计的特点

智能化系统设计的一般方法就是针对项目特点确定技术措施。从宏观方面看，主要特点有：

（1）智能银行的设计以安全、保密为特点，数据库服务器要多备份，保安系统要求高，录像资料应保存时间长。另外，往往还要求有时钟系统（包括中心设备 GPS 校准系统，主备用母钟系统，自动切换及监控系统；二级子母钟；子钟；输出系统）、同声传译系统等。

（2）智能医院的设计以多媒体视频会议系统为重点，计算机网络的传输速度快、数据库容量大。

（3）智能综合楼、智能宾馆饭店的设计以酒店计算机管理系统为重点，消防系统、卫星电视、有线电视、视频点播方面要求高。广播系统的客房音响应能选择多台节目。

（4）智能商务写字楼的设计具有代表性。它以子系统多、投资高为特点，其中计算机网络系统、楼控系统、ISP 专线接入系统、车库系统均具有重要地位。

（5）超高层建筑的消防弱电系统设计十分重要，其特点应予以特别注意，从大的方面看，首先是多层建筑与高层建筑的区别。住宅是 7 层及以上为高层建筑；公共建筑的建筑高度为 24m 及以上者为高层建筑。高层建筑又按民用建筑电气设计规范分为一类、二类两种（住宅 20 层及以上、公共建筑 50m 建筑高度及以上者为一类高层）。在建筑高度达到或超过 100m 时为超高层建筑，此时一般的消防部门的灭火设备已经不能企及其高处，需要建筑里面人员和设备自救。如果建筑高度超过 250m，消防设计的要求要更上一层楼。

（6）智能建筑设计方案构思是一项创造性的工作，虽然智能化系统的技术产品的功能大同小异，但每个工程均有其具体的情况，不是既有工程的简单堆积与裁减所能解决问题的。设计构思要解决该项目的智能化建设重点、技术方案比较选择、特点确定等方面的问题。如某写字楼的设计构思框架是：空调系统采用 VAV 可调风量系统达到温度、湿度、二氧化碳的全面控制；采用卫星无线接入国际互联网的方式，建立大厦与外界沟通的信息高速公路；采用不停车识别车库管理系统；消防、电力、安保等系统的工作状态均进入中控室，智能化系统集成的建设目标定位在BMS级。

智能建筑设计一般要点包括：

（1）智能建筑的建设目标和定位，系统集成级别的确定，智能化子系统的组成及功能确定。在这方面应重点考虑建筑规模和使用性质，一般的建筑规模越大，子系统越多，系统集成的级别越高。依建筑的使用性质可分为商业、金融、办公、住宅、公共、综合等，客观上限定了智能化系统的组合形式，即建筑用途不同，其建筑智能化系统的组成和功能也不同。

（2）技术方案的选择。例如，在信息系统方面，首先是采用万兆网为骨干网还是采用别的为骨干网，计算机网络采用是局域网还是广域网或者城域网，网络的拓扑结构采用什么方式等。

就骨干网的选择而言，这是信息系统方面的关键技术。要选用目前先进的技术，例如区块链、5G等，要支持音频、视频的应用，响应时间短，容错能力强，可操作性好，适合于用户端的多业务接入。要面向连接，注重中央控制，有灵活的虚拟局域网划分，有高度的开放性和可扩展性，可靠性高，适合于有严格性能保证和安全性的商业骨干网。

局域网的常见拓扑结构有星形结构、总线形结构、环形结构、树形结构和混合结构等。这些结构形式决定了网络中各个节点相互连接的方法和表现形式。

综合布线的形式级别可供选择的有基本型、增强型和综合型。就系统类别而言，有3类、4类、5类、超5类、6类、7类系统等。在设计时，应当系统配置对称，不能造成系统标准高低不配套。在垂直干线系统中，一般是数据干线采用六芯、十二芯光纤，语音干线采用三类大对数电缆；水平子系统中，一般采用超5类线缆即可满足使用要求，如采用6类线、7类线，则比超5类线缆价格高，传输带宽可增加多倍。

双绞线的绞和只能保护电缆不被磁场干扰，而不能使其不被电场干扰。事实上，许多干扰源发射的是电场或电磁场。综合布线是采用屏蔽线缆（FTP）还是采用非屏蔽线缆（UTP），何者为优？对此业界莫衷一是，一般认为，应根据使用场合来选择。UTP线缆价格低，施工容易，对接地要求不高，有一套完整的参数测试方法，在普通工程中大量采用。而FTP线缆价格较高，对接地要求高，施工较复杂，目前配套测试方法尚缺。但是，它的突出优点是可显著减弱来自外界的干扰信号和自身线缆的信号散射，保密性强。另外，屏蔽层在抵抗干扰的同时可有效防止中途阻断，而UTP线缆容易被阻断，这是因为数据线缆的散射水平越高，就越容易中途阻断网络。因此，对于重要工程，数据线缆及插接件都应当是屏蔽的，以保护网络免受外界任何干扰源的干扰，防止中途阻断，保护数据安全及数据传输品质。尤其在网络的速率增长较快的条件下，屏蔽变得更为重要。

高层综合性智能建筑信息点中数据点的比例一般高于语音点，终端PC大多是以太网用户，需要千兆或万兆以太网。因此，水平子系统线缆一般采用超5类或6类、7类即可满足使用要求。对桌面工作站而言，使用光纤较为合理。光纤具有铜缆所没有的长处，随着信息传输要求的不断提高，光纤成本的逐步下降，光纤除用于主干网及其他综合布线部分外，光纤到桌面是适应一切特殊要求的合理选择。

在系统集成方面，首先应根据使用要求确定系统集成的级别和内容，其次是系统集成的模式。模式有子系统集成模式和综合集成模式。前者是在子系统设备自的管理级，子系统的操作和管理软件不在同一个平台上，但中央管理工作站在进行集成时需要与子系统建立通信协议。后者是集成系统采用统一的操作系统，管理软件运行在同一计算机平台上，子系统与中央管理系统之间没有明显的主从关系，两者的关系是并行处理，信息资源共享，系统功能共享。这种方式的优点是集成程度高，效率高，统一软件和操作系统，中央机同子系统无界面障碍。

在设计系统集成时应特别注意，限于各方面的条件，先要保证各个子系统的目标实现，不要盲目追求系统集成的高级别、大容量和系统全。否则，既无必要，难度也大，影响基本目标的实现。

（3）主要系统产品品牌的选择。国内建筑智能化系统产品市场上的主流产品品牌以国外的产品为主。除了假冒产品，其产品质量一般是可以的。但在价格、用途、技术标准等方面各有不同。因此应在性价比、合理配置、集成通信、市场占有率等方面做重点考虑。在综合布线系统中，如系统电缆的类别（CAT3、CAT5、CAT6、CAT7）、是否屏蔽线缆、垂直数据干线是否采用光纤、光纤是否到桌面、光纤的类型等前提已确定，可在诸多产品品牌中选择。

在楼宇自控及系统集成方面，具有工程承包资质且产品市场占有率较多的品牌目前大致有 50 余家。在这方面宜综合考虑楼控、消防、安保、广播、车库等系统的集成需要，选用一个大系列产品，以免出现由众多厂商产品拼盘所带来的不必要混乱。

（4）中控室、消防控制室、电视前端采编室、电话机房等机房的大小、位置、布置的确定。例如过去按规定消防控制室应在一层，有门直通户外；为使收视效果好，电视室宜随天线位置设于塔楼顶或裙房屋顶附近；网络中心宜设于大楼中间层以节约线缆；电话机房宜设于四层之下，以便电信线缆引入。此外，机房的电源装置要满足稳压、不间断电源供电、防静电地板上插座高 0.3m（距地 0.6m）等要求。

（5）弱电竖井的位置选择、尺寸确定及空间布置。

（6）网络结构的确定。楼宇管理系统是由中央管理站、各种 DDC 控制器及各类传感器、执行机构组成能够完成多种控制及管理功能的网络系统。它是随着计算机环境控制的应用而发展起来的一种智能化控制管理网络。如果 IBMS 集成管理系统采用两级网络，一般一级网络可用千兆高速以太网，二级可采用十兆以太网。

（7）确定进入综合布线网络的内容。可接入的内容包括电话通信、计算机数据通信、图像会议电视通信。尚未接入的内容包括监视电视、有线电视、火灾自动报警系统、背景音乐与火灾紧急广播系统、楼宇自控系统、停车库管理系统，其中监视电视系统亦可通过适配器接入综合布线，但造价高，图像质量差，且不利于保密。

（8）其他问题。如广播音响系统是否平急合用？除了对娱乐有特殊要求之外，一般智能建筑工程采用平急两用系统，其好处是节省投资，缩短工期，节省施工空间（管线较少）。

屋顶天线是否采用自动伺服机构？在内地、盆地等常年风力不大的区域可不设天线的自动伺服机构，但在沿海等风暴时常光临的地区宜采用自动伺服机构。这是因为具有抛物面形状的天线朝向一旦迎风，则风阻巨大，加之其一般位于屋顶高处，在大风天气容易造成危险。采用自动伺服机构后，刮风时可及时将天线朝天锁定，这样，由于高空的气流以水平方向为主，气流遇到朝天锁定的天线时，可平滑地由天线上下方通过，风阻应力显著降低，可确保安全。

信息插座问题。信息插座粗分为非屏蔽、屏蔽和光纤三类，有 T568A 或 T568B 两个标准，采用 T568B 标准的较多。按安装位置可分为有壁嵌型和桌面型两类。按保护方式可分为地面翻盖式、墙上活动盖式（一种是直接推入，另一种是掀盖后插入）、墙上 45° 斜插式等。按传输速率有低速和高速之别，如 MPS100DH 信息插座适于 622Mbit/s 高速数据通信及视频应用，而 MGS200 则是可用于千兆位的信息插座。

与信息插座相关的是信息插头。语音插头传统采用 RJ11 用于一般语音传输，FJ45 插头符合 ISDN（可将用户的语音与数据信息按统一标准以数字形式综合的网络）的技术要求，适应通信业务不断扩大的形势，它既可用作电话出线口，又可作为图像显示及计算机终端。在要求传输带宽超出 100MHz 时，RJ45 插头不能胜任，可用合适的 ALL-LAN 连接头。

配线架在信息系统中起着承上启下的作用。配线架有电缆配线架和光纤配线架，其连接块有直接压接式和插接式。直接压接式连接块大多用于语音或大容量系统，压接式仅需轻压一下压接器件即可完成连接，俗称打线方式，它安装简便，节省人力及时间。插接式也称快接式，主要用于数据传输，特点是用户可方便快捷地完成系统的变动或增添，能灵活应付办公空间搬迁、装修所带来的变化。

线缆选择问题。弱电系统中的有线电话如单独布线时应选用 PVC 类的线缆；如采用语音、数据可互换的布线方式时，要求低的可选用 UPT-CAT5/CAT5E；要求高的可选用 STP-CAT6/CAT7。无线通信宜采用同轴电缆、波导管道连接；防盗系统传感器部分可采用屏蔽双绞线（STP）；摄像机至切换器等处的视频线可采用同轴电缆（传输距离 200m 以内）；消防广播线路应为阻燃型或耐火型的 BV 线；消防电话线路可为阻燃型的 PVC 电话电缆；楼控系统中，模拟信号线路采用屏蔽电缆，开关信号线路采用普通 BV 导线；火灾探测器线路采用阻燃或阻燃耐火型导线；CATV 电视系统中，通常使用同轴电缆。

3.4.2 建筑智能化系统的设计深度要求

建筑智能化系统设计深度不够是一个比较普遍问题。解决方法就是按照住房和城乡建设部现行的《建筑工程设计文件编制深度规定（2016 年版）》执行，其中方案设计、初步设计、施工图设计各个阶段的建筑智能化系统设计文件深度要求一目了然，具体规定如下：

智能化专项设计根据需要可分为方案设计、初步设计、施工图设计及深化设计（即二次施工图设计）四个阶段。

1）方案设计、初步设计、施工图设计各阶段设计文件编制深度应符合业主手续报审的要求，符合工程预留、预埋的要求，符合工程招标投标和设备订货等实际建设程序的要求。

2）深化设计应满足设备材料采购、非标准设备制作、施工和调试的需要。

3）土建设计单位要配合深化设计单位（即中标承包单位）了解系统的情况及要求，参与会审深化设计单位的设计图纸。

1. 方案设计文件

在方案设计阶段，建筑智能化设计文件应包括设计说明书、系统造价估算。设计说明书如下：

（1）工程概况：

1）应说明建筑地理位置、类别、使用性质、主要功能、组成、总面积（地上、地下总面积可以分列）、结构形式、层数、层高、防火级别、建筑高度以及能反映建筑规模的主要技术指标等。

2）应说明本项目需设置的机房数量、类型、功能、面积、位置要求及指标。

（2）设计依据：

1）建设单位提供有关资料和设计任务书。

2）设计所执行的主要法规和所采用的主要标准（包括标准的名称、编号、年号和版本号）。

3）设计范围：本工程拟设的建筑智能化系统，内容一般应包括系统分类、系统名称，表述方式应符合《智能建筑设计标准》(GB 50314）层级分类的要求和顺序。

4）设计内容：内容一般应包括建筑智能化系统架构，各子系统的系统概述、功能、结构、组成以及技术要求。

2. 初步设计文件（包括扩大初步设计文件，可用于工程概算）

在初步设计阶段，建筑智能化设计文件一般应包括图纸目录、设计说明书、设计图纸、系统概算。

（1）图纸目录。应按图纸序号排列，先列新绘制图纸，后列选用的重复利用图和标准图。先列系统图，后列平面图。

（2）设计说明书。

1）工程概况：见“方案设计文件”相应内容。

2）设计依据：① 已批准的方案设计文件（注明批文的文号说明）。② 建设单位提供有关资料和设计任务书。③ 本专业设计所采用的设计所执行的主要法规和所采用的主要标准（包括标准的名称、编号、年号和版本号）。④ 工程可利用的市政条件或设计依据的市政条件。⑤ 建筑、结构、给水排水、暖通空调、强电等有关专业提供的条件图和有关资料。

3）设计范围：内容一般包括各个智能化子系统名称、系统集成级别和弱电机房等。

4）设计内容：各子系统的功能要求、系统组成、系统结构、设计原则、系统的主要性能指标、参数及机房位置。

5）节能及环保措施。

6）相关专业及市政相关部门的技术接口要求。

（3）设计图纸。

1）封面、图纸目录、各子系统的系统框图或系统图。

2）智能化技术用房的位置及布置图。

3）系统框图或系统图应包含系统名称、组成单元、框架体系、图例等。

4）图例应注明主要设备的图例、名称、规格、单位、数量、安装要求等。

（4）系统概算。

1）确定各子系统规模。

2）确定各子系统概算，包括单位、数量、系统造价。

3. 施工图设计文件

（1）工程概况：见“方案设计文件”相应内容。

（2）智能化专业设计文件应包括封面、图纸目录、设计说明、设计图及点表。

（3）图纸目录。见初步设计文件相应内容。

（4）设计说明。

1）工程概况：应将经初步（或方案）设计审批定案的主要技术经济指标示出。

2）设计依据：已批准的初步设计文件（注明文号或说明）、标准规范等如前面所述。

3）设计范围：见“方案设计文件”相应内容。

4）设计内容：应包括智能化系统及各子系统的用途、结构、功能、设计原则、系统点表、系统及主要设备的性能指标。

5）各系统的施工要求和注意事项（包括线缆管槽的选型、布线敷设方式、防护措施、设备安装等）。

6）设备主要技术要求及控制精度要求（亦可附在相应图纸上）。

7）防雷、接地、等电位联结等安全措施等要求（亦可附在相应图纸上）。

8）节能及环保措施。

9）与相关专业及市政相关部门的技术接口要求及专业分工界面说明。

10）各分系统间联动控制和信号传输的设计要求。

11）对承包商深化设计图纸的审核要求。

12）凡不能用图表达的施工要求，均应以设计说明文字表述。

13）有特殊需要说明的可集中或分开列在有关图纸上。

（5）图例和符号。尽量采用 GB/T 50786—2012《建筑电气制图标准》里面既有的图例和符号，可以使用少量非标准图例和符号，但是务必列于说明中。

1）注明主要设备的图例、名称、数量、安装要求。

2）注明线型的图例、名称、规格、配套设备名称、敷设要求。

（6）主要设备、元件及材料表。表中注明各子系统主要设备及材料的名称、规格、功能指标、重要参数、单位、数量。按照国务院文件规定，机电设备招标前的设计文件不能指定制造商、供货商的名称和产品型号。

（7）智能化总平面图。

1）标注建筑物、构筑物名称或编号、层数或标高、道路、地形等高线和用户的安装容量。

2）标注各建筑进线间及总配线间的位置、编号；室外前端设备位置、规格以及安装方式说明等。

3）室外设备应注明设备的安装、通信、防雷、防水及供电要求，宜提供安装详图。

4）室外立杆应注明杆位编号、杆高、壁厚、杆件形式、拉线、重复接地、避雷器等（附标准图集选择表），宜提供安装详图。

5）室外线缆应注明数量、类型、线路走向、敷设方式、人（手）孔规格、位置、编号及引用详图。

6）室外线管注明管径、埋设深度或敷设的标高，标注管道长度。

7）比例、指北针。

8）图中未表达清楚的内容可附图做统一说明。

（8）设计图纸。

1）系统图应表达系统结构、主要设备的数量和类型、设备之间的连接方式、线缆类型及规格、图例。

2）平面图应包括设备位置、线缆数量、线缆管槽路由、线型、管槽规格、敷设方式、图例。

3）图中应表示出轴线号、管槽距、管槽尺寸、设计地面标高、管槽标高（标注管槽底）、管材、接口形式、管道平面示意，并标出交叉管槽的尺寸、位置、标高；纵断面图比例宜为竖向 1:50 或 1:100，横向 1:500（或与平面图的比例一致）。对平面管槽复杂的位置，应绘制管槽横断面图。

4）在平面图上不能完全表达设计意图以及做法复杂容易引起施工误解时，应绘制做法详图，包括设备安装详图、机房安装详图等。

5）图中表达不清楚的内容，可随图做相应说明或补充其他图表。

（9）系统预算。

1）确定各子系统主要设备材料清单。

2）确定各子系统预算，包括单位、主要性能参数、数量、系统造价。

（10）智能化集成管理系统设计图。

1）系统图、集成形式及要求。

2）各系统联动要求、接口形式要求、通信协议要求。

（11）通信网络系统设计图。

1）根据工程性质、功能和近远期用户需求确定电话系统形式。

2）当设置电话交换机时，确定电话机房的位置、电话中继线数量及配套相关专业技术要求。

3）传输线缆选择及敷设要求。

4）中继线路引入位置和方式的确定。

5）通信接入机房外线接入预埋管、手（人）孔图。

6）防雷接地、工作接地方式及接地电阻要求。

（12）计算机网络系统设计图。

1）系统图应确定组网方式、网络出口、网络互联及网络安全要求。建筑群项目应提供各单体系统联网的要求。

2）信息中心配置要求；注明主要设备图例、名称、规格、单位、数量、安装要求。

3）平面图应确定交换机的安装位置、类型及数量。

（13）布线系统设计图。

1）根据建设工程项目的性质、功能和近期需求、远期发展确定布线系统的组成以及设置标准。

2）系统图、平面图。

3）确定布线系统结构体系、配线设备类型，传输线缆的选择和敷设要求。

（14）有线电视及卫星电视接收系统设计图。

1）根据建设工程项目的性质、功能和近期需求、远期发展确定有线电视和卫星电视接收系统的组成以及设置标准。

2）系统图、平面图。

3）确定有线电视及卫星电视接收系统组成，传输线缆的选择和敷设要求。

4）确定卫星接收天线的位置、数量、基座类型及做法。

5）确定接收卫星的名称及卫星接收节目，确定有线电视节目源。

（15）公共广播系统设计图。

1）根据建设工程项目的性质、功能和近期需求、远期发展确定系统设置标准。

2）系统图、平面图。

3）确定公共广播的声学要求、音源设置要求及末端扬声器的设置原则。

4）确定末端设备规格，传输线缆的选择和敷设要求。

（16）信息导引及发布系统设计图。

1）根据建设工程项目的性质、功能和近期需求、远期发展确定系统功能、信息发布屏类型和位置。

2）系统图、平面图。

3）确定末端设备规格，传输线缆的选择和敷设要求。

4）设备安装详图。

（17）会议系统设计图。

1）根据建设工程项目的性质、功能和近期需求、远期发展确定会议系统建设标准和系统功能。

2）系统图、平面图。

3）确定末端设备规格，传输线缆的选择和敷设要求。

（18）时钟系统设计图。

1）根据建设工程项目的性质、功能和近期需求、远期发展确定子钟位置和形式。

2）系统图、平面图。

3）确定末端设备规格，传输线缆的选择和敷设要求。

（19）专业工作业务系统设计图。

1）根据建设工程项目的性质、功能和近期需求、远期发展确定专业工作业务系统类型和功能。

2）系统图、平面图。

3）确定末端设备规格，传输线缆的选择和敷设要求。

（20）物业运营管理系统设计图。根据建设项目性质、功能和管理模式确定系统功能和软件架构图。

（21）智能卡应用系统设计图。

1）根据建设项目性质、功能和管理模式确定智能卡应用范围和一卡通功能。

2）系统图。

3）确定网络结构、卡片类型。

（22）建筑设备管理系统设计图。

1）系统图、平面图、监控原理图、监控点表。

2）系统图应体现控制器与被控设备之间的连接方式及控制关系。

3）平面图应体现控制器位置、线缆敷设要求，绘至控制器止。

4）监控原理图有标准图集的可直接标注图集方案号或者页次，应体现被控设备的工艺要求，应说明监测点及控制点的名称和类型，应明确控制逻辑要求，应注明设备明细表、外接端子表。

5）监控点表应体现监控点的位置、名称、类型、数量以及控制器的配置方式。

6）监控系统模拟屏的布局图。

7）图中表达不清楚的内容，可随图做相应说明。

8）应满足电气、供排水、暖通等专业对控制工艺的要求。

（23）安全技术防范系统设计图。

1）根据建设工程的性质、规模确定风险等级、系统架构、组成及功能要求。

2）确定安全防范区域的划分原则及设防方法。

3）系统图、设计说明、平面图、不间断电源配电图。

4）确定机房位置、机房设备平面布局，确定控制台、显示屏详图。

5）传输线缆选择及敷设要求。

6）确定视频安防监控、入侵报警、出入口管理、访客管理、对讲、车库管理、电子巡查等系统设备位置、数量及类型。

7）确定视频安防监控系统的图像分辨率、存储时间及存储容量。

8）图中表达不清楚的内容，可随图做相应说明。

9）应满足电气、给水排水、暖通空调等专业对控制工艺的要求。注明主要设备图例、名称、规格、单位、数量、安装要求。

（24）机房工程设计图。

1）说明智能化主机房（主要为消防监控中心机房、安防监控中心机房、信息中心设备机房、通信接入设备机房、弱电间）设置位置、面积、机房等级要求及智能化系统设置的位置。

2）说明机房装修、消防、配电、不间断电源、空调通风、防雷接地、漏水监测、机房监控要求。

3）绘制机房设备布置图，机房装修平面、立面及剖面图，屏幕墙及控制台详图，配电系统（含不间断电源）及平面图，防雷接地系统及布置图，漏水监测系统及布置图，机房监控系统系统及布置图，综合布线系统及平面图。

4）图例说明。注明主要设备的名称、规格、单位、数量、安装要求。

（25）其他系统设计图。

1）根据建设工程项目的性质、功能和近期需求、远期发展确定专业工作业务系统的类型和功能。

2）系统图、设计说明、平面图。

3）确定末端设备规格，传输线缆的选择和敷设要求。

4）图例说明。注明主要设备名称、规格、单位、数量、安装要求。

（26）设备清单。

1）分子系统编制设备清单。

2）清单编制内容应包括序号、设备名称、主要技术参数、单位、数量及单价。

（27）技术需求书。

1）技术需求书应包含工程概述、设计依据、设计原则、建设目标以及系统设计等内容。

2）系统设计应分系统阐述，包含系统概述、系统功能、系统结构、布点原则、主要设备性能参数等内容。

4. 深化设计与一次施工图设计的基本要求

就国家对建筑工程设计进行的 3 段式管理而言，首先要明确设计目的和基本要求。一次施工图、二次施工图设计同属第三阶段的施工图设计。但是，两者差别明显。除了土建概况、设计范围、设计说明、平面布置图等内容大致相同外，主要的特点就是：深化设计是机电设备招标后的设计文件，必须与中标的投标文件一致，指定制造商、供货商的名称和产品型号。

一次施工图设计的基本要求是“3 满足”：满足土建预留、预埋的要求；满足招标投标的要求；满足智能化系统深化设计的要求。

建筑专业的建筑平面图是智能化系统设计首先需要的。建筑师预留给智能化系统的机房位置不能在可能漏水的位置下，不能与大震动、大电流、强磁场等影响机房正常工作的场所前后左右或者上下相邻，否则影响验收；机房面积的大小要符合使用要求，不然也会影响工程验收；机房形状如三角形、刀把形则涉及机房设备和线槽布置的合理性；机房门开向应当朝外开，假如像办公室那样朝里开，则不符合消防要求；吊顶、设备间、竖向通道、水平通道的管线路由应综合考虑并兼顾各个专业施工需要，充分利用有限空间。

建筑结构专业对于一般办公室地面荷载是按 200kg/m^2 设计，而电气专业提出要求后，智能化系统机房的地板设计荷载可以达到 1200kg/m^2，这就是局部加固加强措施，不然难以抗震。所谓预留洞口和过梁，主要是指墙上暗装控制箱等中间箱所需。智能化系统设计人应当向结构专业提出配合资料。许多公共建筑的场所不宜明装中间箱，如果墙上漏留了孔洞，再现场掏洞，则是一件很不好的事。尤其是尺寸较大、墙体较厚时，不仅施工困难，还有可能打断墙里钢筋，那么就要粘贴钢板或者高强度纤维布，不易操作，容易亏损。

给水排水、暖通空调、电气及强电专业与智能化系统设计有诸多方面需要配合。例如各个机电专业都有现场箱柜要安装，其控制箱的位置须得到各专业间的配合和认可，需要协调相互位置；又如给水排水、暖通空调、电气三专业的设备大部分都是智能化系统监控的对象，给水排水、暖通空调、电气三专业的设备位置、监控要求、型号数量等应当提供给智能化系统设计人。

满足招标投标的要求主要是指一次施工图的图纸要具有评标可比性。一次设计施工图应当明确各个智能化系统结构、功能、指标、参数，以便评标时进行性价比的比较。

满足深化设计的要求主要是指一次施工图设计要具备技术先进性、使用功能的适用性、经济方面的合理性，避免深化设计颠覆一次施工图设计，推翻招标前的设计意图。

一次施工图设计常见问题有：供电电源双电源终端自动切换装置 ATSE 的来电是一级负荷，却与消防负荷没有相区别；两个电源不独立；自动切换和互锁的技术指标不够；UPS 容量选择和负荷计算设计有错；ATSE 的保护级别 PC 级没有明确。负荷终端位置远远超过 5m 等。机房配电系统图是三层结构：第一层 ATSE；第二层是母线、UPS 及其一般负荷；第三层是机房重要负荷，回路容量与开关、导线选择不匹配，配电设计不符合消防要求。为了按需供应水量、风量而节能，采用了变频器，由此产生高次谐波，没有设置隔离器，影响电源的质量和电压稳定性。

深化设计的基本要求是“6 满足”：满足订货、施工、施工监理、工程报验、工程验收、运行维护等方面的需要，特别是要细化机房设计。防雷接地方式较多，成熟的技术一般是采用联合共用接地方式，接地电阻小于 1Ω，特殊场合按设备最低接地电阻要求执行。不要搞多种独立的接地方式。其次是设置适配的 SPD、机房等电位联结、PE 线接机箱外壳等安全措施防感应雷（直击雷少见）。危害来自较高的电位差，不是较高的电位！机房和卫生间的等电位保护人身和设备安全。建筑基础是联合接地极，上引变配电室，再引到智能化系统机房 MEB 箱，然后分别到各处，自 MEB 箱出线，中间不要再交叉、搭接。另外，无关的水、暖管线不能穿过智能化系统机房。

3.4.3 建筑智能化系统设计的统一技术措施

1. 备齐并熟悉设计依据

设计依据包括确定的智能化总体设计文件，招标投标后签订的工程承包合同，标书、投标文件及承诺书；建设方提出的经监理同意的有关技术要求；相关专业如建筑、结构、暖通空调、给水排水、强电等提出的配合资料；相关的国家及地方标准、规范。

2. 统一设计表达方法

（1）采用规范的图面的比例（如系统图无比例；一般平面图 1:100、1:150；机房布置图

1:75、1:50；总平面图1:200、1:300、1:500等）。

（2）线宽区别主次，突出智能化系统设计内容（建筑轮廓线线宽 0.2mm，电气支线0.5mm，电气干线0.7mm，线槽和总干线1.0mm，字符0.3～0.5mm）。

（3）图幅：A2为主，A1次之；A2加长、A1加长可以用；A0、A3不得已时再使用。图纸装订成册，便于审图、施工时使用。也有采用A0或者A0加长图幅，折叠后装在A4图盒里，施工使用不方便。

（4）图例符号统一。电气图靠图例、符号抽象表达，不像其他专业写实象形表达，导线是柔软的，有多种等价线路画法。图例符号表要齐全，用国家标准图例符号，尽量少用自定义非标图例符号，见表3-1～表3-3。

（5）三处图名一致。图面上的图名应当与目录、图签中的一致。

（6）正确定位设计阶段。按国家三段式分法，明确方案设计、初步设计、施工图设计；智能化系统施工图可以简写“智施”“弱电施”“电施”等。图纸编号（图号）按“弱电施-×”或者“电施-×”顺序编排。

（7）图层管理。这是提高设计速度、设计效率的捷径。CAD一般可以有几十层设置，对于平面图，第一层为建筑平面，第二层BAS，第三层SAS……依此类推。因为每层柱子不变，建筑平面大同小异，做好典型层，其他各层可以通过关闭图层来复制、调整目标层。这样可以大量节约平面图上的线路标注和设备标注的工作量。打印图纸时，打开相关图层即可。

（8）建筑平面整理。建筑平面图是直接为建筑专业服务的，不是直接为电气专业服务的，图面上密密麻麻地布满建筑尺寸标注。有人将智能化系统直接重叠画在建筑平面上，这样会影响弱电施工时使用。应当先将对智能化系统表达无用的文字标注、填充删掉，再将通画的横纵轴线打断删掉，留下墙、柱、门窗、房间名称等有用信息。

（9）颜色选择。鉴于计算机屏幕为黑色，与线宽选择一样，选用能突出智能化系统的白色、红色、黄色等颜色表达智能化系统的图例符号。

（10）完成图纸的专业内部、外部会签。内部会签是设计人、校审人、审定人签字；外部会签是建筑、结构、给水排水、暖通空调、强电等配合专业签字。配合不到位，就会在工地出现错、漏、碰、缺问题。

表3-1　线缆敷设部位符号标注

序号	名称	文字符号	序号	名称	文字符号
1	沿或跨梁（屋架）敷设	AB	7	暗敷设在顶板内	CC
2	沿或跨柱敷设	AC	8	暗敷设在梁内	BC
3	沿吊顶或顶板面敷设	CE	9	暗敷设在柱内	CLC
4	吊顶内敷设	SCE	10	暗敷设在墙内	WC
5	沿墙面敷设	WS	11	暗敷设在地板或地面下	FC
6	沿屋面敷设	RS			

表 3-2　线路标注方式

序号	标注方式	说明
1	ab-c（d×e+f×g）i-jh	线缆的标注： a—参照代号； b—型号； c—电缆根数； d—相导体根数； e—相导体截面（mm^2）； f—N、PE 导体根数； g—N、PE 导体截面（mm^2）； i—敷设方式和管径（mm）； j—敷设部位； h—安装高度（m）
2	a-b（c×2×d）e-f	电话线缆的标注： a—参照代号； b—型号； c—导体对数； d—导体直径（mm）； e—敷设方式和管径（mm）； f—敷设部位

表 3-3　线缆敷设方式符号标注

序号	名称	文字符号	序号	名称	文字符号
1	穿低压流体输送用焊接钢管（钢导管）敷设	SC	8	电缆梯架敷设	CL
2	穿普通碳素钢电线套管敷设	MT	9	金属槽盒敷设	MR
3	穿可挠金属电线保护套管敷设	CP	10	塑料槽盒敷设	PR
4	穿硬塑料导管敷设	PC	11	钢索敷设	M
5	穿阻燃半硬塑料导管敷设	FPC	12	直埋敷设	DB
6	穿塑料波纹电线管敷设	KPC	13	电缆沟敷设	TC
7	电缆托盘敷设	CT	14	电缆排管敷设	CE

3. 设计文件的内容、格式

图纸目录是设计工作的大纲，应当先列出说明、图例、设备表等总揽全局的图页，其次是平面图、系统图、控制原理图、端子接线图、安装大样图、机房布置图、设备间布置图等。

对于弱电总包单位，应当按照子系统分列图纸组，并且在图号上将不同组的子系统区分开来。

仔细摘录建筑、结构、给水排水、暖通空调、强电内容。重点是机电设备的型号规格、位置、数量、工作压力、管径、控制和监视要求。

一次施工图设计的主体是土建设计单位的弱电工程师，或者是专业公司进行专项设计。二次施工图设计的主体是建筑智能化系统工程的中标承包商。这是政府文件规定的分工安排，符合工程实际情况。

4. 主要技术文件组成

主要技术文件包括图纸目录、设计说明、主要设备表、计算书（供内部使用及存档），其中目录按子系统分列，先列新图后列重复使用图。

设计说明中应包括工程设计概况、主要指标、施工要求、设备订货要求、防雷接地措施、所选标准图集的编号、页次。图例符号一般只标出非标的、补充的图例符号。

5. 图纸设计（依设计顺序）

（1）各系统平面图。原则上平面图应按子系统分别出图。应在经过整理后的建筑平面图上绘制，保留门窗、墙体、轴线、尺寸、房间名称；将所有墙体、柱体填充删除，建筑线细化（线宽 0.18～0.2mm）。另设定电气图层（线宽一般为 0.5mm，干线为 1.0mm）。

弱电平面图应包括箱体位置、线缆走向、终端器件位置等。标注箱体的编号、型号、规格，回路的编号，电缆的型号规格及敷设方式，终端的编号等。根据需要添加设计说明。图纸应采用标准的图幅及比例。

对于较小的子系统，可合并绘制平面图。平面图的画图顺序是先布点，再连线，最后标注齐全。

（2）机房平面布置图。包括 UPS、操作台、机柜、精密空调的平面位置，主要管槽的进出位置及走向。弱电系统防雷接地保护做法要求。

（3）弱电竖井平、立、剖面图。按比例确定管槽及层箱相互空间位置，确定弱电电源插座位置、机柜位置（弱电间一般不小于 $5m^2$）。

（4）系统图。包括软件结构框图、监控框图、按建筑立面层数绘制的竖向系统图等，一般按子系统分别绘制，全面具体地反映各系统的结构、组成及设备器件的位置和数量。系统图一般应附有主要设备材料表（名称、型号、规格、数量、单位、备注），并附以主要的控制要求和安装要求。

系统图画法原则就是统帅全局，附带设备元件表。竖向按建筑分层，地下 B1、B2、B3；地上 F1、F2、F3，用点画线分层，如 BAS 的总线、DDC、管槽、现场的监控点（传感器、执行器、控制器）。分项监控原理图约有十个，可以按供货商的标准图重复使用。

（5）弱电总平面图：包括所有机房位置；建筑红线内埋地，架空线缆的路由、型号、规格、人/手孔及敷设方式等；穿过道路时的保护铁管长度、管径等。一般会附加周界报警、巡更点、小区道路音响等内容。

（6）箱/柜的端子接线图：弱电接线图即端子接线图。弱电层箱、DDC 箱等箱盖内应贴弱电接线图。此图是接线施工、维修、调试的依据。

（7）其他：安装大样图，天线方位、朝向及基座图；防雷接地及等电位联结图等。

6. 设计计算书

施工图设计计算书在初步设计计算书基础上进行，主要用于设计、校审、审定、存档，包括电气负荷计算、主干线槽/槽盒的占槽率（不大于 46%）、保护管截面使用率（不大于 35%）、线缆使用总量、电视终端电平、传输带宽、录像硬盘容量等计算。同时，线槽的计算前提是不同子系统的工作电压如果不同，则不能放在同一个金属线槽内敷设，无法分开时加设隔板。

3.5 建筑分类和设计深度的区别

1. 建筑智能化系统设计的建筑分类

在实际的项目操作中，对不同类型的建筑，智能化系统的应用类型也不同，其设计特点和系统配置的方式也不一样。

按建筑使用性质区分的14大类建筑工程的智能化子系统配置标准很重要，许多承包商在时间紧迫的情况下，拿一个既有项目的文件稍加修改作为投标文件，往往不具有针对性因而不能中标。例如，旅馆需要24h供应热水，而办公楼不需要，那么制冷机组产生的热水只好引至屋顶在冷却塔处将热量排向大气。如何又快又好地完成投标文件？可以针对14大类建筑工程准备好设计方案，对号入座。如此分类的好处是既可照顾招标投标过程中快速完成投标文件制作，又可以参照同类建筑智能化系统方案，使技术方案具有针对性。

（1）办公型建筑：如自用、出租、出售型写字楼。

（2）旅馆酒店型建筑：如宾馆、饭店等。

（3）商业型建筑：如大型商场、商店、超级市场等。

（4）通用工业生产型建筑：如厂房、大型车间等。

（5）公用交通运输建筑：如火车站、飞机场、长途汽车站等。

（6）公共事业文化建筑：如文化馆、公共图书馆、档案馆等。

（7）教育建筑：大中小学校、幼儿园、培训教育机构等。

（8）观演建筑：剧场、电影院、广播电视业务建筑。

（9）会展建筑：展览中心、展览馆等。

（10）博物馆建筑：博物馆等。

（11）住宅建筑：大型公寓等。

（12）金融建筑：银行、股票证券营业部等。

（13）医疗建筑：专科医院、综合医院、疗养院等。

（14）体育建筑；体育馆、体育场、体育中心等。

另外，注意以上建筑功能的组合，如综合型建筑（包括上述两种或两种以上的功能）和建筑群体建筑。

2. 建筑智能化系统两次施工图设计的区别

在建筑智能化系统设计中容易混淆的地方是一次施工图设计与二次施工图设计。两者的区别如下：

（1）设计主体不同。前者是土建设计单位，也可能是某家建筑智能化系统承包商以土建设计单位的名义出图。

（2）设计目的不同，一次施工图设计主要用于招标，二次施工图设计主要用于订货、施工和验收。

（3）设计深度不同。从住房和城乡建设部设计深度的规定可知，一次设计施工图有控制原理图，二次施工图必须有端子接线图。

深化设计图纸画法要点包括：平面图的标注（局部说明、图例、字符等）；设备的标注；线路的标注（编号、导线型号规格、管槽材质敷设方式等）；电气线路防火分区的跨越（干线可以跨越，附加防火措施；支线尽量不跨越）；系统图要画出中间箱下面的执行器、传感器等终端元件；系统和机房的防雷接地安全措施要明确齐全；机房供配电系统设计要求完成；备用电源UPS系统的设计应当完成。

深化设计中常见问题有：对于甲方包括监理、土建设计的各种要求有遗漏；订货接口要求不明确；产品的产地遗漏，影响到货进场报验；设计可行性欠缺或者采用陈旧产品导致工程实施中设计变更多。

除了设计文件的作用、设计主体、设计深度之外，审查方式等也有诸多不同。一次施工图与二次施工图主要区别见表3-4。

表3-4　一次施工图与二次施工图主要区别

内容	一次施工图	二次施工图（深化设计文件）
流程中位置	在工作程序里，位于招标之前	在工作程序里，位于招标之后
设计主体	一般由土建设计单位的建筑电气专业弱电组完成，也有业主委托智能化专业公司完成。事实上不少智能化系统工程承包商为了利于中标而以土建设计单位名义免费代替其设计，这样既可回避七部委30号令规定的“参加前期设计或咨询的单位后期不能参与该工程承包投标”，又能达到占据有利地位目标	按照原建设部290号文件规定，深化设计文件应当由中标的工程承包单位完成。因为中标的设备系统品牌由该工程承包单位推荐，他熟悉箱柜的端子接线等情况，所以设计非他莫属。由此，建设主管部门给建筑智能化系统承包商这些施工单位颁发了建筑智能化系统工程专项设计资质
设计依据	初步设计批准认可的文件、标准规范、相关土建各专业的配合资料等	投标文件、承诺书、建设单位和监理的技术要求、标准规范、土建各专业资料、厂商配合资料等
设计图纸的用途	满足智能化系统土建预留、预埋的要求。 满足智能化系统招标投标的要求。 满足智能化系统深化设计的要求。 用于甲方编制工程标底（控制价）；乙方投标报价	订货依据、施工依据、施工监理依据、分项工程和隐蔽工程报验依据、质量检查依据、工程验收依据、运行维护依据、安装工程报奖和评级的依据；作为竣工图送建筑档案馆。 可用于承包商进行工程预算、进货
设计深度	较浅；主要有图纸目录、设计说明、图例符号、元件设备表、平面布置图、系统图、控制原理图、终端点表等；系统图只画到中间箱，点表采用汇总式以便报价，设备表列出数量、规格指标参数。主要确定系统结构、系统使用功能、技术指标等宏观要求	较深；比一次设计多了端子接线图、机房布置图、设备间布置图、安装大样图等，系统图画到终端元件，点表按箱子分列以便施工，设备表列出厂商品牌、型号规格、产地；平面布置图要标注设备、元件；标注线路的型号规格、敷设方式、保护管槽、路由及编号等。在一次设计宏观要求基础上细化设备性能、参数、数量等
设计的直接目的	与土建各专业一起通过施工图强制审查，办理开工手续，计算工程造价	落实智能化系统招标投标结果，贯彻智能化系统工程承包合同
设备厂商选择	指定系统组成、采用技术、建设目标、参数指标、功能要求等，对厂商品牌不具有倾向性、排他性、歧视性	按照中标单位的投标文件明确本工程采用的厂商、品牌、型号规格等
图纸的审查方式	由政府确定的施工图强制审查机构进行审查	为了执行招标投标文件，到货顺利进场报验，甲方牵头，组织乙方、监理、土建设计四方会审、签认

有的智能化系统工程在设备进场报验、工程验收时出现波折，究其原因，问题往往出在没有进行二次施工图设计的会审、会签方面，由此可知这个会审、会签的必要性。其具体作用如下：① 可以完善设计，起到“事先指导”的作用；② 防止返工，防止承包商在施工中被过多地变更纠缠；③ 会审、会签后，若业主方面的任何变动导致承包商增加成本，承包商可以方便地针对这些变更进行索赔加钱。

这里涉及的施工前工程变更是承包商以较低的合同价拿到项目后增加结算额的方式之一。一般投标时单价高，总价会打折优惠。中标后根据优化建议，完善系统功能，需要变更，增加点数等内容，此时单价不谈判（利润多些），这样造价增加对甲乙双方是双赢好事，即甲方不留遗憾，智能化系统先进完善；乙方增加了利润，避免中途变更干扰。但是，对于政府投资项目，审计部门一般限制合同额增加不超过10%～15%。

第4章 建筑设备监控系统设计

按照智能建筑设计标准里的定义，建筑设备监控系统（Building Automation System，BAS）就是将建筑物或建筑群内的制冷、变配电、照明、电梯、空调、通风、供热、给排水等众多分散机电设备的运行、安全状况、能源使用状况及节能管理实行集中监视、管理和分散控制的建筑物管理与控制系统。这说明，BAS 面对的工程对象已经不像楼控事业初期那样是一栋公共建筑，而是几座楼或者几十座楼；监控系统的实质是将原来彼此独立的十几个或者几十个机电系统集成在一个新的平台上——BAS 工作站。虽然水泵、风机这些机电设备都带着自己的电控柜，可以独立运行，但是，BAS 要做的是上层建筑——集散式的先进控制、千头万绪归一的平台集中管理、显著的相对节能效果等，可见 BAS 是典型的现代高新技术。

BAS 发展概况：20 世纪 50 年代 BAS 典型技术是模拟盘，60 年代是矩阵开关板，70 年代是数据采集站，80 年代是智能控制器，90 年代是现场总线，通过仿生思维，向公共交通系统学习，实现了多线制向总线制的跃进；21 世纪初以来 BAS 典型技术是系统集成、系统联动和集散式控制。由此可见，BAS 在智能建筑中的地位十分重要，起着智能化系统的支柱、智能化标志的作用。

4.1 建筑设备监控系统的组成结构和主要功能

一般人以为，BAS 是建筑里机电设备系统的监控，或者进一步说是建筑内水、暖、电设备的监控，其实这是不准确的说法。似是而非的原因在于一般大中型建筑内除了中控室还有一个控制设备的“司令部”——消防控制室。宏观地看，建筑设备可以分为消防用电设备、非消防用电设备。前者在发生火灾时必须“强投”以保证供电，而后者则在发生火灾时必须“强切”以保证断电。显然，消防设备为紧急状态而设置，而 BAS 监视控制的设备应当是日常运行的用电设备，即非消防的水暖电设备。对于平、急两用的用电设备，则平时由 BAS 监控，发生火灾时由自动切换装置改由消防控制室控制。

1. BAS 的规模和监控对象

按照监控点数 BAS 规模划分为 3 类：① 小规模系统：小于 1000 点（1～999 点）；② 中规模系统：1000～3000 点（含 1000 点，不含 3000 点）；③ 大规模系统：大于或等于 3000 点。具体的 BAS 功能集中体现在 BAS 监控表中。一般而言，监控对象共有 28 项，即空调机组、新风机组、通风机、排烟机、冷水机组（制冷机组）、冷冻水泵、冷却水泵、冷却塔、热交换器、热水循环泵、生活水泵、清水池、生活水箱、排水泵、集水坑液位器、污水泵（排水泵）、污水池液位器、高压柜、变压器、低压配电柜、柴油发电机、电梯（客梯、货梯、消防梯）、自动扶梯、照明配电箱、动力配电箱、控制箱、巡更点、门禁开关。

虽然建筑里的中央空调、风机、水泵等属于设备专业设计内容，但是由于它们是BAS 的监控对象，作为发号施令的BAS设计人，应当对这些监控对象的组成和工作原理有所了解。

2. BAS 的组成子系统

（1）由冷冻站（制冷）系统、热交换（热力）系统和风机盘管系统的监控组成的中央空调系统的监控。中央空调系统用电，技术成熟，工作可靠，适于各种工程。但是二次转换，能效仅约 10%。另一种空调形式是采用能源一次转换的直燃机，直接以燃气产生冷气，效率较高，但是仅仅较适合 1 万～2 万 m^2 的公共建筑。第三种空调形式是热泵，直接利用河水、湖水、海水、地下水、地下土层等与室内空气的温差来降温，最节能，但适应极端天气的能力较差，往往在三伏天、三九天需要一套小的、用电的空调系统来辅助，增加了管理困难，故大部分建筑采用用电的中央空调系统。该系统简称“一个核心，两个循环”，一个核心就是包括压缩机的制冷机组，有离心式、螺杆式等；两个循环就是为机组降温的冷却水系统、为人服务的冷冻空调水系统。这个系统占据 BAS 监控点的一半左右，是 BAS 的最大子系统。中央空调系统组成示意图如图 4－1 所示。

（2）空调系统的监控。高层建筑，特别是超高层建筑的高度从几十米到几百米不等，空调水是有重量的，把它泵到几十米高度代价尚可，但若泵到几百米高度，则得不偿失。所以中央空调系统一般分管地下室、裙房、部分标准层，而较高层则送 10kV 电源上去，就地为空调机组供电，例如多联机。这就是两者并存的原因。

（3）新风系统、送/排风系统的监控。大型建筑往往采用玻璃幕墙，为了节能不开窗，氧气由新风系统配送。这里有的风机是平急两用。例如地下车库，一氧化碳聚集，达到一定浓度就要用风机换气。当火灾发生时，该风机可能切换为高速模式运行。

（4）给水、排水系统的监控。包括清水系统、污水雨水系统、中水系统。这 3 种系统的水泵的启停逻辑功能和元件基本一致。

（5）公共照明系统的监控。公共照明系统不包括办公室等非公共区域，因为这些区域要满足工作加班需要，不能“一刀切”地控制，况且这些区域另有节能措施，如 LPD 现行值、目标值的限制；开关控制、利用自然采光等。公共照明系统包括大堂、门厅、走廊、楼梯间、地下室、庭院照明、立面泛光照明、节日照明、夜景照明等，不包括屋顶的航空障碍灯。

（6）变配电系统的监测、电梯系统的监测。众所周知供电部门是垄断行业，是否送电，供电部门说了算。因此，BAS 只能检测其工作状态，不能控制。电气参数一般在变配电室就实现了数字化计算机管理，所以经过变送器提供给 BAS 十分方便。

（7）BAS 工作站。该工作站以计算机软件为核心，该计算机软件应当具有工业和信息化部颁发的“软件销售许可证”才能通过验收，另外还有操作装置、显示装置、打印装置、电源装置等。

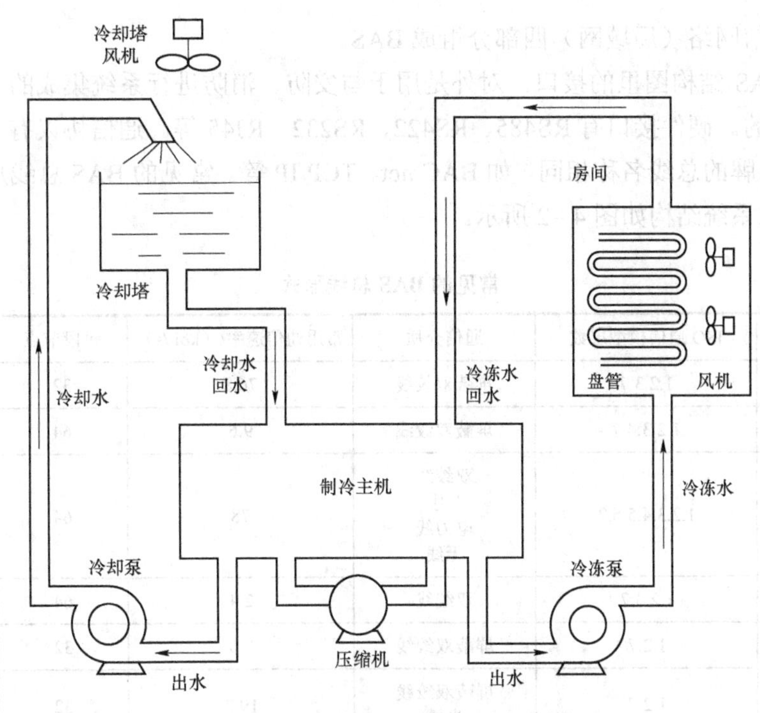

图 4-1 中央空调系统组成示意图

3. BAS 的结构

目前 BAS 的结构主要是 3 层网络结构 BAS，即底层的现场网络层、中间的控制网络层、上层的管理网络层。BAS 系统结构如图 4-2 所示。

现在也有单位在进行 BAS 网状结构的研究。即取消中控室，完全由每层的水平网和竖向各层的纵向网组网，DDC（直接数字式控制器）作为 BAS 网络节点，实现信息共享和控制管理。

这个系统结构图里，包括了 1、2、3、4 的概念。“1”是指 BAS 总体上是 1 个相互无耦合的状态反馈闭环控制子系统的集合。“2”指 2 个层次：必备的实时性 6 个监控功能（测量、控制、监视、存储、操作、报警），节能和环保的管理（能效计量、能效监管、节能措施）。“3”指控制 3 要素：① 传感器（变送器），它负责将物理信号如温度、湿度、压力等转化为计算机能够识别的电信号。为此要正确地选择安装环境（风管、水管）、传感器的量程（一般是额定值的 1.1～1.3 倍，高的可为 1.5 倍）、安装位置等。② 执行器，包括风阀、水阀，是 BAS 关键元件，前面的传感器感知工作情况，工作站计算机计算，发令（到此如阀门执行不力，皆是前功尽弃。许多项目，都是因为执行器失灵导致整个 BAS 被业主弃用。而有些质量好的阀门，使用多年仍旧很可靠）。③ 控制器，目前在设计规范里有 HC 混合式控制器、PLC 可编程控制器、DDC 直接数字式控制器 3 种。目前 BAS 主要使用 DDC（DDC 是有源设备，供电才能工作。其电源宜由 UPS 统一供应，不该插座取电、灯上取电，五花八门。其次设计中要注意每个 DDC 监控点数冗余不可太多或太少；按设计规范应当是 10%左右。冗余主要用于替换，不是扩展。DDC 的功能标准要求在有关规范里很全面、具体，制造商会落实产品技术参数）。“4”指 4 部分组成 BAS：即计算机（工作站）、现场控制器、末端设备、通信网络（局域网）四部分组成 BAS。

在这个 BAS 结构图里的接口，对外是用于与安防、消防进行系统集成的，对内是连接各个机电设备的。硬件接口有 RS485、RS422、RS232、RJ45 等。通信协议有多种，其名称往往与 BAS 品牌的总线名称相同，如 BAC net、TCP/IP 等。常见的 BAS 总线形式见表 4-1 常见 BAS 总线系统结构如图 4-2 所示。

表 4-1　　常见的 BAS 总线形式

现场总线名称	ISO 通信模型层数	通信介质	常用通信速率/（kbit/s）	每段节点	传输距离
BACnet MS/TP	1.2.3.7	屏蔽双绞线	76.8	32	
KNX-EIB	1.2.3.4.7	屏蔽双绞线	9.6	64	
Lontalk	1.2.3.4.5.6.7	双绞线 光缆 电力线 无线	78	64	130m～2.7km
Meter Bus	1.2.3.7	双绞线	2.4	64	
ModBus	1.2.7	屏蔽双绞线	9.6	32	450m～1.5km
Profibus-FMS	1.2.7	屏蔽双绞线 光缆	19.2	32	1.2km
WorldFIP	1.2.7	屏蔽双绞线	32.25	32	

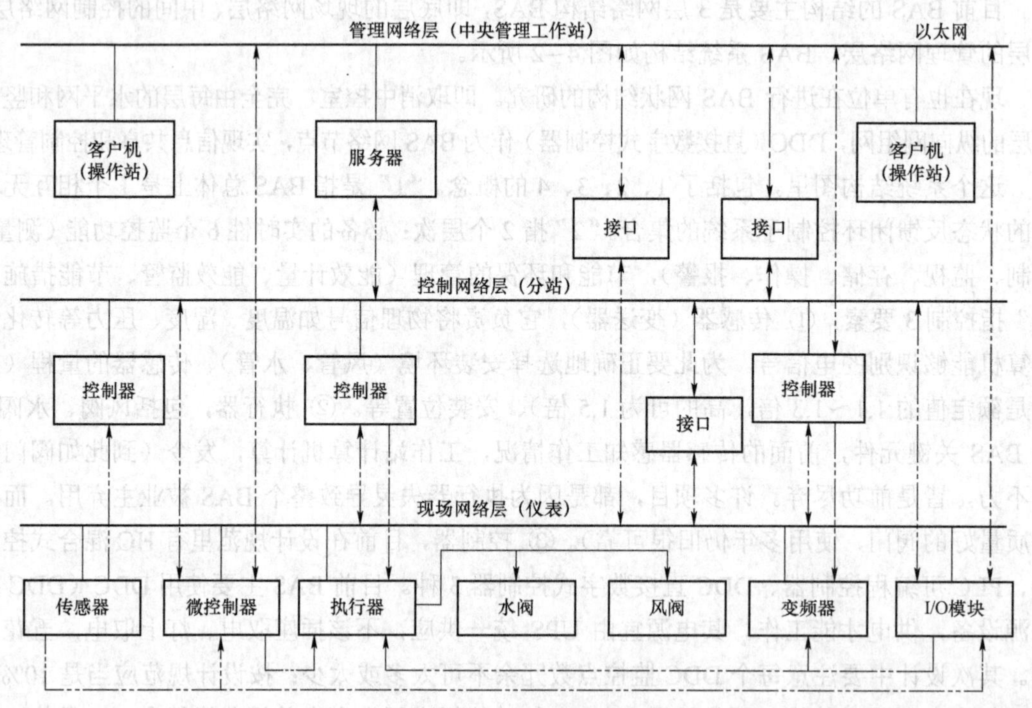

图 4-2　常见 BAS 总线系统结构

其中的以太网是说明整个 BAS 是运行在一个计算机局域网上（10km 以内是局域网，以外是广域网），体现了现在一个 BAS 可以涵盖方圆几千米的新建园区。

其中的变频器是 BAS 的 3 个主要节能方式之一。建筑里水泵的水量和风机的风量，设计师工程设计按最大需求来满足最不利情况设计，以满足所有情况下使用需要，没有流量控制的风机、水泵，由于转速不变而供应的风量、水量也不变。这样在平时没有调节的情况下浪费不可避免。要控制电机转速调速，只有改变电动机极对数和改变电源工作频率两种途径。前者“变极”已经被证明调速效果不理想，难度大而且效果差，唯有后者可以实现按需供应的无级调速，即“变频”才能达到无极调速、按需供应风量、水量，达到较好节能目的。然而事物都是一分为二的，变频器的存在将导致系统产生高次谐波，恶化电源质量，为此必须加装隔离器，用其所长，避其所短。

另外两个节能方式是制冷机组和冷却塔风机的群控、公共照明的光控和程控控制。通常这 3 个主要节能方式可以达到 20%～30%的相对节能效果。这在现有的多种节能形式里，例如与光伏发电相比，经济效益是较高的。

4. BAS 的主要功能

BAS 主要使用功能包括检测、监视、控制报警、存储和操作等。其中控制功能有互锁控制，即两个动作（因果）互为必要的条件，例如甲、乙双电源互锁，电动风门与风机互锁等。程控启停控制由 DDC 完成对一些开关量设备的控制，如送风机、生活水泵、排污泵、照明设备等。通过 DDC 中预先编制好的控制程序实现。同时，为了实现远程在线监控，还要向 DDC 提供运行状态和故障报警。

数值控制功能有：由 DDC 完成对一些模拟量设备的控制，当采集到模拟量（温度、湿度、压力、流量、电量等）信号后，通过 DDC 中预先编制好的控制程序，实现对模拟量（如电动水阀、电动风阀、压差旁通阀等）的开度控制。为了实现远程在线监控，还要向 DDC 提供模拟量的实时监测数值，通过与 DDC 内部各类设定值的比较，完成相应的控制、调节和报警。

从物业运营的角度看，BAS 的功能有设备管理，即集中管理设备的运行状态、运行数据的监控和显示；数据管理：采集的数据在屏幕上显示，操作人员对数据进行识读、分析；工作状态界面管理：监控计算机上的组态画面是对现场设备及参数的真实写照；设备运行曲线与报表管理：监控计算机采集现场的信息后，以数据库的形式存储在计算机中，这些数据可以生成不同的现行曲线和历史曲线，在检测数据基础上分析总结，提高下一步运营的节能策略。

从建设单位（用户）的角度看，BAS 使用后得到的直接用途有：

（1）能够提高用户工作运营环境的舒适度（室内空气恒温控制、恒湿度、恒定 CO_2 浓度新风控制、CO 浓度限值控制、有害气体浓度控制等）。

（2）显著节省物业管理人力（大型建筑约为原来用人的 10%）；延长设备的使用寿命；便于大楼内的所有设备的保养和维修；便于大楼管理人员对设备进行操作并监视设备运行情况，提高整体物业管理水平。

（3）及时发出设备故障及各类报警信号，便于将损失降到最低点，便于操作人员处理故障良好的管理将延长大楼设备的使用寿命，使设备更换的周期延长，减少物业费用节省大楼的设备开支。

（4）节约能源，贯彻“节能减排”国策，可实现运营无纸化节省耗电量，节省建筑物整体的运行维护费用，节约电能是 BAS 的突出功效，必须在设计里贯彻“抓大放小”的思路，不能平均使用力量。民用建筑工程的用电比例大致为：中央空调 49%，照明 18%，给排水 15%，电梯 7%，厨房 5%，其他 6%。可以据此进行建筑的耗能分析，进而选择节能重点。

（5）保证建筑及楼内工作人员的人身安全。

总之，BAS 就是以计算机控制技术和计算机网络通信技术为基础，对建筑内的各类机电设备进行集散式的监视、控制；同时利用先进的管理软件，全面实现对建筑机电设备的综合管理。

从设计单位的角度看，BAS 不同于综合布线等以定量指标为主要诉求的子系统，而是以实现多种定性功能为主要目标。现实生活中，各种各样的项目用户对建筑设备监控系统 BAS 的使用功能要求也是五花八门。对于常见的公共建筑，根据相关规范，可以归纳出其基本要求和 BAS 各个机电系统的功能要求。对于一个具体项目，建设对建筑设备监控系统的基本功能要求，就是BAS系统承包商在进行系统功能设计时，遵循宏观的原则首先是倡导务实有效的系统工程设计方法；然后是采纳先进可行的监控技术和高效的管理策略；最后是根据建筑物机电设备情况，合理地确定系统监控范围及配置相关的监控功能。分述如下：

BAS 系统监控的主要范围包括：

（1）BAS 系统的监控范围宜包括冷热源系统、采暖通风和空气调节系统、给排水系统、供配电和照明系统、电梯和自动扶梯系统、能耗计量与管理系统、纳入总控的自带体系的机电设备监控系统、与集成功能关联的智能化系统及建筑物内其他需纳入监控范围的建筑设备系统。

（2）BAS 系统对设备系统采集的监控信息，宜包括温度、湿度、流量、压力、压差、液位、照度、气体浓度、电量、冷热量等其他多种类建筑设备运行状况中的基础物理量。

（3）BAS 系统对建筑各设备系统的监控模式，应符合设备系统运行状况的实时监控、设备系统管理模式实施及设备系统监控策略优化完善等要求。纳入监控系统的设备系统为采暖通风及空气调节系统、给排水系统、供配电和照明系统、电梯和自动扶梯系统、可再生能源利用系统、能耗计量系统等，并包括独立运行自成监控体系或与监控系统整体集成功能关联的其他等智能化系统等。

BAS 方案设计要实现的一般系统监控功能：

（1）系统应具有对建筑机电设备运行状况的监测和控制等功能，确保设备系统运行稳定、安全和高效，以满足对建筑物业管理的需要。

（2）系统应对建筑设备系统耗能信息予以采集、显示、分析、处理、维护及优化管理，实施降低能耗提升能效的精细化能效管理监控策略，实现对建筑设备系统的常态运行优化管理功能及提升建筑节能功效。

（3）系统应基于现代建筑环境基础条件，对设备系统实施具有实现建筑物达到绿色建筑目标建设要求的监控功能。

（4）建筑设备监控系统应实现建筑物内机电设备的运行管理，应包括以下方面：

1）机电设备系统的运行监控：对空调系统设备、通风系统设备和系统进行监测和控制；对供配电系统、变配电设备、应急（备用）电源设备、直流电源设备、大容量不停电电源设备的运行状态进行监测；对动力设备和照明设备进行监测和控制；对给排水设备进行监测和控制；对热力系统的热源设备进行监测和控制；对可再生能源利用系统进行监测和控制；对电梯和自动扶梯的运行状态进行监测；对安全技术防范系统、火灾自动报警与消防联动系统等运行工况进行必要的监视及联动控制。对以上监测数据、报警信号和控制动作等信息进行存储。

2）系统运行信息的综合管理：在各类建筑中，建立以耗能信息采集、管理平台的信息共享及协同工作的构架，为实现建筑节能目标的建筑能效综合管理，它包含建筑用能系统的运行信息采集、节能功效的综合监控以及分析和优化的能效综合管理策略等。

3）建筑控制与管理功能的优化和提升：建筑工程的各相关专业都以当代的建设要求目标及应用技术条件进行建筑工程的技术行为。同样，建筑设备监控系统建设应以有效地适应国家所要求的低碳经济的绿色建筑为重要技术主题。

在初步设计和一次施工图设计阶段应当看到，建筑设备监控系统和综合布线及计算机网络信息系统是智能建筑的两大支柱。BAS 系统的主要任务是对建筑物内的机电设备实行比较全面的监控，其内容包括给水排水、空调通风、采暖供热、动力照明和电梯控制等。建筑设备监控系统一般运行在不小于 10Mbit/s（TCP/IP）的以太网上，采用无级别的全“集散式”结构，各 DDC 之间的数据共享和工作协调完全通过彼此之间直接通信来完成的。为了做好设计，有必要细化了解 BAS 在不同建筑里常见的各个组成机电系统的监控内容。

5. BAS 子系统的监控内容

各个机电系统的监控内容没有硬性规定，可以根据项目定位和项目资金情况增减。可以是如下的文字描述各项功能，也可以用 BAS 功能选配表来表达。

（1）BAS 对冷热源系统的监控。冷热源系统的监控设备包括冷水机组、冷却水循环泵、空调冷水机组、锅炉、热泵、太阳能集热等各种冷热源设备，如换热器，冷却塔，分、集水器等冷热源站常见设备，以及供热干管、供冷干管、供汽干管等运行状态参数，冷/温水循环泵及冷却塔等。

空调水系统的监控范围宜包括一次和二次冷水循环泵、冷却水循环泵、供暖水循环泵、补水泵等各类水泵，水系统中各类阀门控制调节，以及膨胀水箱、软水箱的液位检测和水过滤器的压差检测报及报警，其一般监控功能如下：

1）完成冷却水循环泵→电动蝶阀→冷却塔风机→电动蝶阀→冷/温水循环泵→电动蝶阀→冷水机组的顺序联锁启动；完成冷水机组→电动蝶阀→冷/温水循环泵→电动蝶阀→冷却水循环泵→电动蝶阀→冷却塔风机的顺序联锁停机。

2）取各水泵水流开关信号作为泵的运行状态及水流状态反馈信号。

3）测量冷却水供回水温度，以冷却水供水温度来控制冷却塔风机的启停。维持冷却水供水温度，使冷冻机能在更高效率下运行。

4）监测冷/温水总供回水温度及回水流量。

5）由冷/温水总供水流量和供回水温差，计算实际负荷，自动启停冷水机、冷/温水循环泵以及相对应的电动蝶阀。

6）监测冷/温水总供回水压力差，调节旁通阀门开度，保证末端水流控制能在压差稳定情况下正常运行。在冷水机系统停止时，旁通阀全关。

7）监测各水泵、冷水机、冷却塔风机的运行状态，故障报警，并记录运行时间。

8）中央站彩色动态图形显示、记录各种参数、状态、报警，记录启停时间、累计运行时间及其他历史数据等。

在一些重要工程中，冷却水循环补水泵尽管是断续工作的，也被纳入楼控系统的监控范围。

（2）BAS 对热交换系统的监控分项类似于冷冻站，在南方地区许多项目没有采暖需求。

1）监测各热交换器二次水出水温度，温度超限时报警。

2）监测热水循环泵水流信号，作为泵的运行状态及反馈信号。

3）监测热水循环泵的运行状态和故障信号，故障时报警，并累计运行时间。

4）中央站彩色动态图形显示、打印，记录各种参数、状态，报警，记录启停时间、累计运行时间及其他历史数据等。

（3）BAS 对空调系统的监控。较好的方式是采用 VAV 变风量控制的空调方式以达到室内温度的恒定。简单的方式就是监控空调机组，内容有：

1）根据时间程序自动启/停风机，具有任意周期的实时时间控制功能。

2）由风压差开关测量送风机的两侧压差，监测风机运行状态，异常时报警。

3）监测送风机的运行状态和故障信号，故障时报警，并累计运行时间。

4）由风压差开关测量空气过滤器两侧压差，超过设定值时报警。

5）风机、风门、冷热水阀、加湿设备及防霜冻状态联锁程序。① 启动顺序：开风机、冷热水阀、加湿设备、调冷热水阀、调节风阀开度。② 停机顺序：关加湿设备、风机、风阀、水阀；冬季防霜冻保护装置开始工作。

6）测量送风温、湿度，回风温、湿度，测量室外温、湿度并计算出室外焓值及回风焓值。

7）夏季运行状况：根据回风温度与设定值偏差按 PID 调节二通水阀，达到降温去湿的目的。

8）冬季运行状况：① 根据回风温度与设定值按 PID 调节二通水阀，根据回风湿度与设定值的按 PID 调节加湿，从而达到恒温、恒湿的目的。② 空调机箱内防霜冻开关工作，当进风箱内空气低于一定值（一般设为 5℃），关闭新风门，热水阀打开至一定开度，让热水流过以防盘管受冻，同时将报警信号送至中央管理站。

9）过渡季节中，采用焓值控制方式调节新风阀和回风阀开度，以达到温度控制的目的，同时又最大程度地节省了能源。

10）读取防火阀状态信号，实现与消防系统联锁。

11）中央站彩色图形显示，记录各种参数、状态、报警，记录启停时间、累计运行时间及其历史数据等。

一般空调系统的监控范围宜包括新风机组、空气处理设备、风机盘管、转轮热回收装置等设备。在严寒和寒冷地区冬季使用的空气处理装置或新风机组，应具有防冻报警及联锁功能；空气处理设备中安装过滤器时，应具有过滤器压差报警功能；采用电加热器时，应具有无风断电保护和超温报警保护功能；对辐射吊顶或干式风机盘管设备，应具有结露报警和联锁保护功能。

空气处理设备的监控功能要有系统应允许系统管理员手动设定送风状态设定值；系统应允许管理员手动修改室内温（湿）度设定值；对风机盘管系统，应允许用户通过室内控制界面修改房间温度设定值并调节风量；控制系统应对空气处理设备中采用的加热器、加湿器、风阀、水阀等执行器状态进行检测，应具有允许管理员对执行器设备的运行状态进行手动设定的功能。

防排烟风机与通风系统的监控功能一般有通风与防排烟系统的监控范围包括各通风设备、通风与防排烟系统，当可燃物或危险物泄漏事故报警发生时，应具有自动联锁启动通风机功能；通风与防排烟系统应具有检测通风机前过滤器进出口静压差，实现超限报警功能。

（4）BAS 对新风系统的监控。监控设备为新风机组。由于新风量取决于时间及风速，因此，控制新风机组的开启时间及风机速度均可达到空气调节的目标。对新风机组速度控制常采用高、中、低三挡的方式。

1）时间程序自动启/停送风机，具有任意周期的实时时间控制功能（可根据室外焓值自动调整时间表）。

2）由风压差开关测量送风机的两侧压差，监测风机的运行状态，异常时报警。

3）监测送风机的运行状态和故障信号，故障时报警，并累计运行时间。

4）由风压差开关测量空气过滤器两侧压差，超过设定值时报警。

5）风机、风门、冷热水阀、加湿设备及防霜冻状态联锁程序。① 启动顺序：开冷/热水阀、开风阀、启风机、打开加湿设备、调冷/热水阀。② 停机顺序：加湿设备、停风机、关风阀；冬季防霜冻保护装置开始工作。

6）测量送风温度及室内典型房间的湿度。

7）夏季时由送风温度与设定值偏差按 PID 调节二通水阀，以达到降温的目的。

8）冬季时：a. 根据送风温度与设定值的偏差按 PID 调节二通水阀，根据房间内湿度与设定值的偏差控制加湿设备，从而达到恒温、恒湿的目的。b. 新风门为最小开度。c. 冬季机组停止运行时，进风箱内防霜冻开关工作，当进风箱内低于一定值（一般设为 5℃），关闭新风门，热水阀打开至一定开度，让热水流过，以防盘管受冻，同时将报警信号送至中央管理站。

9）读取防火阀状态，实现和消防系统联锁。

10）中央站彩色图形显示，记录各种参数、状态、报警，记录启停时间、累计运行时间及其历史数据等。

（5）BAS 对送排风系统的监控。BAS 的监控设备是送排风机。控制方式有定风量控制、变风量控制 VAV，后者在合适条件下比较节能。一般监控内容有：

1）按时间程序自动启停送/排风机。

2）监测送/排风机的运行状态和故障信号，故障时报警，并累计运行时间。

3）监视防火阀状态，实现和消防系统联锁。

4）中央站彩色动态图形显示，记录各种参数、状态、报警，记录启停时间、累计运行时间及其他历史数据等。

（6）BAS 对风机盘管系统控制。

1）就地控制部分只做就地控制，不纳入计算机监控网络系统。

2）本控制系统每套包括一套风机盘管控制器和一个电动二通阀。

3）由温控器内置式温度传感器测得的实际房间温度和人工调整温控器上房间温度设定点的差值，自动调整电动二通水阀的开度，使房间温度等于设定值。

4）人工调整温控器上风机三速开关和设备启停开关。

以上采暖通风及中央空调系统的监控功能包括以下节能功效：

系统应结合物业管理的要求对建筑分区域、分用户或分室设置冷、热量计量装置，建筑群中的每栋建筑及其冷热源站房应设置冷、热量计量装置，实现对空调用能系统的监控和管理；间歇运行的空调系统应采取按预定时间自动启停或最优启停的节能监控措施；冷热源系统，应根据冷热负荷的变化，实现冷热源主机的运行台数优化控制、空调水、冷却水循环水量的优化控制、空调水供水温度、冷却水供水温度的优化控制；空调末端设备应根据室内空气品质以及根据室内外温度，优化新风供应量，降低新风能耗及尽量利用自然冷源。

（7）BAS 对给水排水系统的监控。简单的方式就是监控这些设备：水箱、水池、加压泵、污水泵、废水排水泵、集水池液位器、电子防垢除垢器、生化处理装置等。监控内容有：

1）监视给水箱、生活与消防水池、污水池的高低位，并进行超限报警。

2）根据液位自动启/停给水加压泵。

3）监视给水加压泵水流信号作为运行状态及反馈信号。

4）监测水泵的运行状态和故障信号，故障时报警，并累计运行时间。

5）对备用泵同样设置监控点，更换泵时并不影响整个监控系统。

6）监测电子防垢除尘器的运行状态。

7）监视和控制生化处理装置。

8）设置远程计量系统，将计量数据传入中央控制室并进行记录。

9）中央站彩色动态图形显示，打印，记录各种参数、状态及报警，记录启停时间、累计运行时间及其他历史数据等。

考虑计入该系统节能的目标，则应对清水给水、污水排水、中水3个系统分别安排，内容有：

生活给水系统监控信息的采集范围应符合下列要求：建筑物生活水箱应设置启停泵液位检测及报警信息显示；采用变频调速的给水系统应设置压力变送器测量给水管压力信息，对变频器的工作状态、故障状态、频率等检测及报警信息显示；给水泵应设置运行状态及故障报警信息显示；热水系统的供、回水温度、压力、流量等状态信息检测，采取对加热设备的台数、循环水泵和补水泵的状态检测及报警信息显示；给水系统中自成监控体系的系统，建筑设备监控系统相应的监控信息采集应采用通信协议与通信方式上传。系统应设置在对其相应运行满足建筑综合能效管理监控策略要求的其他基础参数，作为预留条件纳入本系统的节能监控信息采集范围中。

BAS 应监控建筑物生活水箱的液位，并且依据启停泵液位控制给水泵的启停，以及对超高（低）液位进行报警；采用变频调速的给水系统应依据给水管压力，调节给水泵的转速，以稳定供水压力；当生活给水泵故障时备用泵自动投入运行功能。给水系统宜具有主、备用泵自动轮换工作方式的功能；给水系统控制器宜具有手动、自动工况转换的功能；热水系统应具有依据系统的供、回水温度、压力、流量等状态实现对加热设备的台数、循环水泵和补水泵的功能；热水系统应具有依据运行状态实现台数控制、热水循环泵和补水泵启停的控制功能；热水系统应具有自动调节控制系统的供热温度及能耗统计的功能。

中水系统的系统监控信息的采集范围应符合下列要求：中水箱应设置液位计测量水箱液位；水泵组应设置工况检测及故障报警信息显示；水过滤器宜设置前后压差检测；中水系统应设置水位、水质及取样药品值检测等；中水系统中自成监控体系的系统，建筑设备监控系统相应的监控信息采集应采用通信协议与通信方式上传；系统应设置在对其相应运行满足建筑综合能效管理监控策略要求的其他基础参数，作为预留条件纳入本系统的节能监控信息采集范围中。

BAS 系统的监控功能应符合下列要求：中水箱应具有依据液位计测量水箱的液位，实现其上限信号用于停中水泵，下限信号用于启动中水泵的功能；主备水泵组应具有交替工作，实现当一台水泵发生故障时备用泵自动投入运行的功能；中水系统控制器宜具有手动、自动工况转换的功能；系统给水泵为多路供水时，应具有依据相对应的液位设定值控制各供水管的电动阀（或电磁阀）的开关，同时应具有各供水管的电动阀与给水泵间安全联锁控制功能；水过滤器宜具有前后压差检测功能；中水系统应依据处理水位、水质及取样药品检测等信息，实现相应的程序控制功能。

排水系统的系统监控信息的采集范围应符合下列要求：建筑物内污水池应设置污水泵液位检测及故障报警信息显示；应设置污水泵运行状态显示、故障报警信息显示；排水系统中自成监控体系的系统，建筑设备监控系统相应的监控信息采集应采用通信协议与通信方式上传。系统应设置在对其相应运行满足建筑综合能效管理监控策略要求的其他基础参数，作为预留条件纳入本系统的节能监控信息采集范围中。

BAS 系统的监控功能应符合下列要求：建筑物内污水池应具有依据液位检测及故障报警信息显示，实现污水池液位的上限信号用于启动排污泵，下限信号用于停泵的控制功能；污水泵依据运行状态显示、故障报警信息，实现当污水泵故障时备用泵应能自动投入运行功能；排水系统的控制器应设置手动、自动工况转换。

清水给水、中水与排水系统的监控包括以下节能功能：给水系统应具有依据水箱水位、压力等状态实现对给排水装置的控制功效；变频给水系统应具有依据水管出口压力实现对水泵的启停或调节水泵转速控制功效；给水系统应具有自动累计设备运行时间，确定主、备用泵的轮换并做维护提示等功效；排水系统应具有依据集水坑（池）位的高低和用能的计划实现水泵的启停控制功效；排水系统应具有依据水泵的运行、故障及手控和自控状态，实现自动累计设备运行时间并做维护提示功能；热水系统应具有依据系统的供、回水温度，压力，流量等状态实现对加热设备的台数、循环水泵和补水泵的控制功能；热水系统应具有依具运行状态实现台数控制、热水循环泵和补水泵启停的控制功能；热水系统应具有依据系统的供热温度实现自动调节控制及能耗累计的统计功能；系统应具有依据建筑物的用电负荷状态对系统间歇运行工况采取按预定时段最优启停的措施调整功能。

（8）BAS 对变配电系统的监视和测量。

1）供配电系统一般配有专用监控子系统，建筑设备监控系统宜具有重要参数的监测、报警和存储功能，BAS 不宜控制其设备操作。高（中）压配电柜的监测范围一般包括高（中）压进线、母联及出线回路断路器等。

2）低压配电柜的监测功能。① 低压配电柜的监控范围宜包括低压进线回路、出线回路断路器以及电容补偿回路等。② 低压进线及母联断路器应设置进线失电故障的自动应急处理功能。

3）其余变配电设备的监测功能：① 其余变配电设备的监控范围宜包括变压器、应急柴油发电机、大容量不间断电源、应急电源设备等。② 比较一般的 BAS 监测包括电压监测、电流监测、功率因数监测、有功功率监测、频率监测、变压器温度、变压器状态、变压器故障发电机系统的主断路器启/停状态，电压、电流、频率、转速、油箱油位、水温、故障报警、断路器状态控制等。

（9）BAS 对公共照明系统的监控。一般的 BAS 监控内容有：① 对于各照明回路根据时间程序自动开/关各照明箱主回路。② 以上时间程序可根据用户需要任意修改。③ 监测照明回路的工作状态，累计开关时间。④ 中央站彩色动态图形显示，记录各种参数、状态、报警，记录开关时间、累计运行时间及其历史数据等。

如果考虑节能要求，BAS 监控内容多一些，首先照明系统监控信息的采集范围包括室内公共照明和特殊用房等照明回路的开关状态、手（自）动状态检测；室外庭院照明、景观照明、立面等照明回路的开关状态、手（自）动状态检测；室内（外）照明相应区域的照度检测；室内（外）照明回路的开关控制；根据建筑物的室内（外）照度变化或所设定参数要求，对照明的启闭时间、开启数量、实际照度参数等检测和记录；对照明回路的电压、电流、功率、功率因数、谐波分量参数等进行检测和记录；系统中自成监控体系的系统，建筑设备监控系统相应的监控信息采集应采用通信协议与通信方式上传。系统应设置在对其相应运行满足建筑综合能效管理监控策略要求的其他基础参数，作为预留条件纳入本系统的节能监控信息采集范围中。

BAS 对照明系统的监控功能则是：系统应具有分回路控制实现满足管理的功能；系统应具有按照预先设定的时间表进行开关控制功能；系统宜具有结合照度传感器进行自动程序控制的功能；系统宜具有采用分布式控制并带有手（自）动控制的功能。

照明系统的节能设计包括节能功能有：系统应根据建筑物不同物理环境，充分利用自然光源，结合照明控制策略，实现确保达到设计照度标准并降低建筑物照明能耗的节能功效。系统应能根据自然光的日照变化，通过接收智能传感器、时钟管理器等部件的信号，实现设定照度范围内的降耗监控功效。系统应根据不同应用功能场所的照明特点，采取分区、分时等控制方式，达到有效使用照明的功效。

（10）BAS 对电梯系统的监测内容。一般的 BAS 监控内容有：① 监测各电梯的运行启停状态，事故报警状态。② 监测各电梯的紧急报警状态。③ 在发生火灾时，读取电梯降到首层时的状态。④ 中央站彩色动态图形显示，记录各种参数、状态、报警，记录启停时间、累计运行时间及其历史数据等。

考虑节能要求的 BAS 监控内容，首先是电梯与自动扶梯系统的监测范围扩大：电梯与自动扶梯上（下）行的运行状态检测、报警信息显示及记录；电梯与自动扶梯安全保护信号检测及记录；电梯的层门应设置故障报警、轿厢内呼叫报警信息显示及记录；电梯宜设电梯的层门开门状态、楼层信息检测及记录；电梯轿厢内应设照明和风扇（空调）、井道照明、紧急迫降的远程控制；自动扶梯应设远程启停控制信息检测；系统中自成监控体系的系统，应采用通信协议的通信方式上传满足建筑设备监控系统所需相应的监控信息采集；系统应设置在对其相应运行满足建筑综合能效管理监控策略要求的其他基础参数，作为预留条件纳入本系统的节能监控信息采集范围中。

BAS 对电梯与自动扶梯系统的监控功能有：系统应具有依据电梯运行状态及报警信息实现安全运行功能；系统应具有依据电梯与自动扶梯运行时间及次数累计记录实现检修信号提示功能；系统应具有管理的需要实现自动扶梯的远程控制功能；系统应具有实现对电梯轿厢内的照明和风扇（空调）、井道照明进行自动或程序控制功能；系统依据与建筑设备监控系统集成，实现与火灾自动报警系统联网实现火警时联动全部电梯须紧急迫降至首层的功能及与安全防范系统联网实现实时观察对应现场状态视频图像的功能。

电梯和自动扶梯系统应实现的节能功能：当电梯和自动扶梯系统以群控方式运行时，实现分组、分时段等工作模式的控制功能；系统应具有依据设备的运行状态及报警信息实现安全运行，实现自动累计设备运行时间并做维护提示功能；系统应根据电梯运行情况自动启停照明和空调等设备，实现按需启停等功效；建筑设备监控系统与火灾信号应设有联锁控制。当系统接受火灾信号后，应根据国家现行相关消防规范运行电梯和自动扶梯。

（11）BAS 对建筑机电设备能耗的计量管理。按照现行的绿色建筑技术标准要求，公共建筑的各类建筑应设置能耗监测系统，安装用电分项计量装置。

建筑节能方面的要求很多，包括一星级、二星级、三星级的绿色建筑评价标准，节能涉及各个专业。一般而言，公共建筑应当实行能源消费计量制度，区分用能种类、用能系统实行能源消费分户、分类、分项计量，并对能源消耗状况进行实时监测，及时发现、纠正用能浪费现象；公共建筑应当实施节能改造，应当进行能源审计和投资收益分析，明确节能指标，并在节能改造后采用计量方式对节能指标进行考核和综合评价；公共建筑应当对网络机房、食堂、开水间、锅炉房等建筑主要能耗部位的用能情况实行重点监测，采取有效措施降低能耗；实行集中供热的建筑应当安装供热系统调控装置、用热计量装置和室内温度调控装置；公共建筑还应当安装用电分项计量装置。居住建筑安装的用热计量装置应当满足分户计量的要求。计量装置应当依法检定合格。

建筑机电设备能耗计量与管理的功能有：新建、改建和扩建的公共建筑，应设置对冷热源、输配电和照明等各系统的能耗计量装置。计量装置应确保计量量值的准确、统一和运行的安全可靠。计量装置的设置与管理应满足对公共建筑运营管理的需要，应符合国家现行相关管理标准的规定。

建筑机电设备能耗计量分项类别有：能耗计量分项应根据建筑用能的类别确定；分项能耗数据采集类别宜包括电量、水耗量、燃气量、集中供热耗热量、集中供冷耗冷量及其他能源应用量等。

空调系统冷热量的计量内容有：对于冷、热源系统，应计量冷、热量瞬时值和累计值。冷热量计量装置的选用，须具备《制造计量器具许可证》及产品准予生产、销售的核准文件，以确保产品使用的合法性。中央空调冷热量计量可选用“热量表”模式和“计时计费”模式，以实现中央空调的分户计量、按量收费。

中央空调系统的计量包括对于要求按建筑层面划分计量、建筑区域划分计量、以户为单元计量，可采用能量型计量系统。对于计量每个风机盘管的末端能耗，可采用时间型计量系统。

电能的计量：根据各类公共建筑消耗的各类能源的主要用途划分进行采集和管理的能耗数据依据，电量计量的分项划分有照明插座用电、空调用电、动力用电、特殊用电等。

电力装置回路应装设有功电能表位置：10kV、35kV 供配电线路；电力用户处的有功电量计量点；需要进行技术经济考核的 50kW 及以上的电动机；根据技术经济考核和节能管理的要求，需计量有功电量的其他电力装置回路。电力装置回路应装设置无功电能表的有：无功补偿装置；电力用户处的无功电量计量点；根据技术经济考核和节能管理的要求，需计量无功电量的其他电力装置回路。

要纳入电能分项计量的回路范围：变压器进出线回路；制冷机组主供电回路；单独供电的冷热源系统附泵回路；集中供电的分体空调回路；给排水系统供电回路；照明插座主回路；电子信息系统机房；单独计量的外供电回路；特殊区供电回路；电梯回路；其他需要单独计量的用电回路。以电力为主要能源的冷冻机组、锅炉等大负荷设备，应设专用电能计量装置。

（12）中控室的BAS工作站。建筑设备监控系统工作站一般由一台或几台服务器、终端计算机显示装置、键盘、鼠标、打印机、网关等组成。核心是某个品牌的BAS软件，它是实现各项楼控功能的神经中枢。

建筑设备监控系统已由集中式过渡到集散式，并向横、纵成网分布式方向发展。在选择BAS系统设备时，宜考虑以下因素：系统软件功能、操作系统、编程语言、网络技术、以太网上可连接的控制器数、系统可支持现场网络数、现场网络可连接控制器数、现场网络传输距离及速率、现场监控模块最小点数、报警管理技术、操作权限级别、子系统联动个数、是否支持兼容技术、系统报价等。

4.2 设计大纲和设计步骤

BAS图纸目录可以看成是设计工作的大纲。无论是一次施工图、二次施工图设计，都应当先列出BAS设计说明、所用图例符号、BAS设备元件表等总揽全局的图页，其次是BAS控制原理图、平面布置图、BAS竖向系统图、DDC端子接线图、安装大样图、中控室机房布置图、各层设备间布置图等。

对于弱电总包单位，应当按照子系统分列图纸组，并且在图号上将不同组的区分开来。设计步骤就是BAS设计工作程序，大致是：

第一步，确定设计班底，即BAS的设计人、校审人、审定人。一次设计的主体是土建设计单位的弱电工程师，或者是由自动化专业公司进行BAS专项设计。

第二步，研读建设单位的BAS设计任务书，了解用户的BAS建设目标档次、有关物业管理模式、建筑设备监控用户需求、建筑使用性质等。目标档次尤为重要，不仅涉及监控范围，还关系功能和造价。例如空气环境的控制，第1级只控制空气温度；第2级控制空气的温度、湿度；第3级控制空气的温度、湿度、二氧化碳浓度、一氧化碳浓度；第4级的在第3级上要加上有害气体浓度。显然，级别越高，监控范围越大，监控点就越多，功能越强，同时造价越高。

第三步，对通过业主得来的建筑平面图要分析了解其建筑概况，包括结构形式，层高，机房的位置、大小，各个房间的用途等，然后对这些各层建筑平面进行适当整理，保留必要信息，删除多余信息和妨碍BAS内容表达的信息，也可以移动、缩小其字符。

同时，仔细摘录建筑、结构、给水排水、采暖通风、强电图纸内容。重点是机电设备的型号规格、位置、数量、工作压力、管径、机组工艺流程控制和监视要求等。

第四步，熟悉 BAS 相关规范设计规定以及项目前期文件批文、甲方提供的工程资料、招标投标文件、乙方承诺书等。同时注意工程特点和相关设计强条的落实。

在贯彻设计规范方面，宏观的原则把握和框架设计主要是参阅现行有效的综合性规范，如《民用建筑电气设计标准》(GB 51348—2019)、《智能建筑设计标准》(GB 50314—2015)、《建筑物防雷设计规范》(GB 50057—2010)、《采暖通风与空气调节设计规范》(GB 50019—2015)、《建筑设计防火规范（2018 年版）》(GB 50016—2014) 等。

具体的 BAS 分项子系统设计以及细节设计应当参阅 BAS 专项规范《建筑设备监控系统工程技术规范》(JGJ/T 334—2014)。该规范是目前唯一的专门针对 BAS 的设计、施工、检测、验收、运营维护等的全过程技术规范。其中的"BAS 基本规定、功能设计、系统配置"对 BAS 设计工作具有直接的指导作用。

BAS 的设计要注意监控范围里不能纳入消防设备。对此在《智能建筑设计标准》(GB 50314—2015) 中只是笼统界定，没有明确排除消防泵、消防风机等，所以在 BAS 设计里不乏纳入消防设备的做法。从消防角度划分，所有建筑设备分为非消防设备、消防设备；前者在火灾发生时"强切"，后者在火灾发生时"强投"；就控制而言分属中控室、消防控制室。由于消防灭火是头等大事，必须确保，不受干扰。加之消防设备仅要保证发生火灾（小概率事件）时工作，平时除了试运行轮换是不工作的，所以 BAS 只监控日常运行的普通设备（可以纳入带着自动切换装置的平急两用设备）是一般共识。

BAS 设计选型时务必注意阀门、防冻开关等关键部件的质量。从管理部门曾经进行的工程回访看，在竣工后运行七八年的项目里，当时有近半 BAS 系统被搁置，情况令人意外。究其原因，不是软件、传感器、控制器的问题，而是阀门、防冻开关等关键部件失灵，导致系统控制不能稳定达标——要么不能恒温，要么钢管冻裂漏水等等，物业人员缺乏技术、工具、资金，索性改自控为手控。这样，辛苦做成的业绩不能为企业添彩助力，反受其累甚至抹黑。另一半项目有些十几年运行正常，没有小部件影响大系统现象，保证了 BAS 的运行可靠性。

BAS 的防雷接地、消防协作、系统节能、设计兼顾工程验收等方面应当参阅对口规范，如《建筑物电子信息系统防雷技术规范》(GB 50343—2012)、《火灾自动报警系统设计规范》(GB 50116—2013)、《电气装置安装工程电缆线路施工及验收规范》(GB 50168—2016)、《建筑电气安装工程质量验收标准》(GB 50303—2015)、《智能建筑工程质量验收规范》(GB 50339—2013)、《公共建筑节能设计标准》(GB 50189—2015)、《智能建筑工程施工规范》(GB 50606—2010) 等。

第五步，在确定 BAS 画图统一技术措施基础上，依次完成 BAS 控制原理图、平面布置图、BAS 竖向系统图、DDC 端子接线图、安装大样图、中控室机房布置图、各层设备间布置图等。

第六步，先完成建筑电气的弱电专业内部的校审、审定和签字，再与相关专业完成专业之间的会签互认。

采暖通风系统监控占 BAS 的设计工作一半多工作量，要首先重视。该系统消防方面与 BAS 关系密切，要注意协调，特别是建筑高度超过 100m 的超高层建筑项目。现在政府的旧楼节能改造项目多，政府专项资金有保证，很值得做。节能是 BAS 的重要功能，节能技术措施要在设计里充分体现。

4.3　设计说明和图例符号

建筑设备监控系统设计说明既是 BAS 设计文件里的纲领性文件，又是除了图面表达外进行文字拾遗补漏的全面性文件。鉴于 BAS 和其他电气子系统一样采用抽象的方法表达设计意图，设计里的图例符号运用就是不可忽视的事。因此设计人应当下功夫写齐全设计说明。

BAS 设计涉及的图例符号即图形符号、文字符号，有通用的、专用的两部分，还可分为标准的、非标准的两种。首先，非标的图例符号要尽量少用，用了就要列出注释；通用的图例符号由国家标准汇集，如电源设备、开关、线缆管槽、接头、接地、灯具等；BAS 专用的图例符号如温度传感器、压力传感器、控制器等，在建筑电气制图标准里的“建筑设备监控系统”一节列出，见表 4-2 BAS 常用图例符号。涉及具体的项目，其中的图例不够用时可以自行选择行内常用的非标图例。

表 4-2　　BAS 常用图例符号

序号	常用图例符号		说　明	应用类别
	形式 1	形式 2		
1	T		温度传感器	电路图、平面图、系统图
2	P		压力传感器	
3	M	H	湿度传感器	
4	PD	ΔP	压差传感器	
5	GE *		流量测量元件（*为位号）	
6	GT *		流量变送器（*为位号）	
7	LT *		液位变送器（*为位号）	

续表

序号	常用图形符号		说　明	应用类别
	形式 1	形式 2		
8	PT *		压力变送器（*为位号）	电路图、平面图、系统图
9	TT *		温度变送器（*为位号）	
10	MT *	HT *	湿度变送器（*为位号）	
11	GT *		位置变送器（*为位号）	
12	ST *		速率变送器（*为位号）	
13	PDT *	ΔPT *	压差变送器（*为位号）	
14	IT *		电流变送器（*为位号）	
15	UT *		电压变送器（*为位号）	
16	ET *		电能变送器（*为位号）	
17	A/D		模拟/数字变换器	
18	D/A		数字/模拟变换器	
19	HM		热能表	
20	GM		燃气表	
21	WM		水表	

续表

序号	常用图形符号	说　明	应用类别
22		电动阀	电路图、平面图、系统图
23		电磁网	

文字符号主要有汉语拼音、英文字母两种，通常大写。用于表示线缆管槽的敷设方式、敷设部位和路由、设备元件标注、端子标识、状态、性质等。在使用文字符号时，由于 BAS 原本其理论和技术发端于西方发达国家，因此设计人员要注意其中英文缩写词的行业运用习惯。语言文字本来就是约定俗成的结果，因为建筑智能化系统的许多英文词组翻译成汉语时出现了多种叫法，不符合工程技术词语的名称涵义要精确唯一的使用要求，所以在设计图纸上有些地方习惯以英文缩写词表达，如 SPD/PID/DDC/BAS/AI/AO/DI/DO 等。

设计说明有繁简两种，简单方式多用于一般设计单位，比较全面详细的设计说明大型设计单位采用。以施工图为例，内容分别是：

1. 比较全面详细的设计说明

（1）本工程设计文件的总体概述。包括图纸使用说明（设计说明里名词释义、基本原则、知识产权保护、保密义务等）、施工图的基本要求（使用要求、分类方式、施工图等效文件范围）、设计文件向有关部门报审说明、对施工单位的有关说明（施工图深化设计详图、照图施工要求及变更规定、有关图纸地位作用的法规要求、严格执行设计要求的质量控制、对设备订货和加工的要求、对施工样品样板的要求、对施工安全的控制要求）等。

（2）对本工程的宏观基本技术要求。包括设计概况（工程基本信息、土建概况、主要建筑技术经济指标、结构概况、机电设备基本情况）等。

（3）本工程设计范围和专业子系统设计界面分工衔接。包括建筑智能化系统各个子系统名称罗列，系统构成，一般有水、暖、电十个左右的机电子系统，说明进入 BAS 的非消防设备，不进入 BAS 的消防设备以及对平急两用设备的对待；还有电气分工界面和接口要求、通信协议等。

（4）设计依据罗列。包括建设单位提供的项目批复批准文件（建设单位对初步设计的反馈或认可公函、政府主管部门的批准文件如消防和人防方面、建设单位的设计任务书或者会议纪要等）、BAS 用户使用需求以及监理与甲方达成一致的优化变更、现行的设计规范和技术标准（含国家标准、地方标准、行业标准）、建筑业设计文件深度规定等。为了规范设计、提高设计效率而采用的建筑行业图集、地区标准图、国家级标准图集、设计单位自定的或行业出版的技术措施是否可以列入设计依据，业内有争议；一般认为其效力低于现行设计规范，只可以作为设计参考、采纳资料列入说明，如果标准图与新规范不一致，应当以新生效的设计规范为准。BAS 运行于局域网，应当列入 GB 50311—2016，并落实其强条。

（5）如果项目是建筑群工程，应当针对总图设计进行说明，包括总平面中心机房、分机房的总平面位置布置、建筑智能化干线管网分布、各种弱电子系统引入园区方位、管线敷设方式、保护方式、埋设深度、户外智能化设备分布、管线综合（一般有 8 种）、防雷接地做法要求等。

（6）说明建筑设备监控系统的供电电源形式、负荷等级、主要指标、UPS 规格选型（容量、持续供电时间）等。

（7）建筑设备监控系统的系统总规模、总线形式、采用的技术类别、主要的 BAS 技术指标和使用功能，列出主要的监控对象和监控内容，重点说明 BAS 的节能措施和作用。

（8）说明 BAS 控制室概况，如机房的建设等级、机房位置、面积、机房环境要求等。如果与其他弱电机房共用一室，特别是与消防控制室共用时，要对区隔和无关管线穿越提出消防方面要求。

（9）说明 BAS 系统的安全措施。如防雷接地方式和接地电阻要求、等电位联结、SPD 设置、MEB/LEB 设置等，一般抄录写入《数据中心设计规范》（GB 50174—2017）的 8.4.4 规定，并对施工安全各个方面提出要求。

（10）线缆管槽的类型选择、敷设方式和施工要求。例如，不同工作电压的子系统线路不得共管、共槽敷设，或者加装区隔。明确与消防工程、人防工程、节能工程、无障碍设计等方面的配合要求。

（11）本工程 BAS 及相关系统设计所用的图例符号列表。也有设计将这一部分放在设计说明之外，或者与 BAS 设备元件表合并表达。

2. 比较简洁的设计说明

（1）本工程土建概况，包括建筑位置、面积规模、总高、层高、层数等主要建筑技术经济指标以及结构形式概况等。一般还有工程名称、建设单位、建筑使用功能、耐火等级、有无人防工程等。

（2）设计范围，列出主要的监控对象和监控内容。

（3）设计依据，列出 BAS 相关主要现行设计规范，其他以“甲方提供的文件和相关专业配合资料等”一笔带过。

（4）BAS 系统结构组成概况，如系统机房位置、设备组成、网络层数、BAS 监控点数总规模、总线形式、采用的技术类别（如采用直接数字式控制技术和 PID 调节方法，以集散式网络控制模式实现各个机组的管控目标等）。

（5）列出主要的监控对象和监控内容（按水、暖、电 3 专业的接受监控的设备列出），说明主要的 BAS 技术指标和使用功能，可以罗列主要设备的参数指标要求；说明通信方式，将只监视而不控制的设备单独列出，例如电梯系统、供电发电配电系统等。说明 BAS 与智能照明、能耗计量、远程抄表系统的关系。一般的 BAS 可以将这些包括进来，也有业主将其单列。

（6）线缆管槽的选择和敷设方式说明，针对防火分区的封堵措施，不得共管、共槽敷设的条件等。

（7）机房工程以及防雷接地措施等安全措施，说明 UPS 电源设置指标，说明 BAS 订货要求（如满足节能能效要求，采用 3C 认证产品，不得使用淘汰产品等）以及接口要求，通信协议等相关内容。

4.4　建筑设备监控系统的特点与控制原理

1. BAS 系统特点

（1）BAS 是智能建筑数十个子系统中支柱性系统之一，系统集成是代表智能建筑智能化程度的智能标志之一。而 BAS 是系统集成的核心主体，是实现系统联动的关键技术。在系统集成中，需要先选定所有设备系统的“排头兵”，往往 BAS 就是这个排头兵。

（2）相对其他弱电系统，BAS 所占投资规模较大，系统较复杂使 BAS 在智能建筑中居于重要地位，这就关联一个建筑法律的概念，即不能肢解智能化系统的合同。由于 BAS 是重大系统，不能像人脸识别、水电计量那样的小系统被随意分包、转包，否则就可能因为违法而被解除合同。

（3）相对其他弱电系统，BAS 与其他方面关联接口多，配合性工作多，例如给水排水、暖通空调、供配电、照明、发动机、电梯、装修、消防等。如果接口没有落实，机电设备到了工地，BAS 将成为无皮可附的“毛”，被悬空，不能接线 BAS 就无法对建筑设备实现监控。

接口一般指硬件接口和软件通信协议。硬件接口如 RS485、RS422、RS232、RJ45 等；软件通信协议如 ModBus、BACnet 等；电流信号为 0～20mA DC；电压信号为 0～10V DC；对于继电器、接触器等电器，向 BAS 一般提供无源常开触点（干接点）；对于设备自带控制箱，一般通过 DDC 接入，或通过通信协议接口接入，或两者组合；总之，所有受监控的设备都要向 BAS 提供开放的数据通信协议，内容包括通信速率、数据格式、硬件接口类型、数据地址、控制流程等。

（4）相对其他专业，BAS 要做深化设计，即在招标前土建设计单位完成的一次施工图基础上，招标后要进行二次施工图设计。

（5）BAS 的验收条件特殊。系统竣工验收具备的一般条件是弱电系统试运行 1 周至 3 个月即可，而 BAS 因为夏天要供应冷气，冬天要供应暖气，经过一个夏季和一个冬季运行考核以后，一般两个考核完成往往需要半年以上。因为有些建设单位不放心，对 BAS 其中暖通空调方面设备控制要经历一个夏季和一个冬季的考核。较大的智能化系统竣工验收一般在系统正常连续投运时间超过 3 个月后进行。对于 BAS，大多要经过夏季降温和冬季供热的考核，具体的试运行时间应在合同中约定。

（6）设计方面要求有控制原理图、端子接线图；设备方面对阀门要求较高。

（7）电气设计规范不允许电气线路（主要指强电）跨越防火分区，但 BAS 现场施工的控制器 DDC 等线路往往需要跨越防火分区。一般干线可以跨越防火分区，支线不行。

（8）建筑类型不同，BAS 技术方案也不同。不能因为投标时间紧张就随便拿一个过去的 BAS 方案改个名字应付，这种不分类型的做法必然导致技术方案针对性差。例如酒店有较大热水需求，用热泵；而写字楼无热水需求，用冷冻机组；博物馆、展览馆有高大空间，功能分区多，BAS 要考虑互通互联的空间温度的变化梯度。另外，建筑使用性质不同，导致 BAS 的系统集成也有差异。所以设计 BAS 的方案要根据建筑使用类型“对号入座”，方能兼顾快速（市场要求）、有针对性（技术要求）两个方面。

2. BAS 相关自动控制原理

自动控制的对象许多都是已知其规律的数学模型，可以通过物理公式进行计算。而 BAS 面临的建筑空气环境特点是属于典型的未知数学模型，没有可用的物理公式，同时对温度、湿度等参数的控制具有滞后性，不能立竿见影，必须经历一个控制过程才能达到目标。

对此情况的控制对策有 3 个：即以弱控强（电流信号 0～20mA；电压信号 0～10V，控制数百安电流、数百伏电压的对象）、自动附带手动（BAS 受控机组都有选择开关）、机电一体化。

BAS 控制采用闭环控制系统，即发出数值命令—执行器—实际效果测量节点—反向反馈—发出命令节点，实际测量效果与发出数值命令比较大小，出来就是温差、浓度差、压力差等差值。控制系统的调节目标是差值为零，就是 BAS 发出的命令得到完全的不折不扣的执行。现实地控制调节过程，必然是随着当日环境条件的变化而动态跟进的过程。

闭环控制系统有正反馈、负反馈两种工作状态。BAS 的控制技术采用负反馈工作状态。与正反馈信号越来越大的表现不同，负反馈就是要“削高峰、填低谷”。

BAS 的监控点总数就是一个系统的 4 种监控量，即模拟输入 AI、模拟输出 AO、数字输入 DI、数字输出 DO 的总和。BAS 的设计和施工以此为基层工作。数字量 D 就是只有两种状态的物理量：如 0 和 1、通和断、自动和手动、报警和不到限值不报等。模拟量 A 就是连续变化的物理量：如温度、湿度、压力、电流、电压、一氧化碳浓度等。输出量 O（out）和输入量 I（in）是相对的，凡是相对的概念，必须有一个参考才能判定。这里的参照物就是直接数字式控制器 DDC，凡是外部信息要进入 DDC 的就是输入量 I，如现场各处测得的温度；由 DDC 发出的命令等信息就是输出量 O，例如 BAS 遥控机组的启动、停车指令。

现行设计规范要求直接数字式控制器 DDC 不低于 16～32 位，包括 DDC 的 BAS 具有 PID 调节方法来达到恒温、恒湿等控制目标。PID 调节法不是一种方法，它是比例调节法 P、微分调节法 D、积分调节法 I 三种手段同时投入、发挥作用的组合方法。比例调节法 P 作用如放大器，按比例调节，效果是直线性的；微分调节法 D 是调节变化率的，如调节快慢；

积分调节法 I 是解决累积误差的。

过去的机电设备控制曾采用分散式、集中式，其中采用或门可以提高控制可靠性，采用与门可以设置优先权。随着控制系统的迅速扩大，BAS 控制楼群的建筑物增多，集中控制已经不能满足现实需要。集散式控制系统应运而生。集散式控制在保持集中控制的前提下，可以实现设备故障就地处理。这是因为 DDC 功能（具有可编程的软件、具有 PID 等）的迅速增强使 BAS 的管理更加便捷，从而使集散式控制成为目前最先进的机电设备控制方法。

BAS 的子系统分项监控原理图一般有十来个，有些情况下可以按供货商（如北京柏斯顿、霍尼韦尔、西门子等）提供的控制原理图出标准图，在一次、二次施工图设计中重复使用。

BAS 控制原理图是进行 BAS 设计的出发点，由此才能确定 BAS 监控点表、BAS 控制平面布置图等。

BAS 控制原理图一般分为上、下两部分。上部分是控制流程示意图，下部分是 4 种监控量即 AI、AO、DI、DO 的分项和总和，用列表方式表达。

以图 4-3 所示新风机组 BAS 监控点示意图为例，可以了解 BAS 控制原理图的画法。图中，自左向右，首先是进风口的电动风门，它听命于 BAS 的 DDC 的打开、关闭命令，同时与风机联锁。按照前述定义，此为 1 个数字输出 DO 点；过滤网两侧设置两个探头，形成压差传感器，此处设置压差限值，平时灰尘不多时不报警，灰尘覆盖程度达到需要清理程度后报警，提示物业管理人员来清扫过滤网，此为数字输入 DI 点；空调水的降温环节，一般采用通断式的电磁阀，亦为数字输出 DO 点；加湿环节有两种做法，水加湿或者蒸汽

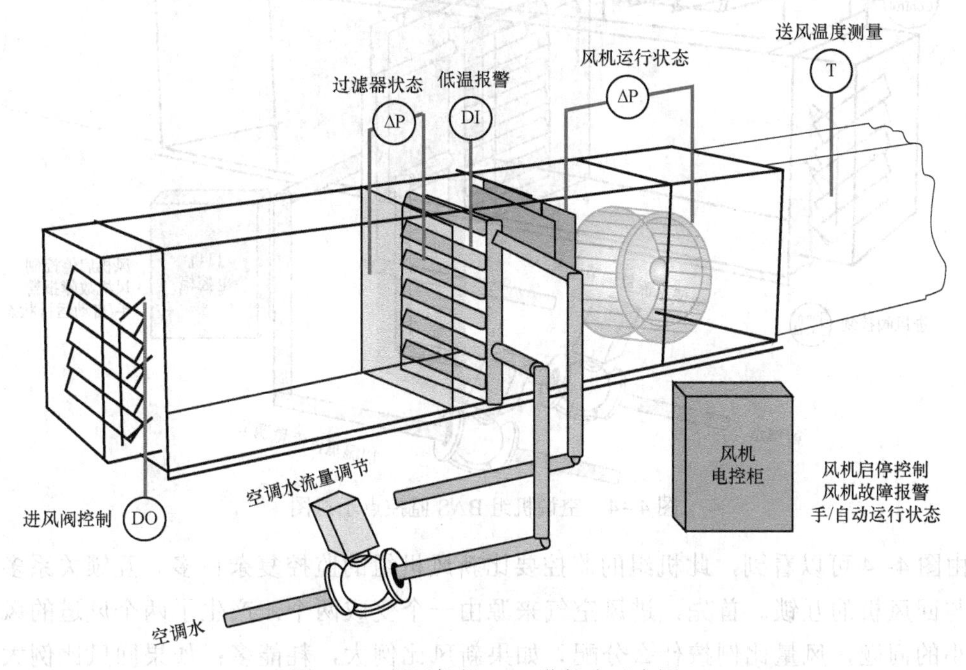

图 4-3 新风机组 BAS 监控点示意图

加湿，多用的蒸汽加湿即为模拟输出 AO 点；防止钢管冻裂环节的防冻开关，用于空调水温度偏低、有结冰危险时报警，并打开热水阀阻止钢管结冰，化解钢管冻裂漏水可能，此为数字输入DI点。风机叶轮转速测速的压差传感器，形式上与过滤网的压差传感器一样，但是此处不设限，转速连续测速，故为模拟输入AI点。电控柜有3点，故障报警信息引自热继电器，报的是负荷过载信号，为数字输入 DI 点；选择开关的自动/手动信息也是数字输入DI点；启停机组是典型的数字输出DO点；送风管上的温度传感器、湿度传感器都是模拟输入AI点。该机组汇总起来就是3个AI点、1个AI点、4个DI点、3个DO点，共11个BAS监控点。

按照由易到难的思路，下面以图4–4所示空调机组BAS监控点示意图为例，示意图的下半部，自左向右，从进风口的电动风门、过滤网、降温环节、加湿环节、防止钢管冻裂环节、风机、电控柜、温度传感器、湿度传感器等，基本与新风机组BAS监控点分布排列一致。所不同的方面，一是进风空气来源由一个变成两个；二是控制目标由送风温度、湿度改为回风管道里的温度、湿度；并以此替代房间的真实温度、湿度。

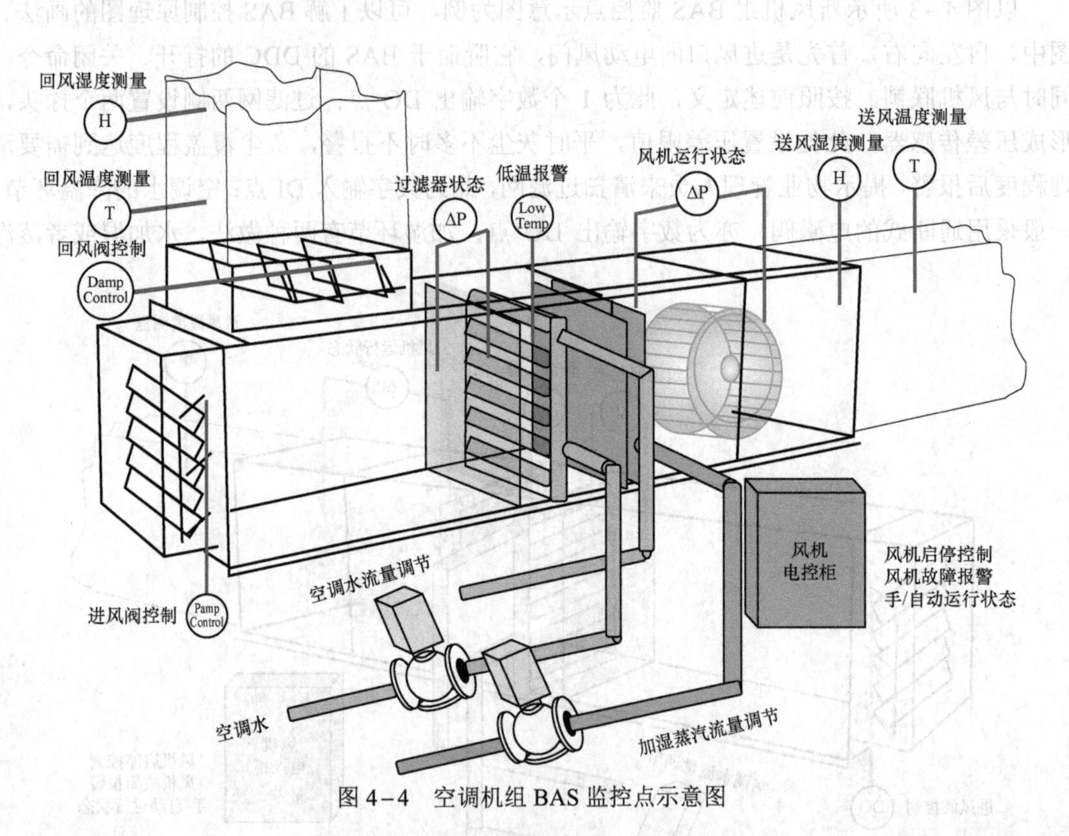

图4–4　空调机组BAS监控点示意图

由图4–4可以看到，此机组的监控要比新风机组的监控复杂许多。互锁关系多了送风机与回风机的互锁。首先，进风空气来源由一个变成两个，产生了两个风道的风量谁大谁小的问题，风量比例按什么分配？如果新风比例大，耗能多；如果回风比例大，则房间的二氧化碳浓度高，影响人的健康。协调这个矛盾的方法就是设置二氧化碳浓度传感器，在其不超标的前提下，将新风控制到最小。以此兼顾节能和健康。

控制目标由送风温度、湿度改为回风管道里的温度、湿度，需要由焓值（综合温度、湿度的物理量，即具有一定湿度的空气里所含能量的多少）作为控制指标。达标的方式仍然是 PID 调节法。

按照 BAS 控制原理图一般画法，以新风机组 BAS 监控点示意图为例，下面列出以上、下两部分组成的控制原理图，如图 4-5 所示 BAS 控制原理图。此处风机转速对应的ΔP 有限值。

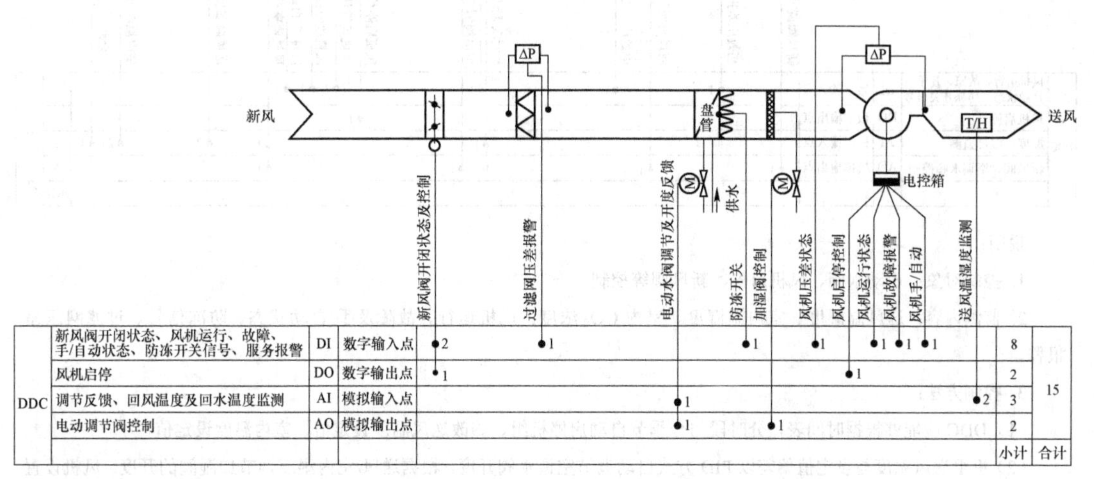

				新风阀开闭状态及控制	过滤网压差报警	电动水阀调节及开度反馈	防冻开关	加湿阀控制	风机压差状态	风机启停控制	风机运行状态	风机故障报警	风机手/自动	送风温湿度监测		
DDC	新风阀开闭状态、风机运行、故障、手/自动状态、防冻开关信号、服务报警	DI	数字输入点	2	1		1		1		1	1	1		8	15
	风机启停	DO	数字输出点	1						1					2	
	调节反馈、回风温度及回水温度监测	AI	模拟输入点			1								2	3	
	电动调节阀控制	AO	模拟输出点			1		1							2	
															小计	合计

说明：

1. 控制对象：电动水阀、新风开关阀、风机启停。

2. 监测内容：送风温湿度，风机运行、故障及手/自动状态，风机压差状态、新风阀开闭状态、电动水阀开度反馈、防冻信号、过滤网压差报警。

3. 控制方法：

（1）新风机组根据送风温度与设定值偏差自动调节空调水阀开度。

1）夏季工况下，当送风温度高于设定值 2℃时，自动加大水阀开度；当送风温度低于设定值 2℃时，自动减小水阀开度。

2）冬季工况下，当送风温度高于设定值 2℃时，自动减小水阀开度；当送风温度低于设定值 2℃时，自动加大水阀开度。

3）过渡季通风工况下，水阀关闭。

（2）新风机组根据送风湿度与设定值偏差控制加湿阀开度。

4. 联锁及保护：

（1）停机联锁：新风机停止时，新风阀全关，制冷季过渡季关闭水阀，采暖季水阀开 50%。

（2）开机联锁：风机开启前，先开启风阀，按控制要求联动控制。

（3）防冻保护：当盘管表面温度低于 4℃时风机停止运行，新风阀关闭并报警，此时加热盘管水路两通阀全开。

（4）压差报警：过滤器两侧压差超过设定值时，自动报警。

5. 适用范围：新风机。

图 4-5　BAS 控制原理图

空调机组往往以回风的温度、湿度作为控制目标，这和新风机组以送风温度作为控制目标有诸多不同。图 4-6 所示为空调机组控制原理图。

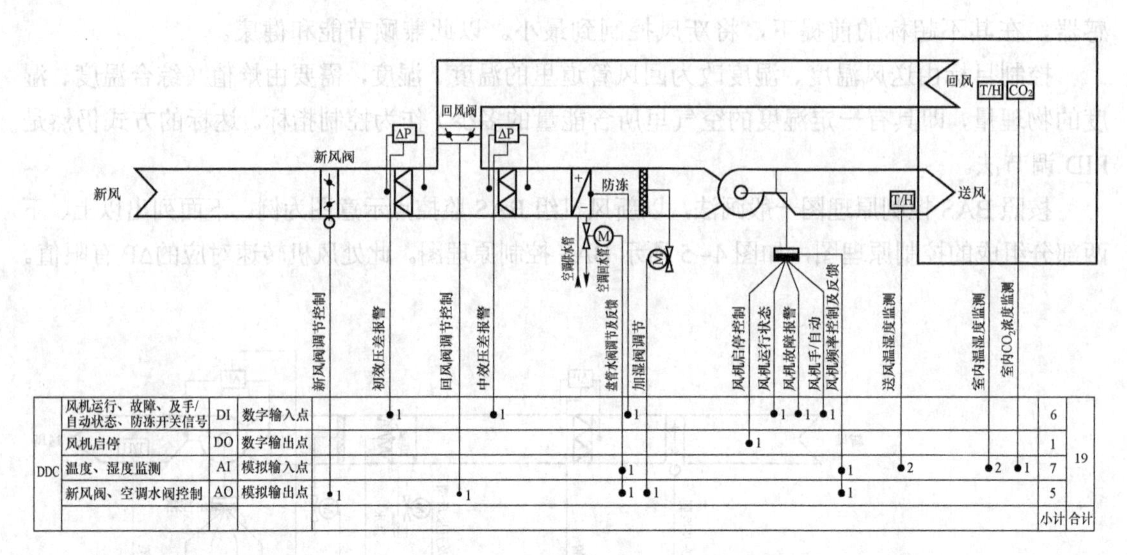

说明：

1. 控制对象：电动水阀、风机启停、新风阀等控制。

2. 监测内容：送风温湿度、室内温湿度、室内 CO_2 浓度；风机运行、故障及手/自动状态、防冻信号、过滤网压差报警。

3. 控制方法：

（1）DDC 应能够根据时间表，分时段与分季节自动启停机组、修改送风温度设定值、室内温度设定值。

（2）机组送风温度与设定值偏差以 PID 方式自动调节空调水阀开度，根据送风/室内湿度调节加湿阀的开度。风机设置变频控制，根据室内温度控制风量，排风机根据新风量相应调节排风量，排风量为新风量的 80%。另外，根据室内 CO_2 浓度，调节新/回排风阀的开度。

（3）风阀应与机组联锁控制。

4. 联锁及保护：

（1）停机联锁：当风机停止运行时，新风阀连锁关闭，制冷季过渡季水阀关闭，采暖季水阀开 50%。

（2）开机联锁：风机开启时，新风阀开度自动开启至确保最小新风量阀位。

（3）防冻保护：在严寒、寒冷及夏热冬冷地区，当加热盘管表面温度低于 4℃时风机停止运行，新风阀关闭并报警，加热盘管水路两通阀和回风阀全开。

（4）压差报警：过滤器两侧压差超过设定值时，自动报警。

图 4-6　空调机组控制原理图

4.5　建筑设备监控平面布置图和线路敷设

BAS 平面布置图是在 BAS 控制原理图和监控点表的基础上完成的，也就是说应当先画控制原理图。线路敷设主要是路由选择，如地板垫层、墙里、顶板下、吊顶内、穿管或者线槽、明敷或者暗敷等所以先要了解建筑结构，然后才能确定现场可行、合理的线路敷设方式和敷设路由。虽然平面图为了美观画成“横平竖直”的样子，与实际施工重视线路两端的做法有所不同，但是有的设计人不顾电梯间、楼梯间、夹层而直接画过去，完全不顾施工的可行性，这样的平面图必须修改才能使用。

BAS 平面布置图和线路敷设首先与 BAS 控制原理图有关，与建筑平面有关，与暖通空调、给水排水、强电 3 专业的现场控制设备分布位置（BAS 与这些设备系统是皮与毛的关系）及监控范围有关，其次也涉及监控管理中心、操作管理站设计、网络层次设计、管线综合设计、通信接口设计（参照接口设计说明书）、技术接口界面设计、网络通信系统结构设计、端子接线安装及安装大样图设计、供电方式设计等。

当然，画 BAS 平面布置图也与以下这些设备选择有关：控制器的选择、传感器的选择、执行机构的选择、软件产品的选择（与控制方式有关）、监控计算机的选择，甚至打印机的选择。因为平面图要标注它们的编号、型号规格、安装要求。

新风机房 BAS 平面布置图示例如图 4－7 所示。

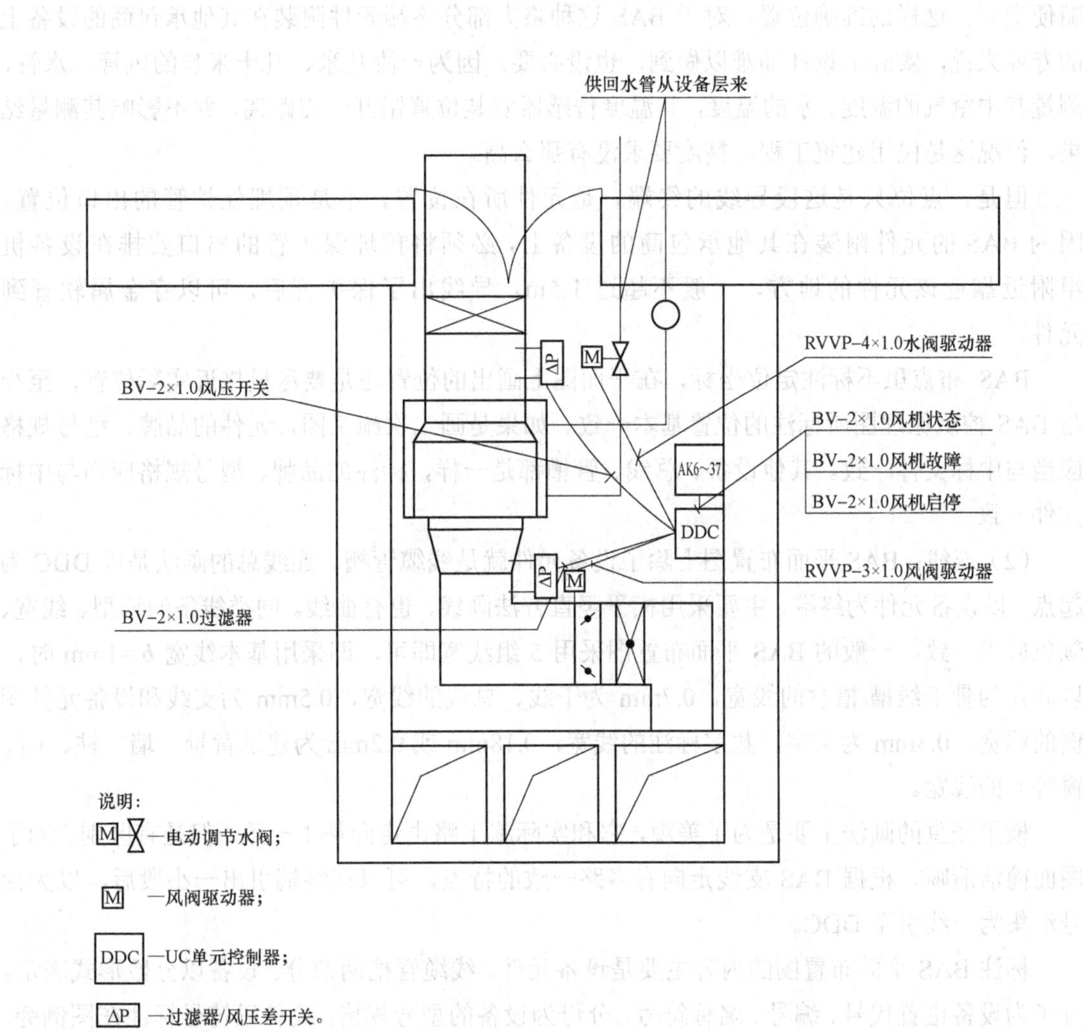

图 4－7 新风机房 BAS 平面布置图示例

BAS平面布置图的画法可以分为3步：布点、连线、标注，即由点到线，再到面。每幅图应当在图框内尽量饱满地画图并附文字说明，图名写在图样下方，并与图签、目录的图名一致。平面图比例紧跟图名并比图名字高小一号。如果多个平面图画在一张图内，应自下而上按建筑的层次由低向高，顺序安排布置。

在已经整理好的建筑和设备专业平面图上，需要宏观规划设计思路。例如DDC的管理半径不能过大、过小。管理半径过大了调试困难，管理半径过小了造成浪费。

（1）布点：采用图例符号代替实际的设备元件。虽然BAS平面布置图有比例，但是BAS的每一个监控点位都不确定其平面坐标数字。这是因为布点的不定位，给现场施工人员以充分的必要的自由裁量权，施工人员可以根据现场实际情况，与其他设备避让以错开安装空间，完成施工任务。如果标注了其平面坐标数字，那么就框定了每一个监控点的安装位置，不能随便变更。这样的准确位置，对于BAS这种将大部分终端元件附装在其他承包商的设备上的专业来说，实际上设计师难以做到，也没必要。因为一段几米、几十米长的风管、水管，测量其中空气的温度、水的温度，其温度传感器安装位置错开一点距离，并不影响其测量结果，何况这是民用建筑工程，精度要求没有那么高。

但是，点位只是这段导线的终端，是元件所在位置，不是预埋保护管的出口位置。因为BAS的元件附装在其他承包商的设备上，必须将预埋保护管的出口安排在设备机组附近靠近该元件的地方，一般不超过1.5m。导线出了保护管后，可以穿金属软管到元件。

BAS布点虽不标注定位坐标，在平面图上画出的位置还是要尽量接近实际位置，至少与BAS控制原理图所标注的位置基本一致。如果是画二次施工图，元件的品牌、型号规格应当与中标文件一致。其他设备、总线、管槽都是一样，标注的品牌、型号规格应当与中标文件一致。

（2）连线：BAS平面布置图上除了设备元件就是线缆管槽。连线总的画法是以DDC为起点，以设备元件为终端，主要采用横平竖直方法画线，也有曲线。同类线条的线型、线宽、颜色应当一致，一般的BAS平面布置图采用5组线宽即可，即采用基本线宽b=1mm时，以此作为骨干线槽/槽盒的线宽，0.7mm为干线、总线的线宽，0.5mm为支线和设备元件图例的线宽，0.3mm为文字、数字标注的线宽，0.18mm或0.2mm为建筑背景（墙、柱、门、窗等）的线宽。

横平竖直的画法主要是为了美观，它和实际施工路由走向基本一致，但是有区别。为了图面简洁清晰，根据BAS支线走向有多路一致的特点，可以在终端引出一小段后，以大括号汇集为一线引至DDC。

标注BAS平面布置图的内容主要是设备元件、线缆管槽两部分。设备以分数形式表示，分子为设备位置代号、编号、名称符号，分母为设备的型号规格；元件以符号标注在图例旁。线路的标注一般顺序是：回路编号—线缆型号规格（根数×导体截面积）—保护管—敷设方式，如：2#–BVV–500（3×1.5）SC20WC/FC–CP15。其中SC是厚壁热镀锌钢管，WC是墙内暗敷，FC 是地板垫层内暗敷，CP 是金属软管（俗称蛇皮管）。线槽标注材质、截面，如 MR200×100，MR 是热镀锌铁质金属槽盒。JDG 壁厚一般 1.2mm，达不到验收要求，应当注明壁厚不小于 1.6mm。

BAS 平面布置图的标注比较灵活，可以集中引出，可以就地分散，可以横写，也可以竖写。汉字字高宜不小于 3.5mm，数字字高宜不小于 2.5mm，总的要求是将平面图上所有对象都标注到，不留死角，不用表格“说图”代替图上标注。

在 BAS 一次施工图平面图设计中要防范内容深度不够的问题，有些设计人员做的浅，许多内容推给二次设计是不对的。一般的 BAS 一次设计的基本要求要达到“3 满足”条件，即：满足土建预留、预埋的要求；满足 BAS 招标投标的要求；满足 BAS 深化设计的要求。

具体的设计方法，首先是满足 BAS 关于土建预留、预埋的要求，即土建建筑专业给 BAS 机房的预留位置、面积大小、形状、门开向要满足 BAS 使用要求和验收要求，每层的设备间、竖向通道、水平通道的安排也要提前合理布局，不然等 BAS 承包商进场（有的工程在结构封顶之后）后发现问题就很难处理了。

结构专业要对 BAS 较大的 DDC 等暗装箱在墙上预先留洞和过梁，对 BAS 机房实施地板加固加强措施。按照数据中心的建设级别，确定地板荷载（一般大于 800kg/m^2，可以到 1200kg/m^2）。

BAS 设计经常重视对温度的控制，忽视对一氧化碳的控制。其实一氧化碳对人的危害不应轻视，每年都有人都因它生病或死亡。一般人们以为它出现在燃烧不充分的火炉旁，事实上地下车库也大量存在。平面图应当画出一氧化碳浓度传感器自动控制排风机的内容，并注明一氧化碳浓度传感器安装高度约距地面 1.5m。

水暖设备专业通常负责现场管线包括 BAS 的路由综合。同时，水暖设备及其控制箱的位置须专业间的配合和认可，无关的水暖管线不能穿过 BAS 机房。

满足 BAS 招标的要求，主要是 BAS 的设计文件使招标评标有可比性，即 BAS 的一次设计包括平面图要明确 BAS 的系统结构、功能、指标、参数，以便评标时进行性价比的比较。

满足 BAS 深化设计的要求，主要是 BAS 的设计具有技术先进性、使用功能的适用性、经济方面的合理性，避免深化设计颠覆一次设计，推翻招标前的设计意图。

4.6 建筑设备监控竖向系统图

BAS 竖向系统图是总揽 BAS 整个工程的图纸，承上启下。统帅全局，可以附带设备元件表。BAS 竖向系统图的内容应当与 BAS 系统监控原理图、系统监控点数表保持一致。

目前国内市场上约有 50 余个 BAS 品牌产品，知名度和市场占有率各不相同，其系统结构大同小异，基本都是3层构成，即现场层、控制层、管理层。BAS的系统图，有的画法是不管设备所在空间位置，一味只顾表达其系统组成设备和元件。大部分设计单位采用的是主流画法，即按照BAS的设备所在建筑层，以从下到上的竖向系统图表达BAS的系统组成。

竖向系统图画法是：整体规划所有建筑层——地下各层、裙房各层、标准层（包括设备层、夹层M、避难层、顶层等），各层之间以点画线分隔，对于超高层建筑，如果相同的标准层比较多，可以省略画出。地下各层可用B3、B2、B1标示，地上各层可用F1、F2、F3、Fn标示。有夹层以M表示。

一般将中控室（BAS 机房）的工作站操作台、服务器、终端计算机显示装置、键盘、鼠标、打印机、网关等设备画在系统图的左边，将各层BAS设备元件画在右边，上下以系统总线相连。

BAS 竖向系统图不像平面布置图那样有比例，有人写上比例是不对的。但是应当像平面布置图那样使用图例符号表达设计意图，并对设备、元件、线路进行全面的标注。

BAS 竖向系统图的设计深度在一次、二次施工图里有所不同。按照建筑工程设计文件深度规定，招标前的一次施工图画到中间箱DDC就可以了，因为此图主要用概算于报价；而中标后的二次施工图设计则应满足现场施工的需要，前端设备、中间箱及连接、终端设备和元件都应当画齐全，只是鉴于今日BAS系统规模有的高达几万个监控点，此系统图的终端元件往往以分类汇总方法画出，表现形式类似于设计师常见的火灾自动报警系统图。

如8个同一类型的温度传感器，不是分别画出8个，而是画1个图例，注明8这个数字在图例旁。最后应当标注所有设备（如DDC控制器）、总线、元件（现场的监控点传感器、执行器等）的符号、数量、线路管槽的规格和敷设方式。

在BAS的引入端，应当设置适配的电涌保护器SPD。

管槽设计中要注意不同系统、不同工作电压的线路不能放在一个管槽里，同时要计算占槽率，一般施工验收要求保护管的利用率不大于 35%；占槽率不大于 46%，如果设计没有计算，工程后期更换管槽就很困难。

如果要搞优化设计，可以从BAS竖向系统图入手进行优化设计方案讨论。

与BAS系统图配合施工的DDC端子排接线图有横竖两种形式。基本做法是随着一个一个的DDC配套画出。端子排接线图表现每个连接点所接的现场线缆，应当表示线缆的型号规格、根数、敷设方式、端子标志、线缆编号等，必要时添加说明。

由于各个制造商产品有不同之处，往往为了工厂制作方便，由供货商协助BAS施工承包商完成DDC端子排接线图。DDC端子排接线图不仅用于现场接线，而且验收要看，机电工程安装质量奖审核也要看，设备运行维护也需要。因此，每一个DDC都在箱子内侧贴着自己的端子排接线图。

在实际工程项目的设计中，能够完全规范表达设计意图的图纸不多，方式方法多样。图4-8和图4-9所示的BAS竖向系统图示例仅作参考。

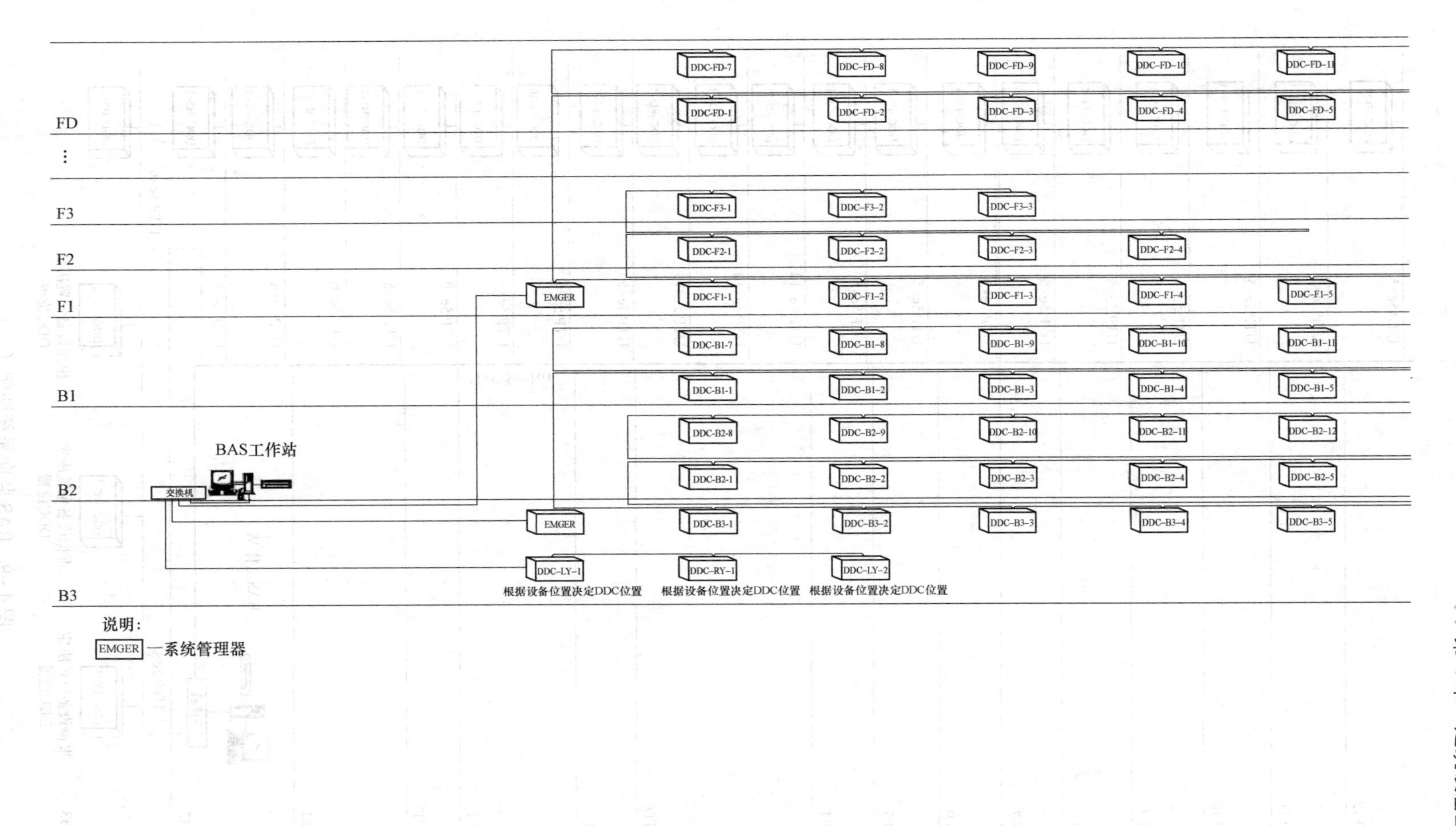

图 4-8 BAS 竖向系统图例（一）

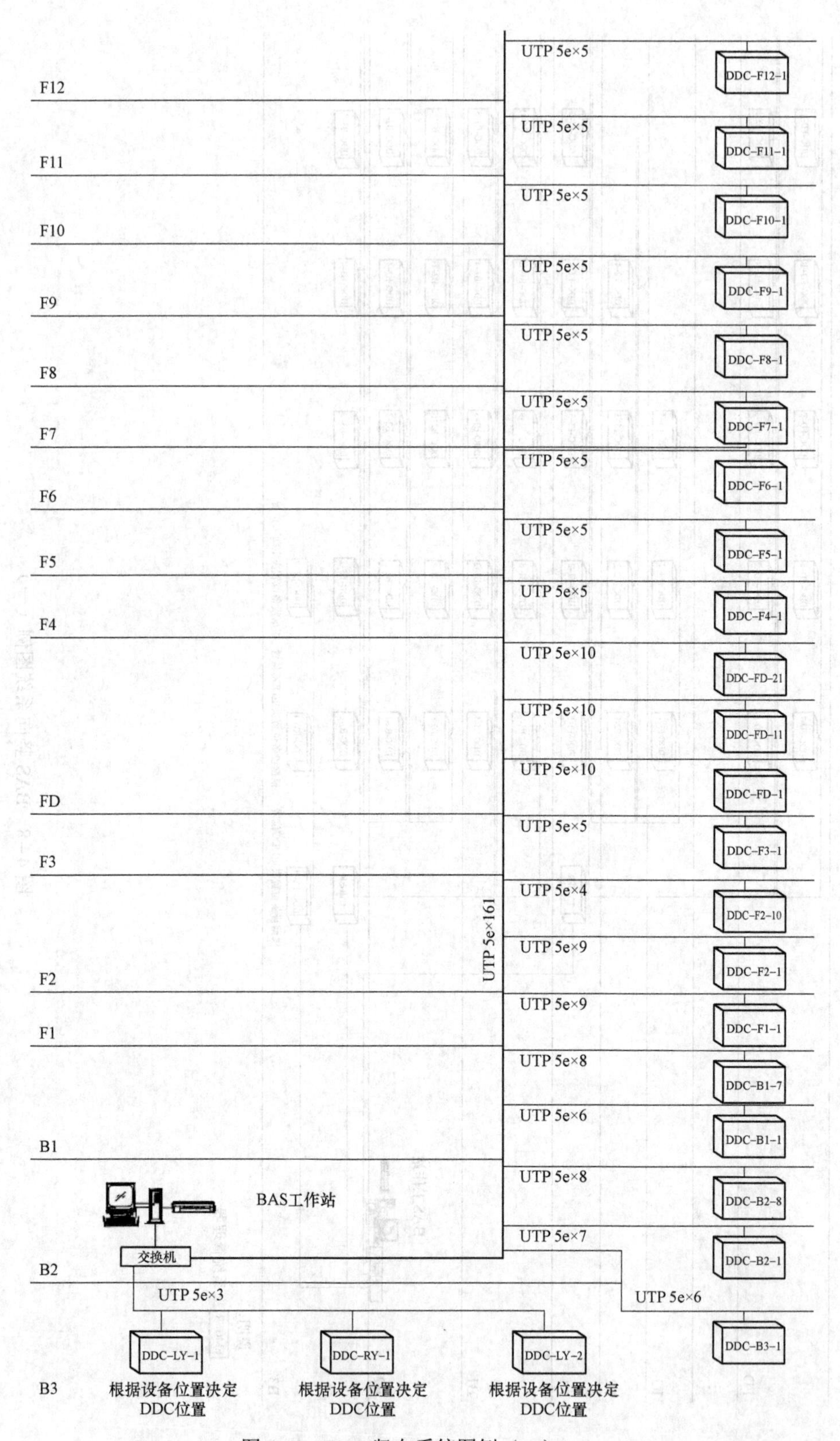

图 4-9 BAS 竖向系统图例（二）

4.7 中控室布置图及其他设计文件

1. 中控室的设备平面布置图

BAS的机房放置BAS工作站等核心设备，是整个建筑设备监控系统的首脑机关，通常称为中央控制室。它有专用、合用两种基本形式。由于设备较多，集中布置，施工工作量较大，中控室的设备平面布置图一般采用 1:50 的较大比例。这里的中控室的设备平面布置图指BAS的设备和线缆管槽布置。主要内容包括BAS操作台、显示屏幕、操作键盘和鼠标、打印机、数据库服务器、电源UPS等。中控室的设备平面布置图与楼层BAS平面图主要的不同是按照实物设备的外形大小据实画出，这样的平面图将和实际施工一致。因此，在建筑业普遍推广 BIM 技术的形势下，中控室的设备平面布置图往往与立体的模型或者 3D 立体效果图相辅相成表达设计意图。

对于建筑群项目，必然有BAS线缆出入不同的建筑，按照设计规范，应当在BAS的机房平面的引入端设置适配的电涌保护器 SPD。同时，BAS 机房平面图设计，可以使用智能建筑工程设计施工图集。

目前公共建筑里由于弱电机房较多，BAS与消防、安防等合用机房不少，图4-10所示为BAS与其他子系统合用机房示例。

2. 中控室的配电系统图

BAS机房配电系统是实现BAS的系统功能的保证。关于BAS电源可靠性的设计要求不如消防、安防系统那样高。但是，许多设计人由于是做弱电设计的，做的BAS机房配电系统存在火灾隐患。因为现在的设计质量是终身负责制，所以强电专业必须正确设计BAS机房配电系统。

由于 BAS 机房配电系统的负荷级别不高，通常采用一路电源到负荷的方式，即BAS 机房配电系统图一般是 3 层结构：ATSE、母线、UPS 及其重要负荷。就是双电源引入中控室的双电源终端自动切换装置 ATSE 后，经电源母线分为两部分，一部分是诸如精密空调、照明、插座、通风机、电热等普通负荷，直接引自电源母线；另一部分重要负荷经母线下的 UPS 取电，这些负荷包括 DDC、服务器、计算机及显示装置等。设计主要是正确协调负荷、开关与回路导线 3 者之间关系。基本原则：回路计算电流（单体设备时就是其额定工作电流）＜回路开关的整定电流＜回路的线缆的载流能力。

UPS是BAS的一个后备独立电源，一般是在线式工作。设计应当注意UPS的选择，UPS额定容量基于其所带总负荷的算术和的1.2倍，不宜过大、过小。

双电源终端自动切换装置 ATSE 要选择 4P 开关，选用 PC 级，尽量不用 CB 级的开关切断短路电流。双电源应当是独立的两路电源。

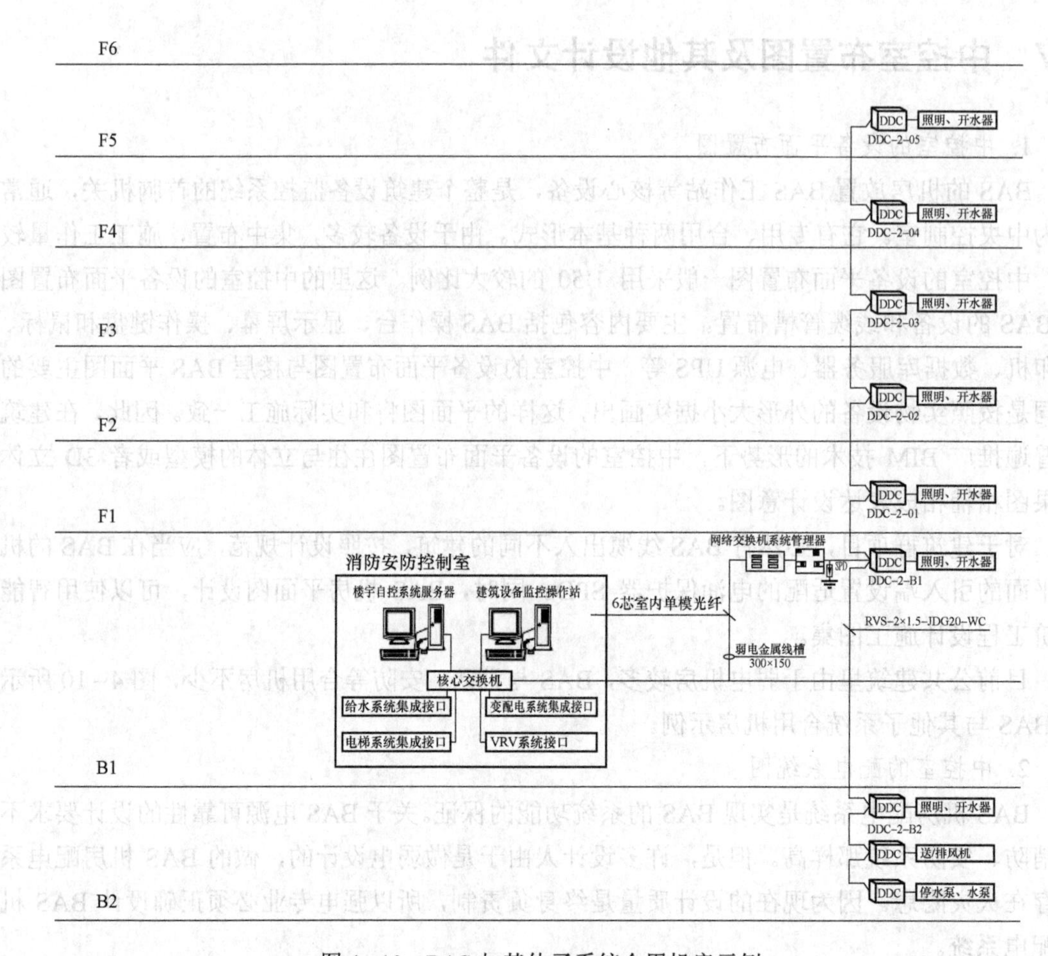

图 4-10 BAS 与其他子系统合用机房示例

BAS 机房配电系统一次设计常见问题有：将供电电源双电源所带的一级负荷与消防负荷混为一谈（无论什么级别的负荷，在发生火灾时除了消防用电设备，一律切除断电）；距离 ATSE 的终端设备太远（一般指 5m 内）；设备容量与开关、导线选择不匹配；、UPS 容量设计计算和选择有错；没有隔离高次谐波影响电源的质量和电压稳定性；与相关专业的配合（电气强电、暖通空调、给水排水、建筑、结构、概预算）存在错漏等。

3. 中控室的系统集成框图

系统集成框图是表达 BAS 软件结构包括数据库在内的软件功能模块框图，BAS 在 IBMS 系统集成 4 层结构组成框图中的位置处于承上启下的地位。

第 1 层，最底层，是制冷系统、供热系统、水电等机电系统监控；消防监控；电视；广播；计算机网络等；第 2 层，BAS、SAS、FAS、车库、数据处理、有线通信、无线通信等；是 BAS 的所在层。第 3 层，BMS、OAS、CNS，是中级的系统集成；第 4 层，最上层，IBMS 是智能建筑的顶层系统集成。

在许多工程里建筑设备监控系统 BAS 为系统集成的核心。系统集成和与之相关的系统联动，在一定程度上体现所在工程的智能化程度和信息化水平。因此，系统集成往往成为开发单位进行工程宣传的亮点、销售部门的卖点。建筑设备监控系统作为系统集成的基础部分，与系统集成关联密切。目前的智能化系统主要有三级系统集成与系统联动，即 BAS、BMS、IBMS。

建筑设备监控系统与相关设备系统集成功能框图内容包括：与相关设备系统集成功能应满足建筑物业管理需求；与相关设备系统集成功能应实现建筑设备监控系统信息共享；与相关设备系统集成功能应形成系统间联动以及为建筑物上层管理系统提供集成基础条件。

建筑设备监控系统集成关联的范围有：建筑设备监控系统相关的子系统；建筑设备监控系统集成互联的其他设备系统；建筑设备监控系统集成关联的独立运行自成监控体系的设备系统；建筑设备监控系统与相关系统集成时，针对与系统集成有关联的系统，进行各设备运行监控数据信息采集、通信和综合处理的能力。系统集成的通信协议和接口应符合相关的技术标准，应实现对各相关子系统和设备系统进行综合监控管理功能。宜支撑工作业务应用系统及物业管理系统，同时应具有可靠性、容错性、易维护性和可扩展性。许多工程不画这些框图也是常见的现象。但是对于软件功能及数据库组成至少应当有文本进行描述说明。

4. 中控室的等电位接地图等

建筑设备监控系统的中控室属于智能建筑的重要部门，一般有人值班进行日常设备管理，同时设备布置集中，造价较高。所以，保证 BAS 的中控室的人员安全和设备可靠运行，就是马虎不得的事情。而防雷接地、等电位联结就是其中主要的安全防范技术措施。

首先，作为整体概念，BAS 以及其他智能化系统不能奢望现场具有为本系统独立设置防雷接地的条件，主流的做法，成熟的技术，就是采用联合共用接地方式，接地电阻取接地系统中设备要求的最小接地电阻值，例如地铁工程、变电站为 0.5Ω。普通工程取接地电阻小于 1Ω。不要搞多种独立的接地方式，弱电与强电共用新建工程的基础钢筋网作为接地极。虽然有人质疑基础筏板有防水层，与大地似乎绝缘，但是，大量工程实际测量的接地电阻数值在 0.2Ω左右，事实胜于雄辩，这是简便易行的好做法。

对于 BAS 旧机房的改造，过去采用室外设置 5 组钢管或角铁打入地下相连为接地极，现在要求沿着建筑做一圈接地极。尤其不可取的做法是打开中控室柱子，将其钢筋焊出来作为接地极。

中控室的防雷接地、等电位联结是一个整体体系。机房的直击雷少见，这里防雷主要防范感应雷（即闪电感应，直击雷和侧击雷由避雷带、避雷针、法拉第笼等防范），就是在电源前端、弱电引入端设置适配的 SPD。设置 SPD 可以几级设置。同时采取 PE 线接机箱外壳等安全措施防感应雷。

其次，为值班人员保驾护航主要是机房等电位联结。须知对人员设备的电击危害来自较高的电位差，不是较高的电位！所以在 BAS 机房（包括住宅卫生间）是等电位联结保护人身和设备安全。具体做法是：建筑基础钢筋网是联合接地极，上引变配电室，再引到 BAS 机房 MEB 箱，然后分别到各处，自 MEB 箱出线，中间不要再交叉、搭接。设计时强电专业在机房平面图上会设置总等电位端子排 MEB 或分等电位端子排 LEB，施工时其前部接地干线为铜导体截面不小于 16mm^2（如果 BAS 中控室与 FAS 的消防控制室合用，则其前部接地干线为铜导体截面不小于 25mm^2）。机房内接地方式多采用 S 型，即"一点接地"，同时将机房内所有设备外壳、基础、金属管道等，包括架空地板下的等电位铜箔连在一起，从而形成一个 BAS 中控室的局部等电位。

其他的中控室相关图纸还有照明平面图、火灾报警平面图、气体灭火平面图和系统图、建筑装饰装修图、通风空调的平面图和系统图等，由相邻设计专业完成，智能化系统专业进行配合。

第5章　综合布线系统设计

本章所述的布线，不是传统的电气线路布线，而是指能够支持电子信息设备相连的各种线缆、跳线、接插软线和连接器件组成的系统。所谓综合布线系统（PDS）就是能够支持语音、数据、图像、多媒体等业务信息传递实际应用的具有开放式网络拓扑结构的智能化子系统。在智能建筑中，综合布线系统与计算机网络系统是两个既相联系又相区别的概念。一般是统一规划设计，分步调整实施。土建时先完成综合布线，业主用户使用网络前做逻辑划网，形成计算机网络。

5.1　综合布线系统的组成结构

综合布线系统的主要功能就是为建筑物提供一个高速、高效、可靠、安全的信息化网络基础设施。如果将信息比成车辆，那么综合布线系统犹如高速公路网。一般而言综合布线系统是建筑或建筑群内部及其与外部的传输网络。它使建筑或建筑群内部的语音、数据和图像通信网络设备、信息网络交换设备和建筑设备自动化系统等相联，同时使建筑或建筑群内通信网络与外部通信网络相联。综合布线系统也是智能化系统集成的一个组成。它和建筑设备监控系统、火灾自动报警和消防联动系统、安全防范系统等一起，通过对建筑信息资源的优化管理和建筑设备的自动检测与优化控制，实现建筑综合管理系统的集成（IBMS），以便满足建筑监控功能、管理功能和信息共享的需求，为用户提供良好的信息服务，使智能建筑适应社会信息化的需要，同时具有安全、舒适、高效和经济的特点。

1. 综合布线系统的硬件基础组成

在有的楼盘销售宣传中，将本大厦具有综合布线说成是智能建筑，显然这种将综合布线与智能建筑等同起来的说法是不对的，但从另一方面反映了综合布线在智能建筑中的重要位置——它是大厦实现信息化的物理基础。综合布线又称建筑物结构化布线系统。建筑物综合布线系统（Premises Distribution System，PDS）是一套标准的配线系统，综合了所有的语音、数据、图像等设备，并将多种设备终端插头插入标准的信息插座内，即任一插座能够连接多种类型的设备，如计算机、打印机、电话机、传真机等，非常灵活、实用。

综合布线系统的兴起与发展是计算机技术和通信技术以及建筑技术与信息通信技术相

结合的产物。由于其模块化的设计是和拓扑结构结合进行的，可以使建筑物内的配线系统具有各种先进的特性。PDS 和 IBS（智能大楼布线系统）和 IDS（工业布线系统）的差别是 PDS 以商务环境和办公自动化环境为主。

2. 综合布线系统的主要系统结构

对于较小建筑物，综合布线系统的垂直子系统由大对数电缆为主组成，即语音、数据、图像均由大对数电缆传输。对于较大建筑物，结构化布线系统的垂直子系统语音部分一般采用 3 类或 5 类大对数电缆传输，而数据、图像部分采用超 5 类、6 类铜缆或者光纤传输。光纤传输能力取决于收发设备，所以其传输能力发展余地很大。

许多智能大厦的开发商建楼的目的并非自用，而是为了出租、出售。因此，大楼的使用功能要求便在建设时不能确定其细节，为了解决这个问题，在工程中针对开放性办公室发展出一种较灵活的布线形式，即集合点、中间过渡点（consolidation point，CP）方案。该方案的主要特点是在楼层配线架 MDF 与终端信息插座之间设置若干个 CP 箱，CP 箱散布于各大开间的靠近走廊处，对于暂时不能确定信息插座位置的，先将其线缆接在 CP 箱，等日后能确定信息插座位置时，再将线缆由 TP 箱接至终端信息插座。

建筑物综合布线系统一般由六个子系统组成，即工作区子系统、水平子系统、管理子系统、干线子系统、设备间子系统、建筑群子系统。综合布线系统一般的空间组成结构如图 5-1 所示，如今的主干子系统多为光纤，许多项目光纤到桌面。

（1）工作区子系统：工作区子系统由线缆、跳线和适配器组成，用以将电话、计算机等语音或通信设备连接到信息插座上。信息插座由符合 ISDN 标准的八芯模块化插头组成，它可以完成从建筑自控系统的弱电信号到高速数据网的数字、模拟信号等一切复杂信息的传送。

（2）水平子系统：连接工作区和干线电路的这一部分称为水平子系统。它是从 RJ-45 插座或光纤续接口开始到管理子系统的配线系统，结构一般为星型拓扑结构。在线缆的使用上推荐全部使用双绞线，目的在于避免多种线缆类型造成的系统灵活性降低和管理的不便。水平子系统与垂直子系统的区别在于水平子系统大多处于同一楼层上，并端接在工作区子系统上。

（3）管理子系统：管理子系统设置在楼层配线间内。它由交连、互连和 I/O 设备组成，是连接干线子系统和水平子系统的管理点。管理子系统为连接其他子系统提供连接手段。同时，交连和互连允许用户将通信线路定位或重定位到建筑物的不同部分，以便能使更容易地管理通信线路。

（4）干线子系统：干线子系统又称骨干子系统，它由双绞线、光纤或大对数电缆组成。它提供位于不同楼层的设备间和布线框间的多条连接路径，连接管理子系统到设备间子系统。为了提供与外部网络的通信能力，干线子系统将中继线交叉连接点和网络接口连接起来。网络接口通常放在设备间或设备间相邻的房间。网络接口为这些设施和建筑物综合布线系统之间划定界限。

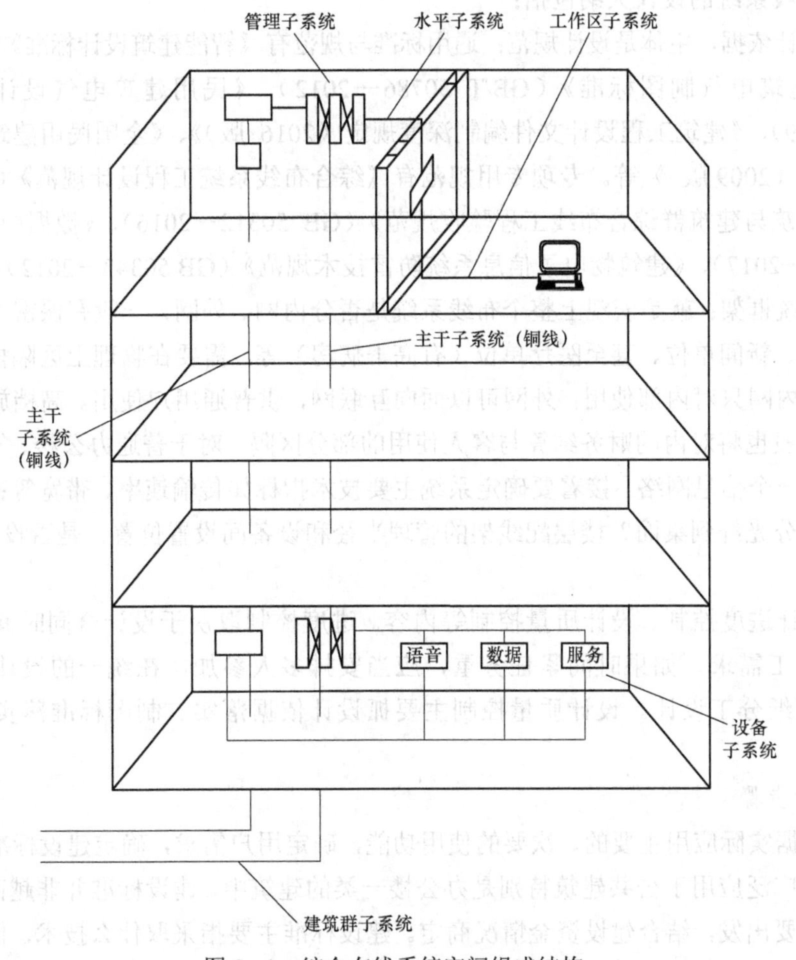

图 5－1　综合布线系统空间组成结构

（5）设备间子系统：设备间子系统，由电缆、连接器和相关支撑硬件组成，是一个在建筑内的适当地点设置进出线设备、网络互连的场所。为便于布线，节约投资，设备间往往选在建筑物的中间。

（6）建筑群子系统：建筑群子系统将一栋建筑的线缆延伸到建筑群内的其他建筑物的通信设备和设施。通常由光纤和相应设备组成，并支持楼宇之间通信所需硬件。

机房及网络设备：包括互联网接入、电信接入、有源设备及 UPS 不间断电源等。

5.2　综合布线系统的设计大纲和设计步骤

1. 设计大纲

设计大纲一般是指设计原则、主要设计方法、主要技术措施等纲领性宏观指导意见，图纸目录可以看成设计大纲里主要工作任务的汇集，列出目录可以直接用于设计组内分工协作。

综合布线系统的设计大纲包括：

（1）设计依据，主体是设计规范：通用标准与规范有《智能建筑设计标准》（GB 50314—2015）、《建筑电气制图标准》（GB/T 50786—2012）、《民用建筑电气设计标准》（GB 51348—2019）、《建筑工程设计文件编制深度规定（2016 版）》、《全国民用建筑工程设计技术措施电气（2009 版）》等。专项专用规范有《综合布线系统工程设计规范》（GB 50311—2016）、《建筑与建筑群综合布线工程验收规范》（GB 50312—2016）、《数据中心设计规范》（GB 50174—2017）、《建筑物电子信息系统防雷技术规范》（GB 50343—2012）等。

（2）系统框架；就是宏观上整个布线系统是否分内网、外网，一般有保密要求的用户例如科研单位、新闻单位、甚至医疗单位（有高干病房）等，需要在物理上区隔内网、外网两个子系统，内网只对内部使用；外网可以面向互联网，供普通用户使用。高档旅馆为了资金账务安全一般也将对内的财务结算与客人使用的部分区隔。对于普通办公楼、写字楼、教学楼等，就是一个信息网络。接着要确定系统主要技术指标如传输速率、带宽等；是否屏蔽系统？哪些部分光纤到桌面？楼层配线架的管理半径和设备间设置位置；是否设置中间箱 CP 点等。

（3）设计进度控制、设计质量控制等内容。进度控制取决于设计合同时间要求或者建设单位的赶工需求，如果时间紧任务重，应当安排多人参加，在统一的设计技术措施指导下，将图纸分工设计。设计质量控制主要抓设计依据落实、制图标准落实、图面设计深度落实。

2. 设计步骤

（1）根据实际应用主要的、次要的使用功能，确定用户需求，确定建设标准和档次。综合布线系统广泛应用于公共建筑特别是办公楼一类的建筑中，建设标准并非越高越好，而是要从实际需要出发，结合建设资金情况商定。建设标准主要指采取什么技术，例如用 cat5e，cat6，cat7，还是光纤，是用屏蔽线缆，还是非屏蔽线缆？是 5m^2 一个工作区，还是 10m^2 一个工作区？……确定系统结构和功能，即系统拓扑图。采用技术标准之后，要对做法比较优选。

（2）对建筑、结构等专业的设计配合资料进行分项研读，分析平面布局和竖向结构形式，选择该综合布线系统是设计到终端，还是设计到中间箱？水平系统形式是集合式？非集合式？许多出售型的写字楼，建设时不能确定最终的使用客户，无法了解其布局需要，这样的建设项目只能设计到中间箱 CP 集合点。确定综合布线中心机房及弱电井布置图、竖向布置图。

（3）根据地面垫层、吊顶、墙体材料、竖井等情况，确定综合布线系统的水平方向、垂直方向的线缆管槽特别是干线的路由走向。

（4）根据建设技术标准，确定综合布线各层信息点总数；完成信息点位平面布置图、综合布线竖向系统图。按照“布点–连线–标注”的顺序，画平面布置图；专业做法是信息点不标尺寸不定位、画线缆横平竖直；采用国家标准通用的图例符号表示。

（5）完成布线集合点 CP/AP 箱端子排接线图、综合布线机房的配电系统图（正确处理负荷、开关、电缆三者关系）、综合布线安装大样图（管线综合图）、综合布线设备材料表（序号、名称、品牌、型号规格参数指标、数量、产地、备注等）、综合布线园区总图或建筑群总图、综合布线机房防雷接地平面布置图等。

简要的综合布线系统设计程序就是：布点原则、平面设计图和点表—竖向系统图—机房布置图—机房布置图—防雷接地图—机房配电系统图—设备元件表—接线图、大样图—设计说明、图纸目录、图例符号。

5.3 综合布线系统的设计说明和图例符号

由于综合布线系统与计算机网络系统紧密联系，而智能化系统招标投标常常作为一个子系统对待，工程设计里，综合布线系统的设计说明往往与计算机网络系统的施工图的设计说明放在一起。

1. 设计说明

（1）土建概况。要表述建筑的主要特征，如建筑总面积、建筑占地面积、建筑层数和总高、建筑防火类别、耐火等级、设计使用年限、地震基本烈度、主要结构选型、人防类别、面积和防护等级、地下室防水等级、屋面防水等级等。以下内容根据需要可简可详。概述建筑物使用功能和工艺要求、建筑的功能分区、平面布局、立面造型及与周围环境的关系；建筑防火设计，包括总体消防、建筑单体的防火分区、安全疏散、疏散宽度计算和防火构造等；人防设计，包括人防面积、设置部位、人防类别、防护等级、防护单元数量等；建筑安全防护与维护、电磁波屏蔽等方面有特殊要求时所采取的特殊技术措施；主要的技术经济指标包括能反映建筑工程规模的总建筑面积以及诸如住宅的套型和套数、旅馆的房间数和床位数、医院的病床数、车库的停车位数量等。

（2）设计依据。包括建设单位提供的文件、资料；设计标准和规范；相关专业提供的资料；综合布线系统标准图集等。如果是中标后的深化设计，还应当将中标的投标书、招标书、甲方和工程监理一致的变更要求计入。

（3）设计范围。一般应当包括系统组成 6 个子系统，如工作区子系统、配线/水平子系统、干线/垂直子系统、设备间子系统、建筑群子系统；不包括计算机网络系统。范围构成了设计文件：主要有综合布线各层信息点表、信息点位平面布置图、综合布线中心机房及弱电井布置图、竖向布置图、综合布线竖向系统图、布线集合点 CP/AP 箱端子排接线图、综合布线机房的配电系统图（负荷、开关、电缆三者关系）、综合布线安装大样图（管线综合图）、综合布线设备材料表（序号、名称、品牌、型号规格参数指标、数量、产地、备注等）、综合布线园区总图或建筑群总图、综合布线机房防雷接地平面布置图等。

（4）系统结构和主要功能、指标。关于技术类别，目前 PDS 的线缆和连接件数据方面有 7 级，以支持带宽 Hz 赫兹为指标，语音方面一般采用大对数 cat3 为语音干线；确定系统形式是有集合点，还是非集合型；设备选型如终端设备 TE、信息点 TO（语音、数据）、集合点CP、楼层配线设备FD、建筑物配线设备BD、建筑群配线设备CD等。

光纤到桌面的部分，应当说明设置区域和用途。一般光纤的传输速率取决于收发设备；有光电转换装置。

（5）线路敷设的线缆型号规格选择；线缆采用屏蔽线还是非屏蔽线？线路的路由；暗装或明装的敷设方式；注意不同工作电压的不同系统的线缆不应共槽共管敷设。同时消防线路与非消防线路应当分开；内外网应当物理区隔；对于有商业经营的建筑区域要采用低毒、低烟、阻燃线缆；对于一类高层应当采用阻燃耐火线缆；对于保护管一个工程应当一致，线路敷设里不应SC、JDG、PC、MR、CT都在用，各个子项五花八门。

其他方面要说明的安全措施，如设备安装的防震要求；防雷接地做法；等电位联接和防静电的做法；软件和硬件的订货要求；以及防火、设备外壳防护、施工要求等相关说明。

综合布线系统的设计强制性条文要求，应当体现在设计图上。但是有的内容不便画图表示，例如设计对施工订货的要求，对安全技术措施的要求，对承包商深化设计的要求等，可以抄录在设计说明里，以便实现对强条的全面响应和落实。下面的设计说明示例体现强条的做法可供参考：

综合布线系统为开放式网络拓扑结构，支持语音、数据、图像、多媒体业务等信息的传递。

在公用电信网络已实现光纤传输的地区，建筑物内设置用户单元时，通信设施工程必须采用光纤到用户单元的方式建设。光纤到用户单元通信设施工程的设计必须满足多家电信业务经营者平等接入、用户单元内的通信业务使用者可自由选择电信业务经营者的要求。新建光纤到用户单元通信设施工程的地下通信管道、配线管网、电信间、设备间等通信设施，必须与建筑工程同步建设。

本设计仅考虑布线不涉及网络设备，本设计仅负责总配线架以下的配线系统。

本工程的综合布线系统按照E级铜缆布线系统设计，对于大空间且工作区域不确定的场所，在适当的位置设置集合点（CP），并设置局部无线网络（AP）作为辅助通信网络。

信息点配置原则

建筑物功能区	信息点数量（个/每一工作区）			备注
	电话	数据	光纤（双工端口）	
$10m^2$工作区	1	1	0	
…				

本工程在地下一层设置机房，面积为$100m^2$；综合布线设备、计算机网络交换机、用户程控交换机等设备合并布置在同一设备间内。

环境要求：C级，机房的分级为：C级。

电缆从建筑物外面进入建筑时，应选用适配的信号线路电涌保护器，由承包商配套提供。

关于综合布线的语音、数据线缆选型和管槽敷设方式，一般应当说明本工程的语音、数据线缆干线进线方位和形式（如双物理路由），进线间的位置，市政进线的保护形式（如 2×12 孔水泥管），本工程综合布线系统主机房位置，楼层配线架及其楼层设备间的位置，然后说明本工程综合布线系统的总规模，语音点、数据点各是多少点，几类（如 7 类模块配置）；光纤到桌面的点位、无线网点配置情况；一般光纤点配置光纤模块，无线网点配置 AP 接入点。工作区信息插座预留 86 系列安装过渡盒，底边距地面 0.3m；设计范围包括哪些子系统，说明是否含计算机网络部分的设计。关于工作衔接接口以及一次设计与深化设计的分工也应当说明。

对综合布线 6 个子系统的说明可简可详。一般是分别逐个说明，例如光纤的单模、多模，类型选择，敷设距离限制等，举例如下：

水平子系统将干线子系统线路延伸到用户工作区。该系统是从各个子配线间连接各个工作区的信息插座，它由各楼层分配线间连接至各个工作区之间的 6 类非屏蔽双绞线缆、光纤及信息插座构成。

铜缆水平敷设距离，要满足小于 90m 的要求。

- 垂直干线子系统设计。垂直干线子系统中的信息网络系统由设置在本工程首层的数据中心机房、综合布线机房数据主配线架到弱电间中的分配线架、6 芯多模光纤组成；语音系统由设置在工程地下一层的电话交换机房、综合布线机房语音主配线架到弱电间中的分配线架、3 类 25 对大对数线缆组成。
- 设备间子系统设计。设备间分为首层内的数据中心机房、综合布线机房及电话交换机房三部分，垂直干线子系统的光纤线缆、大对数双绞线缆均汇集此处。

数据中心机房主要放置场馆数据主机柜，机柜中安装各系统的主跳线架及其附属设备。两个系统主机柜之间采用 6 芯单模光纤连接。

电话机房内的主要放置语音主机柜及市话主机柜，机柜中安装主跳线架及其附属设备。两个系统主机柜之间采用 25 对 3 类大对数电缆连接。

- 线路敷设。语音通信及干线：在首层设综合布线机房总配线架，语音外线自楼外市政管网采用光缆引入。各层弱电竖井内均设置 19in 标准机柜靠墙落地安装。语音干线选用三类大对数电缆分别沿首层弱电桥架引至各弱电竖井，竖井内沿槽盒敷设。

数据通信及干线：由楼外市政管网宽带通讯光缆引至首层综合布线光端机房，干线拟采用双物理路由、六芯多模光纤，敷设在吊顶及弱电竖井槽盒内，引至各弱电间 19in 标准机柜上。

水平子系统：采用六类非屏蔽双绞线由弱电间 19in 标准机柜引出，水平线沿槽盒敷设在吊顶内，槽盒至信息口采用 SC 管、50 系列地面槽盒、70 系列地面槽盒沿墙及地面垫层暗敷设。每个信息点布线采用六类 4 对 UTP。有特殊要求的场地及媒体评论席等处，预留光纤条件及无线数据传输条件。信息口一般采用墙壁暗装距地 300mm。

系统所有器件、设备均由承包商负责成套供货、安装、调试。

2. 图例符号

常用的综合布线系统工程及其信息机房的图例符号有两种安排。

（1）和设计内容的相邻设备元件放在一起，其中的标准图例和非标准图例可以放在一起，原则上所有图纸里使用的图例符号在此处应当罗列齐全，见表 5–1。

表 5–1　安防及其他系统图例

序号	常用图形符号	说明	安装要求	备注
1	SD	现场控制盘	距地 1.4m 暗装	
2	LEB MEB	接地端子箱	距地 0.3m 安装	
3		彩色枪式摄像机	吊顶下安装或距地 3.0m 壁装	
4		视频接口	距地 2.0m 安装	
5		音箱音频接口	距地 3.0m 安装	
6	TV	电视插座	距地 0.3m 安装（教室、食堂距地 2.1m 安装）	
7	TO	电话网络双孔信息插座	距地 0.3m 安装（教室内参见大样图）	
8	TO H	电话网络双孔信息插座	距地 3.0m 安装	LED 显示屏
9		彩色枪式摄像机	吊顶下安装	
10		带云台球形摄像机	距地 3.0m 支架安装	
11		读卡器	距地 1.4m 安装	
12		可视对讲户外机	距地 1.4m 安装	
13	KP	预留一卡通接线口	距地 1.4m 安装	
14		广播（自带开关）	距地 2.8m 安装	教室内为带地址 IP 广播
15		互投电源箱	距地 1.4m 暗装	
16	RS	卷帘门控制箱	吊顶内安装	厂家自带
17		开关箱	距地 1.8m 暗装	
18	FD	配线架	竖井内安装，参见大样图	
19	A	视频接线箱	竖井内安装，安装高度详见竖井大样图	
20	S	广播端子箱	竖井内安装，参见大样图	
21	YP	电视分支分配器箱	竖井内安装，安装高度参见竖井大样图	
22	M	门禁控制器	竖井内安装，安装高度详见竖井大样图	
23	AGP	区域报警控制器	竖井内安装，安装高度详见竖井大样图	
24	DC	电动阀	随设备安装	
25	RD	防火门控制器	门头上 0.2m 安装	
26		诱导风机	随设备安装	
27	CO_2	二氧化碳浓度监测装置	吸顶安装	

续表

序号	常用图形符号	说明	安装要求	备注
28	OH	带室外防护罩摄像机	距地 3.0m 壁装	
29	AP	无线网络数据点	吸顶安装	
30	XFJ	消费机	距地 1.3m 安装	
31	KQJ	考勤机	距地 1.5m 安装	
32	EL	电控锁	门框下 0.1m 安装	
33		开门按钮	距地 1.4m 安装	

（2）将常用的综合布线系统这个子系统工程的图例单独集中表示，全部采用标准图例，没有非标图例，见表 5-2。

关于综合布线系统设计的强条要求在智能化系统里相对比较多。主要涉及人员和设备安全方面。

前已述及，现行设计规范里的强制性条文（简称强条）相当于"高压线"，违反不得，不小心违反了后果比较严重。综合布线方面的强条要求在整个智能化系统里相对较多，对此首先应当注意。设计涉及有强条要求的规范主要是专项专用规范，有《综合布线系统工程设计规范》（GB 50311—2016）的 4.1.1、4.1.2、4.1.3、8.0.10；涉及光纤到用户单元的建设方式规定，例如，要求其通信设施工程的地下通信管道、配线管网、电信间、设备间等通信设施，必须与建筑工程同步建设。对于该系统的建筑引入线，规定必须在出入户处设置适配的信号线路 SPD。

《数据中心设计规范》（GB 50174—2017）的 8.4.4、13.2.1、13.2.4、13.3.1、13.4.1 是强条，涉及综合布线系统机房的安全技术措施，即等电位联接等要求；还涉及此类机房消防设施要求和火灾报警与系统联动内容。

综合布线系统是典型的电子信息系统，《建筑物电子信息系统防雷技术规范》（GB 50343—2012）的 5.1.2、5.2.5、5.4.2、7.3.3 是强条，涉及的都是综合布线系统防雷接地方面的设计、施工、检测的安全技术要求。

虽然《建筑与建筑群综合布线工程验收规范》（GB 50312—2016）、《建筑弱电工程施工及验收规范》（DB 11/883—2012）也涉及强条，但是与设计出图关系不大。

表 5-2　　综合布线系统常用图形符号

序号	常用图形符号		说 明	应用类别
	形式 1	形式 2		
1	MDF		总配线架（柜）	系统图、平面图
2	ODF		光纤配线架（柜）	
3	IDF		中间配线架（柜）	

续表

序号	常用图形符号		说　明	应用类别
	形式1	形式2		
4	BD	BD	建筑物配线架（柜）（有跳线连接）	系统图
5	FD	FD	楼层配线架（柜）（有跳线连接）	
6	CD		建筑群配线架（柜）	
7	BD		建筑物配线架（柜）	平面图、系统图
8	FD		楼层配线架（柜）	
9	HUB		集线器	
10	SW		交换机	
11	CP		集合点	
12	LIU		光纤连接盘	
13	TP	TP	电话插座	
14	TD	TD	数据插座	
15	TO	TO	信息插座	
16	nTO	nTO	n孔信息插座，n为信息孔数量，例如：TO—单孔信息插座；2TO—二孔信息插座	
17	○ MUTO		多用户信息插座	

5.4　综合布线系统的特点与系统图

1. PDS系统特点

综合布线系统是民用建筑通用的系统，也是支柱性的较大子系统。在社会信息化的今天，几乎没有那个新建项目不建此系统。它的系统特点，一是产品更新换代快，市场变化也快。短短几十年里，从带宽100MHz的cat5，cat5e；到带宽250MHz的cat6；到带宽600MHz的cat7；发展十分迅速。

二是设计和施工往往两步走。第一步做到中间箱CP集合点，第二步结合二次装修的现场情况实际确定的办公位置和家具位置，将信息点做到终端或者桌面。过去有人一味追求信息点数和造价，不顾二次装修的现场情况，将大量密集的信息点集中布置在外墙、柱子上，完全不符合使用需要，做无用功。

三是一路信息线缆（8芯）配语音、数据点各一个，用双口信息插座及面板1个，即是标配双口配SC20。

四是一般特点，即画图用图例符号抽象表达；语音、数据点不定位不标尺寸；图面上线缆管槽是横平竖直；管线相遇时小管让大管；当保护管穿越地板垫层或者墙体时注意其施工的可行性，一根不行就布2SC20；不能随意采用SC50这样的大管，垫层里管线交叉既放不下，又进不了过渡的中间86盒。

一般情况下，综合布线系统占槽率不大于46%，保护管内截面利用率不大于35%；不同的工作电压的导线不共槽、共管敷设。这也是一般的施工和验收要求。

2. PDS系统图

综合布线系统的系统图通常采用与建筑空间层次结合的竖向系统图表现形式，如图5-2所示。

从布局看，根据设计对象建筑物的总层数，自下而上排列地下各层、地上各层（包括裙房、夹层、设备层、避难层、顶层）；各层多数等距排列，机房所在层可以稍宽。层数可以汉字表达，也可用大写英文字母，如B1表示地下一层，F1表示地上一层等。一般左面画机房设备以示重要，右面画各层设备以及元件。

连线以干线及线槽为最粗（1.0mm实线），层分界线最细（0.2mm点画线），支线（0.5mm实线）居中。设备、元件符号标注、线路敷设标注、数量标注采用0.3线宽。一般在该系统图的图名右侧标注PDS的总的信息点数。

在许多建筑项目设计里，根据招标投标的需要将综合布线系统与计算机网络系统合并为一个子系统。由于计算机网络系统是建立在综合布线系统之上的应用系统，加之计算机网络系统往往后期建设，属于信息化应用方面，以机房的网络设备（硬件）和软件（包括数据库）组成，设计阶段表现其系统结构组成使用信息网络拓扑图表达。

按照目前网络理论，大于10km范围的网络为广域网，所以建筑外园区里的网络基本是局域网，可以分为内网、外网。所谓外网、内网是从物理层进行一定的隔离。考虑到外网信息点在有些地方为预留点，计算机外网交换机的端口数量配置与结构化综合布线的信息点的数量比例和外网数据信息点数量，按照工程实际需要布置。

过去多年一般网络骨干采用千兆位以太网技术，即从网络中心到各主要节点间均采用千兆光纤连接，保证网络骨干带宽为千兆。外网采用两台主交换机，实现外网主机互连。现在万兆网也很普遍了。

从整栋建筑网络系统的功能上看，位于中心机房的中心交换机是整个高速网络信息系统的数据交换中心，为建筑物大量的多媒体应用提供足够的带宽，是建筑物网系统的发动机；根据用一般建设单位（甲方）的实际情况和使用性能需求，选择高性能、高可靠性的网络设备作为该建筑网络系统的核心。

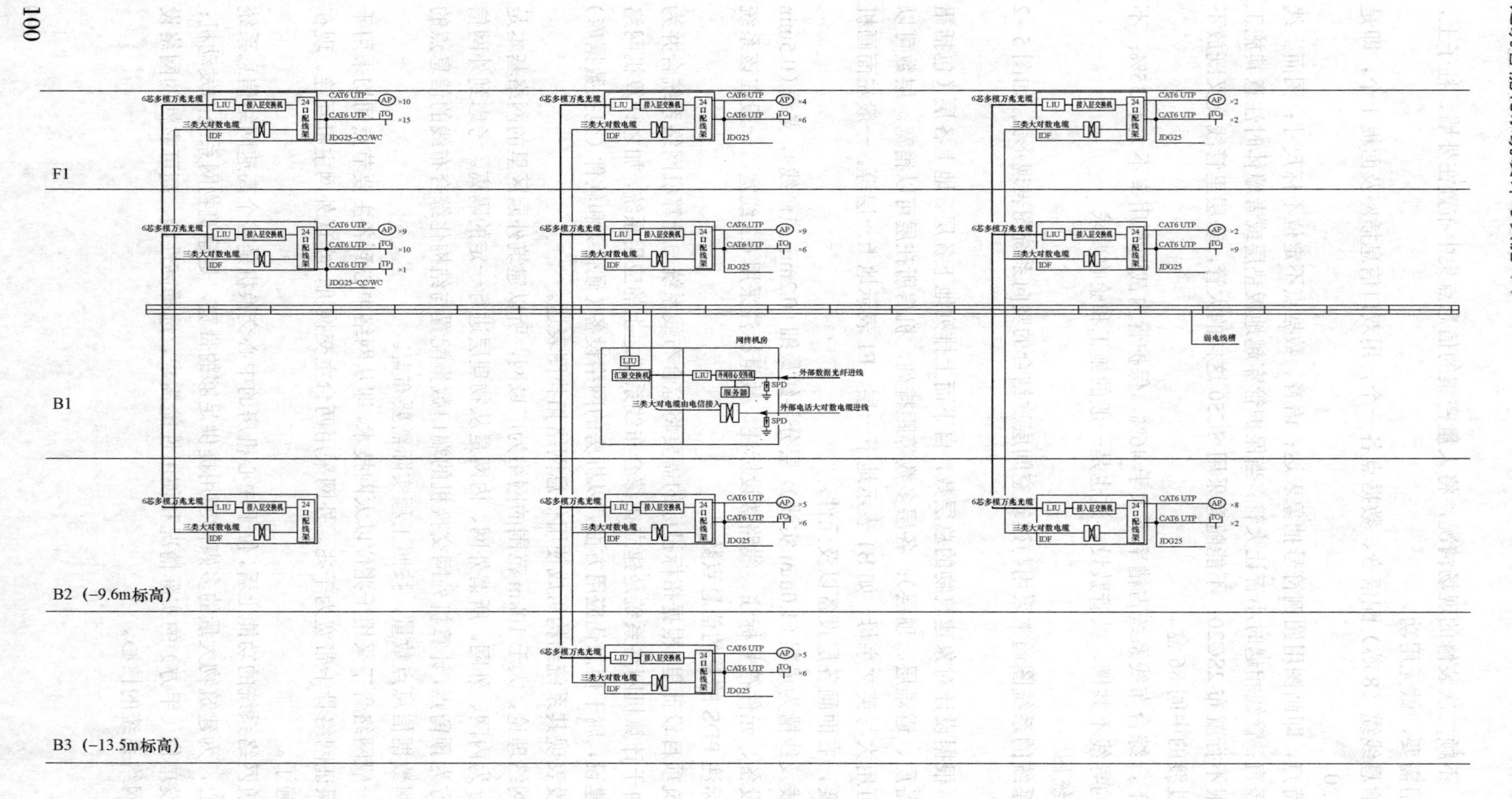

图5-2　综合布线系统图示例

注：综合布线系统进出建筑物线路应当设置SPD。

根据建筑物网络应用的需要，计算机网络主要为应用服务，这些方面的应用都牵涉大量的图文、语音、图像和课件等多媒体资料，主要是集中式对多媒体资料库服务器和 Web 服务器的访问利用。

在计算机网络系统的设计中，要首先布局整个系统的全局完整性，尽量不搞多个网络设备产品品牌的“拼盘”式组合。还应当做到有源设备的电源配置要符合规范要求。另外，由于计算机网络设备是有源设备，有源设备发热，用电就产生热量，对于计算机网络设备的散热给予充分重视。但是如果简单的在楼层的弱电间加设散热孔，往往又和消防的防火分区相矛盾。假如消防部门不同意，则需要多个专业协调解决，例如不设置散热孔，可以将空调管道接入降温。

某建筑物的信息网络拓扑图如图 5-3 所示。

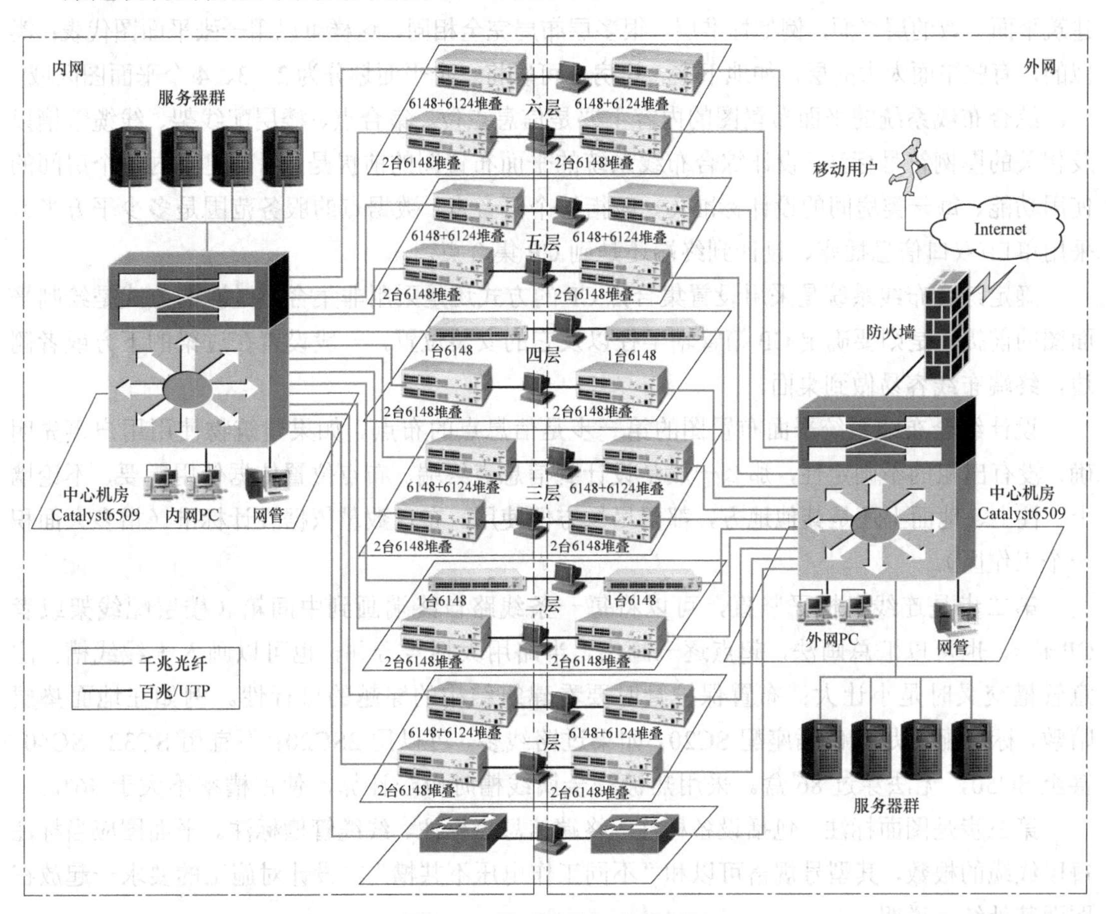

图 5-3 信息网络拓扑图示例

各种计算机网络管理功能主要由所安装的多种管理软件实现。计算机网络管理主要功能包括：维护最新全网拓扑结构图和所有网络节点设备清单。通过中央网管中心管理软件的网络监控机制对全网的网络节点设备、网络链路及重要的应用服务器进行实时的状态跟踪，并把反馈回来的状态信息在中央网络拓扑图上进行实时显示。如果检测出任何网络资源出现故障，自动向网络管理员报警，并可帮助网络管理员方便地启动对应设备或性能的管理工具对出现的故障进行在线诊断。

计算机网络的管理包括网络安全管理；网络性能管理；网络配置管理；网络故障管理；网络拓扑管理等方面的任务。这方面涉及信息专业选型知识较多，不是本章设计任务的主题，故不再展开阐述。

5.5 综合布线系统的平面布置图

在高层建筑特别是在超高层建筑里，综合布线系统平面布置图的图纸张数多，工作量较大。由于它是综合布线系统图的画图基础，通常先于系统图画出，一层画一张平面图。但是，有些建筑平面一致的层平面，例如标准层，很多层布局完全相同，这样可以用一张平面图代表；类似的，有些平面太大的层，如地下室、裙房，可以将一个平面划分为 2、3、4 个平面图区域。

综合布线系统的平面布置图的内容主要是信息点位、集合点、楼层配线架、线缆管槽以及相关的图例符号标注。设计综合布线系统的平面布置图的前提是：明确建筑内每个房间的使用功能、每一类房间的设计标准（一般指每个语音点、数据点的服务范围是多少平方米）、采用单口/双口信息插座、设计到终端还是到 CP 集合点。

确定综合布线系统是采用设置集合点 CP 的方式还是采用非集合点过渡的方式是绘制平面图的前提。是则要确定 CP 箱管辖半径以及它的安装位置，一般设置在过梁的下方或者侧边，终端布线容易做到桌面。

设计综合布线系统平面布置图的第一步是信息点的布点。如果建筑物使用用户事先明确，没有出租的不确定性，那么一般是设计到信息点终端。布点位置依据使用需要，不论墙上、柱上、地面上还是其他地方，都要尽量方便使用。布点数量依据设计标准（指多大面积一个工作区）。

第二步是连线，横平竖直，可以将每一条线路自终端画到中间箱（楼层配线架或者 CP 箱），也可以汇总画法，起点逐一画出，半路用大括号合并，也可以画入干线线槽。注意管槽交叉时是小让大；布置保护管时要看建筑结构的穿越的可行性。例如在地面垫层暗敷，标准配置是双口插座配 SC20。如果过路线多，可以用 2SC20；不宜用 SC32、SC40、甚至 SC50，无法穿过 86 盒。采用热镀锌金属线槽时应当计算，使占槽率不大于 46%。

第三步是图面标注。包括设备标注、终端信息点标注、线缆管槽标注。平面图应当标注每段线缆的根数，其型号规格可以和“不同工作电压不共槽”等设计对施工的要求一起放在图面某处统一说明。

需要注意的是，如上综合布线系统平面布置图的信息的点位不标注定位尺寸，对于进出建筑物的干线线缆，其保护管应当标注与建筑轴线的定位尺寸，以及穿过建筑物外墙的标高和防水形式。例如机房在地下一层，那么该进线处一般要留一倍（例如用 2 留 2）空管，长度约 1.5m，里高外低排水，管径 80～100mm，材料为热镀锌钢管或厚壁塑料管。图 5-4 所示为综合布线系统平面布置图（局部）示例。

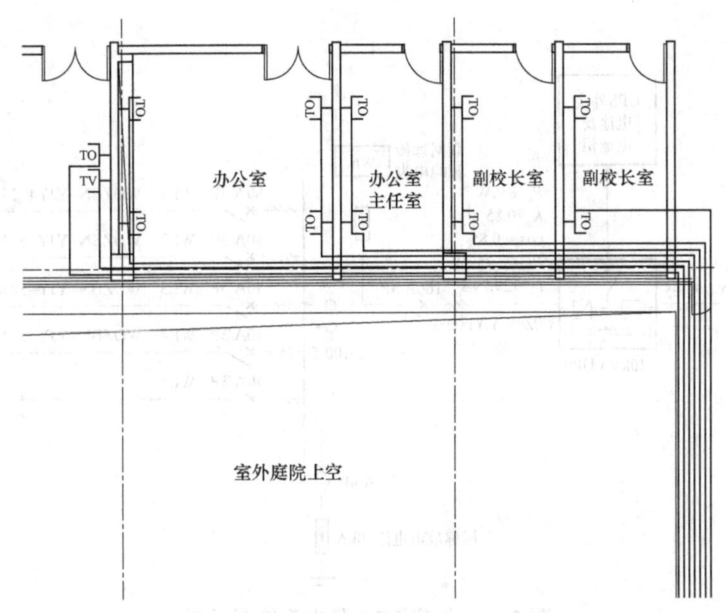

图 5-4 综合布线系统平面布置图（局部）示例

5.6 网络机房及其他设计文件

综合布线系统机房一般是建筑物里较大机房，通常和网络设备以及其他通信设备共处一室。如果与消防控制室或者安防监控室合用，必须满足其特殊要求。

一般而言，综合布线系统机房的防雷接地有标准图集可以借用。设备平面布置图与综合布线系统的楼层平面图不同，为了有效利用机房空间，此平面图上的设备布置要按比例真实画出，并且要标注安装尺寸。

1. 机房供配电

综合布线系统机房设计难点在于内部的供配电设计。有的土建设计单位只做强电部分的设计，智能化系统包括综合布线系统由弱电专业公司设计，这样往往衔接有问题，例如，强电设计只做到“送电入室”，即 ATSE 双电源终端自动切换装置，下面需要综合布线系统承包商自行完成。为此，要注意回路计算电流与开关整定电流、电缆的载流能力的匹配。机房 UPD 供电系统图示例如图 5-5 所示，机房配电系统图如图 5-6 所示。

图 5-6 里一般要注明上级开关的整定电流、UPS 的初始放电时间、电流互感器的额定电流等。

综合布线集合点 CP/AP 箱端子排接线图画法与 BAS 的 DDC 箱端子排接线图画法类似，就是箱内端子对外接线缆的描述，按箱体编号，逐个做每个箱子的接线图。这个接线图要表示每个连接点上的线缆及其编号、型号规格、根数、端子标识、此线缆去向的终端元件。显然这是现场施工的依据，必须每个端子标识正确，滴水不漏。

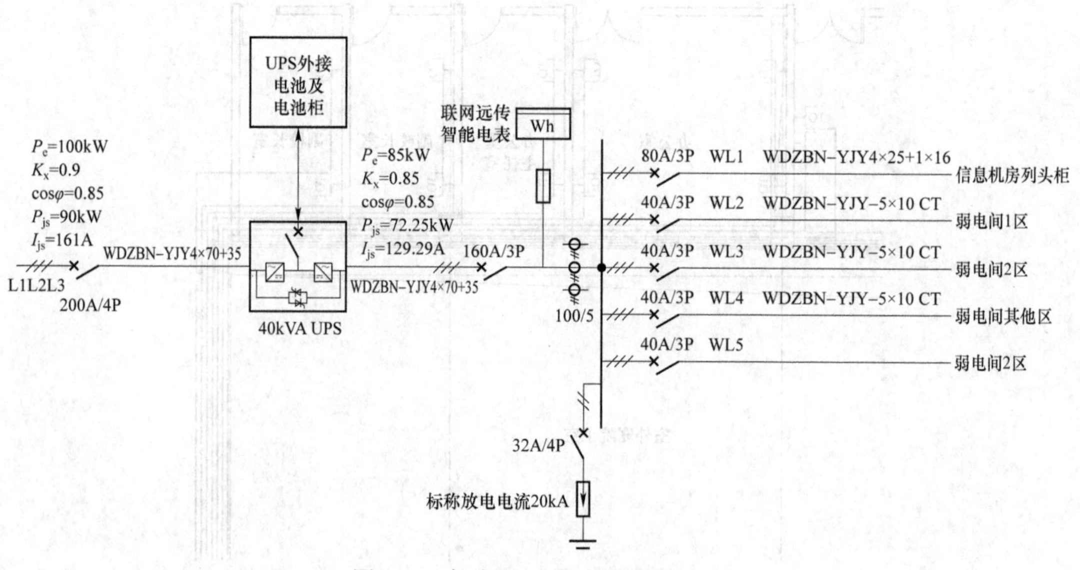

图 5-5 机房 UPD 供电系统图示例

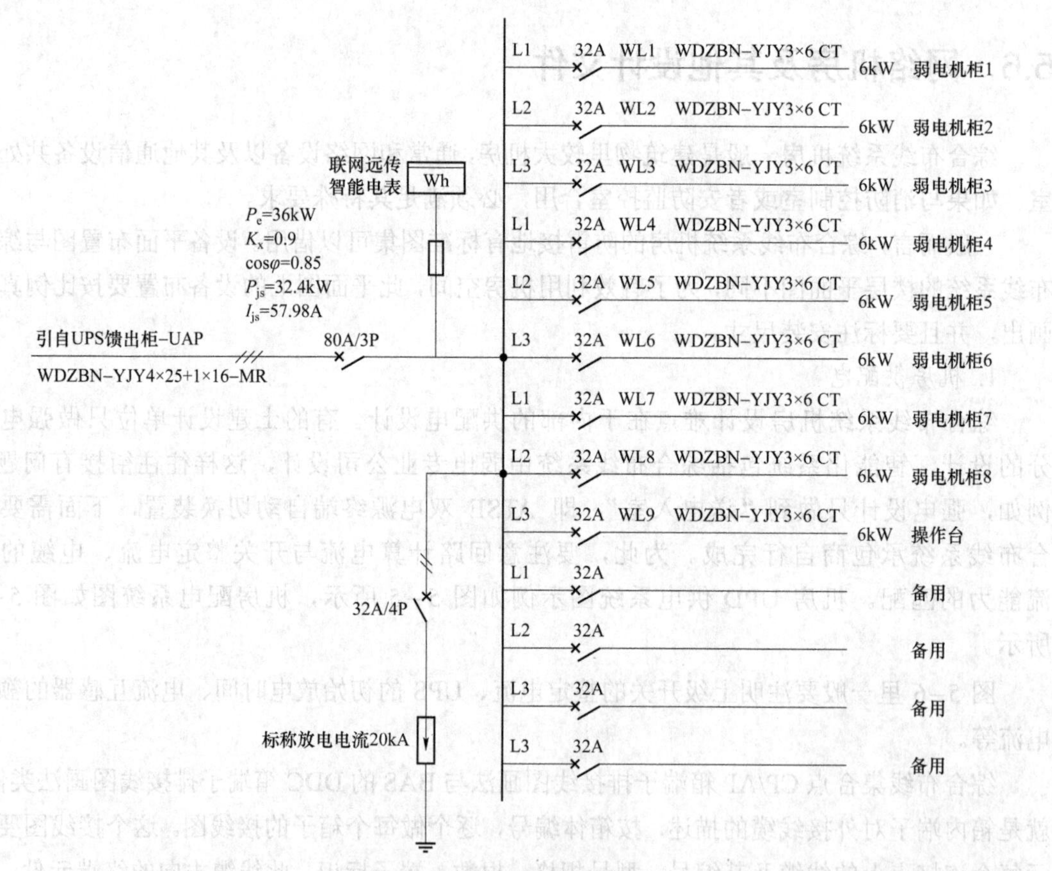

图 5-6 机房配电系统图示例

综合布线系统的电源是智能化系统的供电电源的组成部分。包括正常供电设备和独立设置的稳流稳压电源、不间断电源装置（UPS）、蓄电池组合充电设备。该系统必须采取等电位连接与接地保护措施。系统机房的环境要求，主要包括空间环境、室内空调环境、视觉照明环境、室内噪声及室内电磁环境等。

2. 系统规划的优化

建筑群子系统是指主建筑物中的主配线架延伸到另外一些建筑物的主配线架的连接系统。与垂直子系统类似，通常采用光纤或大对数线缆。一组或数组建筑要形成一个管理系统时需要建筑群子系统。

建筑群子系统方案优化就是对多种经方案进行比较和筛选。经过方案优化，设计和配置的结构化布线系统将具有以下的优点：

（1）能灵活支持各种网络协议和拓扑结构。具有支持百兆以太网、千兆以太网等网络能力，能够实现共享式、交换式、共享式+交换式网络管理，灵活构造整栋大楼的组网方式。

（2）布线系统将严格按照设计要求，采用集中式管理系统，充分考虑到后期用户在网络设备上投资的要求，使该系统具有较强的扩充性。

（3）严格按照国家标准，在配线间实现分区管理，及对每一配线架均严格按照分区标准单独使用，便于用户后期维护和管理。

（4）配置成品跳线，包括管理区和工作区跳线，为用户的使用提供最大的便利性，确保布线系统的安全可靠性。

3. 系统布线方式

在综合布线工程中，布线方式不容忽视，主要方式有：预埋管布线方式，吊顶内布线方式，地面线槽布线方式，地毯下布线方式等。

预埋管布线方式采用金属管或PVC管预埋在现浇地板、墙体、柱子内，穿线管由管井内接线箱引至地面上0.3m处的信息点出线盒。如线路较长，可与地面过线盒配合使用。由于是预埋，管径一般不大于25mm，有交叉时，即沿装修层敷设时，管径不宜大于20mm。如管子较多，宜加大土建尺寸，以防影响土建质量。吊顶内布线方式在办公、商用等有吊顶的建筑内使用较多，它是利用吊顶空间敷设水平管槽，垂直管槽沿墙或柱引下100mm×50mm的线槽可放用户线75根，50mm×25mm的线槽可放用户线20根，这种方式最大优点是施工方便，不影响结构力学性能。地面线槽布线方式就是线槽安装在现浇层或垫层中。线槽高度一般为20～25mm，宽度25～75mm，出线盒高40～70mm。此方式应注意施工中的线槽固定及密封保护，防止保护层太薄。此方式出线灵活，使用方便，适于新建中高档办公楼。地毯下布线方式宜采用厚度薄，而性能好的扁带式电缆直接敷设在地毯下。此方式灵活方便，工期短，但造价高，宜综合考虑后采用。一般用于较小面积或改建工程中。

第6章 火灾自动报警系统设计

由于担负着保证人身安全以及财产安全的重任，电气消防设计历来是民用建筑电气设计的重点内容，也是施工图审查的重点内容。从宏观上讲，火灾自动报警及消防联动系统的设计应当与其服务的民用建筑额规模、使用功能性质、物业管理以及发展相适应。

民用建筑物的消防系统一般包括喷淋系统、防排烟系统及防火分区装置等，电气专业的火灾报警与联动控制系统是其重要组成部分。火灾报警系统与联动控制系统，就是探测火灾并报警的部分和联动应对控制灭火设备部分的集成。这两个部分在设计规范里统称“火灾自动报警系统”（Fire Alarm System，FAS）。整个系统就是探测火灾早期特征，发出火灾报警信号，为人员疏散提供指示，进而由消防联动控制器发出设备控制信号进行灭火并防止火灾蔓延的系统。

根据建筑消防的需求，系统规模从小到大，火灾自动报警系统一般分为区域报警系统、集中报警系统、控制中心报警系统。区域报警系统只要报警，一般由火灾探测器和区域报警器形成；集中报警系统既要报警、又要联动灭火，一般由火灾探测器、区域报警器和集中报警器组成；对于具有多个保护对象（两个及以上消防控制室）的工程，应当设置各种齐全的灭火设施和通信装置联动，形成控制中心报警系统的火灾自动报警系统。即包括火灾和可燃气体探测自动报警系统、消防联动自动灭火控制系统、安全疏散诱导及应急照明、系统过程显示、消防档案管理等相关设施组成一个完整的消防控制系统时，被称为火灾自动报警及消防联动系统等部分。

6.1 火灾自动报警系统的组成和主要功能

1. 火灾自动报警系统组成

建筑电气专业的消防设计（火灾自动报警与消防联动系统）一般包括强电设计和弱电设计两部分，其设计说明一般也是分开表述。

强电部分有应急照明系统、消防动力配电控制系统。按照《民用建筑电气设计规范》划分，应急照明分为设备机房（仅限于与消防有关）的备用照明和疏散照明。疏散照明分为疏散指示、安全出口指示、疏散通道上疏散照明。消防动力配电控制系统包括消防喷淋泵、消火栓泵、加压泵、排烟风机、部分有消防任务的生活水泵和排污泵等。

弱电部分包括火灾探测器报警系统、应急广播系统、消防专用电话系统、可燃气体探测系统、手动报警系统、联动控制系统（防排烟风机、正压风机、喷淋泵、消火栓泵、排污泵、卷帘门等）、消防电源监控系统、利用监测剩余电流防火的电气火灾监控系统、防火门监控系统等。一般中小型项目的火灾自动报警系统主要由报警、联动、紧急广播及消防电话组成。该系统主要机柜一般置于消防控制室内。过去规定消防控制室应设于一层，有门直通户外，现在对其位置已放松，仅要求其近旁无较强电磁干扰及其他影响其工作的设备，并且容许一定条件下的机房合用。如有的大型建筑，将消防控制室这个消防系统中枢与中央控制室共设一处，加玻璃隔断，也有上下层通过楼梯相连，这样既方便集中管理，又符合消防行业管理的相对独立关系。

就单体建筑而言，火灾报警系统包括集中式、集散式、区域报警系统等方式，其组成有烟感器、温感器、可燃气体探测器、手动报警按钮及区域报警器等。一般消防控制室内及重要机房如中控室设119专用电话，其线路与电话局的专柜交接，与市话配线架分开，以确保畅通。公共场合设置的手动报警通常附带消防电话插孔。广播音响系统一般是平、急两用，发生火灾时自动切换。联动控制的主要形式是以弱控强，即以DC 24V的开关信号控制AC 380V的消防联动设备，如风机、消防水泵、卷帘门等。

火灾自动报警系统的结构，宏观上是探测报警、联动灭火两大部分附以广播和通信系统；具体的探测报警结构形式有点式探测器系统、缆式探测系统、管式吸气探测系统、光纤式感温系统等；联动灭火结构形式有水喷淋系统、气体灭火系统、干粉灭火系统、排烟风机系统等。

2. 火灾自动报警系统主要功能

（1）系统技术要求。电气消防系统为确保建筑物的安全，其选配的消防自动报警与控制系统设备必须保证性能绝对可靠，并应遵照中华人民共和国公安部、住房和城乡建设部等部门有关建筑工程消防监督审核管理的规定以及现行标准规范。

本系统一般有一个智能型编码式火灾自动总控制屏，内含微型处理器，所有消防连锁启停程序可通过面板上的按键输入，也可由带键盘的集中显示装置下传，所有警钟、手动火灾报警按钮、探测器、电缆和中央控制设备，构成一整套运作完全符合规范要求的火灾自动报警系统，火灾自动报警系统显示屏自动显示报警区域平面图并准确标出报警点的位置及工作状态。系统必须不受无线广播电台电磁波干扰，也不受UHF及VHF电磁波影响及电源波动干扰，并有相应的检测证明。整个消防自动化系统的运作必须规范化，并符合建筑物的需要。

系统设计工作不仅要按照《火灾自动报警系统设计规范》（GB 50116—2013）等现行国家标准执行，还要符合相关地方标准及当地市级消防部门、建设部门等有关监督管理单位的要求。

（2）系统联网能力。联网能力指对内、对外两种情况。对内联网指火灾自动报警与消防联动控制系统必须具备相互之间的衔接、与整个建筑楼宇自动控制系统以及安防系统集成联网的硬件环境；既可以独立运行本系统，也可以完成建筑内部联网功能。对外一是指对城市应急系统的预留通信接口；二是指对本建筑之外的园区建筑群消防中心的联网。

火灾自动报警与消防联动控制系统应具备与上述系统联网功能对应的软件，并具有软件销售许可证，以便保证该软件是经工程考验并能可靠运作的成熟技术。同时系统误报率低、操作简单、维修方便。

（3）系统主要设备元件的技术要求。

1）火灾自动报警系统中的触发器件。

① 感温探测器：感温探测器应为智能型类比探测器，其性能应符合 GB 4716—2005《点型感温火灾探测器》的要求，在不违反 GB 4716 的前提下，可满足下述技术要求：当环境温度上升速率超过 8℃/min 时，不论温升速率如何，周围环境温度如高于 57℃时，便感应报警。机房内的最高环境温度可能超过 56℃，此区感应探测器的最小动作温度应高于可能出现的最高环境温度 6～7℃，但不应超过 93.5℃，若环境温度下降，应可重置复原。

② 感烟探测器：感烟探测器应为智能型感烟探测器，其性能应符合 GB 4715—2005《点型感烟火灾探测器》的要求，而高可靠性能智能化火灾报警控制器应能核对智能型感烟探测器数据库内的资料。

③ 手动火灾报警按钮：手动报警按钮应为具有地址码的“易碎玻璃”类型，当玻璃被敲碎后自动报警，盖面应以特制的钥匙键锁紧玻璃，报警按钮应由不燃烧及抗腐蚀的材料制成。电气触点应采用银或不变质合金。触发器件还有火焰探测器、吸气式火灾探测器、对射式和图像式探测器等。

2）火灾警报装置。其性能应符合国家标准的要求：报警铃的工作电压应为直流 24V；铃盖应由冷压钢制成并烤上红色瓷漆；盖身直径至少为 150mm，座底应由耐蚀性材料制造，并可安装到为直径 50mm 的圆形接线盒上。安装在室外的警铃构造应可防风雨，警报电路上的警铃应以类比控制模块分区分别控制从主控盘接出，每组电路由报警按钮内的独立熔丝保护，此系统有五组电路。

3）联动模块。所有模块均应有地址码并必须带有指示灯，在正常情况下，指示灯应定时闪烁以表示该模块在正常运作中，当模块被触发时，指示灯应该亮着显示。监测模块上应该带有十进制地址码，模块必须连接 24V 的 DC 电源。当监测状态变化、控制线路短路或断路时向控制盘报告，模块应可设定为常开或常闭的接点，模块的开关转变情况应向控制盘报告，并可由打印机输出。控制模块上应该带有十进制地址码，模块必须连接 24V 的 DC 电源，当控制盘发出指令时，模块应控制水泵、风机及排烟机等设备的启停；应控制警铃的启停，模块应可设定为常开或常闭的接点。隔离模块应是带地址码的自动式模块，当回路发生短路时，隔离模块会自动启停并且将故障的回路隔离，而余下的回路应该仍能正常运作。隔离模块应安装于每个回路。每只总线短路隔离器保护的元件点数不应超过 32 点。

4）消防控制设备。

① 消防控制盘设有若干组，可就近安装于各区联网运行，可在消防控制室完成整个建

筑的控制及显示。

② 消防控制盘可为挂墙箱式，由坚固及耐蚀材料制成，并设有方便维修的可拆卸链门，控制盘应安装在图纸指定位置，构成一个完整的火灾报警系统。

③ 应设有高可靠性智能控制盘和带地址码的联动模块及有关设备。

④ 高可靠性智能型控制盘内应包括微型处理器和存储系统、液晶显示屏、指示灯、按钮与直流电池等用以当场修改或读取数据之用，所有地址的修改，甚至联动程式的改写均可通过控制盘上的按键输入。

⑤ 每个高可靠性智能型控制盘应该能连接不少于十个回路，每个回路可设定为四线制，双向通信，并拥有断路监测功能。

⑥ 控制盘对各探测器或联动模块地址之间的联动数据应该存储在控制盘内，当某一个探测器的类比数值到达某一个报警水平时，控制盘则发出相应的信号，并可由预设的联动程序，经过各控制模块，分段联动或直接控制警铃、火警闪灯、消防水泵、空调、排烟、加压送风及防火卷闸设备。

⑦ 控制盘需有内置蜂鸣器及消声、停钟、重置按钮。当故障或火警当号而电警铃被制动，按停钟按钮后，电警铃停止，之后再按重置按钮，控制盘应该回复到启动状态。

⑧ 各种警报故障等资料应实时在液晶显示屏上显示，包括警报种类、区域位置、报警时间、日期及准确的地址码。

⑨ 火灾自动报警与消防联动控制系统的数据软件编程、系统设定探测器灵敏度等必须可以通过系统面板上的按钮进行，系统如突然断电，所有的资料应有备份并能恢复。

⑩ 火灾自动报警与消防联动控制系统必须拥有自我测试功能，以测试各探测器的状况，浓度值是否正常，或需要进行清理等，如测试不合格，则应将不合格的探测器显示于液晶显示屏并经打印机输出。当收到报警时，每项故障都能显示于液晶显示屏上，并经打印机输出，操作员只需按确认键一次，就能确认全部故障事件。具有地址码控制模块的启动和关闭，必须能由打印机输出。

⑪ 为减少误报，此集中报警控制器应设有报警确认功能，报警确认时间为5～55s可调。同时应设有探测器灵敏度移位补偿功能，以确保探测器的可靠性和灵敏度。至于探测器的灵敏度，应可按用户要求随时在控制盘现场作独立修改。

⑫ 每组消防控制盘应预留不少于20%的报警点，用于将来系统探测器、控制器及监测模块的扩充。

⑬ 区域消防控制盘应能独立实施自动报警与控制功能，同时亦能远距离在消防总控制盘控制与监测续建部分各消防系统的运作及状态。

5）消防控制室。除了设置119专线对外电话外，应有以下内容：

① 集中火警报警控制盘应该包括下列指示灯作为基本设备及信号显示：探测器的楼层份区火警信号；手动报警器的楼层/分区火警；水流报警器的火警信号；每个防火卷闸的启停状态；每个消防水泵运行中及故障状态；每个动喷水系统运行中及故障状态；每个消防水箱的高水位及低水位报警；发电机运行中及故障状态；每个排烟/加压送风机的开启状态；

每个排烟/防烟或防火阀的开关状态；20 个预留指示灯作为后备。

② 集中火警报警总控制盘应该包括下列按钮作为手动操作：每组消防水泵的开关控制及监测；每组自动喷水水泵的开关控制及监测；每组排烟加压送风机的形状控制及监测；全部电警铃的开关控制；全部冷气系统停止控制及监测。

③ 集中彩色图形显示装置：图形显示装置不应小于 19in，人机对话界面必须汉化，应该能够显示火灾报警系统的状态，火警信号位置，联动系统工作状态等情况及时间、日期，并可用色彩改变或闪动来显示。此系统能单个或整体监控所有消防控制盘所连接的探测器、监控模块、隔离模块及控制模块。

④ 打印机所有报警及故障信号和消防设备启停状态应自行经打印机输出，整个系统的历史资料、事故资料也应打印输出作为记录。

⑤ 集中火警报警控制盘应为座地安装形式，集中彩色图形显示装置安置其中，应提供适当尺寸的控制柜以便安装打印机键盘信号显示灯及消防系统的手动控制按钮，集中火警控制盘须为耐磨蚀钢结构，钢板厚度应不少于 2mm。

6）区域报警器。区域报警器应分别设于楼内各层区，提供该区的火警指示及报警按钮。区域报警器应有如下的指示灯设置于显示屏上：烟感及温感探测器在该楼层内的分区火警指示灯；手动报警器火警指示灯；水流报警器火警指示灯；该楼层内相关的联动系统指示灯。每个区域报警器需有指示灯按钮及指示灯测试按钮，而区域报警器内装置一个风鸣器和一个消声按钮，当火警信号被接收时，蜂鸣器启动，按下消声按钮后，蜂鸣器需停止，但是，如果另一个新的火警信号被接收时，风鸣器应再启动。

7）其他设备。

① 手提式测试器具：应适应在工地现场试验每一个探测器，用于安装在离地 6m 以上的探测器时，所有试验应不需借助梯子进行，测试器具应经厂家特别设计与调校以适用于所用的探测类型，测试器具应放置消防控制室内。

② 远距离指示灯：安装在吊顶内的探测器应配有远距离指示灯，显示有关探测器发出的信号。指示灯配有红色发光二极管（LED）及适合壁装式的连接柜架。在订货之前，应提交样本做审批。“火警”的标语应用丝印方式印子胶版背面。中文字体应不小于 50mm 高，英文字体不小于 40mm 高。

③ 蓄电池与充电器：电池应为环保高效型蓄电池，在其正常使用期内不需做任何维修，其容量应可维持系统于正常监视状态至少达 24h 而不需再充电，并可继续供系统在警报状态下连续工作至少 1h。在有需要场合时，报警系统的电池应有足够的电压将火灾信号由消防控制盘经电话线路传递至消防局的控制中心及动作其上的指示灯，必要时也可由另一套额定电压不高于 50V 电池与充电器提供此作用。电池充电器应为自动充电形式，也可以为手动充电，能够在 8h 内将电池由全放电状态充电至全充电状态，电路内应有过电流设备以防止电池因短路而受破坏，还应设有供电池测试用的模拟负荷。装置上应有指示充放状态的电压与电流表。电池与充电器可以分别或一同装于具有良好通风的坚固钢结构箱内，此箱应有相同于报警控制盘的防侵蚀性材料制造。

④ 一般元件：所有元件应为优质、标准型产品，适合于 45℃以下环境，指示灯的过载能力应达额定电压的 120%，但需为低压类型，若需要接在交流市电线路上，应经变压器降压，以保证有指示灯的耐用及可靠性，继电器应为密封防尘式，线圈应用绝缘铜线并做良好绝缘处理，触点需为银制并保证足够的电流容量，触点数量应完全满足辅助控制之用。

8）消防专用通信系统。

① 消防专用系统应为独立的通信系统，不与其他系统合用。电话总机应为直通式对讲电话机。消防通信系统中主叫与被叫用户间应为直接呼叫应答，中间不应有转接通话。呼叫信号装置要求用声光信号。

② 消防专用通信系统主机应安装于消防总控制中心，而子机的插头应安装在所有室内消防栓箱上及消防泵房内。

③ 消防专用通信系统的供电装置应有后备电池的电源装置，要求不间断供电。

消防专用通信系统主机，用户话机外壳颜色必须为红色，以便与普通电话机相区别。

3. 火灾自动报警系统的主流技术

火灾自动报警系统在智能化系统中相对而言发展较早，技术较为成熟。总体上看，目前地址编码智能化总线制技术是主流，多线制一般用于较小的项目，如别墅等项目中。探测技术包括光电技术、离子技术、温差技术等，报警技术目前以智能化地址编码技术为主，按照有关规定，联动控制技术以集散式为主，并有向分布式发展的趋势。目前新技术的主要动向一是计算机软件控制下的系统联动，二是系统联网。系统联动的内涵包括消防系统内部的联动和与安保等其他系统的集成联动，联网方向是由每座建筑自成系统逐步向建筑群联网、区域联网进而城市联网方向发展，即一个城市的应急管理中心设一个消防控制中心，这样全城的消防状态尽可在此中心掌握控制之中。

6.2　设计大纲和设计步骤

1. 设计大纲

火灾报警与联动控制系统的设计大纲首先要明确设计质量标准。对于装修改造项目，有的要送施工图审查机构审查，大部分新建公共建筑项目需要送施工图审查机构审查，因此，通过此强制性审图是基本的质量标准。为此设计人必须了解如下内容：

（1）审图审什么内容，应当怎么做。

（2）设计原则、主要设计方法、主要技术措施等纲领性宏观指导意见。

（3）设计依据，主体是设计规范，如通用标准与规范有《智能建筑设计标准》（GB 50314—2015）、《建筑电气制图标准》（GB/T 50786—2012）、《民用建筑电气设计标准》（GB 51348—2019）、《建筑工程设计文件编制深度规定（2016 版）》、《全国民用建筑电气工程设计技术措施（2009 年版）》等。专项专用规范有《建筑设计防火规范（2018 年版）》（GB 50016—2014）、《火灾自动报警设计规范》（GB 50116—2013）、《数据中心设计规范》（GB

50174—2017)、《建筑物电子信息系统防雷技术规范》(GB 50343—2012)、《消防应急照明和疏散指示系统技术标准》(GB 51309—2018)等。设计依据还有建设单位提供的主管部门批文、资料以及土建设计相关专业的配合文件等。

(4)系统框架的构思，就是宏观上整个系统是何种结构。对于建筑群，消防中心到各个消防控制室就是星形结构，具体到电梯建筑里就是总线形式，根据建筑物的使用性质、防火要求以及平面布局，确定主要技术措施和子系统构成。例如首先要选择火灾自动报警系统的系统形式（区域报警系统、集中报警系统、控制中心报警系统），除了火灾探测报警系统、紧急广播、消防电话、可燃气探测、防火卷帘、灭火联动控制系统，各地消防部门一般都要求有电气火灾监控系统、消防电源监控系统、防火门监控系统。

对于各个消防子系统，设计大纲要明确各个建筑区域设不设，设的话怎样设置的问题。例如对于高层住宅，首先要依据《建筑设计防火规范（2018 年版）》(GB 50016—2014) 8.4.2 界定设不设，设置什么，然后依据《火灾自动报警设计规范》(GB 50116—2013) 7.1～7.6 确定具体如何设置。对消防设计，一般认为设计规范是最低要求，设计可以稍高；同时遵循从严不从宽，技术要求就高不就低的原则。

(5)设计进度控制、设计质量控制等内容。进度控制取决于设计合同时间要求或者建设单位的赶工需求，在统一的消防技术措施指导下，将图纸分工设计。图纸目录可以看作是设计大纲里主要工作任务的汇集，列出目录可以直接用于设计组内分工协作。设计质量的控制主要是抓设计依据落实、制图标准落实、图面设计深度落实。

设计任务包括设计说明、图纸目录、图例符号、设备元件材料表（序号、名称、品牌、型号规格参数指标、数量、产地、备注等）、消防平面布置图、中心机房及消防控制室布置图、弱电间竖向布置图、消防竖向系统图、机房的配电系统图（负荷、开关、电缆三者关系）、安装大样图（管线综合图）、园区总图或建筑群总图、机房防雷接地平面布置图等。

火灾自动报警系统的设计原则应当按报警、联动两部分，分别落实 GB 50116—2013、GB 50974—2014、GB 51251—2017、GB 50016—2014（2018 年版）的强条和要点。

2. 设计步骤

设计程序主要是先画平面布置图，再把各层平面图内容落实到系统图、设备元件表，最后完成机房布置图、防雷接地图、机房配电系统图、设计说明、图纸目录、图例符号等。系统设计具体步骤如下：

(1)根据建筑使用功能、结构布局，结合消防设计规范，确定用户防火需求，确定消防系统结构和功能。

(2)对建筑、结构、暖通、给排水、强电等专业的设计配合资料进行分项研读，分析平面布局和竖向结构形式，根据地面垫层、吊顶、墙体材料、竖井等情况，选择该系统的竖向、横向干线/总线的线缆管槽路线，中间箱的布局。确定综合布线中心机房及弱电井布置、竖向布置。

(3)根据建筑、结构、暖通等图纸资料，画出电气消防的火灾报警与联动控制系统平面布置图；优先选择点式火灾探测器，根据保护面积和保护半径的产品参数，按照全部覆盖不留死角的原则，布置感烟探测器、感温探测器、可燃气体探测器；按局部具体需要，安排缆式探测器（适于缆线集中区域）、吸气管式探测系统（适于高大建筑空间）。按照布点—连线—标注的顺序，完成消防平面布置图。专业做法是消防元件点位不标尺寸，不定位，画线缆横平竖直；采用国家标准通用的图例符号表示。注意线路敷设 SC\JDG\PC\MR\CT的标注。

（4）根据各层消防平面布置图的设备、元件数量完成火灾报警与联动控制系统等系统的竖向系统图。系统图可以附火灾报警与联动控制系统的设备元件表。

（5）完成消防应急照明和疏散指示系统的平面图、消防配电系统图（正确处理负荷、开关、电缆三者关系）、安装大样图（管线综合图）。

（6）完成总图一类设计文件，如消防设备材料表（序号、名称、招标后的品牌、型号规格参数指标、数量、产地、备注等）、消防园区总图或建筑群总图、消防控制室机房布置图、防雷接地平面布置图、设计说明、图纸目录、图例符号等。

3. 火灾自动报警系统设计中相关专业的配合

电气消防专业与建筑、结构、强电、弱电、空调、采暖、通风、给排水、概预算等专业关系密切，相关专业的配合十分重要。首先，消防系统的探测器、控制箱、按钮等装置的位置和横向竖向管道的敷设方式应与建筑专业设计师商定；其次，各种建筑设备包括防火卷帘门、防排烟风机、消防泵及防火阀、排烟阀、信号阀、水流指示器等的位置及控制要求需要相关专业提供和确认，回路布置应按建筑防火分区执行。

6.3 设计说明和图例符号

1. 设计说明

如果火灾自动报警系统是与其他智能化系统放在一起出图，土建概况可以放在总说明里；如果消防是单独送审，像装修项目一般是消防设计单独送审，则土建概况应当参照前面章节首先列出，特别说明与防火有关内容，如建筑火灾危险性分类和耐火等级。

设计依据以标准规范为主，应当列出相关的主要国家标准、行业标准、地方标准；同时列出甲方提供的设计资料和批文等，还有相关专业的配合资料，特别是水暖、强电专业的设备布置和控制要求。

设计范围一定要写清楚；特别是装修改造项目，消防涉及什么，不涉及什么，关系到图纸内容和设计深度。

消防说明的主体是技术类别选择、系统结构和主要功能、指标的介绍，一定要把消防用电负荷等级、用电负荷计算指标、应急照明、火灾报警与联动控制系统等逐一说明，包括火灾探测器报警系统、应急广播、消防专用电话、可燃气体探测、手动报警、联动控制、消防电源监控系统、利用监测剩余电流防火的电气火灾监控系统、防火门监控系统等，条理清楚；同时以文字说明补齐图纸表达不到的强条要求。

线路敷设说明是消防说明的要点。首先是线缆选型，然后是敷设安装方式；如不同系统的各种工作电压的导线不共槽敷设；消防与非消防系统的导线不共槽敷设；商业经营区域要使用低毒、低烟、阻燃型电缆等。

另外，说明设备安装要防震、防雷接地的部分要求机房等电位联结、燃气表间要防静电、软件和硬件订货要求、防火和外壳防护要求、施工要求等。

2. 图例符号

不论是应急照明系统，还是火灾报警与联动控制系统，都是采用抽象表达设计意图的方法，其设备元件都有标准的图例符号。因此，不宜像其他智能化系统那样大量使用非标的图例符号，更不能使用设备外形照片。常见的图例符号见表 6-1。

表 6-1　　火灾自动报警系统常用图形符号

序号	常用图形符号		说　明	应用类别
	形式 1	形式 2		
1	★ 见注1		火灾报警控制器	平面图、系统图
2	★ 见注2		控制和指示设备	
3			感温火灾探测器（点型）	
4	N		感温火灾探测器（点型、非地址码型）	
5	EX		感温火灾探测器（点型、防爆型）	
6			感温火灾探测器（线型）	
7			感烟火灾探测器（点型）	
8	N		感烟火灾探测器（点型、非地址码型）	
9	EX		感烟火灾探测器（点型、防爆型）	
10			感光火灾探测器（点型）	
11			红外感光火灾探测器（点型）	
12			紫外感光火灾探测器（点型）	
13			可燃气体探测器（点型）	
14			复合式感光感烟火灾探测器（点型）	
15			复合式感光感温火灾探测器（点型）	
16			线型差定温火灾探测器	
17			光束感烟火灾探测器（线型，发射部分）	平面图、系统图
18			光束感烟火灾探测器（线型，接受部分）	

续表

序号	常用图形符号		说明	应用类别
	形式1	形式2		
19			复合式感温感烟火灾探测器（点型）	
20			光束感烟感温火灾探测器（线型，发射部分）	
21			光束感烟感温火灾探测器（线型，接受部分）	
22			手动火灾报警按钮	
23			消火栓启泵按钮	
24			火警电话	
25			火警电话插孔（对讲电话插孔）	
26			带火警电话插孔的手动报警按钮	
27			火警电铃	
28			火灾发声警报器	
29			火灾光警报器	
30			火灾声光警报器	
31			火灾应急广播扬声器	
32		L	水流指示器（组）	
33	P		压力开关	
34	70℃		70℃动作的常开防火阀	
35	280℃		280℃动作的常开排烟阀	
36	280℃		280℃动作的常闭排烟阀	
37			加压送风口	
38	SE		排烟口	

注：1. 当火灾报警控制器需要区分不同类型时，符号“★”可采用下列字母表示：C—集中型火灾报警控制器：Z—区域型火灾报警控制器：G—通用火灾报警控制器：S—可燃气体报警控制器。

2. 当控制和指示设备需要区分不同类型时，符号“★”可采用下列字母表示：RS—防火卷帘门控制器：RD—防火门磁释放器：I/O—输入/输出模块：I—输入模块：O—输出模块：P—电源模块：T—电信模块：SI—短路隔离器：M—模块箱：SB—安全栅：D—火灾显示盘：FI—楼层显示盘：CRT—火灾计算机图形显示系统：FPA—火警广播系统：MT—对讲电话主机：BO—总线广播模块：TP—总线电话模块。

3. 以上图例中，对于消防广播应当注明“采用阻燃性后罩”。

6.4 火灾自动报警系统的特点与系统图

1. 系统特点

建筑智能化系统设计的子系统特点以火灾自动报警系统设计最为突出。一是强制性条文在智能化系统各个子系统中是最多的，因为大多涉及人身安全；二是在施工图审查里，消防是重点审查内容；三是电气消防设计涉及专业面广，十分庞杂。

按《火灾自动报警系统设计规范》（GB 50116—2013）要求，建筑物作为火灾自动报警系统的保护对象，凡建筑高度超过 100m 的建筑为超高层建筑，一般消防队的消防设备够不到，属于特级保护对象。其火灾报警与联动控制系统的设计要求高于一般建筑，其技术方案必要时需经专家论证。

超高层建筑的消防系统设计特点如下：

（1）适用的设计规范与验收规范。按规定，过去，我国建筑高度为 24m 及以下建筑物的消防系统设计按国家标准《建筑设计防火规范》执行，24～100m 高的建筑物按国家标准《高层民用建筑设计防火规范》执行，现在，多层和高层的防火已经统一按《建筑设计防火规范（2018 年版）（GB 50016—2014）。民用建筑地下人防按《人民防空工程设计防火规范》（GB 50098—2009）执行。国家标准是属于强制性技术规定，是约束业主、设计单位、施工单位和验收单位的共同标尺。超高层建筑尚无相应国家标准，在实际工作中只能参照有关国家标准及国际标准，按照当地消防主管部门意见，本着安全第一的原则，尽量仔细周详地完成设计工作。

（2）火灾探测器的布置标准。面积为 5m^2 及以上包括卫生间都要设置。一般超高层建筑中除了顶层外，各层屋顶为平顶（即层顶坡度为零），层高不超过 6m。在此条件下，一般建筑的感烟探测器保护面积一般为 60m^2，保护半径为 5.8m。但对于超高层建筑，消防主管部门往往要求提高标准，例如要求保护面积为 40～50m^2，保护半径从严掌握，依探测器位置形成的矩形长宽比确定。显然，探测器的布置以接近正方形布置较为经济。感温探测器设于地下室、厨房及允许吸烟的场所，在平顶条件下，保护面积为 20m^2，保护半径为 3.6m。在变配电室、发电机房、皮带输送机以及电缆桥架上，除了设气体灭火装置（一般在土建后由业主自建）外，还应考虑设置缆式烟感探测器。

（3）报警手段。除了感烟探测器、感温探测器、手动报警按钮、消火栓按钮等，超高层建筑中的车库（有燃油或挥发性汽油）、厨房应增设可燃气体探测器等。在各重要机房（有人值班），特别是一层的消防控制室中，应设 119 专用消防电话，与市电话局 119 交换设备直通，至于报警层灯一般全设，而报警电铃或蜂鸣器，因其制造人为恐慌与混乱，在有紧急广播的条件下，大多不采用。

（4）报警探测器安装场所。超高层中凡超过 5m^2 的房间均应设探测器，即使打扫环境的储存间也不例外。此外，楼梯间是火灾逃生通道，应设探测器。电气竖井不论大小，因其火灾发生可能性大，因而必须逐层设置。手动报警按钮的设置半径为步行距离 30m，一般设于楼梯间及出口等逃生通道附近，以便人员在逃离火场时方便报警。

（5）避难层的消防设置。设置避难层是超高层建筑的特殊应急措施。它用于火灾避险时人员暂留，以弥补超高层给消防设备带来的灭火能力不足。一般每隔 50m 高度设一个避难层，

100～200m 高度设两个避难层。在避难层中一般不设日常办公或生活场所，即其建筑空间仅用于救灾应急。但为了解决超高层实际问题，也为了满足消防自身的需要，通常在保证人员躲避火灾需要的前提下，设置部分设备机房，如防烟正压风机、排烟风机、空调机组、新风机组等，并且要求避难层的正压进风系统独立设置，送风量不小于 30m³/h。避难层的排烟风机和正压风机在火灾时用，同时工作区段，排烟口和进风口不应贴邻布置。

避难层的感烟探测器布置条件也是保护半径不大于 5.8m（如设置感温探测器，保护面积不大于 20m²），手动报警按钮也是设于出入口近旁，每个防火分区至少设置一个手动报警，每个手动报警的负责范围半径不大于 30m，一般安装距地 1.4m 左右墙上。超高层大多为塔楼形状，每层至少设一个防火分区，但通常每层大多设一个防火分区。

为了保证紧急情况下的通信畅通，避难层应每隔 20m 设置一个消防专用电话分机或电话插孔。避难层疏散走道、避难间要设置消防广播和消防电话分机。

（6）挡烟垂壁的设置。超高层消防从严把握的一个体现是消防设施齐全，手段多样，互为补充。根据火灾的一般规律，初始阶段产生大量烟雾，烟雾先向上升到天花板，然后沿天花板横向蔓延。针对这一规律，在地下各层及裙房各层（这些地方一般易燃物品多）设置挡烟垂壁，当火灾发生时，挡烟垂壁下垂（一般 1.5m），使产生的烟雾在短时间内限制在预先设定的区域，延缓火灾危害扩张的速度，争取人员逃离及救火的宝贵时间。显然，在超高层建筑中设挡烟垂壁，并与消防控制室的联动控制柜相连是十分必要的。

（7）火灾报警系统智能化的提高。

1）对火灾报警系统内部而言，超高层建筑一般采用智能型地址编码探测器，而中小普通建筑多用非编码探测器，以回路区分建筑区域。鉴于超高层建筑体量大，面积大，其使用面积的分割具有较大的不确定性，因此，为了适应房间形状、面积、使用性质的变化，每条报警回路应留出10%～30%左右的探测器数量裕量。例如，某种报警系统每回路可接器件 98 个，则在设计、施工时注意使每条回路所接器件在 70 个左右。如果报警系统采用的是多线制，而标准层每层面积小（例如小于 1000m²），为了减少回路数，可以每两层为一条报警回路。总之，报警回路要考虑防火分区。

2）对火灾报警系统外部而言，智能化的含义主要是指系统联动。超高层建筑一般为重要建筑，其政治、经济价值巨大，如果灭火不及时，损失将是惨重的。因此，采用系统联动方式就成为争取火灾前期时间和主动权的有效手段。例如，火灾报警系统与保安监控系统联动，在火灾之初，火场的摄像机可将现场画面迅速传至中央控制室，通过实景画面，值班人员可以立即确认是火灾还是探测器误报，从而马上采取排烟、广播、正压送风、启动消防泵、喷淋、向消防局 119 台报警、降客梯、切断非消防电源等一系列应急措施。又如，火灾报警系统与车库管理系统联动，一旦发现火情，便可声光报警，强制抬起进出口栏杆，使车辆尽快逃出车库。另外，火灾报警系统还可与楼控系统、广播音响系统及门禁系统等联动。只要这些措施可靠得力，超高层建筑的火灾便可被消灭在萌芽状态，将损失减至最小。

（8）电动防火卷帘门的设置。电动防火卷帘门主要起隔离作用，其设置位置一般在地下车库、裙房商业区及自动扶梯周围，按建筑的防火分区界限安排。一般的电动防火卷帘门内外侧各设一对感烟探测器、感温探测器，除了控制箱（一个）可设在内侧或外侧外，内外侧还应各设一个手动启停按钮，距地 1.4m 左右明装，而位于自动扶梯周围的电动防火卷帘门，其感烟探测器、感温探测器只设在外侧（本层工作区一侧）。

电动防火卷帘门从工作方式来划分可分为两种：一种是隔离式，一般设在防火分区边界的出入口处，一旦探测器报警并确认火灾，防火卷帘门一步降到底，同时喷淋系统开始向起火区和卷帘门喷水；另一种是疏散式，一般疏散通道上，感烟探测器报警后经确认（人工确认或两个以上探测器报警）先降金属卷帘门至距地 1.8m 处，如火势发展，温度升高，则感温探测器动作后防火卷帘门再降至地面。两次动作之间的时间用于门内人员逃离。

无论哪种电动防火卷帘门，在超高层建筑中都是整个消防系统的一个组成部分，其动作不是独立的。因此，电动防火卷帘门两侧从属于卷帘门控制箱的感烟探测器、感温探测器，均应与火灾报警系统的探测器回路相接并在一个系统内工作。

其他重要的防火手段，在高层建筑中包括：

（1）防火阀。为了防止烟火沿风管蔓延而设置，因而一般在通风机房外侧装设。特殊情况下，通风风管（如空调管道）被允许进入或穿越电气设备间（如配电室、电话室、中控室），此时在电气设备间过墙处的风管上的墙内、墙外要各设一个防火阀，使设备间的烟火不能外传，也不允许外面的烟火导入设备间。

在平时防火阀处于常开状态，火灾初起时一旦管中气温超过 70℃，管道上的防火阀叶片在电磁动力作用下翻转 90°，阻断管道。灭火结束后，防火阀重新恢复常开状态。

（2）排烟阀。设于排烟风机的排烟管道上，多位于出户风口附近。排烟阀平时关闭。火灾之初打开，随之排烟风机联动启动排烟于户外，当火灾继续发展，烟气温度达到 280℃时，排烟阀自动关闭（否则风助火势，有助燃作用），并在下次火灾前一直保持常闭状态。类似的还有防火排烟阀。

（3）正压送风系统。火灾时人员不能进入电梯内，因为火灾发生后电梯迫降一层未成而失电，便可能停留于火场中，梯中人员会因为烟气窒息。此时人员的逃生通道应是楼梯间。因此，保持楼梯间的正压使烟火不得入内就十分重要了。正压风机一般处于屋顶，与各层的电动风口联动。火灾初起时打开风口，启动正压送风机，使楼梯间、电梯厅处于正压状态。

（4）火灾报警系统有效起作用有赖于喷淋系统的可靠工作。当室温升到预定值时，喷淋的玻璃球会爆破喷洒，此为灭火直接有力的措施，为了监测该系统的正常工作，在喷淋系统设水流指示器、湿式报警阀、喷淋阀等探测器，以便及时反映中控室喷淋系统的工作状态。

综上所述，超高层建筑的高度特点是带来消防弱电系统设计特点的根本原因。从现实看，机动消防车辆的消防能力不可能跟上超高层建筑的发展，因此，超高层建筑的消防设计应立足于建筑内部的消防系统建设，在智能化的旗帜下，努力完善火灾探测、报警、扑救等自动功能，将火险消灭在萌芽状态。另外，消防系统是一个由建筑、设备及电气等专业构成的整体，专业间的密切配合及统筹安排十分重要。这些应是保证超高层建筑安全的基本思路。

2. 火灾自动报警系统竖向系统图

火灾报警与联动控制系统的系统图在空间布局方面与前几章里系统图相似。竖向以建筑物的层数为依托，用细线或点画线分隔，左侧画机房主要设备，右侧画每层的设备，每层的设备大同小异，但是，都要标注设备数量。消防系统图示例如图 6-1 所示。

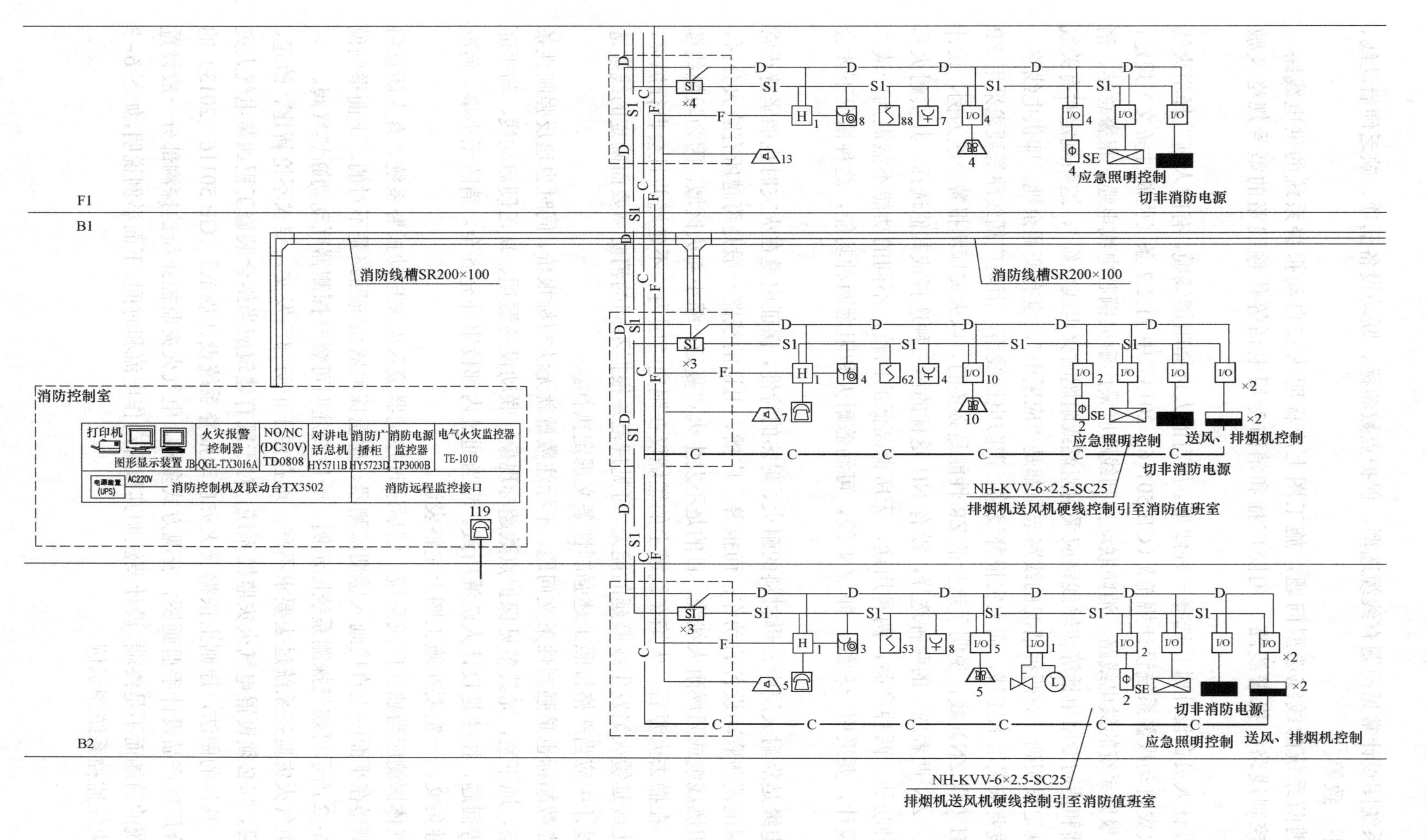

F1
B1
B2
消防控制室
打印机
图形显示装置
火灾报警控制器 JB-QGL-TX3016A
NO/NC (DC30V) TD0808
对讲电话总机 HY5711B
消防广播柜 HY5723D
消防电源监控器 TP3000B
电气火灾监控器 TE-1010
电源装置 (UPS)
AC220V
消防控制机及联动台TX3502
消防远程监控接口
119
消防线槽SR200×100
消防线槽SR200×100
应急照明控制
切非消防电源
送风、排烟机控制
NH-KVV-6×2.5-SC25
排烟机送风机硬线控制引至消防值班室

图6-1 消防系统图示例

消防系统图设计常见问题有线缆选型、保护点数超标、联动设备漏项、缺乏硬启动线、与平面图不一致等。

关于消防系统的线缆选型问题，施工图上应标明火灾自动报警系统的供电线路、消防联动控制线路、报警线路、消防广播和消防专用电话等传输线路的型号规格及敷设方式。

有些设计人员在设计时只选择一种线型。如有的人选择阻燃线缆，有的人则选择耐火线缆。在《火灾自动报警系统设计规范》（GB 50116—2013）中 11.2.2 条（强制性条文）规定："火灾自动报警系统的供电线路、消防联动控制线路应采用耐火铜芯电线电缆，报警总结、消防应急广播和消防专用电话等传输线路应采用阻燃或阻燃耐火电线电缆"，这条规定对有关线缆选型的规定很明确，对两种情况的线路选型都是"应采用"，没有变通余地。即供电线路、联动控制线要求采用 NH 线，而火灾报警线路、消防电话线路、消防广播线路等要求采用 ZR 或是 ZRNH（即 ZN）线，说明了这里的 ZR 性能是必备的。以火灾探测报警总线为例，设计时只有 ZR、ZN 两者选一的两种选择，没有 NH 这样的第三种选择或其他选择。其实耐火和阻燃是两种功能，两种产品，两种用途，无所谓高低的比较，不同的功能不能混为一谈。如果简化设计，要采用一种线，即 ZN 线，可涵盖耐火和阻燃两种功能，这种情况下才会涉及造价。

耐火电缆是靠耐火层中云母材料的耐火、耐热的特性，保证电缆在火灾时也能坚持正常工作，以保证消防联动设备的动作；而报警、广播、电话的线路一般是跨越所有防火分区，要求其为阻燃线缆或阻燃耐火线缆，目的是不发生火灾蔓延，缩小着火区域。因为阻燃线缆可被燃烧，在撤去火源后，火焰在线缆上的燃烧仅在限定范围内，不延燃并且会自行熄灭，即具有阻止或延缓火焰发生或蔓延的能力。可见规范是根据不同的消防需要而确定的线缆选择方法。设计中应当严格按照上述强制性条文规定执行。

保护点数超标也是强制性条文问题，不标注数量就无法招标报价，同时也违反强制性条文。在顶层、地下室，尤其多见保护点数超标现象。联动设备漏项、缺乏硬启动线、与平面图不一致等问题，往往是设计人疏漏所致。应当通过内部校审补充齐全。消防无小事，何况涉及强制性条文，一定要在施工图上完整表达。

可燃气体探测应当独立自成系统，然后通过控制器接入火灾自动报警系统。有人随意将可燃气探测器在平面图上直接画入感烟探测器、感温探测器系统回路是不对的。下面举例说明，如图 6-2 所示可燃气探测系统图示例。一般要注明可燃气探测器联动切断燃气阀。

关于电气火灾监控系统过去要求不严，现在由于消防部门发文，要求不论新建、改建、扩建的项目，都必须设置电气火灾监控系统；对于既有建筑应当结合装修工程加装电气火灾监控系统。具体的做法，原则上依据《火灾自动报警系统设计规范》（GB 50116—2013）的规定，结合厂家产品设计手册画图，表现方式多样。电气火灾监控系统的探测部分一般设置在电力系统的前端而不是终端。设计要注明其报警动作电流和时间。下面举例说明，如图 6-3 所示电气火灾监控系统图示例。

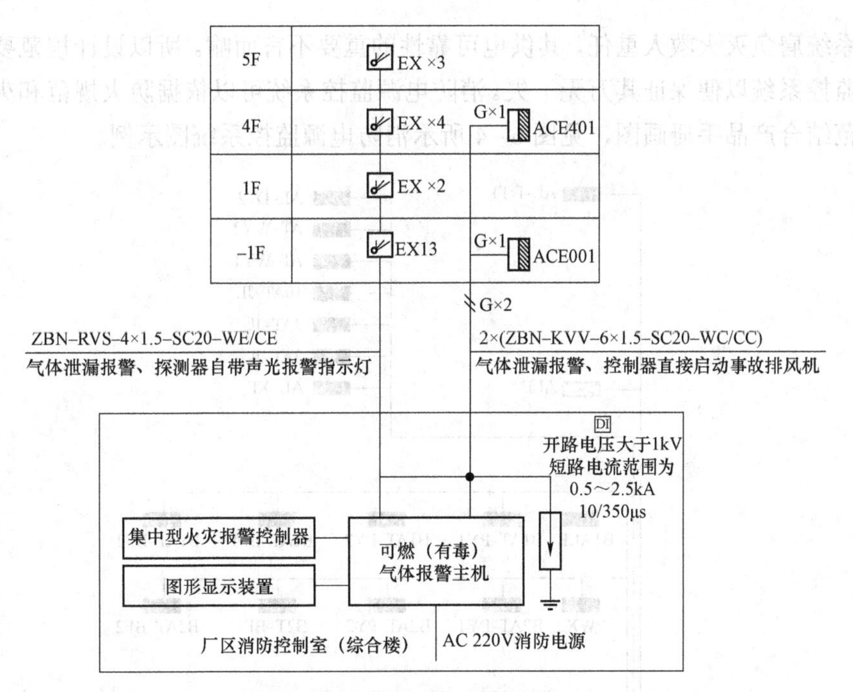

图6-2 可燃气探测系统图示例

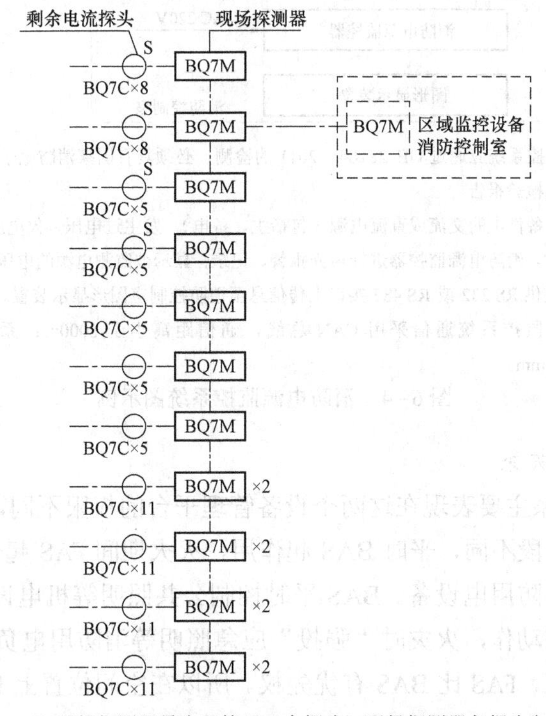

说明：1. 单台BQ7M现场探测器最多可管理8个探头，现场探测器与探头之间采用二总线连接，ZR-RVS-2×2.5-JDG20-FC。

2. 由现场探测器BQ7M与漏电火灾报警系统监控设备之间采用二总线及DC24V电源线连接，（ZR-RVS-2×2.5+ZR-BV-2.5+2.5）-CT（JDG25-CC）。

图6-3 电气火灾监控系统图示例

消防系统肩负灭火救人重任，其供电可靠性的重要不言而喻。所以设计规范要求对消防电源设置监控系统以便保证其万无一失。消防电源监控系统可以依据防火规范和火灾自动报警系统规范结合产品手册画图，见图 6-4 所示消防电源监控系统图示例。

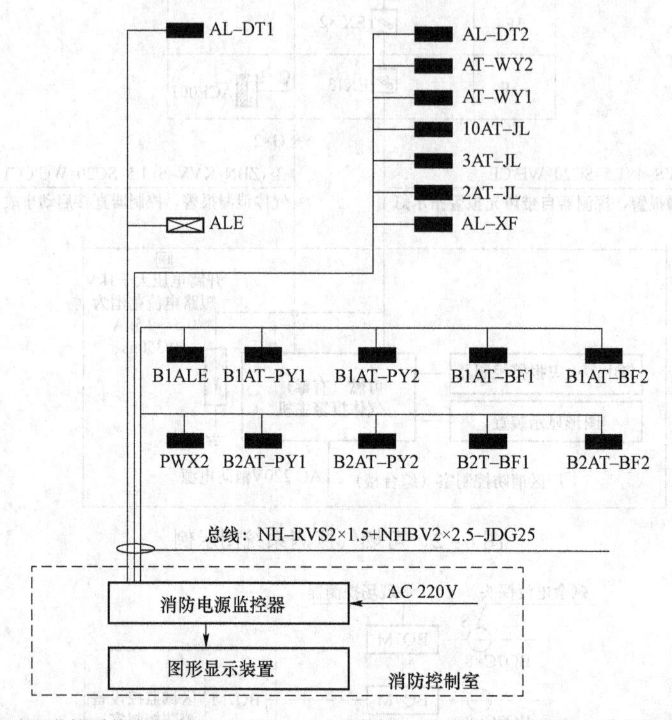

说明：1. 消防设备电源监控系统应通过 GB 28184—2011 的检测，必须具有国家消防电子产品质量监督检验中心出具的型式检验报告。

2. 当各类为消防设备供电的交流或直流电源（包括主、备电），发生过电压、欠电压、缺相、过电流、中断供电故障时，消防电源监控器进行声光报警、记录；显示被监测电源的电压、电流值及故障点位置：监控器提供 RS 232 或 RS 485 接口上传信息至消防控制室图形显示装置。

3. 消防设备电源监控系统通信采用 CAN 总线，通信距离小于 8000m；系统总线线制采用 NH-RVS2×1.5mm。

图 6-4　消防电源监控系统图示例

3. BAS 与 FAS 的关系

BAS 与 FAS 的关系主要表现在这两个设备管理平台的权限不同，分述如下：

（1）发生作用的时段不同，平时 BAS 起作用，灭火期间 FAS 起作用；建筑设备可以分为消防用电设备和非消防用电设备。BAS 平时控制公共照明等机电设备，火灾时被“强切”退出。FAS 平时不控制动作，火灾时“强投”应急照明等消防用电负荷。

（2）在控制级别上，FAS 比 BAS 有优先权。所以在空间位置上 FAS 的控制节点设置于电源柜、动力柜的开关上或公共照明箱的主开关（电磁脱扣器引出一对干触点），而 BAS 控制点设在分路开关（深夜切断小部分或者大部分照明回路电源）。

（3）火灾时通过双电源终端互投切换装置（ATSE）实现确保供电，非消防用电负荷一律切除。应急照明包括楼梯灯、走道疏散指示灯等强制点亮。

（4）对于平、急两用的风机、水泵的控制箱，FAS控制优先，但采用互锁装置保证不与BAS的控制环节发生冲突（FAS控制继电器的常闭触点串接在BAS控制的常开触点前）。对于平、急两用的广播音响应急广播优先，火灾确认后强制切换到自动广播。

（5）FAS采用与门电路（串联）方式实现了控制优先权，BAS一般采用或门电路用以提高日常工作的可靠性。

4. 其他消防子系统

诸如应急广播、消防专用电话、联动控制、消防电源监控系统、利用监测剩余电流防火的电气火灾监控系统、防火门监控系统等系统图相对比较简单，可以参照主流产品供货商提供的设计手册完成其系统图。

6.5　两种消防系统平面布置图

电气消防平面布置图是FAS系统设计里工作量最大的部分，内容也比较多。如果都画在一张平面图上，可能纵横交错表达不清，所以常常探测报警平面图画一张，消防电话和广播音响平面图画一张，应急照明平面图画一张，也可以强电部分平面图画一张，弱电部分平面图画一张。

1. 火灾报警平面图

内容包括感烟探测器、感温探测器、可燃气体探测器、报警控制器、模块、区域显示器、手动报警按钮、排烟阀、防火阀、水流指示器、液位器、闭门器、消防广播、消防电话、排烟风机、正压风机、消火栓水泵、喷淋泵、消防排污泵、防火卷帘、防火门监控、消防电源监控、电气火灾监控、防止消防水管结冰的电伴热控制等。

该平面图内容庞杂，首先要消防系统元件布点齐全，探测范围全覆盖，元件的间距不超标。所以平面图的所有房间名称不能缺少，名称决定使用性质以及探测器类别。其次连线尽量横平竖直，如果交叉，宜断开，不宜重叠画出。第三要采用国家标准的图例符号，对设备、元件、线缆管槽要标注齐全。线路的路由应当切实可行，符合建筑结构条件，粗细宜能主次区分，在建筑平面图上突出电气设计的内容。

2. 应急照明和疏散指示平面图

应急照明包括机房备用照明和疏散通道照明，疏散指示包括单方向、双方向指示灯和安全出口指示灯。平面图首先要布点正确、齐全，特别是疏散指示不能布置在错误的位置而误导逃生人员，例如将安全出口指示布置在旋转门、推拉门等处，是违反强制性条文的。其次是应急照明的照度达标（不低于最低照度要求），第三是疏散指示灯的间距不超标。拐角1m处不要漏掉设置。第四是设备机房的备用照明照度、蓄电池初始放电时间/持续供电时间满足要求。施工图首先要满足工程订货的要求。带蓄电池灯具按什么指标订货？新品当然是按初始放电时间订货。至于几年后的蓄电池持续供电时间指标，由国家的产品制造质量标准把握，何时更换？和手机电池一样，由使用者（物业管理）决定。

对于面积较小的空间，可以将普通照明合并于应急照明，反之不可。就是对于消防设计，要求可以高点，不能低于标准，因为设计标准是最低要求。

设计时应当注意的是，对于新建工程和整体装修改造工程，要按照《消防应急照明和疏散指示系统技术标准》（GB 51309—2018）执行，其中强条应当严格执行，例如安全低压供电、不得采用易碎材料做灯罩等。另外注意其 3.2.3 条规定，高危险场所灯具应急点亮的响应时间不应大于 0.25s。另外，北京地区的项目也应当执行《消防安全疏散标志设置标准》（DB 11/1024—2013），其中 3.13 条规定，人员密集场所的电光源型消防安全疏散标志应急转换时间不应大于 0.25s。人员密集场所包括剧场、电影院、学校、幼儿园、商场等场所，对此类人员密集场所的消防设计，其应急照明和疏散指示系统全部投入应急状态的启动时间指标是“不应大于 0.25s”，而不是“不应大于 5s”。

6.6 消防控制室布置图及其他设计文件

消防控制室是建筑物的消防中枢，其位置十分重要。《火灾自动报警设计规范》（GB 50116—2013）和《民用建筑电气设计规范》（GB 51348—2019）里都有专门一节规定消防控制室的相关要求，主要包括位置选择要求、无关消防的管线不能穿过要求、合用机房的区隔要求等。消防控制室布置图示例如图 6-5 所示。

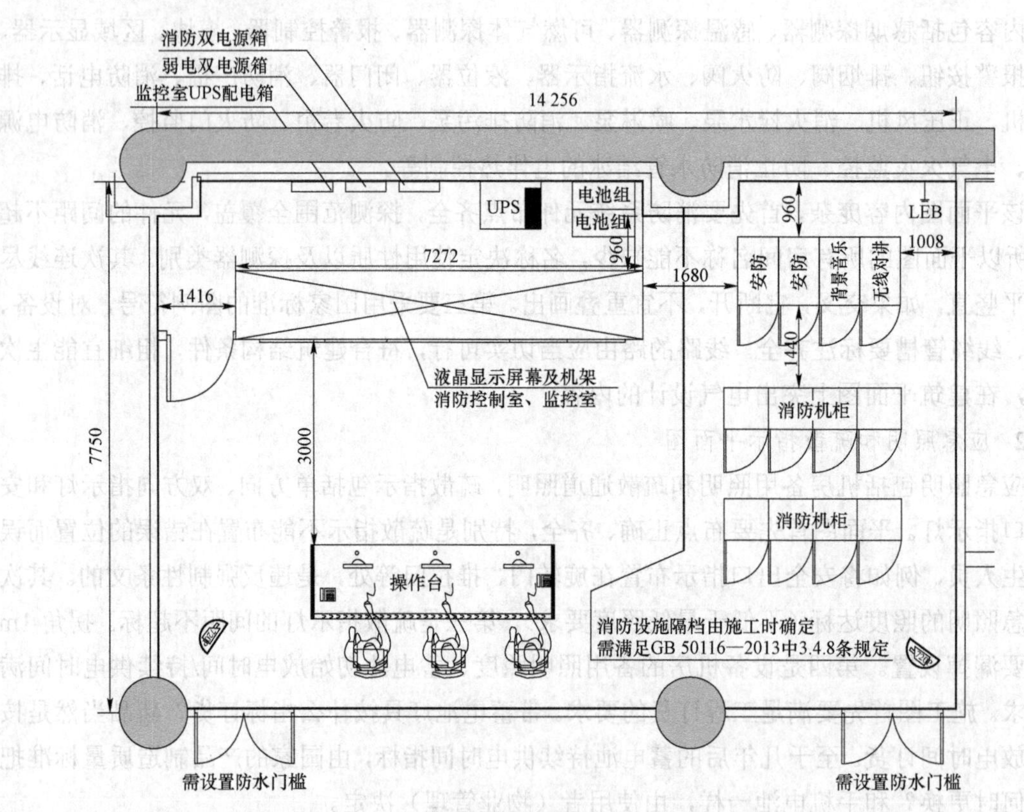

图 6-5 消防控制室布置图示例（单位：mm）

消防控制室的灭火系统、防排烟系统、空调通风系统、装饰装修、照明等方面设计一般由智能化系统之外的专业承包设计工作。

消防控制室的电源必须是按消防用电负荷及其级别供电。一般是设置双电源终端自动切换装置ATSE。如果是三级负荷，可以一路市电外加UPS以保证消防系统供电可靠性。其配电系统应当消防专用，不应接入窗口排气扇、电热炉、电暖气插座等非消防生活用电设备。按照实际工程情况分为两种情况对待：

（1）较大建筑项目的消防控制室用电门类较多，用电量较大，可设置电源装置，图6-6所示为消防控制室电源配电箱系统图。其中注意：一般消防回路名称应当明确，排除不确定性；预留回路注明“消防专用”，另外，插座、空调不接入消防电源箱。

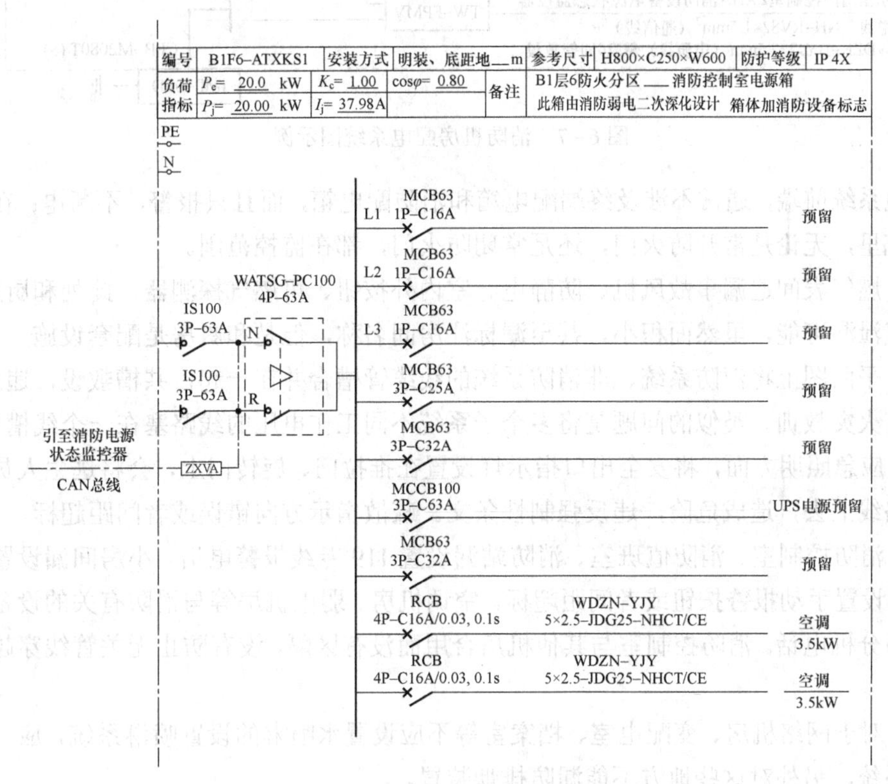

图6-6 消防控制室的电源配电箱系统图示意

（注：安装高度，具体详见设计说明）

（2）一般中小型项目的消防控制室如果只是照明等单相负荷，可以参考图6-7配电，其中的UPS按照设计规范要求，其持续供电时间不小于180min。另外应当列出负荷名称、负荷计算值、UPS的持续供电时间等。实际项目要明确每个回路的名称、负荷大小、整定电流值。ATSE采用4极PC级开关。

在FAS的设计和审查中，消防方面问题较多，比较常见的设计问题有：

（1）设计漏项，没有法规要求的电气火灾监控系统、消防电源监控系统和防火门监控系统。这里首先要有，其次是正确。电气火灾监控系统利用漏电检测发现火灾隐患，一般设置

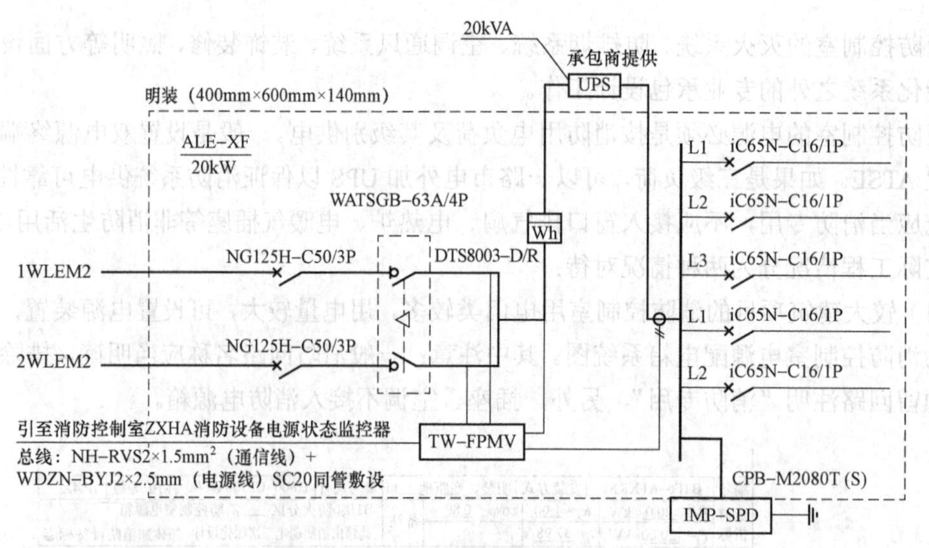

图 6-7　消防机房配电系统图示例

在供配电系统前端，通常不涉及终端配电箱和消防配电箱，而且只报警，不断电；在防火门监控系统里，无论是常开防火门，还是常闭防火门，都在监控范围。

（2）燃气表间遗漏事故风机、防静电、室内外按钮、可燃气探测器，此处和厨房类似，有可燃气泄漏可能，虽然面积小，甚至漏标注房间名称，但是和厨房是配套设施。

（3）平面图上将消防系统、非消防系统的线缆管槽合并在一起，共槽敷设，违反法规。对此，有火灾教训。类似的问题是将多个子系统不同工作电压的线路塞在一个线槽里。

（4）应急照明方面，将安全出口指示灯设置在推拉门、旋转门上，会将逃生人员引到不是疏散路线上去，造成危险，违反强制性条文。疏散指示方向错误或者间距超标。

（5）消防控制室、消防值班室、消防站漏设置 119 专线报警电话。小房间漏设置感烟探测器。漏设置手动报警按钮或者间距超标。空调机房、弱电机房等与消防有关的设备机房漏设置消防分机电话。消防控制室与其他机房合用而没有区隔，没有防止无关管线穿越消防控制室。

（6）对于网络机房、变配电室、档案室等不应设置水喷淋的设置喷淋系统，应当设置气体灭火系统，另外对这些地方不能漏防排烟装置。

（7）在消防水系统里，设置软启动装置；漏画液位器、水流指示器等元件和线路。消防水池的液位器要接至消防控制室，是硬启动控制线。

（8）说明未全覆盖强制性条文内容，例如“模块严禁设置在配电箱内”“每个总线短路隔离器保护的元件点数不应超过 32 点”等。

（9）电气火灾监控系统未指定功能具有“只报警，不断电”，或者监控设置的范围不当；这样的设计要求和对消防动力系统过载保护的“只报警，不断电”是类似原因，都是为了保证消防系统的用电可靠性。

（10）作为系统的安全技术措施，防雷接地应当齐全。有的建筑群项目，对于进出户 FAS

线路不设置SPD，机房没有MEB/LEB设置，没有等电位联结的施工要求，没有接地电阻要求或者几处阻值要求不同。

（11）在消防设备控制方面，将某些消防风机、水泵划入BAS监控范围；或者对平急两用的风机、水泵没有设定消防控制在自动转换中的优先权。

（12）无订货要求。应当写明：采用3C认证产品，不用淘汰产品。这不仅是施工图审查要求，也是设计对施工的要求，对于保证实现设计意图、工程顺利验收有现实作用。

与此相关的另一个错误做法是在施工图上写明厂商名称及其品牌，这是违反国务院文件规定的，也是反腐败的形势需要。有人参考某品牌手册设计，有人委托厂家代为设计，这些不是不可以，但是要注意，只要还没有招标，在最终设计文件上要把厂家提供材料中的企业名称和品牌删除干净。

第7章 安全防范系统设计

安全防范的定义，通常包括“人防”（人力防范）、“技防”（技术手段防范）两部分。本章所述的安全防范系统（Safety Automation System，SAS）主要指“技防”——为达到安全的目的综合运用实体防护、电子防护等技术而构成的系统，即安全防范系统是以维护社会公共安全、预防各种刑事犯罪和突发灾害事故为目的，综合运用电子信息技术、计算机网络技术、系统集成技术和各种现代安全防范技术构成的入侵报警系统、视频监控系统、出入口控制系统等，或由这些电子系统组合而成的集成系统。一般的工程，主要由入侵报警系统、视频监控系统、出入口控制系统、停车库管理系统、巡更系统等形成安全防范系统。

7.1 安全防范系统的组成和主要功能

1. SAS 系统组成

以技术手段进行安全防范的公共安全系统有广义的界定和狭义的界定。

广义的界定包括4部分：① 火灾自动报警与消防联动系统。② 汽车库及停车场管理系统。③ 应急联动及相关技术防范系统。④ 安全技术防范系统。

狭义的界定主要包括7个子系统，即入侵报警系统、视频监控系统、出入口控制（门禁）系统、电子巡查系统、周界报警系统、访客对讲系统和综合安全管理系统等。

从上面的系统组成看，广义的安全防范系统包括火警防范和匪警（防盗）防范两大部分。

狭义的安全技术防范系统（SAS）包括视频监控、巡更、门禁、双鉴或多鉴报警、可视对讲、出入口管理、地下车库和一卡通等系统。鉴于安防系统在智能建筑中的特殊地位，无论是科研、开发、商务办公还是综合性的智能型大厦，其建设应根据中华人民共和国公安部“安全防范工程程序与要求”、当地公安部门有关规定和要求，结合项目内部安全保卫和日常工作管理需要，建立可联网共享的可系统集成的保安管理自动化系统。

安全技术防范系统（SAS）的任务是针对犯罪分子狡猾、诡秘、随机突发作案、难以预测的特点，运用现代科学技术手段与刑事犯罪作斗争。其防范目的应包括防外盗、防内盗、防内外勾结、防潜伏作案、防集团作案、防智能化作案、防暴力抢劫作案等。据此，安全防范系统组成可分为机房设备、传输介质和现场终端设备三部分。

在机房，可由一台计算机统一管理电视监控系统、防盗报警系统、门禁控制系统、电子巡更系统。系统中各智能单元既可相互调用又可高度自治，能在全系统范围内实现资源管理，动态地进行任务分配或功能分配，同时可以并行地执行分布式程序。系统中任何一部分发生故障，不影响整个系统的运行。该系统应具有与其他系统衔接的开放的通信接口，以便与楼控、消防等控制系统实现集成联动。

2. SAS 主要功能

以防盗、视频监控为主的 SAS 系统一般采用高清网络视频监控系统。功能需求主要包括看、存、控、管四个方面，包括：快速地实现：历史图像调阅/点播远程控制；可靠的视频图像存储和备份；灵活的前端设备控制；检索回放；人机交互，方便用户、设备以及系统的管理维护；日志管理等。视频监控系统将图像资源采集编码后通过视频监控网传输到控制中心，通过对图像的浏览、记录等方式，使授权用户直观地了解和掌握监控区域的治安动态，有效提高治安管理水平。具体来说有如下功能：

（1）实时显示所有摄像机画面，重点部位设置报警－摄像机联动，可进行目标行为分析。

（2）全天候监视中心内各处特定防范区域内出入的人或物，载入值班记录。

（3）存储任何时间重要防范区域的录像资料。

（4）可通过有线线路或其他接口方式及时将报警信号/图像传递至辖区上级公安部门。

（5）系统也可以用来监视建筑内或周围的警报情况。这些系统所监视的典型警报包括门传感器、温度传感器、工业流程警报和火警控制板。发现情况可进行报警处理以及应急指挥。

（6）系统所有的活动都可以用打印机或计算机记录下来，为管理人员提供系统所有运转的详细记载，这些运转活动的类型包括有效输入、有效输入待命（状态）、进入设置以及警报活动。

（7）限制人的活动范围和时间，不需通过钥匙而通过 IC 卡达到身份识别。

（8）容易增加新用户且对过期的用户进行限制。

（9）保护雇员、部门以及公司的财产，从中心位置可监视所有的警报活动。

（10）对进入建筑的人所处位置以及进入该处多少次做详细的记载。

（11）降低管理及保安费用，与单纯的人力保安相比，可获得更高的安全性和控制水平，消除了人为的差错。

（12）其交替控制的特点，可对建筑物的其他功能进行控制，如电梯、保温、通风、空气调节和照明系统等。

SAS 系统监控中心的主要功能有：各系统控制中心组成整个安全防范系统的“神经中枢”；对视频信号进行切换、处理及建立所属各级分控系统；统一供给中心控制设备和周边辅助设备所需的电源；视频图像的监视及录像，输出各种遥控控制信号；接收各种报警信号和报警信号的声、光显示；内外部通信联络；每个系统控制中心独立工作，都有一套完整的计算机控制中文界面矩阵切换系统，包括监视、报警、门禁、控制、图像存储设备和录像回放所需的全部设备，能通过多功能用户图形界面（GUI）软件包来进行程序设置，编制子系统功能和控制命令程序，对各自分控区域内的各项监控设施进行切换监控和存储，并配有自动报警调用功能，可通过智能终端的接口（如RS-232）与门禁系统联网。

智能建筑安全防范系统的技术要求应符合公安部门的规定标准，其布置原则上应根据国家公共安全行业的规范要求和业主对建筑物的级别、位置、问题及易发生犯罪区域的要求，按照工程技术标准，确定安全防范系统各分系统监控点位置布点图。

电视监控系统是安全防范系统各分系统的核心。在控制室可任意手动或时序切换出任何一个视频图像，并可控制云台及变焦镜头的动作。在控制中心对软件进行编程，可分别设定图像循环切换的时间、摄像头位置的编号、报警联动等功能。电视监控系统包括前端设备（CCD摄像机、镜头、云台、防护罩、支架、解码器及红外射灯等）、摄像机（最关键的设备之一，其技术指标直接决定整个系统的技术性能和工作质量）、终端设备（各控制室内的智能控制器、显示记录设备、视频控制/切换及通信设备、联络设备等，是整个电视监控系统的核心，设备选用原则为“技术可靠、性能优越、工作可靠、操作方便”）、自动/手动光圈镜头、室外/室内防护罩和支架、中央控制计算机、矩阵控制/切换主机、彩色监视器（内部具有防爆保护）、长延时录像机、彩色热升华视频打印机等。

摄像机主要分为三大类：一是彩色摄像机，其传输方式采用的是单电缆传输，具有图像稳定易于同步等特点，该类摄像机配有自动光圈型镜头。推荐的摄像机选用了性能更为先进的新型摄像机。二是用于电梯内的摄像机，该类摄像机配备的是广角镜头，隐蔽性强，不易被人察觉，适应电梯内光照度较低、光线变化明显的环境，图像画面可覆盖整个电梯轿厢。三是用于大厅、大门出入口等场所的摄像机，该类摄像机配备有电动变焦镜头、全方位云台及其附件。由于上述三类摄像机均采用外同步方式，所以可保证系统图像的稳定性。

矩阵控制/切换主机主要功能如下：

（1）通过主键盘操作可实现菜单综合设置及编程，任意设定本系统主控和分控的权限和功能，确定摄像机在监视器上显示的顺序及时间，完成定时切换和录像开启功能，以实现无人值班情况下的全自动监视与控制。

（2）图形用户界面提供图标控制，以图形表示安保设备的位置，并提供显示器上图像和口令保护；图形用户界面应提供完整的彩色计算机辅助绘图软件包，键盘仿真可使图形表示，对矩阵切换系统提供完整的控制和编程。

（3）可与报警主机通过继电器输出报警接口联动，当报警后，能使得报警监视优先化并同步将设在报警区域的摄像机所覆盖的现场图像显示在主监视器上。自动显示相关楼层平面图，突出相应的报警图标，启动声光报警以及调用相关的摄像机图像。

（4）矩阵切换器编程设定自动顺序切换图像，手动切换任意摄像机到本系统任意监视器。可自动/手动控制镜头、云台和高速智能云台的所有动作；监视器显示时间的设定；自动报警调用；摄像机号码编程。

（5）每台摄像机图像都要录像及用汉字字符标示摄像机地址，并有时间日期字符同步显示时间及编号。

如上所述，视频监控系统应具有以下功能：

（1）模拟平面图显示从模拟平面图显示报警设备、输出联动设备、摄像机物理位置，经多媒体视霸卡在模拟图上显示摄像机图像，直接在计算机显示器进行监视。

（2）全自动化的系统报警联动、开启和关闭遥控继电器、启动联动输出控制设备或系统。自动化的系统报警联动，是在闭路监控系统中按照报警联动程序，切换报警设备的摄像机图像到指定监视器，多画面分割处理器及录像机进行录像。

（3）用户可自行设定图标，图标可放置在模拟图上任何位置，使用不同的图标可表示不同的设备，如固定摄像机、云台三可变镜头摄像机、全矩阵视频切换、报警输入点、报警输出点、报警输出确认等。经过使用图标控制，用户可控制云台三可变镜头摄像机的云台上、下、左、右摆动，镜头变焦、聚焦、对焦，报警输入点、输出点控制。报警输出确认，经由全矩阵视频切换控制器切换任何一台摄像机到任何一台监视器或经由计算机视霸卡在计算机显示器显示等。

（4）多媒体终端的控制系统连接全矩阵视频切换控制器，控制全矩阵视频切换控制器的所有功能，如手动、自动时序切换、报警切换、组切换、宏程序设定切换、系统设定切换和自动巡检等功能。矩阵网络控制系统，可将任何一个所需摄像点的视频信号自动地切向监视器。通过智能控制键盘的设定，可完成各种视频处理功能。前端设备的操作，可完成长时间图像记录，并具有报警接口。该系统可设定主控部分和副控部分。根据业主的要求，可对控制的优先级别、监控范围进行软件编程设定。

（5）用户密码切合实际。使用控制权和操作划分多媒体终端的控制系统提供不同使用权限给用户，不同使用权限在系统操作不同功能，如使用权限低的操作员便不能编辑系统操作规程、更改系统设计等。操作划分是在整套系统中把控控制区划分，如副控制室的副控键盘不能控制大堂云台三可变镜头摄像机，总控制室的操作员才可以控制。而使用优先是在两个控制室同时间操作同一台云台三可变镜头摄像机，在这种情况下，系统会看优先权高低而把控制权交给优先权高的操作员。

电子巡更管理系统有无线式、在线式。在线式电子巡更系统由安装在大厦各处现场的读卡机、控制器和中央管理计算机组成。读卡机分布于大厦所辖各处，包括各楼层、各出入口和需要人员定期巡视的易发生犯罪区域，其功能是考核巡视人员，保证保安人员能够按时、按规定路线顺序地对大厦内的巡更信息点进行巡视，并同时生成详细巡视路线报告收录于中心计算机。读卡机采用金属外壳封装存储数据芯片，具有很强的抗冲击性，不会被腐蚀和退化，是完美的户外、户内使用工具，巡更系统压模合金识读器读取金属读卡机，每一个读卡机对应唯一一个身份号码，巡逻人员所巡位置及发生事件的代码都能够被读卡机所记录。巡更系统工作平台一般由操作系统装入管理软件进行工作。

关于安保管理的控制系统，一般是模块化、网络化通道控制系统，尤其适应于拥有众多分控大企业的综合管理，如警报监视、视频图像、制作证据及证件、CCTV 矩阵开关控制。输入、输出、远程控制站等易于扩展和修改。系统在中央计算机统一软件程序控制下可提供所有组件的系统集成，根据用户要求系统易于改变。重新设置可通过系统在线编程完成，无须改变硬件，可以实现“可联动空调，自动关闭风道”。

系统应支持手动和自动两种警报响应。每个警报都能触发一系列不同反应，如摄像机切换，触发远程设备和门禁控制。

通道控制功能包括由时间、天、星期、假期等时间表设定的有效出入行为；手动或自动弹出持卡人照片；由有效的卡、卡/密码、卡和视频等设定的有效出入行为。

所有控制部分使用分布式处理方式，此方式包括把所有控制参数下载到控制器上，这样控制器可独立完成全部控制功能。

关于系统配置、系统软件、特殊系统功能、硬件要求、电源系统、控制器软件、系统容量等方面应根据工程的具体要求决定。其中，一般每个工作站可在程序控制和手动控制两种模式下操作，至少能控制 256 个远程拨号控制器、256 个通信口、全部出入口控制、CCTV、寻呼系统和报警监视，可提供安保子系统的完全集成。通用性能控制器软件内置并固定在控制器主板可插拔的模块上，以便日后性能的升级。所有系统需要的软件功能都在控制器上。

一般门禁控制系统中出入口双向监视与控制，可采用开门按钮等方式，同时将巡更读卡器和门禁读卡器结合使用。无线对讲机或是有线对讲系统这两种保安对讲系统都无法高度集成。

安全技术防范系统建成后，应达到防范有效、性能先进、实用、可靠、操作简单、维修方便、故障率低、寿命长、性能价格比合理，各项技术指标都达到国家标准。保证重点和要害部位达到一级防护要求，以便充分发挥技防优势。

3. 停车场管理系统

由于地下汽车库/停车场管理系统与安全防范系统关系紧密，因此该系统被许多业内人士归于广义的安全防范技术系统里了。

停车场管理系统目前的技术焦点已经从出入口管理变为内部车位空实管理、反向寻车、车位联网等。

停车场管理系统类型较多。按照智能建筑系统集成要求，该系统作为物业管理、安保及消防等系统的相关系统，其数据通信接口应对外开放，并具备较先进的车辆识别、车位显示、自动计费、防盗报警等功能。就车辆识别技术而言，有停车刷卡、停车短距离非接触识卡及远距离不停车识卡三类方式。通常的车库功能简述如下：

（1）可随意编排时租和月租售票比例。

（2）自动计算进入与驶出停车场的车辆数目、自动分别时租车辆和月租车辆数目及驶出车辆数目并直观显示。

（3）自动计算停车场内空置车位数目，并加以控制。

（4）具有断电保护功能，即使发生断电事件、系统仍可持续工作达 2.5h 以上，数据资料不会丢失。

（5）过期月租卡可更新输入资料，循环使用过期月租卡可重新编辑，循环使用以节约成本。

（6）与摄像机配套使用确保一卡一车。

（7）自动打印收据给停车者。

（8）收费计算机应具有以下功能：自动计费；卡遗失收固定费用；一卡通即长期卡可以同时成为大厦的出入控制卡；优惠收费功能；提供统计资料。

（9）发生异常情况，系统发出告警信号。

（10）远程管理中心可实时了解车库动作状况及收费状况，并对管理设备进行遥控操作。

4. 地下车库系统

由于智能建筑一般体量较大，进出车辆较多且上下班时间比较集中，应当优先采用具有不停车远距离识别无源卡的车库系统，该系统不必停车刷卡，大大提高了车辆进出车库的速度，特别适于大中型车库。

车库管理系统组成包括自动闸门机、感应器、读卡器、计数器、数码摄像机、收费计算机及管理软件等，其工作流程分为两种情况：

（1）内部车辆管理。内部车辆包括固定用户和定期租户（月、季、年）。对于内部车辆，由于用户要经常进出车库并长期将车辆停放在停车场内，这样对车辆进出停车场的方便性和内部停放安全可靠性的要求就比较高。可采用在“入口”和“出口”分别安装内部车辆识别读卡器的感应式内部车辆管理系统。根据不同要求，在工程中，可通过方案优化对比做出选择。例如，从性价比考虑，在满足基本性能要求的基础上，可采用近距离感应内部车辆管理系统。该系统价格较低，但需停车交涉。如要求较高，可采用无源卡不停车识别系统，无须停车，识别设备具有 6m 的卡识别距离，允许车辆以 80km/h 以内的速度通过，并保证系统对进出车辆正确识别。该系统进出设备联网，采用中央管理方式，即能在中央管理室通过计算机对系统进行控制和参数设置。管理软件运行于中文环境下，有较完善的管理和查询功能并能根据要求进行修改。该系统有防止重复使用（重复进或重复出），64 个以上时间区域限制，单个门授权等功能。另外，该系统采用无源卡识别方式，其读卡设备符合国家无线电管理的各项规定。图 7-1 所示为停车场出入口管理系统示意图。

（2）临时车辆管理。对于临时车辆管理，主要是提供对收取停车费的管理，考虑对系统安全性与易用性以及中国国情的具体要求，可在车库出入口安装自动发票出口收费系统，即在入口车道旁设置磁卡自动出票机，临时车票含进入时间、日期、车位及序号等信息，临时车到按钮即出；在出口车道左侧设一验票机；内部适当位置设收费管理岗亭，其中设置收款机、价钱显示屏及条码阅读机，负责对临时车验票收费授权。同时利用中央管理计算机对系统的参数和情况进行调整和监控，以便监督操作员对系统的操作。

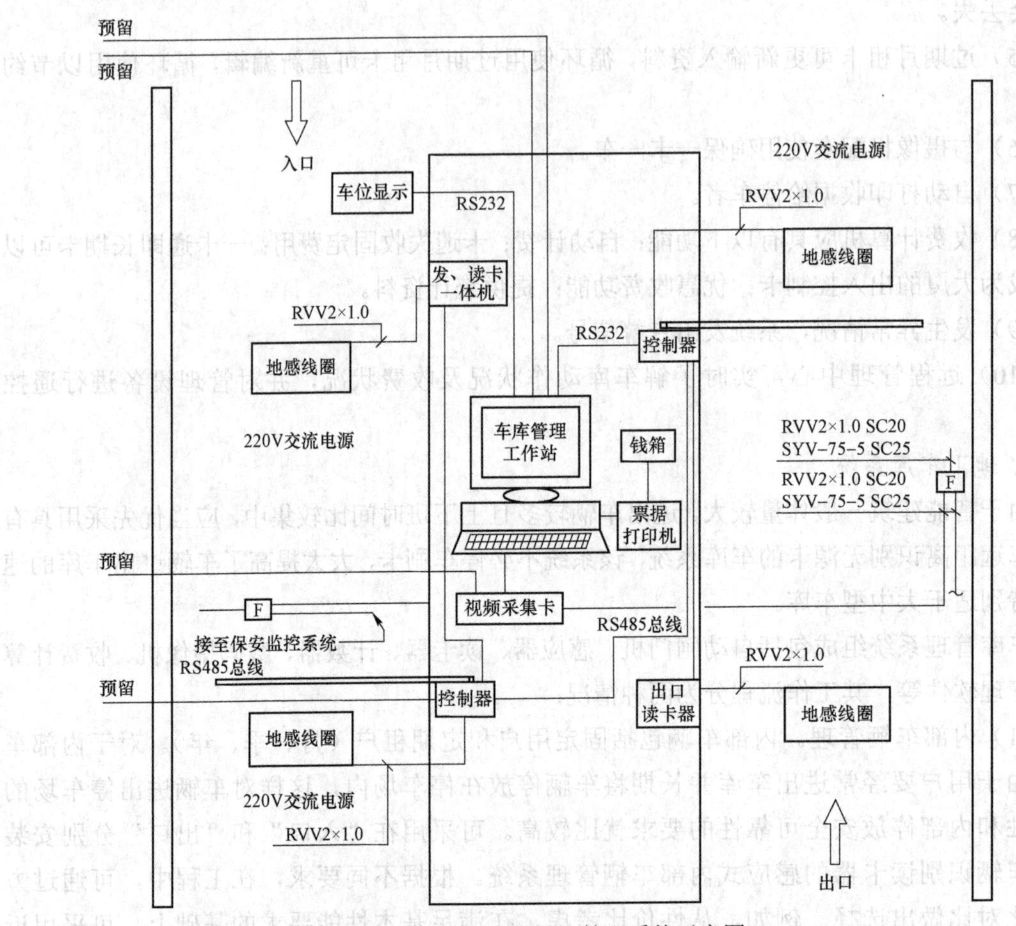

图 7-1 停车场出入口管理系统示意图

出入口均设置自动放行与自动关门挡车器，内部管理系统与临时收费系统共用，紧急时可手动开启。对特殊情况可及时报警并有报警摄影接口。

对于车库内部，各车位醒目编号，内部住户车辆采取固定车位方式，由物业管理部门发给一定级别固定车位卡，卡号、车位号对应一体，凭卡随意自由出入，固定停放。对于临时车辆，车库内部一般应划分出一块临时车停放区并设醒目标志，入口处设引导提示，在有临时收费的入口处设车满标志及收费标准。临时车辆只当有空位（满位显示不亮）时，才能在入口处取得临时票卡进入。

随着技术的发展，汽车库的管理由单纯的出入口管理已经升级为包括不停车高速识别、车库内部反向寻车、车位空闲管理、车行引导等多方面的管理系统。

7.2 设计大纲和设计步骤

1. 设计大纲

根据该安全防范系统的保护对象，即建筑物的使用性质、建筑物内外布局，从而明确其重点区域、面临的风险、防范对象等，进而确定高风险保护对象、风险等级、防护级别、安全等级等，确定相关级别，这个档次决定了具体的SAS设计的标准选用。与设计档次相关的就是布点原则，一般大堂、门厅、走廊、电梯前室、电梯轿厢、楼梯前室、一层的出入口、地下车道和车库出入口等处，应当设置摄像机；财务、档案、仓库等应当布置红外、微波、震动等防盗防侵入的探测器。

设计范围根据用户的使用需要以及建设资金决定，什么子系统上，什么不上，首先要界定。SAS设计范围可以单纯依据甲方委托确定，也可以按照《智能建筑设计标准》(GB 50314—2015）中14大类建筑，对号入座，确定本工程应当设置的各个SAS子系统。同时注意同样名称的子系统，其安防技术类别很不一样，如门禁系统，有数码识别、指纹识别、人脸识别、眼底识别等，有的是根据需要实行多种组合。

设计大纲要确定主要的SAS技术防范措施和功能要求，例如视频监控系统，它是安防系统的通用部分，应用广泛，关键问题也很多，如：采用是模拟—数字的数模转换系统，还是全数字化系统？是铜缆传输还是光纤传输？摄像机是标清，还是高清？是彩色显示还是黑白显示？在系统规划方面，要统筹前端的机房设备与系统网络以及终端的摄像机类型相匹配。对摄像机的图像连续录像，24h、7日、15日、30日等，有许多因为使用需求不同而产生的等级要求，如果一个较大系统采用动态录像技术，在计算录像硬盘容量时会节省可观的投资；再如，大堂门厅的摄像机，应当能够同时识别朝外走、朝里走的人脸，采用没有（超）宽动态技术的摄像机，就不能抗逆光，无法看清由外入内的人脸，因为室内、外照度差别较大。

对于人群密集场所，应当具有人流密度分析、无主包裹危险性评价等功能；在已经建立“平安城市”的地方，安防系统应当预留与上一级系统联网的信息接口，防止出现“信息孤岛”现象。

设计大纲要明确系统设备参数指标和计算内容，如：像素、视频码流、分辨率；防止图像“马赛克”的带宽计算；满足存储日期的硬盘容量计算等。例如，设网络摄像机（IPC）的发送码流是8Mbit/s，12个IPC需要的交换机带宽为$12\times8\times1.5=144$（Mbit/s）。

设计大纲特别要明确系统的防雷接地安全措施要齐全，不可忽略了出入户处的适配的信号电涌保护器SPD的设置；机房MEB/LEB的设置；机房全体金属体的等电位联结。有的人认为光纤不导电，没有金属，无需在其建筑引入处设置SPD，这是只知其一不知其二。按照建筑物防雷设计规范和建筑物电子信息系统防雷技术规范，在其光电转换处应当设置SPD。

安全防范系统的保护对象千差万别，有的面临风险级别很高，例如银行、黄金商店、金融机构、幼儿园、中小学等，面临抢劫、杀人的高风险，必须严密设防。

以校园安防系统为例，说明大纲要明确 SAS 只是整个智能化系统校园网的组成部分。一般要求出入口门禁系统、周界红外对射防侵入系统、电子巡查点位系统（学生宿舍）、视频监控系统必须设置，进一步明确对学校监控报警室/值班室、学校的学生宿舍、周界出入口的设置要求，而且监控报警室要设置对上一级安防机构的报警接口，24h 专人值守，大门口和其他主要出入口设置 24h 录像；双鉴探测器入侵报警系统应当与视频监控系统联动，以便提高效率；安防系统的电源部分除了市电还应当设置不间断电源 UPS。

SAS 在智能化系统校园网的位置示意如图 7-2 所示。

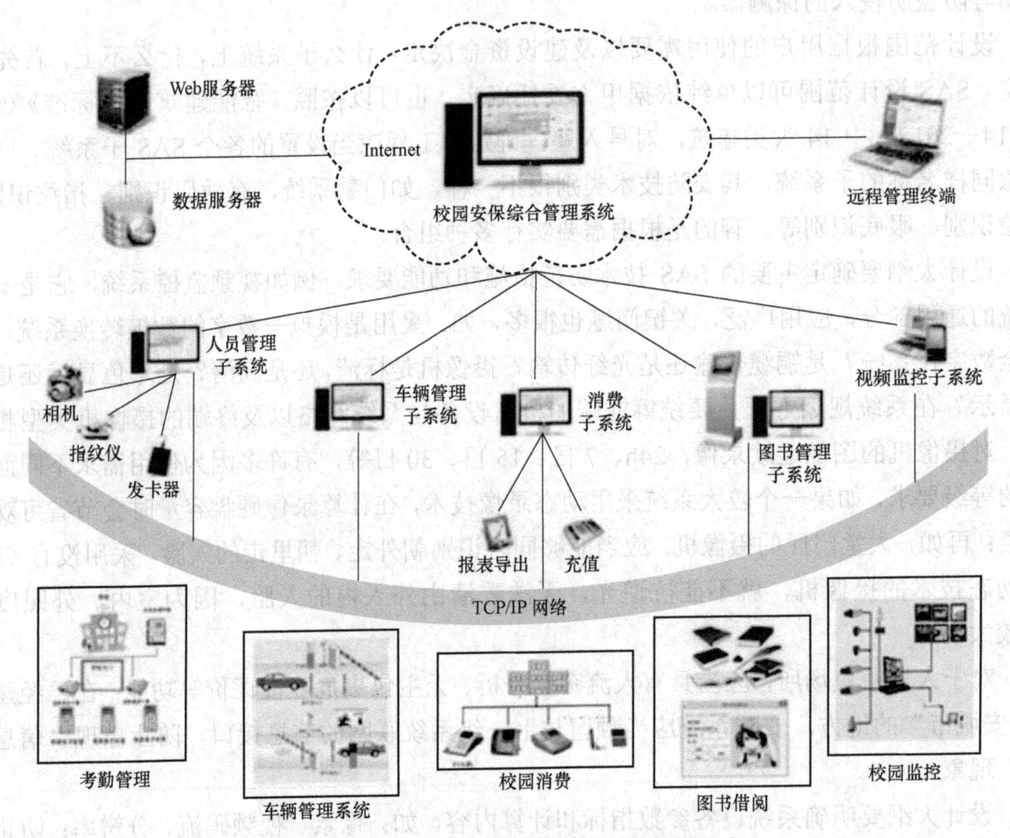

图 7-2　SAS 在智能化系统校园网的位置示意

设计依据是设计大纲的重要部分，需要贯彻到施工图中去。安防设计与建筑专业联系紧密，与其他土建设计专业交叉较少。安全防范系统主要包括入侵报警系统、视频监控系统、出入口控制系统、停车库管理系统、巡更系统等。涉及的设计规范主要有《安全防范工程技术标准》（GB 50348—2018）、《智能建筑设计标准》（GB 50314—2015）、《民用闭路监视电视系统工程技术规范》（GB 50198—2011）、《民用建筑电气设计标准》（GB 51348—2019）、《入侵报警系统工程设计规范》（GB 50394—2007）、《入侵探测器　第 1 部分：通用要求》（GB

10408.1—2000)、《视频安防监控系统工程设计规范》(GB 50395—2007)、《出入口控制系统工程设计标准》(GB 50396—2007)、《工业电视系统工程设计标准》(GB 50115—2019)、《银行自助设备、自助银行安全防范要求》(GA 745—2017)、《银行业务库安全防范的要求》(GA 858—2010)、《银行营业场所安全防范要求》(GA 38—2015)、《数据中心设计规范》(GB 50174—2017)、《建筑物电子信息系统防雷技术规范》(GB 50343—2012)、《安全防范系统供电技术要求》(GB/T 15408—2011)等。对于特殊项目要列出防恐怖袭击冲撞的相关规范。

除了上述安防专项规范，还有涉及的通用标准与规范，如《建筑电气制图标准》(GB/T 50786—2012)、《建筑工程设计文件编制深度规定(2016 版)》、《全国民用建筑工程设计技术措施 电气(2009 版)》、《数据中心设计规范》(GB 50174—2017)等。有时设计依据涉及建设单位提供的主管部门批文等资料。设计大纲要提醒设计人，设计说明应当涵盖所有的强制性条文，图纸未能表达的以文字补齐。

例如，关于安防监控中心，首先要设置门禁(安全等级达标)、紧急报警装置。其次要有向上一级接处警中心报警的通信接口。第三，在监控中心应当设置内部摄像机，分辨率和存储时间达标，无死角监控，用于监督值班人员(监控不是只对外人的)，同时在其出入口设置摄像机；第四，监控中心的疏散门必须向外开，且能自动关闭，能在任何情况下由内部打开。

关于安防系统框架的构思，就是根据建筑物的使用性质、安全防范要求以及建筑平面布局，宏观上确定整个系统的结构以及主要技术措施和子系统构成。例如，对于风险较高的保护对象，安防系统应当采用专用的传输网络、专线传输，而不考虑使用共用传输网络；条件受限(比如资金有限)时，可以采用虚拟专用网络。

对于各个安防诸多子系统，设计大纲要明确各个建筑区域设什么，怎样设置的问题。一般依据《智能建筑设计标准》(GB 50314—2015)界定什么建筑设置什么安防子系统，然后依据各个子系统规范确定具体的设置。在选择配置时注意设计规范是最低要求，设计可以稍高安排。

设计进度安排取决于设计合同时间要求或者建设单位的要求，在统一的技术措施指导下，将图纸的设计任务可以分工给多人同时设计。图纸目录可以看作设计大纲里主要工作任务的汇集，列出目录可以直接用于设计组内分工协作。设计任务包括安防设计说明、图纸目录、图例符号、安防系统设备元件材料表、安防平面布置图、中心机房及安防监控室布置图、弱电间竖向布置图、竖向系统图、机房的配电系统图、安装大样图/管线综合图、园区总图或建筑群总图、机房防雷接地平面布置图等。

设计质量的控制主要是抓设计依据落实、制图标准落实、图面设计深度落实。为此设计人必须了解施工图审图审什么内容，应当怎么做。其次是设计原则、主要设计方法、统一技术措施等。

设计大纲的有些内容可以用表格形式界定，例如入侵报警系统设防点位表(表 7-1)：

表 7-1　　　　　　　　　　入侵报警系统设防点位表

楼层数	功能空间	数量	撤布防键盘	红外探测器	主动红外	紧急按钮
1.						
2.						

2. 设计步骤

(1) 要研究该安全防范系统的保护对象的用户需求，即建筑物的建筑结构、使用性质、使用功能、建筑物内外布局，从而明确其重点区域、面临的风险、防范对象等，进而确定高风险保护对象、风险等级、防护级别、安全等级等设计前提条件。

(2) 结合安防设计规范，确定防范功能和布点原则，还要对安防系统做基本计算。例如，线缆的传输速率应当满足清晰显示图像的需要，如果相对于信息量线缆传输能力不足，就会出现线缆“拥堵”，图像“马赛克”。一般的光纤线路可带的“标清”摄像机数量比采用“高清”摄像机数量多一倍。又如，视频监控系统的回路较多，金属线槽的占槽率应当计算，不宜超过 46%。同时，不同工作电压的线缆不能共槽敷设，至少加隔板；经过分析平面布局和竖向结构形式，比较和优选技术做法，确定安防系统结构、干线走向、路由以及中间设备位置。过去使用数—模转换方式多，如今都是采用全数字化系统。

(3) 安防系统的施工图设计一般从平面设计到竖向系统设计，再汇总设备表。如果是招标投标后的二次施工图设计，可以由甲方提供的视频监控系统点位表开始，先画各个安防子系统的平面布置图。为了表达清楚，不宜将四、五个子系统的设备、元件都画在一张平面图上。除非像巡更系统那样内容较少的，可以和其他系统合并平面图，一般内容饱满的系统平面图尽量专用。画法是按照“布点—连线—标注”的顺序，元件点位不标尺寸不定位，画线缆横平竖直，采用国家标准的图例符号，最后标注线路敷设（区分 SC\JDG\PC\MR\CT），完成平面布置图。

(4) 安防系统图、设备元件表就是把各层平面图的内容抄录上去，表达时可以合并同类项，标注数量即可。最后完成机房布置图、防雷接地图、机房配电系统图、设计说明、图纸目录、图例符号、园区总图或建筑群总图等。

(5) 和一次施工图系统设计步骤不同的是，根据工地订货的需要，设备元件顺利进场报验的需要，二次施工图的会审十分必要。具体做法是施工承包商按照住房城乡建设部规定完成深化设计（即二次施工图），由建设单位召集土建设计单位、监理单位、安防施工承包商共 4 家单位会审此图，认可后即可订货入场报验、安装。

7.3 设计说明和图例符号

1. 设计说明

设计说明主要是土建概况、设计依据、设计范围、技术类别、系统结构和主要功能、指标；强条要求、线路敷设、设备安装防震、防雷接地等电位防静电、软件硬件订货要求；防火要求、外壳防护；施工要求等。如果SAS是与其他智能化系统放在一起出图，土建概况可以一并放在总说明里；如果安防是单独送审，则土建概况应当参照前面章节，首先列出特别说明防火等安全措施有关内容。

设计依据以现行有效的安防标准规范为主。应当列出相关的主要国家标准、行业标准、地方标准；同时列出甲方提供的设备布置、控制要求、设计资料和批文等，还有相关建筑专业平面布局和使用功能的配合资料。

安防设计范围涉及的子系统多，项目之间差别大，特别是装修改造项目，改造涉及什么不涉及什么一定要写清楚，这关系到图纸内容和设计深度。

安防说明的主体是技术类别选择、系统结构和主要功能、指标的介绍。要把安防用电负荷等级、用电负荷计算指标、入侵报警系统、视频监控系统、出入口控制（门禁）系统、电子巡查系统、周界报警系统、综合安全管理系统等逐一说明；同时以文字说明补齐图纸表达不到的强条要求。

线路敷设说明是说明的要点。首先是线缆选型，然后是敷设安装方式，如不同系统的各种工作电压的导线不共槽敷设，消防与非消防系统的导线不共槽敷设，商业经营区域要使用低毒、低烟、阻燃型电缆等。另外，说明设备安装要防震，防雷接地的部分要求机房等电位联结，还有安防集成平台软件和硬件订货要求、防火和外壳防护要求、施工要求等。

视频监控系统、门禁系统、入侵报警系统的设计说明举例如下：

视频监控系统包括前端设备（摄像机）、传输设备、处理/控制设备和记录/显示设备四部分。

本工程系统结构采取数字视频网络虚拟交换模式，对室内外公共区域、食堂操作间、教室等部位进行有效的视频探测与监视，图像显示、记录与回放。回放帧数为25，存储天数为30d。

（1）视频采集设备的监控范围应有效覆盖被保护部位、区域或目标，监视效果应满足场景和目标特征识别的不同需求。视频采集设备的灵敏度和动态范围应满足现场图像采集的要求。

（2）系统的传输装置应从传输信道的衰耗、带宽、信噪比、误码率、时延、时延抖动等方面，确保视频图像信息和其他相关信息在前端采集设备到显示设备、存储设备等各设备之间的安全有效及时传递。视频传输应支持对同一视频资源的信号分配或数据分发的能力。

（3）系统应具备按照授权实时切换调度指定视频信号到指定终端的能力。

（4）系统应具备按照授权对选定的前端视频采集设备进行PTZ实时控制和（或）工作参数调整的能力。

（5）系统应能实时显示系统内所有的视频图像，系统图像质量应满足安全管理要求。声音的展示应满足辨识需要。显示的图像和展示的声音应具有原始完整性。

矩阵切换和数字视频网络虚拟交换/切换模式的系统应具有系统信息存储功能，在供电中断或关机后，对所有编程信息和时间信息均应保持。

监视图像信息和声音信息具有原始完整性，系统记录的图像信息应包括图像编号/地址、记录时的时间和日期。

闭路监视电视系统每路存储的图像分辨率必须不低于 352×288。本项目摄像机主要参数见表 7-2。

表 7-2　　本项目摄像机主要参数

类型	规格	分辨率	灵敏度/dB	成像色彩	设置位置	防护等级	备注
数字	半球/云台	480	＞50	黑白/彩色	室内	室内	
	球形/云台				室外	室外	

出入口控制系统由识读部分、传输部分、管理/控制部分和执行部分以及相应的系统软件组成。

可在学校大门等部位的通道口安装读卡机、电控锁以及门磁开关等控制装置。

系统的信息处理装置应能对系统中的有关信息自动记录、打印、储存，并有防篡改和防销毁的措施。

根据建设方物业信息管理部门要求对出入口控制、电子巡查、停车场管理、考勤管理、消费等实行一卡通管理，“一卡”，指在同一张卡片上实现开门、考勤、消费等多种功能；“一库”，指在同一软件平台上，实现卡的发行、挂失、充值、资料查询等管理，系统共用一个数据库，软件必须确保出入口控制系统的安全管理要求；“一网”，指各系统的终端接入局域网进行数据传输和信息交换。

出入口控制系统应能独立运行，并能与火灾自动报警系统、视频监控系统、入侵报警系统联动。当发生火警或需紧急疏散时，人员不使用钥匙应能迅速安全通过。

出入口控制系统应根据安全等级的要求，采用相应自我保护措施和配置。位于对应受控区、同权限受控区或高权限受控区域以外的部件应具有防篡改/防撬/防拆保护措施。系统不应禁止由其他紧急系统（如火灾等）授权自由出入的功能。系统必须满足紧急逃生时人员疏散的相关要求。当通向疏散通道方向为防护面时，系统必须与火灾报警系统及其他紧急疏散系统联动，当发生火警或需紧急疏散时，人员应能不用进行凭证识读操作即可安全通过。当系统与其他业务系统共用的凭证或其介质构成“一卡通”的应用模式时，出入口控制系统应独立设置与管理。

本系统由前端设备（探测器、紧急报警装置）、传输设备、处理/控制/管理设备（报警控制主机、控制键盘、接口）和显示/记录四个部分构成。

在周界设置探测器；在监视区设置视频监控系统；在防护区设置紧急报警装置、探测器、声光显示装置；在禁区设置探测器、紧急报警装置、声音复核装置。

如系统供电暂时中断，恢复供电后，应不需设置即能恢复系统原有工作状态。

入侵和紧急报警系统设计内容应包括安全等级、探测、防拆、防破坏及故障识别、设置、操作、指示、通告、传输、记录、响应、复核、独立运行、误报警与漏报警、报警信息分析等，并应符合下列规定：

（1）设备的安全等级不应低于系统的安全等级。多个报警系统共享部件的安全等级应与各系统中最高的安全等级一致。

（2）入侵和紧急报警系统应能准确、及时地探测入侵行为或触发紧急报警装置，并发出入侵报警信号或紧急报警信号。

（3）当下列设备被替换或外壳被打开时，入侵和紧急报警系统应能发出防拆信号：

1）控制指示设备、告警装置。

2）安全等级2、3、4级的入侵探测器。

3）安全等级3、4级的接线盒。

安全防范系统的设计应防止造成对人员的伤害，并应符合下列规定：

（1）系统所用设备及其安装部件的机械结构应有足够的强度，应能防止由于机械重心不稳、安装固定不牢、突出物和锐利边缘以及显示设备爆裂等造成对人员的伤害。

（2）系统所用设备所产生的气体、X射线、激光辐射和电磁辐射等应符合国家相关标准的要求，不能损害人体健康。

（3）系统和设备应有防人身触电、防火、防过热的保护措施。

（4）应有防病毒和防网络入侵的措施。

（5）系统运行的密钥或编码不应是弱口令，用户名和操作密码组合应不同。

（6）当基于不同传输网络的系统和设备联网时，应采取相应的网络边界安全管理措施。

（7）入侵和紧急报警系统应具备防拆、断路、短路报警功能。

（8）系统供电暂时中断恢复供电后，系统应能自动恢复原有工作状态，该功能应能人工设定。

2. 图例符号

安防系统里面不论是双鉴探测入侵报警系统，还是视频监控系统等，都是采用抽象表达设计意图的方法，其设备元件都有国家标准选定的图例符号。因此，不宜使用非标的图例符号。

安防系统的图例许多都有指向性，例如枪式摄像机，它和疏散指示标志一样，图上朝向应当与施工做法一致，不能随便放置。常见的安防系统各个子系统的图例符号见表7-3。

7.4 安全防范系统的特点与竖向系统图

1. 安全防范系统特点

（1）安防系统执行保卫任务，地位近似消防、人防系统，作用重要。所以，在建筑工程里，安防系统的供电要按本工程最高用电负荷级别对待，以保证其供电可靠性。

（2）不同项目的安防系统差别较大，设计前提是安全等级、防护级别、风险等级要先评估明确。

（3）安防系统内部子系统众多，不同的项目其内容和要求区别很大，所以对设计范围和使用功能必须描述清楚，局部改造的项目要明确交接界面。

（4）安防系统强制性条文比较多，设计中要面面俱到。例如，商业营业区域的收银台，如果没有设置摄像机，就是违反强制性条文。

表 7-3　　常见的安防系统各个子系统的图例符号

序号	常用图形符号		说　明	应用类别
	形式 1	形式 2		
1			摄像机	
2			彩色摄像机	
3			彩色转黑白摄像机	
4			带云台的摄像机	
5	OH		有室外防护罩的摄像机	
6	IP		网络（数字）摄像机	
7	IR		红外摄像机	
8	IR		红外带照明灯摄像机	
9	H		半球形摄像机	平面图、系统图
10	R		全球摄像机	
11			监视器	
12			彩色监视器	
13			读卡器	
14	KP		键盘读卡器	
15			保安巡查打卡器	
16			紧急脚挑开关	

续表

序号	常用图形符号		说　明	应用类别
	形式 1	形式 2		
17			紧急按钮开关	平面图、系统图
18			门磁开关	
19	B		玻璃破碎探测器	
20	A		振动探测器	
21	IR		被动红外入侵探测器	
22	M		微波入侵探测器	
23	IR/M		被动红外/微波双技术探测器 IR/M	
24	Tx IR Rx		主动红外探测器（发射、接收分别为 Tx、Rx）	
25	Tx M Rx		遮挡式微波探测器	
26	L		埋入线电场扰动探测器	
27	C		弯曲或振动电缆探测器	
28	LD		激光探测器	
29			对讲系统主机	
30			对讲电话分机	
31			可视对讲机	
32			可视对讲户外机	
33			指纹识别器	
34	M		磁力锁	

续表

序号	常用图形符号		说　明	应用类别
	形式 1	形式 2		
35	Ⓔ		电锁按键	平面图、系统图
36	◇EL		电控锁	
37	◎		投影机	

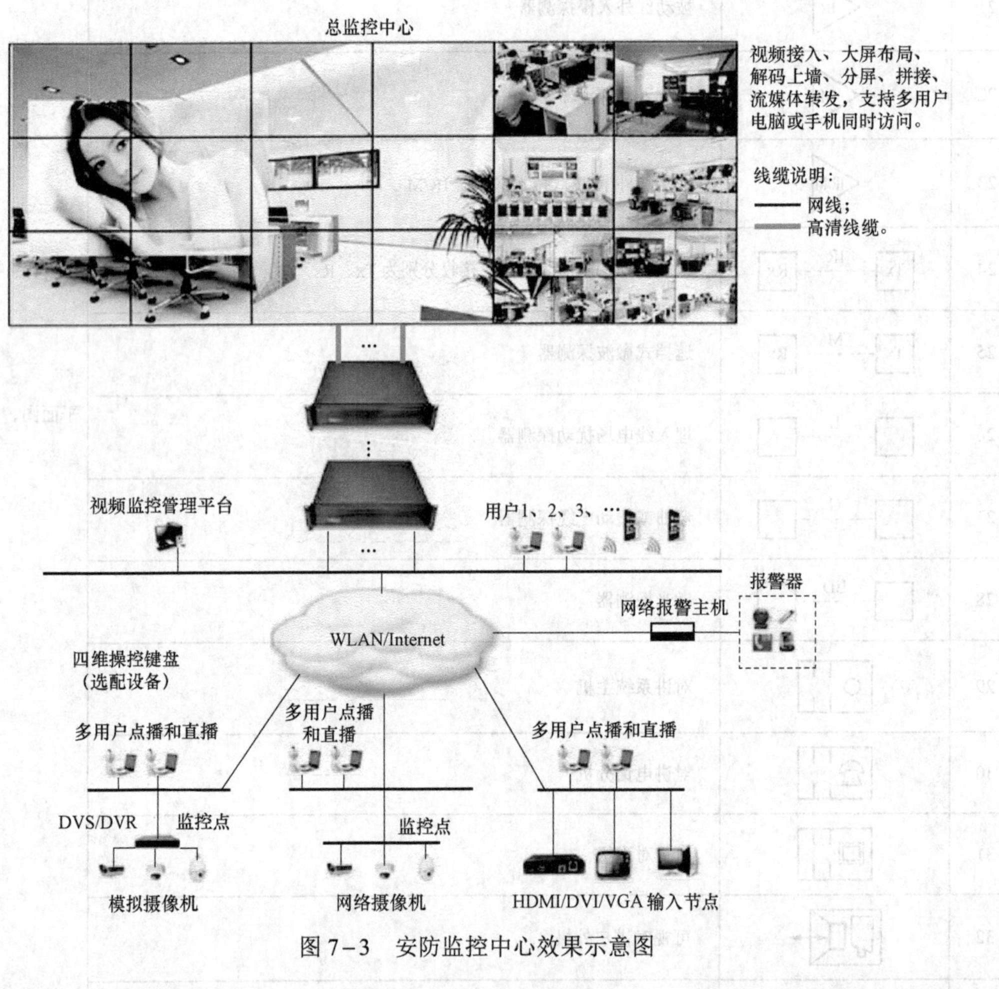

图 7-3　安防监控中心效果示意图

（5）在同样的设备名称下，技术指标（如摄像机像素、最低照度、宽动态的分贝数、传输速率等）相差甚多，价格也是差距较大。为了满足招标投标的可比性需要，必须在设计里明确其功能、规格、参数指标。

2. 竖向系统图

安防系统的系统图在空间布局方面与前几章里的系统图相似。竖向以建筑物的层数为依托，用细线或点画线分隔，左侧画机房主要设备，右侧画每层的设备，每层的设备大同小异，每一种终端元件可以合并画出，但是，都要标注其图例符号、数量。采用安防单独机房的系统如图7-4所示。

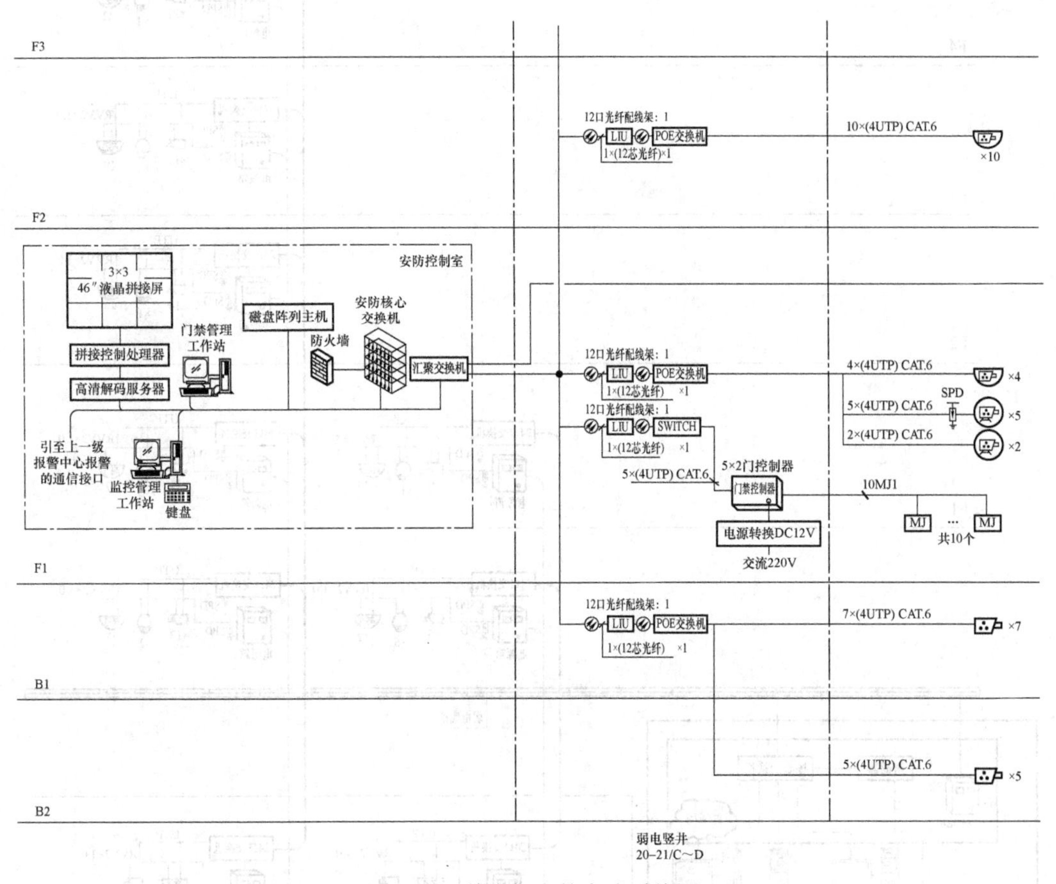

图7-4 单设机房的安防系统图

在一次施工图设计里，普遍问题是设计深度不够、安全措施落实不到位。例如许多应当标注的线缆管槽、路由、电源不表示；户外线路引入处不设置SPD；接地方式和接地电阻不明确；不同工作电压的线路放在同一线槽里等。系统图里往往忽略电源安排，须知摄像机是有源部件，它得到电源才能工作，一般采用POE方式供电。门禁系统、可视对讲系统的系统设计都应当交代清楚电源安排。

采用安防与消防合用机房的做法，其系统图示例如图7-5所示。

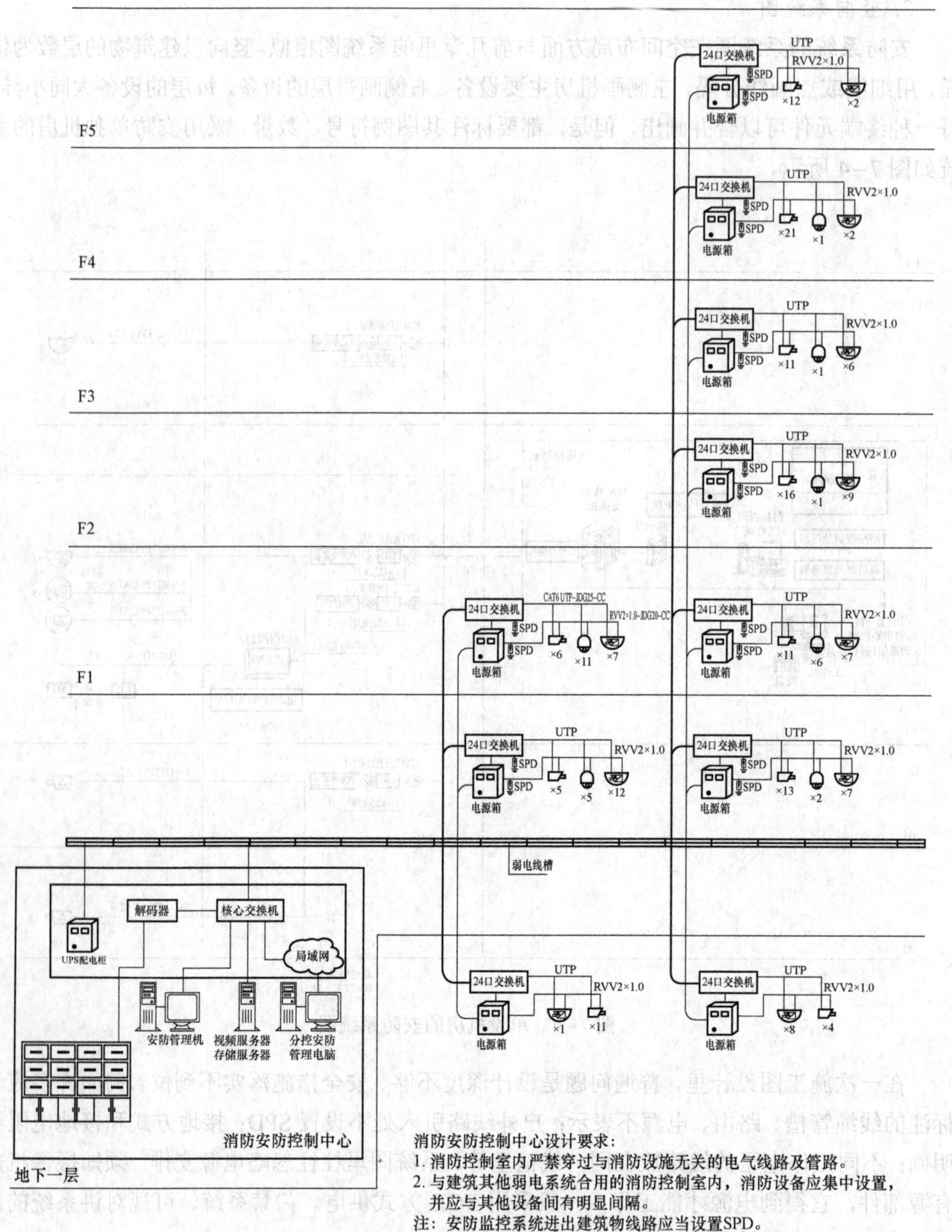

图 7–5　安防视频监控系统图示例

电子巡更系统图示例如图 7–6 所示。相关安防的一卡通系统示意图如图 7–7 所示。

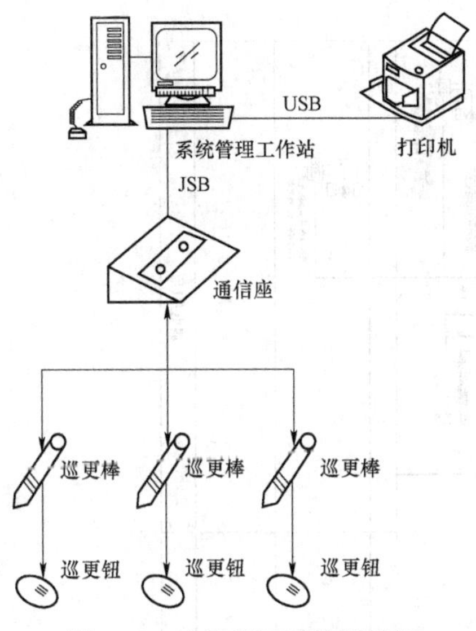

图7-6 电子巡更系统图示例

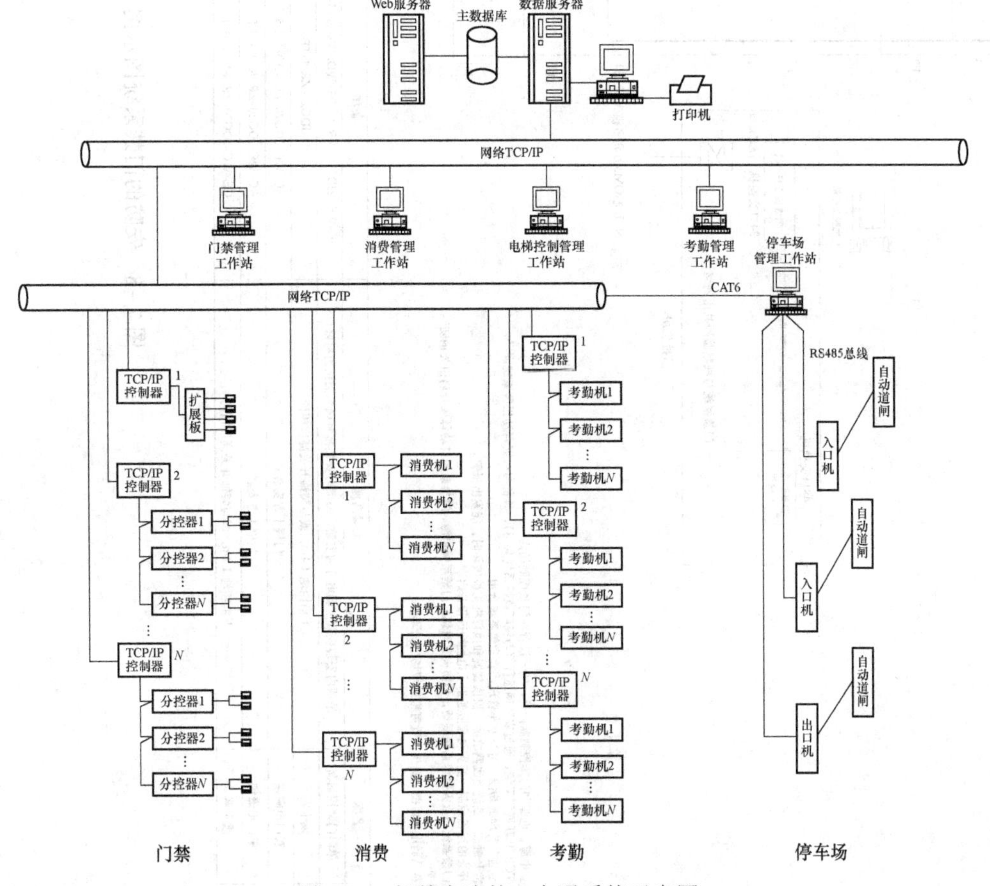

图7-7 相关安防的一卡通系统示意图

门禁系统图如图7-8所示。

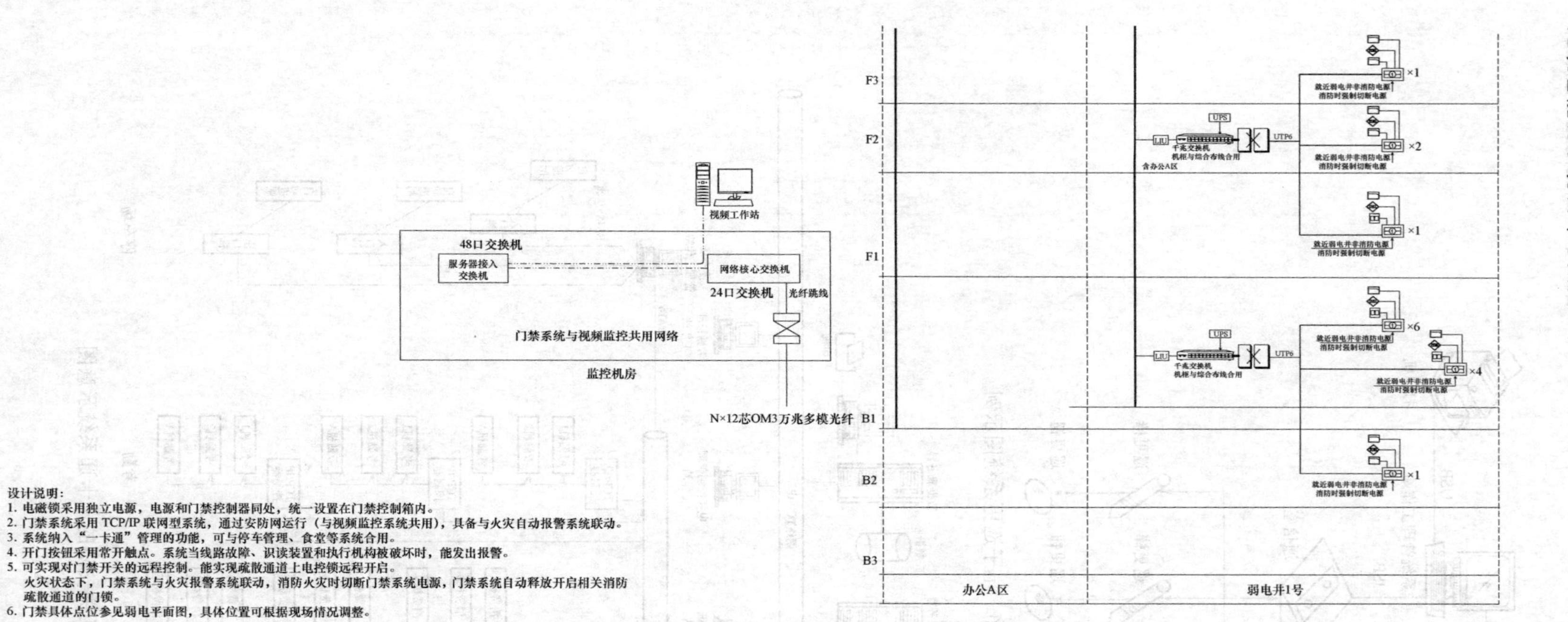

设计说明：

1. 电磁锁采用独立电源，电源和门禁控制器同处，统一设置在门禁控制箱内。
2. 门禁系统采用TCP/IP联网型系统，通过安防网运行（与视频监控系统共用），具备与火灾自动报警系统联动。
3. 系统纳入“一卡通”管理的功能，可与停车管理、食堂等系统合用。
4. 开门按钮采用常开触点。系统当线路故障、识读装置和执行机构被破坏时，能发出报警。
5. 可实现对门禁开关的远程控制。能实现疏散通道上电控锁远程开启。
   火灾状态下，门禁系统与火灾报警系统联动，消防火灾时切断门禁系统电源，门禁系统自动释放开启相关消防疏散通道的门锁。
6. 门禁具体点位参见弱电平面图，具体位置可根据现场情况调整。

序号	图例	名称	安装高度	备注
1		单门门禁控制器	吊顶内安装或就近弱电井内安装，吊顶内安装精装区域需预留检修口	CE–WC–2JDG20–ZR–UTP6+WDZBN–BYJ–3×2.5
2		读卡器	下沿距地 1.4m，或与装饰开关高度相同	CE–WC–JDG20–ZR–UTP6
3		双门电磁锁	门框上方安装	AC–WC–JDG20–ZR–RVV4×1.5
4		单门电磁锁	门框上方安装	AC–WC–JDG20–ZR–RVV4×1.5
5		读卡器	下沿距地 1.4m，或与装饰开关高度相同	CE–WC–JDG20–ZR–RVV2×1.0

图 7–8　安防的门禁系统图示例

7.5 安全防范系统监控平面布置图

安防系统的平面布置图设计，除了选择合适的图幅、线宽、图比例外，还要做到：

（1）要决定一张平面图表现一个或者几个子系统的内容。有的项目子系统布点稀松，这种情况下可以多个子系统共用一个平面图，既能表达清楚，又能使图面饱满美观。

（2）平面图要贯彻设计大纲的布点原则，诸如大堂、门厅、走廊、电梯前室、电梯轿厢、楼梯前室、一层的所有出入口、地下车道和车库出入口等处，应当设置摄像机；财务、档案、仓库等应当重点布置防盗探测器，不能漏设。平面图也可以根据用户需求确定的“监控点位表”画图。

（3）许多项目园区的安防覆盖面积较大，应当从整体上规划安防系统的平面布局。如图 7-9 所示大区域安防系统示意图，总机房、中间设备、子系统先平面安排，再细部设计。

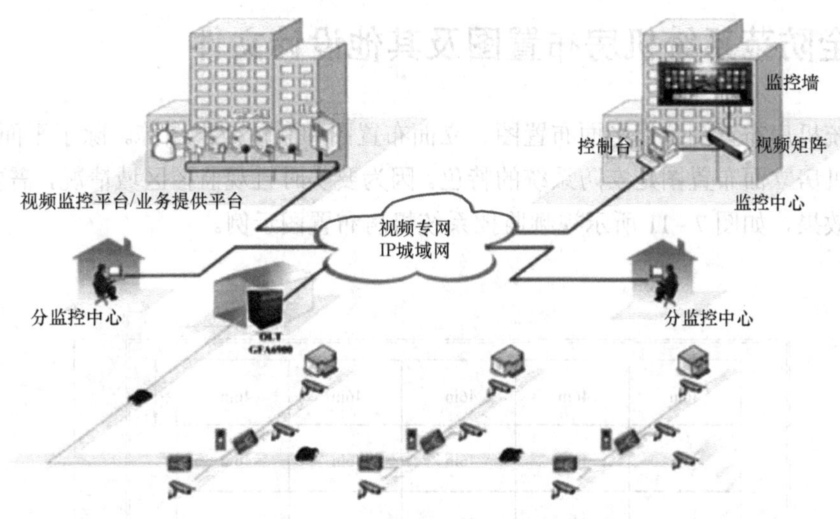

图 7-9 大区域安防系统示意图

随着信息传输基础设施的更新换代，无线传输在安防工程里也大行其道。公园、游乐场等更大区域的安防往往采用无线传输系统，这样的平面图除了设备分布，线缆管槽的画法更为简洁。图 7-10 所示为安防无线传输系统示意图。

（4）平面图上要注意线路敷设的路由和敷设方式标注齐全。保护性的管槽不宜同时采用 SC\JDG\PC\MR\CT 等多种方式，应当尽量精简。例如，优先采用厚壁的热镀锌钢管，不用壁厚小于 1.6mm 的薄壁管 JDG。同时，设计多个建筑子项做法应当一致。

作为安全措施，建筑引入处的 SPD 设置和预留管、机房的防雷接地、等电位联结、防静电装置、MEB/LEB 设置都要在平面图上画出或者文字标注。

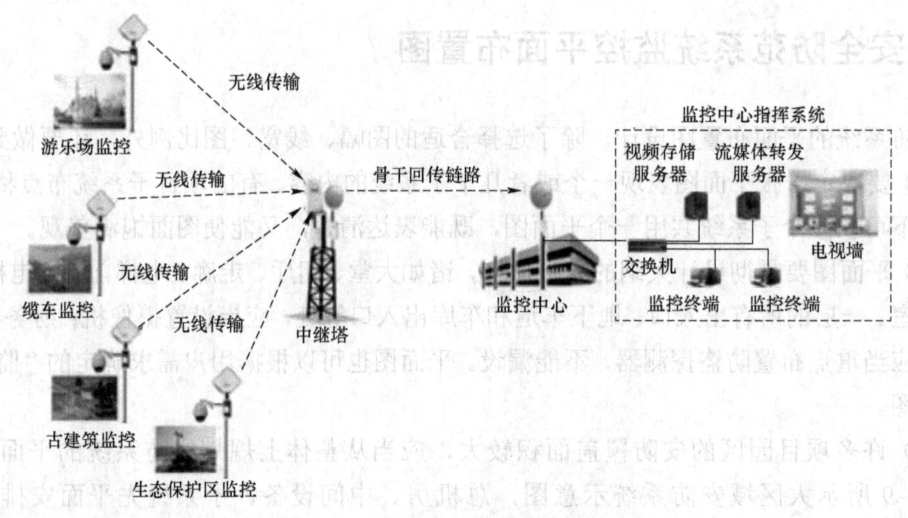

图 7-10　安防无线传输系统示意图

7.6　安全防范系统机房布置图及其他设计文件

安防系统机房布置图分为平面布置图、立面布置图和立体效果图等。除了平面布置图，安防系统的机房立面布置图是安防系统的特色。因为要实时直观监控区域情况，需要画出显示器的布局效果，如图 7-11 所示视频监控系统机房布置图示例。

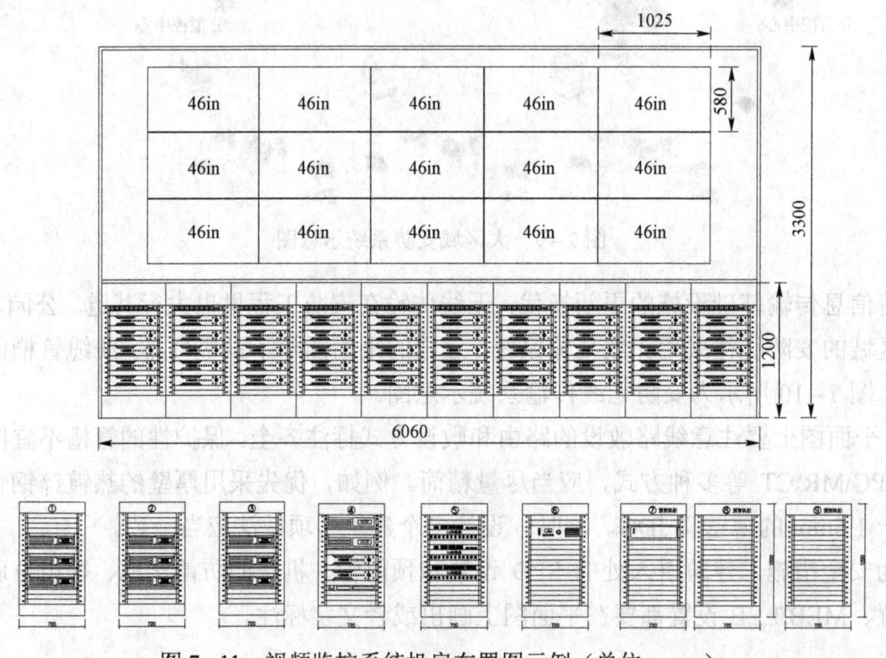

图 7-11　视频监控系统机房布置图示例（单位：mm）

（1in=0.025 4m）

安防系统的机房电源应当是按本工程里最高用电负荷来供电，例如，本工程最高用电负荷是一级，安防系统就是一级负荷；图 7-12 所示为视频监控机房配电系统图示例。

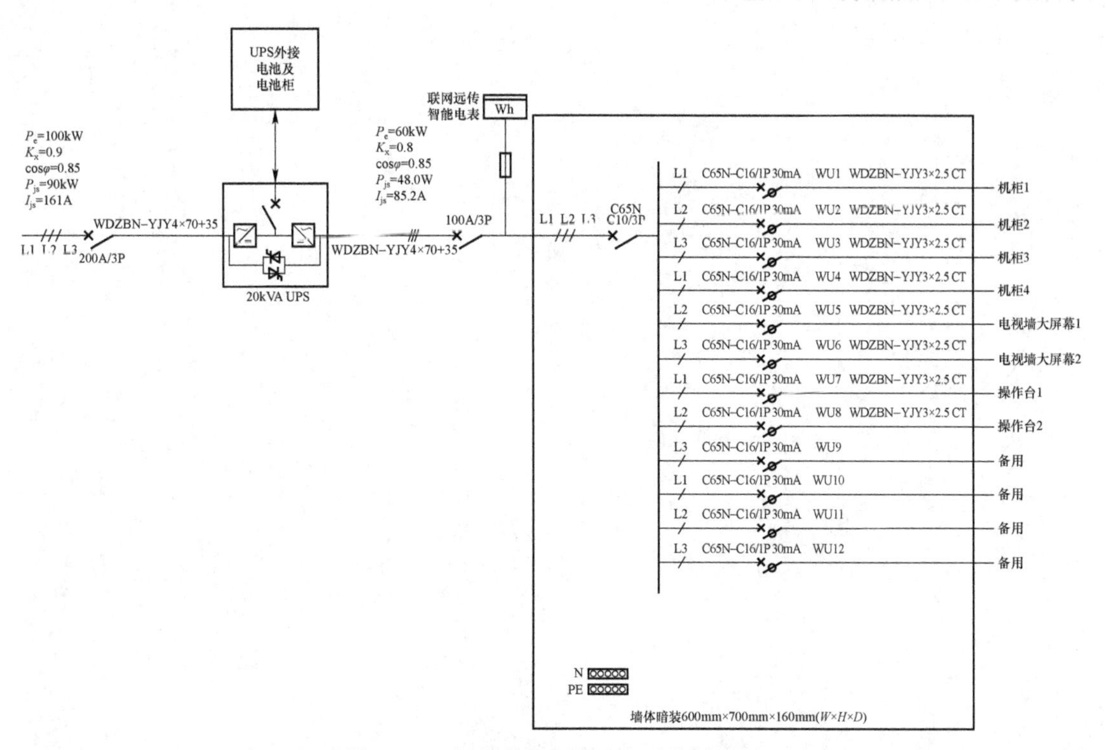

图 7-12　视频监控机房配电系统图示例

图 7-12 中电能表一般附有电流互感器和 UPS 的持续放电时间。

现在，为了物业管理的长期值班需要，安防系统机房往往与其他智能化系统合用机房。这样就出现了配电箱共用的情况，图 7-13 所示为安防等合用机房配电系统图示例。

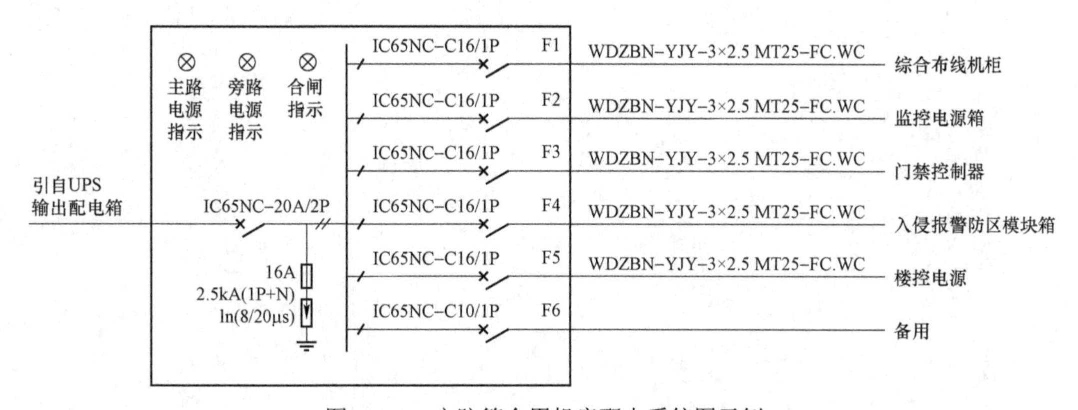

图 7-13　安防等合用机房配电系统图示例

此配电系统图应当补充回路的负荷大小、负荷计算、相序；补充电源进线的上级开关整定电流和电缆的型号规格，两者应当匹配。

如果安防系统与消防系统合用机房，要注意设备各自集中，房间适度区隔，而且非消防的管线不应穿越消防控制室区域。

第8章 数据中心（弱电机房）设计

建筑智能化系统工程的设备机房，起先统称“电子计算机机房”，有对应的设计规范，后来业内简称为“弱电机房”。近年来随着相关规范的改名，建筑智能化系统工程的设备机房如今统称“数据中心”，分为A、B、C三个建设标准级别，包括系统集成工作站、网络通信机房、中央控制室、消防控制室、安防监控中心、音频视频中心等。

所谓数据中心，就是为集中放置的电子信息设备提供运行环境的建筑场所，或一栋或几栋建筑物，也可以是某一建筑物的一部分，包括主机房、辅助区、支持区、行政管理区等。

数据中心建设级别的认定是一切设计工作的前提条件。一般依据该数据中心的使用性质、建设规模、政治和经济重要性，结合其如果中断运行将造成的后果严重性来综合判断。所谓A级数据中心，就是最高建设级别的机房，其电子信息系统中断运行会造成重大经济损失或可能导致公共场所秩序严重混乱；B级数据中心是重要性低于A级的机房，其电子信息系统中断运行会造成比较大的经济损失，或可能导致公共场所秩序混乱。够不上A级、B级的机房，即属于一般的、普通的较小型机房，就是C级数据中心，其中置有电子计算机和电子信息系统。过去业内一些人士认为这是弱电机房而不是数据中心，其实这些机房可以看作是较小的数据中心，且在智能建筑里数量较多。

一般民用建筑中的数据中心，其作用和功能主要是作为建筑中的信息中心、控制中心，如同人的大脑和中枢神经，收集建筑信息，协调各个系统联动，发布动作指令等。在参与数据中心项目设计的各个专业里，包括建筑、结构、给排水、暖通、概预算等专业，电气专业尤其是建筑智能化专业的设计工作量最多，图纸最多，作用、地位最为重要。

8.1 机房设计程序步骤

一座独立的大型数据中心与普通建筑里的弱电机房在设计内容方面有诸多不同。

建筑智能化系统的机房工程设计主要内容一般是：设计说明和图例符号、中心机房平面布置图及布置效果图、机房的配电系统图、机房照明及电源插座平面布置图、火灾报警平面图、视频监控平面图、机房环境监控系统图、环境监控及其他弱电内容的平面图、机房防雷接地平面布置图、等电位联结及防静电平面图、机房端子排接线图、设备元件表、安装大样图及其他设计文件。这既是机房设计的工作大纲，也是图纸目录。

机房工程设计程序主要为：

（1）熟悉建设单位对机房设计的技术要求、经济要求、使用功能等，结合规范规定要求、各个专业提供的配合资料，制定设计思路，确定要采用的技术统一措施、图例符号、标准图集（关于机房设计，有许多标准图集可资利用）等。

（2）分工完成平面图、系统图，设计人自己检查完善。

（3）完成大样图、接线图后，最后完成设备元件表和设计说明。

（4）专业内部校对、审核、审定；专业外部与相关专业会签互认可。

机房建筑智能化系统设计的首要条件和工作基础就是建筑环境条件。例如弱电机房的位置、面积大小、平面形状、耐火等级、出口门的开向等，这些因素虽然是建筑师的设计内容，但是都关系到建筑智能化系统的设计是否合理、是否经济、能否通过工程最后的验收等重大问题，弱电设计人必须首先关注。

在国家标准和行业设计规范等条文规定中，关于机房位置有许多要求，基本的内容是：

（1）机房的上方、下方以及四周这6个方向，不能有较强电磁场、较大震动的设备，例如大变压器、发电机等，除了一般机房的电磁环境要求外，有专门要求的机房需要做对内和对外的电磁屏蔽，机房上方不能有食堂、厨房等可能漏水的设施。

（2）位置尽量适中。横向指一个楼层的中部，竖向指楼高的中部，即使不能居中，也不应设置在顶层、地下最底层。这样比较节省线缆管槽。

对于安防、消防等特殊机房，注意其专门位置要求，如设在首层或地下一层，距离疏散通道或者户外不大于20m等规定。

（3）各层的弱电间，就是弱电竖井，尽量设在核心筒里，而不是边边角角的位置。

另外，机房面积大小直接关系验收，因为机房小了，就没有检修操作空间，没有疏散空间；机房平面形状如果是三角形、刀把形，则设备柜和进出机房的线槽难以布置。出口门的开向也关系验收条件，因为电气机房里电气设备多，线缆接口多，火灾风险高，如果发生火灾，门若像普通房间那样朝里开，就会妨碍里面的人朝外跑。许多火灾现场都是因为门朝里开，导致许多人死在门里侧。

弱电机房的合用问题有个演变过程。最初，消防控制室是专用的，必须设在一层，有门直通户外，没有合用形式。后来，随着楼控的中控室与安防、电视、电话、网络等系统机房的合用越来越多，以及长期值班带来的物业管理问题，消防与安防等机房的合用也进入了设计规范。时至今日，合用可以，但仍要符合消防要求，例如适当的区隔、设备同类集中布置、与消防无关的管线不能穿越消防控制区等。

8.2 设计说明和图例符号

1. 设计说明

建筑智能化系统的设计手法是抽象表达，而不是建筑师的写实表达，这是弱电设计的根本特点。写实表达是人们熟悉的设计方法，如机械师的设计、建筑师的设计，图纸和实物一致，如同工笔画。而抽象表达不是实物的照相式再现，如同大写意的水墨画，以表意为主。所以，建筑智能化系统的设计采用图例符号来抽象表达设计意图，这种方法准确、简洁、高效。过去有不少业内公司采用贴设备照片的方式出图，一看就是设计不规范的图纸。

弱电机房的图例符号，包括控制柜、操作台、集成工作站、大屏幕、配电柜、应急照明灯具、双电源装置、不间断电源 UPS、应急电源 EPS、火灾探测器、气体灭火装置、自动开关、温度传感器、湿度传感器、摄像机、电话机、配线架、线槽、电缆、插座、总等电位端子箱、分等电位端子箱、精密空调等。一般执行《建筑电气制图标准》（GB/T 50786—2012）里的图例符号，少量的可以采用自制的非标图例作为补充的图例符号，但要列出这些图例符号。

这也是设备元件表的内容。所以，在大多数的设计图里，图例符号就是设备元件表的组成部分，外加序号、名称、型号规格、数量、指标、产地、备注等。其内容多少、深浅在一次、二次施工图的设计里有所不同。

建筑智能化系统的设计说明是整个机房设计的纲领性文件，其内容、格式都是住房城乡建设部关于设计深度规定里要求的。包括：建筑概况，设计范围，设计依据，技术类别；系统结构和主要功能、指标；强制性条文要求；线路敷设；设备安装防震；防雷接地，等电位联结，防静电；软件和硬件订货要求；防火要求、外壳防护；施工要求等。

（1）工程概况。说明首先列出是建筑概况，应当说明该机房的级别，使用性质，位置，建筑面积，结构性质，层数，层高，主机房、辅助区、支持区、管理区等区域分布；防火分区等基本情况。不少的说明不写建筑概况，后面会影响概预算、监理等方面对该图纸的使用。

（2）设计范围。设计范围与图纸是一致的。不能是设计范围里有某子系统，而图纸上没有；也不能设计范围里没有，后面的设计图纸却冒出来了，而不能自圆其说。一般的公共建筑项目的机房弱电子系统较多，涵盖本书第 1 章第 3 节里机房部分的多数内容。

建筑智能化系统的机房特别是机房装修改造的项目设计，其设计范围务必写清楚、详细。这关系施工图图纸消防审查、验收等方面。

（3）设计依据。设计依据一般包括：

1）与建设单位有关的文件，如立项批文、招标和投标文件、设计任务书、技术要求等。

2）相关专业提供的配合资料，例如建筑专业的电子平面图、给排水专业的气体灭火系统资料、暖通空调专业的空调布置资料、强电专业的电源供电资料等。

3）现行有效的国家标准、行业规范、地方规范等，弱电机房相关的规范主要有配电、防火、防雷、抗震、节能等方面：

《数据中心设计规范》（GB 50174—2017）

《电子工程节能设计规范》（GB 50710—2011）

《建筑物电子信息系统防雷技术规范》（GB 50343—2012）

《智能建筑设计标准》（GB 50314—2015）

《智能建筑工程质量验收规范》（GB 50339—2016）

《建筑电气工程施工质量验收规范》（GB 50303—2015）

《民用建筑电气设计标准》（GB 51348—2019）

《供配电系统设计规范》（GB 50052—2009）

《低压配电设计规范》（GB 50054—2011）

《建筑设计防火规范（2018 版）》（GB 50016—2014）

《建筑照明设计标准》（GB 50034—2013）

《建筑机电工程抗震设计规范》（GB 50981—2014）

《消防应急照明和疏散指示系统技术标准》（GB 51309—2018）

《公共建筑节能设计标准》（GB 50189—2015）

《民用建筑绿色设计规范》（JGJ/T 229—2010）

《建筑内部装修设计防火规范》（GB 50222—2017）

《综合布线工程设计规范》（GB 50311—2016）

《火灾自动报警系统设计规范》（GB 50116—2013）

涉及专项工程的项目需要列入专项规范如《教育建筑电气设计规范》（JGJ 310—2011）、《医疗建筑电气设计规范》（JGJ 312—2013）等。

（4）子系统及其他说明。建筑智能化系统的机房组成各个子系统的说明通常逐个列出，内容包括供电电源、电气计算主要指标、配电系统、一般照明系统、应急照明系统、火灾报警系统、消防电源监控系统（独立式）、防火门监控系统（独立式）、气体灭火系统、机房环境监控系统、精密空调系统、防雷接地系统、安全防范设施等，简要表述系统结构、功能和消防要点。

作为数据中心的安全措施，防雷接地方式和接地电阻要求、等电位联结、防静电等都是说明的要点。例如，接地点不应构成回路，绝缘电阻大于 20MΩ，共用接地电阻不大于 1Ω。许多说明不写年预计雷击次数 N 值，不明确本工程电子信息系统的雷电防护等级是 ABCD 的哪一级是不对的，应当根据《建筑物电子信息系统防雷技术规范》（GB 50343—2012）的 4.3.1 规定选定，这些是设计前提条件。

机房建筑智能化系统的说明还有线路敷设、施工注意事项、订货要求、节能和绿色建筑要求等。有的设计说明还将图例符号、设备元件表、照明照度计算表等也放在设计说明里。

按照现行施工图审查要求，订货要求必须写明：采用 3C 认证产品，不用淘汰产品；对于总建筑面积大于 2 万 m^2 的公共建筑或建筑高度大于 100m 的建筑，其设置的应急响应系统必须配置与上一级应急响应系统信息互联的通信接口。这是强制性规定。

小工程的设计说明比较简短，包括工程概况、系统结构、功能、设计主要指标、施工要求、设备订货要求、防雷接地措施、所选标准图集的编号、页次等。

8.3　中心机房平面布置图及布置效果图

建筑智能化系统的机房有中心机房、子系统的分机房或单项机房。一次施工图主要画中心机房平面布置图及布置效果图，如果画二次施工图即深化设计图，那么不分主次、大小机房，每个图都要画齐全。

机房的照明、火灾报警、环境监控等平面布置图也是布点—连线—标注的步骤，不写元件的位置尺寸。但是机房的主要设备平面布置图上如通信机柜、控制柜、操作台、工作站、电源箱、线槽等需要标注横向、纵向尺寸，以便确定安装位置和空间利用情况。这是和一般智能化系统的平面图表达方式最大的不同。

机房布置的原则：微观方面是要利于管理，利于空间利用，利于线缆管槽进出，同一系统的设备适当集中放置，消防设备与非消防设备区隔，能够对值班人员监督等。总之，间距尺寸要符合设计规范和验收规范规定。

机房布置原则的宏观方面是机房要合理合用。如果条件允许，弱电机房单一专用当然很好，但是在实际的智能建筑中更多的是要合用。一般消防控制室可以与安防监控室、建筑设备监控系统的中控室、公共广播系统的广播室、有前端的电视机房、保安值班室合用；计算机网络机房可以与综合布线设备室、电话交换机机房合用；其中，比较普遍的是平急两用的广播室与消防控制室合用。

建筑智能化系统的机房布置效果图一般是彩色的、立体的。往往由弱电工程师出思路，基于前述的机房平面布置图，由建筑师画出视觉效果图。如今普遍采用 BIM 技术画出其空间布置和线缆管槽的平行、交叉的相对位置。视觉效果图主要用于给建设单位的技术汇报、工程承包投标等。

8.4　机房端子排接线图

建筑智能化系统的机房端子排接线图不仅是施工接线的依据，也是工程验收、归档、报安装质量奖等方面工作的主要文件，一般应当贴在机柜的门里侧，端子排接线图有多种表达方式，其布置格式有竖式、横式两种，内容有 5 列式、3 列式，子系统所属有布线机柜的、安防机柜的、楼控工作站的等。

机房端子排接线图是供货的制造商与建筑工地的工程承包商的工作交接点，箱/柜里面由制造商在工厂的车间接线、安装，箱/柜外面由工程承包商接线、安装。所以，有些情况下，机房端子排接线图是由国内的制造商完成的，并对工地的承包商进行接线指导。国外的一些品牌供货商一般仅做商务工作，不大进行技术支持。

端子排接线图虽然数量多，但可以进行复制、改造以提高出图效率。

竖式 5 列机房端子排接线图如图 8－1 所示，从左到右，依次为外接元件、电位号、端子序号、电位号、内接元件。导线只画出外接线路，并标注其线路编号、型号规格、根数、截面，一般在此不标注保护管、敷设方式和路由。竖式 3 列机房端子排接线图比 5 列式少了电位号，其他都一样。

外接元件	电位号	端子序号	电位号	内接元件
T1	101	1	101	
T1	103	2	103	

图 8-1　竖式 5 列机房端子排接线图

8.5　机房的配电系统图

对于建筑智能化专业来说，参与各种数据中心项目的设计，最大的特点就是除了要完成传统意义上的各个弱电系统前端及其整个子系统设计，还要完成本机房内的配电设计。因为许多建筑工程在结构封顶以后才招建筑智能化系统工程的专项标，此前，建筑设计单位的强电专业一般将双路电源送进数据中心的 ATSE 就算完成了任务。接下来，机房里的精密空调、照明、电源插座、服务器、路由器、控制器、UPS\EPS 等设备用电的配电设计，就由中标后的建筑智能化系统工程的承包商来自行解决了。

因此，设计师首先要根据设备使用中的供电可靠性要求、断电将造成损失的大小程度来确定用电负荷的等级。一般而言，对供电可靠性要求高、断电造成的损失大的负荷可以定位一级负荷或者特级负荷；反之，对供电可靠性要求较低、断电造成的损失较小的负荷可以定位二级负荷或者三级负荷。不论是新建工程还是旧楼装修改造，机房负荷等级受限于建筑主体的负荷等级。在较大的新建建筑中，弱电机房大多按一级负荷供电；而装修改造工程采用与原设计一致的级别供电，个别特例除外。所谓一级、二级、三级负荷三种情形，最终的供电形式就是双电源、单电源两种基本类型。

机房的配电系统图大致有两种形式：① 高级形式的双电源直接到机柜，如图 8-2 所示；② 将机房的配电系统分为普通负荷、重要负荷两部分，重要负荷由 UPS 直接供电，如图 8-3 所示。

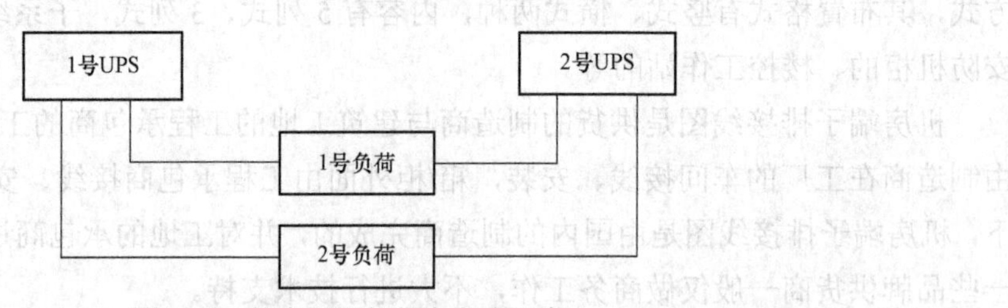

图 8-2　较高级别的供电方式示意

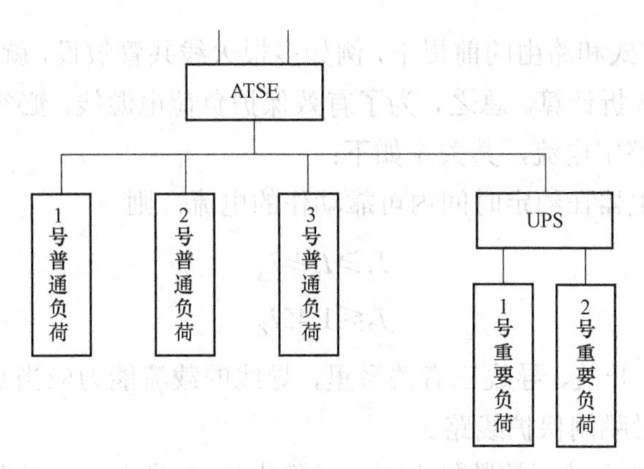

图 8-3 普通机房供电方式示意

画机房的配电系统图，先要审核强电专业选用的进线型号规格及 ATSE 是否合适。强电专业引入弱电机房的线路有两类：一是引自变配电室的接地干线，对消防控制室，应当是导体截面不小于 $25mm^2$ 的铜芯线，对中控室等机房，应当是导体截面不小于 $16mm^2$ 的铜芯线；二是引自低压配电室市电和备用柴油发电机的甲、乙两路电源线，两路市电是自发电厂发电机起就是独立的电源，而柴油发电机只是它们的备用电源，两路进线的载流能力必须稍大于其上级开关的整定电流。

ATSE 是双路终端自动切换装置，PC 级优先保证供电而不是断电，4P 有隔离作用。“终端”是指其位于用电负荷很近，拐了几道弯；“自动切换”是指其在某一路断电后，必须在规定的极短时间（见产品标准）内接通另一路电源。两路之间必须机电互锁，以保证两个电路不能同时断开或者接通。

不间断电源（UPS）是能量转换装置，不是做功装置，类似于变压器，单位一般为 kVA；其容量选择在弱电设计里不宜过大，因为 UPS 价格较贵，容量过大会造成不必要的浪费。

UPS 适用于电阻性、电容性负载（电动机等有线圈的负荷属于电感性负载），对电子计算机供电时，其输出功率应当大于所带计算机负荷额定功率总和的 1.2 倍（对于消防应急电源也是 1.2 倍），对其他用电设备供电时，其输出功率应当大于所带负荷最大计算功率总和的 1.3 倍。

在配电箱布局方面，要注意照明和电源插座配电与机房其他用电分开。

在处理负荷、开关、导线三者关系方面，若选择开关太大。其后果就是当线路过载导致过热而冒烟、烧毁时，开关不能起到保护线缆的作用。因而这三方面都应当兼顾，正确的做法是：

（1）概算该设备回路的额定电流（单一设备）或者计算电流（多个设备）I_B。根据单相负荷功率计算公式，1kW/1kVA 对应的电流大约是 5A；根据三相负荷功率计算公式，1kW/1kVA 对应的电流大约是 2A，由此可知回路电流值。有的设备样本直接给出额定工作电流值。

（2）选择开关规格及整定电流 I_n。一般开关规格可以大一些，整定电流约为 I_B 的 1.2 倍。

(3) 在考虑敷设方式和路由的前提下，例如多根火线共管敷设，就应当依据其散热条件，对该导线的载流量打 8 折计算。总之，为了有效保护负荷电源线，必须使线缆的持续允许载流能力 I_Z 大于开关的整定电流，其关系如下：

设 I_2 为保证保护电器在约定时间内可靠动作的电流，则

$$I_Z \geqslant I_n \geqslant I_B$$

$$I_2 \leqslant 1.45 I_Z$$

就是说，在负荷、开关、导线三者关系里，导线的载流能力应当是最大的，即导线被超温烧毁前，开关要及时跳闸保护线路。

在计入 I_2 之后的 4 者并列的数轴上看，计算电流 I_B 最小，在最左侧；其次是整定电流 I_n 大一些，线缆的持续允许载流能力 I_Z 更大些，最大的值是最右侧的可靠动作的电流 I_2，它是个区间数值，为导线载流量 I_Z 的 1～1.45 倍。

看一个机房配电系统图，如果设计师不明白上述 4 者之间关系，第一条回路是错误的，那么不论是 20 条回路还是 40 条回路，肯定大多是错的。因为设计人没有掌握正确的方法。过去这样的问题多见，就是由于是弱电工程师在做强电工程师的设计工作。

为了保证建筑里所有用电设备正常工作，拟制电源的高次谐波是一个重要方面。一般工程里，如果采用了电动机的变频器无极调速，或者 UPS 的容量较大（例如 50kVA 以上）时，应当采取对应措施。前者采用隔离器，后者采用有源滤波器、无源滤波器（设在 UPS 整流器输入侧，防止干扰 UPS 的上游设备）。

另外，机房配电必须保证消防设备用电。除了双电源终端自动切换、双机备份，还要做到：机房工程紧急广播备用电源的连续供电时间，必须与消防疏散指示标志照明备用电源的连续供电时间一致。

8.6 机房防雷接地平面布置图

建筑智能化系统的机房防雷接地包括预防直击雷、侧击雷和闪电感应（感应雷）。室外设备引入室内时，例如电视天线到机房，应当在出入户处设置适配的 SPD。机房电源引入处也要设置几级 SPD。其平面布置有一个前提，就是对于一般新建项目，主流技术做法就是大楼整体做一套共用接地体系，不宜将建筑智能化系统的机房防雷接地独立地做一套，因为现实条件往往达不到单独做的条件。况且实测接地电阻数值证明，一般的大楼整体做一套共用接地体系，既能满足要求，又简便易行。归结为一句话，就是本工程电气系统采用共用接地方式，接地电阻不大于1/0.5Ω。但是，对于医院等有特殊性的项目，还是要执行以下的相关规定：

(1) 需要保护的电子信息系统必须采取等电位联结与接地保护措施。

(2) 防雷接地与交流工作接地、直流工作接地、安全保护接地共用一组接地装置时，接地装置的接地电阻值必须按接入设备中要求的最小值确定。

（3）电子信息系统设备由TN交流配电系统供电时，从建筑物内总配电柜（箱）开始引出的配电线路必须采用TN－S系统的接地形式。

在施工中，应当由强电专业负责将接地干线（去一般机房用导线截面不小于16mm² 的铜芯线，去消防控制室用导线截面不小于25mm² 的铜芯线）引至机房的MEB或者LEB，以下由弱电专业完成，包括防静电接地、PE线接地、SPD接地、等电位联结等。

按照《数据中心设计规范》（GB 50174—2017）的8.4.4规定，数据中心内所有设备的金属外壳、各类金属管道、金属线槽、建筑物金属结构必须进行等电位联结并接地。接地线一般沿着房间四周以及设备基座连续画出，与MEB/LEB相连，形成接地网格。

画机房防雷接地平面布置图之前，应当按照《建筑物电子信息系统防雷技术规范》（GB 50343—2012）的规定，确定室内设备接地连接方式是S型、M型、还是SM型，各种方式有其使用条件。

弱电机房接地平面布置图一般采用S型，即“一点接地法”，就是所有的设备采用一条专线接至MEB/LEB。有些特殊情况下（如距离远）可以有少量“链接”，但是不能利用设备机组本身去“串接”，如图8－4所示。

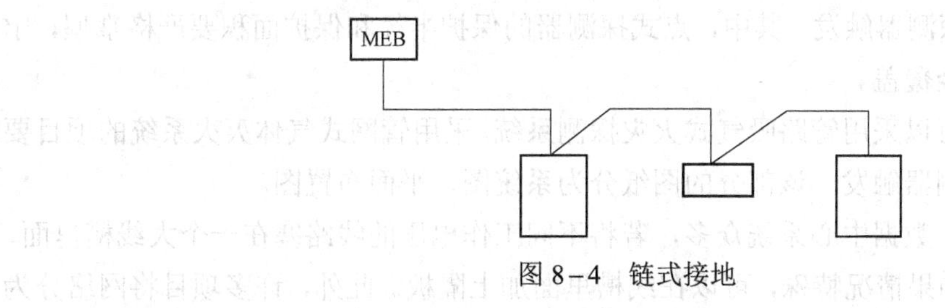

图8－4 链式接地

利用设备本身串联接地是不对的，如图8－5所示。

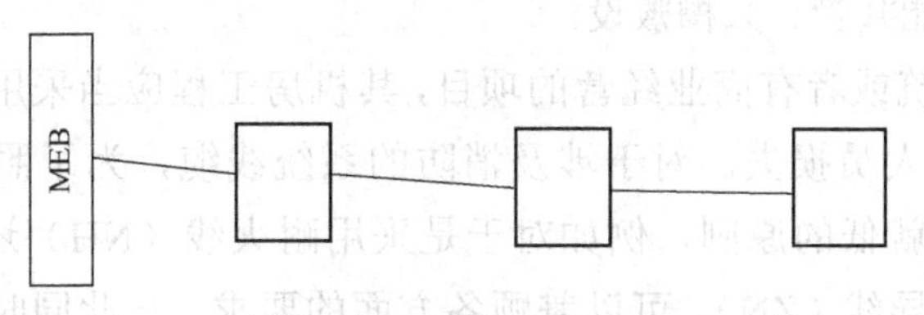

图8－5 错误的串联接地

建筑智能化系统设备的局部等电位联结如图8－6所示。机房里为了防止静电火花引起火灾等原因，一般采用架空0.3m的防静电地板，架空层走机房的线缆管槽。对于没有架空0.3m的防静电地板区域，一般使用防尘的防静电地面。防静电接地等设计应当遵循现行规范《电子工程防静电设计规范》（GB 50611—2010）的规定。对于中小型机房，可以采用铜箔铺设；对于较大机房，可以采用网状铜带。

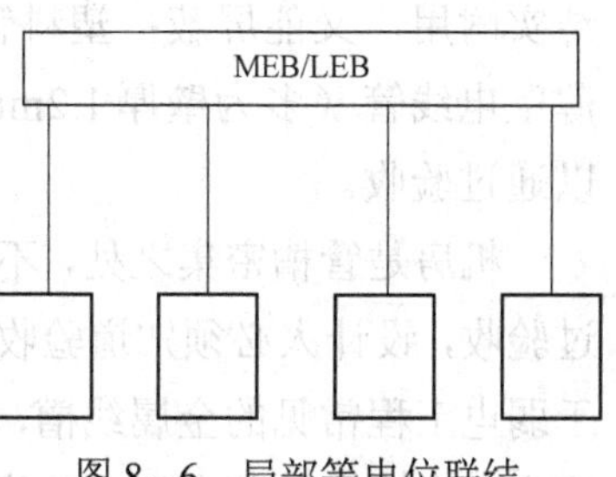

图8－6 局部等电位联结

8.7 机房环境监控系统图及其他设计文件

建筑智能化系统的机房环境监控系统图内容有照明控制、电磁屏蔽、温度控制、湿度控制、空调机组漏水（弱电机房空调有风冷式、水冷式，风冷式较多用，没有漏水问题）等，出图多少依项目具体情况具体分析而定。许多小型机房没有此方面内容。

数据中心内照明分为一般照明和备用照明，备用照明设于主机房、辅助区，有人值守的房间，备用照明的照度不应低于一般照明的一半。对于较小的机房，为了简化设计，在不低于消防要求前提下，照明电源可以全部引自应急照明箱。机房排风扇不应与应急照明灯相连。不同物理功能的设备应当分区布置。

由于数据中心的设备集中，造价较高，电气装置怕水淋，所以在数据中心设置以感烟探测器为主的火灾自动报警系统基础上，一般采用气体灭火系统作为消防手段。发生火灾时，火灾自动报警装置（点式探测器、缆式探测器、光纤感温系统、管路吸气式火灾探测系统等）完成感知功能，认定火灾发生（防止误报）；由钢瓶、管线、喷口等组成的气体灭火系统（由给排水专业设计）由探测器触发。其中，点式探测器的保护半径和保护面积要严格掌握，宁密不疏，不留死角，全覆盖。

高大空间的机房可以采用管路吸气式火灾探测系统。采用管网式气体灭火系统的项目要用两组独立的火灾探测器触发。该部分的图纸分为系统图、平面布置图。

在线路敷设方面，数据中心系统众多，若将不同工作电压的线路塞在一个大线槽里面，这样是验收不了的。如果情况特殊，可以在线槽里面加上隔板。此外，许多项目将网络分为内外网，那么内网和外网应当有效区隔；对于消防线路与非消防线路，按照验收要求，应当将它们区分清楚，不能共管、共槽敷设。

对于一类高层建筑或者有商业经营的项目，其机房工程应当采用低毒无卤低烟阻燃电缆，以便减少火灾时人员损失。对于涉及消防的系统线缆，为了照顾现行设计规范里的不一致，本着就高不就低的原则，例如对于是采用耐火线（NH）还是阻燃线（ZR），可以统一为阻燃耐火型导线（ZN），可以兼顾各方面的要求。与此同时要注意线缆管槽的合理路由，如架空地板下、墙内暗敷、吊顶里暗敷等。保护管宜用厚壁热镀锌钢管 SC，既结实耐用，又能屏蔽；塑料管 PVC 管口易碎，往往过不了 2 年质量保证期；JDG 多数为薄壁电线管（多为壁厚 1.2mm），如果采用，图纸应当注明其壁厚不小于 1.6mm，不然难以通过验收。

机房是管槽密集之处，不论是以上哪一种线路敷设，都要注意占槽率计算。为了顺利通过验收，设计人必须知道验收条件，例如对于保护管，导线截面不能超过管截面的 35%；对于弱电工程常见的金属线槽，占槽率一般不能大于 46%。为了安全可靠，方便审核，设计时应当有占槽率计算书。这是为了让管槽有平衡的散热条件。

机房设备元件表的栏目数量较多，一般按系统集成、楼控、网络、通信、消防、安防、广播、电视、电源等部分分段列出，包括双电源终端自动切换 ATSE、不间断电源 UPS、配电柜、照明箱、应急照明箱、插座箱、扳把开关、灯具；路由器、服务器、操作台、工作站、大屏幕、标准机柜、温度传感器、温度控制器、配线架、电线、电缆、保护管、金属线槽、信息双口插座等。

对于保密程度较高的弱电机房特别是通信机房，可以采用金属屏蔽机房的形式，其防护是双向的，即数据、信息既不能外泄，也不能被侵入探知。具体做法类似于“封闭式六面体金属盒子”，隔离技术措施比较严密。使用的信号频率范围为14kHz—10GHz，具体的招标要求依实际工程项目需要而定。

机房工程的另一大部分是建筑装饰、装修施工图，包括架空地板、吊顶、墙壁等，一般由建筑结构专业完成。鉴于机房设备集中，荷载较大，建筑结构的设计标准可以按 1200kg/m^2 荷载执行，架空地板可以按 500kg/m^2 荷载执行，架空地板距地面高度可为 25～30cm。

建筑智能化系统的机房设计中其他设计文件还可能有电气火灾监控系统、防火门监控系统、消防电源监控系统、应急照明与疏散指示系统、机房节能设计文件（有关选用节能产品、照明功率密度计算等）、安装大样图、选用的标准图集等。

数据中心项目设计中常见设计问题有如下表现：

（1）设计依据不正确。例如：GB/T 50314—2006 已废止；GB 50303—2002 已废止；改错 GB 50311—2007；中控室设计依据应补建筑设备监控系统技术规范 JGJ/T 334—2014。

（2）设计说明应当补充说明或完善。消防安防控制室设计应满足 GB 51348—2019 中的要求；机房工程紧急广播系统备用电源的连续供电时间；火灾自动报警系统形式；丙类厂房使用或产生可燃物的类型和区域；短路隔离器的设置方法；手动报警按钮布置原则；火灾应急广播、火灾警报设计应满足 GB 50116—2013 中 4.8.1、4.8.5、4.8.12 要求；缺少防火门监控系统图及平面图。

（3）机房工程紧急广播系统备用电源的连续供电时间，须与消防疏散指示标志照明备用电源的连续供电时间一致（不小于 90min），应当补充说明。

（4）消防电气设计说明应当独立成篇，应明确说系统接地干线应引自何处，采用何种接地方式，接地极如何安排。

（5）强弱电井补充接地干线。

（6）屋顶摄像机入户电缆入户处应设 SPD。

（7）屋外电缆引入室内时，应设适配的信号线路电涌保护器。另外，视频监控平面图之中各摄像机应明确像素指标，光纤配线架至服务器旁光纤配线架 ODF 的光纤规格、根数，以防信息拥堵（深度不够）。

（8）综合布线系统图应当设置适配的 SPD。

（9）未见与电梯联动关系。应当补充与消防风机、水泵等相关设备的联动关系，直接启动线等。

（10）没有明确机房防雷等级是 A 级还是 B 级，未见数据机房的消防电话。消防安防室应补充火灾探测器布置。

第9章　建筑智能化系统其他常见子系统设计

除了前述主要系统之外，建筑智能化系统其他常见子系统还有很多。这些较小系统集中在建筑信息化应用方面，例如在通信网络（CNS）方面，有建筑物内的传输语音、数据、图像等系统，以及有关外部网络的如公用电话网、综合业务数字网、因特网、数据通信网络和卫星通信网等系统，主要包括电话交换通信系统、会议电视系统、接入网系统、卫星数字电视及有线电视系统、公共广播及紧急广播系统等各子系统及相关设施。

9.1　建筑智能化系统其他子系统特点

（1）专用性强，技术单一，一般针对某个具体技术问题形成解决方案。不像前述的普遍应用的公用系统如BAS、SAS、PDS涵盖面那样宽。

（2）系统规模小，造价不高，可以作为分包工程且不会涉及“肢解合同”。

（3）种类繁多且在日益发展中，一个项目中采用这些系统可以从几个到几十个，而且大多属于信息化系统应用方面。其设计表达方法主要是利用系统图和平面布置图展现设计意图，设计文件比较大的公用系统少。

（4）这些系统较少独立存在，作为建筑智能化系统的组成部分，一般统一安排防雷接地措施，采用共同的电子信息系统防雷等级。

（5）系统多而其专项子系统国家标准较少，有些小系统没有对应的设计规范。除了前面所述系统外，现行有效的子系统规范包括：

《公共广播系统工程技术规范》（GB 50526—2010）、《有线电视网络工程设计标准》（GB/T 50200—2018）、《出入口控制系统工程设计规范》（GB 50396—2007）、《建筑物电子信息系统防雷技术规范》（GB 50343—2012）、《电子会议系统工程设计规范》（GB 50799—2012）、《体育建筑智能化系统工程技术规程》（JGJ/T 179—2009）、《有线数字电视系统技术要求和测量方法》（GY/T 221—2006）、《LED显示屏通用规范》（SJ/T 11141—2003）、《视频显示系统工程技术规范》（GB 50464—2008）、《出入口控制系统技术要求》（GA/T 394—2002）、《入侵报警系统工程设计规范》（GB 50394—2007）、《通信电源设备安装工程设计规范》（GB

51194—2016）、《住宅区和住宅建筑内光纤到户通信设施工程设计规范》（GB 50846—2012）、《厅堂扩声系统设计规范》（GB 50371—2006）、《楼寓对讲电控安全门通用技术条件》（GA/T 72—2013）、《电子工程节能设计规范》（GB 50710—2011）、《会议电视会场系统工程设计规范》（GB 50635—2010）、《住宅区和住宅建筑内通信设施工程设计规范》（GB/T 50605—2010）、《红外线同声传译系统工程技术规范》（GB 50524—2010）、《会议电视系统工程设计规范》（YD/T 5032—2018）等。

9.2 因特网接入系统和大屏幕显示系统

1. 因特网接入系统

在当今社会信息化程度越来越高的时代，互联网担当着非常重要的角色。正因如此，作为信息高速公路与用户之间的“最后一公里”，上网方式的选择直接决定了一座智能建筑的网络潜能能否得到充分发挥。为了保证信息传递畅通，智能建筑大多通过中国电信等 3 大运营商上网，也有采用微波扩频、卫星等宽带专线接入技术上网。

从信息化社会时代的发展趋势来看，21 世纪是一个信息技术占主导地位的信息化时代，人们的工作、生活将前所未有地倚重于信息技术。随着数字化时代过数字化生活的观念深入人心，越来越多的人加入互联网上网者的行列。因为今天的互联网已成为包罗万象、涉及各行各业、没有国界、不受时空限制的巨大信息资源库，并且仍以惊人的速度发展膨胀着。它犹如世界上四通八达的交通网，纵横交错，密如蛛网。每家每户都可经由门前小道上街出城，到世界各地去游览。而且，这个路网将网眼更密，道更宽，车速更高。在市场征战愈演愈烈的房地产业中，许多业主纷纷顺应潮流，把自己的办公大厦、宾馆商场、住宅小区、高级公寓建设成为智能化建筑。此举反映了业主的观念更新是走在了信息时代的前列，在房地产市场上具有不同凡响的身份，这无疑会大大增加售楼宣传的优势和实际的收益。这样做，不仅是今天房地产市场形势发展的需要，从内部看，也是今天信息化社会使顾客产生的自然需求——商人们不仅要在写字楼内办公，上班之外仍有大量商务需要及时处理。信息技术的发展使家中办公成为现实。一些小型商社办事处可以以公寓兼作办事处。如果采用了现代化信息技术——网上购物、远程教育、远程医疗、电子政务等，效率提高很多，例如电子商务，许多生意都可以在家中的计算机终端上谈成，比在公司中谈或者坐飞机去面谈既及时、保密，又快捷、省钱。所以，无论从客观形势看，还是从客户的主观需要看，务虚还是务实，基于现在还是基于未来发展，建筑物配套信息化、数字化、智能化系统都是很必要的，而采用通信自动化系统的先进上网技术，更是锦上添花、画龙点睛之笔，也是业主明智的决策。

通信自动化系统包括数字网络接入系统、综合布线系统、地下通信系统等。这些部分所采用的新技术，可形成建筑工程高科技的技术制高点和智能化系统的基本特点。其主要功能是通过网络接入系统，使建筑物里的用户，可以直接进入互联网。用户手持话筒，面对计算机屏幕画面，便可与国内乃至世界各国的上网客户洽谈商务、亲属对话，其情景宛如面对面一般，即时逼真，交流自如。同时还可以方便快捷地向国内外收发电子邮件、网上传真、浏览、收录、打印世界各地股市期货行情、金融利率动态和政治经济形势等。母子公司之间、客户之间的图纸、资料、商函、信件均可由此网快速、安全、可靠、保密地传送。

鉴于网上信息丰富，上网功能众多，而用户数量呈几何级数增长，所以，上网技术的发展、上网方式的选择，就自然成为众所瞩目的重要问题。

目前，国内骨干网络主节点之间可称之为信息高速公路，建筑物里的网络系统也多为传输速率百兆以上的网络，两者之间的接入系统曾经存在着瓶颈效应，即卡脖子的“最后一公里”。这是发展过程中的问题，原因是多方面的。归纳起来，国内曾经使用的、现行的上网方式有：通过公用电话网上网；通过改造公用有线电视网上网，如广电网；通过卫星地面站、微波扩频专线接入等方式直接上网；主流技术是通过光纤到户的光缆接入方式上网，主要是通过中国电信等运营商与互联网连接。设计时应当为多家运营商都留下机会，即设备机房预设值，至于选定哪家运营商，一般由建设单位即业主决定。

光纤到户的光缆接入方式可实现全数字化，速度高，是目前主流的技术选择。大多数的建筑项目目前按照这种方式设计。

较好的上网方式是在保证传输质量的前提下，满足频带宽、速度高的要求，即横向要道宽，同时通过能力强，上网容易。纵向要速度快，信息传递用时短。另外，技术先进成熟，应用较多，投资经济，使用费低，性能价格比较高，都是重要条件。综合考虑，优选军转民用、技术先进的微波扩频专线接入方式。Internet 专线接入的上网方式，其中以微波扩频、DDN 为多。在微波扩频、DDN 两种方式特点比较中，微波扩频专线接入方式较好。

在制度设计方面，国家标准和地方标准都要求新建工程要允许不少于 3 家运营商可以参与介入，公平竞争，避免垄断形成暴利。

2. 大屏幕显示系统

大屏幕显示系统有 LCD、LED 等类型，各有特点，LED 较为节能。大屏幕显示系统是电子信息公共显示系统的重要形式。由于 LED 的发光效率高于传统光源，使用的发光颜色有红、绿、蓝三种。把红、绿、蓝三种 LED 管放在一起作为一个像素的显示屏即三基色屏或全彩屏。由于 LED 工作电压低，能主动发光且有一定亮度，亮度又能用电压（或电流）调节，本身又耐冲击、抗振动、寿命长，256 级灰度的图像，颜色过渡柔和，图像还原效果比较好，所以在大型的显示设备中应用广泛。其室外屏的像素直径及像素间距，按每平米像素数量大约有 1024 点、1600 点、2048 点、2500 点、4096 点等多种规格。图 9-1 所示为信息发布系统图。

LED 视频显示屏由屏幕控制机、视频处理和控制单元、通信模块、数据分配和扫描单元、显示屏幕等组成，其分类按使用环境分可为室内、室外及半室外。按颜色分可为单色、双基色、三基色。按像素密度或像素直径也可划分；按控制方式可分为同步和异步。同步方式是指 LED 显示屏的工作方式基本等同于计算机的监视器，它以至少 30 场/s 的更新速率点

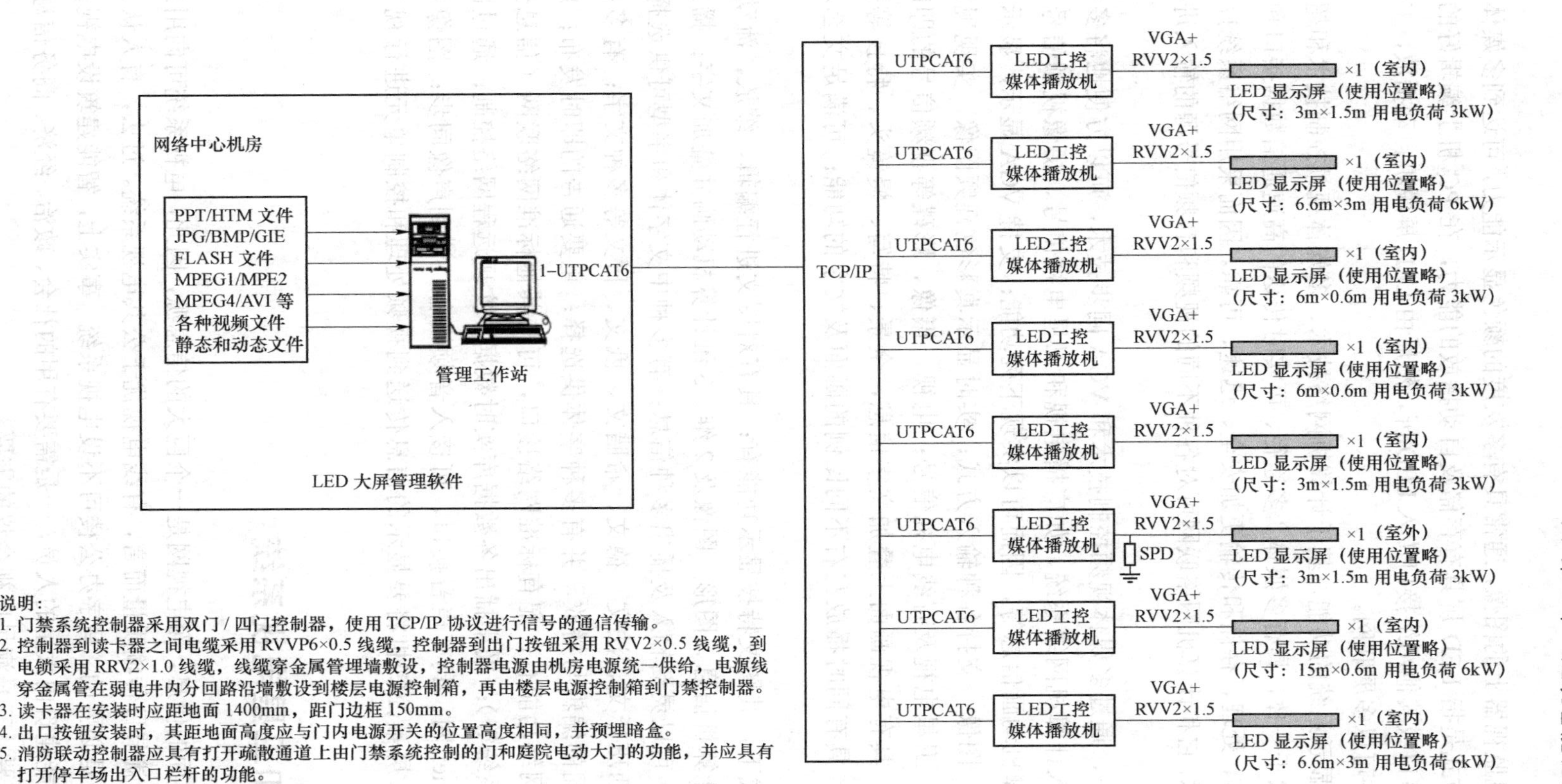

说明：
1. 门禁系统控制器采用双门 / 四门控制器，使用 TCP/IP 协议进行信号的通信传输。
2. 控制器到读卡器之间电缆采用 RVVP6×0.5 线缆，控制器到出门按钮采用 RVV2×0.5 线缆，到电锁采用 RRV2×1.0 线缆，线缆穿金属管埋墙敷设，控制器电源由机房电源统一供给，电源线穿金属管在弱电井内分回路沿墙敷设到楼层电源控制箱，再由楼层电源控制箱到门禁控制器。
3. 读卡器在安装时应距地面 1400mm，距门边框 150mm。
4. 出口按钮安装时，其距地面高度应与门内电源开关的位置高度相同，并预埋暗盒。
5. 消防联动控制器应具有打开疏散通道上由门禁系统控制的门和庭院电动大门的功能，并应具有打开停车场出入口栏杆的功能。
6. 门禁系统进出建筑物线路应当设置 SPD。

图 9–1　信息发布系统图

对应地实时映射计算机监视器上的图像，通常具有多灰度的颜色显示能力，可达到多媒体的宣传广告效果。异步方式是指 LED 屏具有存储及自动播放的能力，在 PC 机上编辑好的文字及无灰度图片通过串口或其他网络接口传入 LED 屏，然后由 LED 屏脱机自动播放，主要用于显示文字信息，并可以多屏联网。

室内 LED 大屏幕显示系统的功能，基于计算机网络技术、多媒体视频控制技术和超大规模集成电路应用技术于一体，具有多媒体、多途径、可实时传送的高速通信数据接口和视频接口，并使显示制作、处理、存储和传输更加安全、迅速、可靠。因而采用网络系统控制技术和音视频控制技术，它和计算机网络联网可对各种不同的视频和音频信号源的输入进行统一控制和管理。

在视频播出方式下，通过多媒体视频控制技术和 VGA 同步技术，可以方便地将多种形式的视频信息源引入计算机网络系统，如广播电视和卫星电视信号、摄像视频信号、录像机视频信号、计算机动画信息等，因而可以实现下列功能：支持 VGA 显示，显示各种计算机信息、图形、图像；支持各种输入方式；实时显示真彩色视频图像，实现现场转播；转播广播电视、卫星电视及有线电视信号；电视、摄像、影碟等视频信号的即时播放；支持多种制式；具有电视画面上叠加文字信息，全景、特写、慢镜头、特技等效果的实时编辑和播放；具有同时播放左右不同比例的画面及文字的功能；可满足文艺表演的使用要求。

在计算机播出方式下，其图文特技显示功能有：具有对图文进行编辑、缩放、流动、动画功能；显示各种计算机信息、图形、图像及 2 维、3 维计算机动画并叠加文字；播出系统配有多媒体软件，可以灵活输入及播出多种信息；有多种中文字体和字型可供选择，同时还可输入英文、西班牙文、法文、德文、希腊文、俄文、日文等多种文字；有多种播出方式，主要是新闻的编辑与播放，并有多种字体供选择；重要通告的即时发布；广告信息的播放等。其网络功能有：配有标准网络接口，可与其他标准网络联网（信息查询系统、市政宣传网系统等）；采集播出各数据库实时数据，实现远程网络控制；通过网络系统可以进入 Internet 网；具有声音接口，可接入音频设备，达到声像同步；图像显示的对比度、色度等。屏幕控制机将要显示的信息传送到视频处理和控制单元进行视频处理。

9.3 有线电视和卫星电视系统

智能建筑需要多方面的信息，而电视网是一个巨大的信息源，因此，电视系统可向用户提供各种所需的信息。就节目传输质量而言，有线电视优于公共电视系统。过去，有人认为宾馆饭店设置电视系统是必要的，写字办公楼可不设电视系统。事实上，智能建筑设电视系统是必要的，这因为智能建筑内大量的人员，一是需要有用的社会、政治、经济、商务信息，二是休息时间的娱乐需要，三是满足电视会议的需要。

电视系统的组成一般包括前端天线、功分器、接收机、解码器、调制器、混合器、监视器、稳压电源、放大器、均衡器、分配器、分支器、天线插座等。电视系统的节目源包括卫星、有线电视网、开路天线、自办节目（录像机、影碟机）。这四种节目源均可由电视节目采编室根据需要播放。采编室可与电视机房合并，其位置可设于大厦顶部（距天线近，信号质量好）或中部（节省电缆）。在高层建筑中，因信号衰减应每隔六层左右设置放大器，此为有源设备，故应在竖井相应位置设置电源插座。关于系统形式，现已较少使用串支系统，而较多使用分支分配系统。

电视系统可为建筑物提供卫星、有线电视、广播电视及音像节目的演播。该系统选择播出的节目设计依据用户需要及当地的规定，选择的内容包括国外节目、中央节目及地方节目。例如，可接收的国外卫星电视节目应当符合主管部门对该设计项目的批复。国内卫星电视节目根据用户要求选择接收卫星。开路电视接收地面天线可接收的节目。有线电视台通过市网电缆传输有线电视节目。业主自行编制的节目通过楼内电视传输网络向用户播出。如需要可设置计算机多媒体信息转播机制。

电视系统虽是建筑智能化系统的组成部分，但一般不进入系统集成而独立运行。另外，卫星电视应按规定履行申办手续。

电视系统的设计历史在弱电中较长，参考图纸较多，加之许多地区的有线电视系统被当地机构垄断，所以该系统的设计出图主要是配合土建预埋管线。电视系统设计常用图例符号见表9-1。

表9-1　　电视系统设计常用图例符号

序号	常用图形符号		说　明	应用类别
	形式1	形式2		
1			天线，一般符号	电路图、接线图、平面图、总平面图、系统图
2	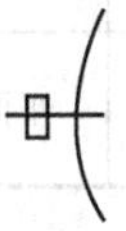		带馈线的抛物面天线	
3			有本地天线引入的前端（符号表示一条馈线支路）	平面图、总平面图
4			无本地天线引入的前端（符号表示一条输入和一条输出通路）	
5			放大器、中继器一般符号（三角形指向传输方向）	电路图、接线图、平面图、总平面图、系统图
6			双向分配放大器	
7			均衡器	平面图、总平面图、系统图
8	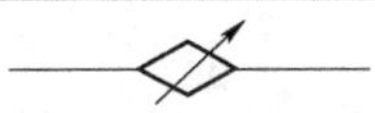		可变均衡器	

续表

序号	常用图形符号		说　明	应用类别
	形式 1	形式 2		
9	A		固定衰减器	电路图、接线图、系统图
10	A		可变衰减器	
11		DEM	解调器	接线图、系统图 形式 2 用于平面图
12		MO	调制器	
13		MOD	调制解调器	
14			分配器，一般符号（表示两路分配器）	电路图、接线图、平面图、系统图
15			分配器，一般符号（表示三路分配器）	
16			分配器，一般符号（表示四路分配器）	
17			分支器，一般符号（表示一个信号分支）	电路图、接线图、平面图、系统图
18			分支器，一般符号（表示两个信号分支）	
19			分支器，一般符号（表示四个信号分支）	
20			混合器，一般符号（表示两路混合器，信息流从左到右）	
21	TV	TV	电视插座	平面图、系统图

不论是住宅还是公共建筑项目，电视系统设计一是有标准图集可以选用，二是前端设备组成虽有不同，其竖向干线及水平支线到终端的部分基本一致，三是电视放大器箱是有源设备，设计必须保障电源设置，不能漏项。关于终端电平，过去一般按 75dB±5dB，即 70～80dB 计算设计，现在一般按 64dB±4dB，即 60～68dB 计算设计。

9.4 广播和视频会议系统

广播和视频会议系统在智能建筑里地位重要。在社会信息化的浪潮中，音频、视频都是从模拟技术升级到数字技术，极大满足了用户的实际需要，尤其是视频会议适于当今社会的快捷、节能、准确等要求，得到广泛应用。

1. 公共广播音响系统

背景音乐及紧急广播系统为智能建筑提供了一个优雅、舒适的环境，一般平急两用，自动切换装置应当满足消防的要求，其系统功能通常包括：

（1）提供公共背景音乐。

（2）提供多语种自动广播。

（3）系统提供功率放大器监听监察设备，监听监察系统功率放大器的工作状态，一旦功放产生错误，就发出故障报警信息。

（4）系统具有自检功能，包括系统的设备状态、工作状态、系统错误等有关信息。

（5）可以自由设定广播区域，一旦火灾或其他紧急情况发生时，可以完成背景音乐和紧急广播的切换。

（6）具有声音警报功能。

（7）可进行广播优先级设置，如紧急广播第一优先等。

（8）系统进行消防紧急广播时，可强行打开楼层或客房音量开关使扬声器以满功率播放。

（9）系统提供三种背景音乐节播放方式：录音卡座、AM/FM 调谐器和 CD 唱机，选择播放。

背景音乐及紧急广播系统的设计主要是系统图的设计，平面图较为简单。可以单独出图，也可以和其他小系统合并画出平面图。

广播音响系统采用的图例符号见表 9－2。

表 9－2　　广播音响系统图例符号

序号	常用图形符号	说　明	应用类别
1		传声器，一般符号	系统图、平面图
2	①	扬声器，一般符号	
3		嵌入式安装扬声器箱	平面图
4	①	扬声器箱、音箱、声柱	
5		号筒式扬声器	系统图、平面图
6		调谐器、无线电接收机	接线图、平面图、总平面图、系统图
7	②	放大器，一般符号	
8	M	传声器插座	平面图、总平面图、系统图

① 当扬声器箱、音箱、声柱需要区分不同的安装形式时，宜在符号旁标注下列字母：C—吸顶式安装；R—嵌入式安装；W—壁挂式安装。

② 当放大器需要区分不同类型时，宜在符号旁标注下列字母：A—扩大机；PRA—前置放大器；AP—功率放大器。

根据使用功能要求，其系统组成有机柜、卡座、自动切换装置、遥控话筒、紧急面板、功放、监听面板、前置放大器、音控器、喇叭、DVD 机、AM/FM 收音机等。在广播系统终端，为了实现多套广播节目的自由选择切换，要在系统支路中增加音频线至选择开关。为了实现广播系统平急两用，满足消防时的分层广播要求，除了关键的自动切换装置外，广播系统的回路应按使用要求分区、分层布置，其系统图示例可以参考图 9-2 公共广播系统图示例。

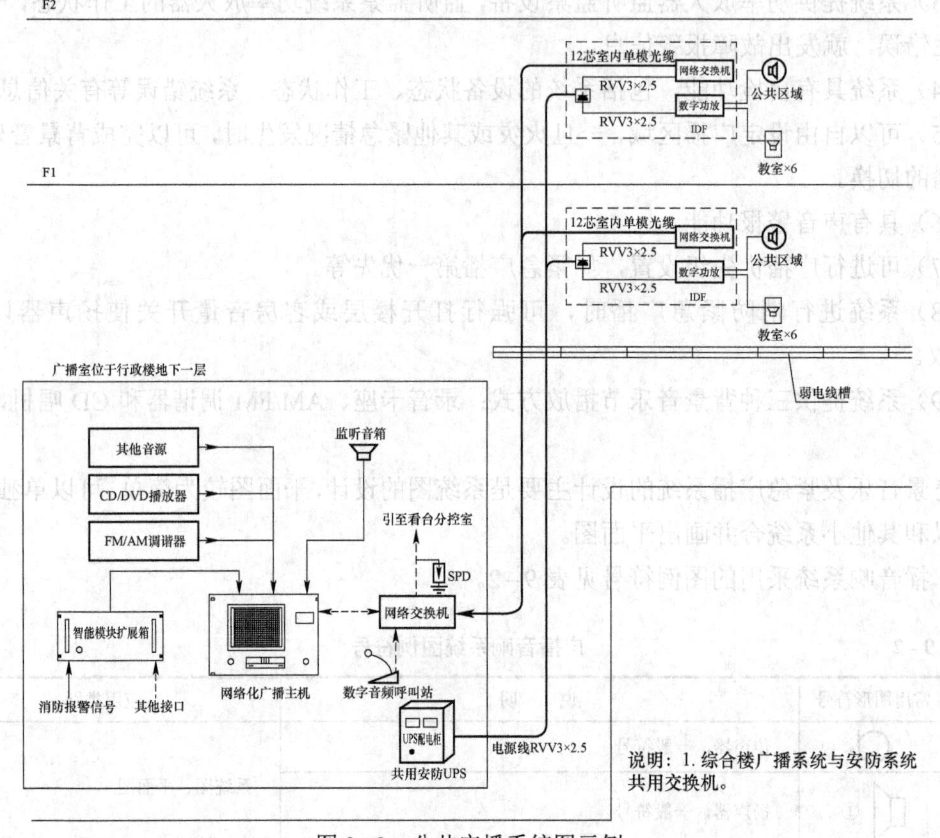

图 9-2　公共广播系统图示例

2. 视频会议系统

视频会议系统广泛应用于政府机构、商务酒店、行业组织等方面。常见小的会议室为 20～150m²，多功能会议室为 200～600m² 不等。其系统组成有发言、音响扩声、视频显示、视频录放、集中控制、同声传译、会议讨论、会议表决、会议摄像、多媒体录播、出入口控制等。其局域网核心层多为光纤环网结构，总控室配三层网管以太网核心交换机，接入层设备间配置接入以太网交换机，两层网络结构。其设备组成包括视频终端（多媒体计算机）、广域网、网络多点视频通信系统软件、视频捕捉卡、摄像机、声卡、麦克风、音箱、显卡/加速卡及网卡等。在召开电话/电视会议时，其功能有接听、呼叫、通话记录、通话界面、电话簿、界面背景可选、多窗口显示等。一般借助于 Internet 等计算机网络，实现方法以软件为主。目前，视频会议系统产品有多种，可实现功能有网络电话、集团电话、可视电话、国际互联网电话、多点网络电视会议、视频广播、网络电视、视频点播、语言信箱、留影信箱、远程医疗、视频会议、远程教育、远程监控、远程维护、多媒体呼叫、多媒体远程银行业务等。

视频会议系统有异地远距离方式、当地方式。当地方式使用较多。例如某智能建筑设定多功能厅（演播厅）为会议中心（主会场），建筑内设 50 个分会场（终端）。

对于单一会场的综合型多功能会议室，其智能化电子视频会议系统一般包括投影系统、数字会议发言系统、音响系统、集中控制系统。该系统可为与会者提供完善的会议、演播、教学等即时高质量的信息，同时利用先进的多媒体信息技术，满足各种办公业务需要。建立智能化电子视频会议系统，既完善了信息网络，又为 21 世纪的信息革命打下了良好的基础。

为了建设集投影、会议发言、中央集中控制系统、专业会议音响系统及监控系统为一体的单一会场的视频会议系统，应根据用户的建设目标，采用世界上先进的投影技术、会议发言技术、集中控制技术、音响技术等，结合工程实践的经验，设计整体解决方案。

视频会议系统有专项规范，设计可以结合用户需求，在规范指导下对市场上的产品进行整套选用或者组合，对其组成，分述如下：

（1）投影系统。投影系统有背投、前投的方式。多功能会议室应具备完善的演播设备、会议设备（含扩声设备）、高清晰度投影设备等，常见方式有：

以前按国际会议厅投影标准，在会议厅前端左右两侧对称设置 84in 背投系统。投影主机用先进的数字信息处理算法使计算机信号源画面质量高、字迹清晰圆润，具有普通液晶光阀投影机无法比拟的计算机画面质量；投影机的输出光投射到屏幕后均匀输出，并得到最充分的利用，使全屏幕亮度均匀，且大厅任何位置的观众都能感受到清晰亮丽的投影画面。

背投方式也有在大厅正中设置 100in 背投系统的做法。投影主机选用宽视角高增益背投硬幕构成大屏幕背投系统，展现出极具震撼力的投影画面：图像鲜丽，字迹清晰圆润，使会议大厅内任何位置的观众都能得到真实的视觉感受。

前投方式有在大厅正中设置 150in 前投系统的做法。本方式造价低，显示画面大，但由于采用前投系统，容易受周围环境光漫反射影响，画面亮度和清晰度均不及前述方式。

（2）数字会议发言系统。全数字化技术的数字会议网络系统采用模块化结构设计和全数字化音频技术，音质清晰，具有全功能、智能化、高音质、方便扩充和数据传送保密可靠等优点，并可有效防止啸叫，降低发言时的背景噪声。可实现发言演讲、会议讨论、会议录音等各种国际性会议功能，其中主席设备具有最高优先权，可控制会议进程。中央控制设备具有控制多台发言设备（主席机、代表机）功能。具体工程设计时应明确主席台主席及代表的位数。图 9-3 所示为数字会议发言系统示意图。

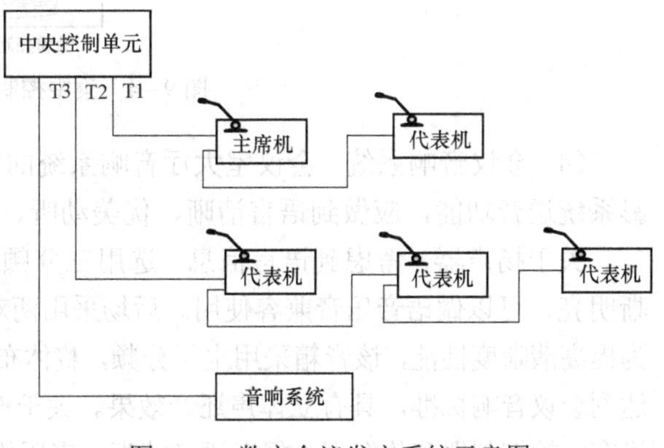

图 9-3　数字会议发言系统示意图

（3）全自动集中控制系统。全自动智能化集中控制系统将电子会议环境中各个系统和设备的操作集中到一个全图标控制界面上进行集中控制操作。在会议室配置一台无线彩色触摸屏作为系统总控操作专用。工作人员通过触摸式按键操作，有选择地将需要显示的信号源送入大屏幕投影系统显示或对会议室的环境（灯光、窗帘等）进行控制，如：

1）对投影系统：控制投影机开/关、暂停、投影机亮度、对比度、色彩等调整、投影机信号源切换等。

2）对计算机/视频/音频智能型切换设备：实时控制计算机、视频、音频信号的相互切换等。

3）对音响系统的音量大小进行控制。

4）对各种演示播放设备，如录像机、影碟机、实物投影仪、电子幻灯机、摄像机等进行操作控制。

5）对大厅环境进行控制，如直射筒灯灯光亮度调整、日光灯开与关、窗帘开启与关闭等。

全自动集中控制系统操作容易，可为会议室营造一个全新的智能模式环境；可编程设计组合操作菜单，制定各种自动调节模式，以适应各种特定演示环境要求。如预先设定好在会议演示过程中灯光模式、窗帘及各演示设备的开关调节顺序，通过预先的批处理组态软件编程，使用户在演示报告开始时，只需一个按键操作，便可使各种设备按预选定义的顺序开启、调节，从而保证整个会议演示过程井然有序地进行。图 9–4 所示为集中控制系统示意图。

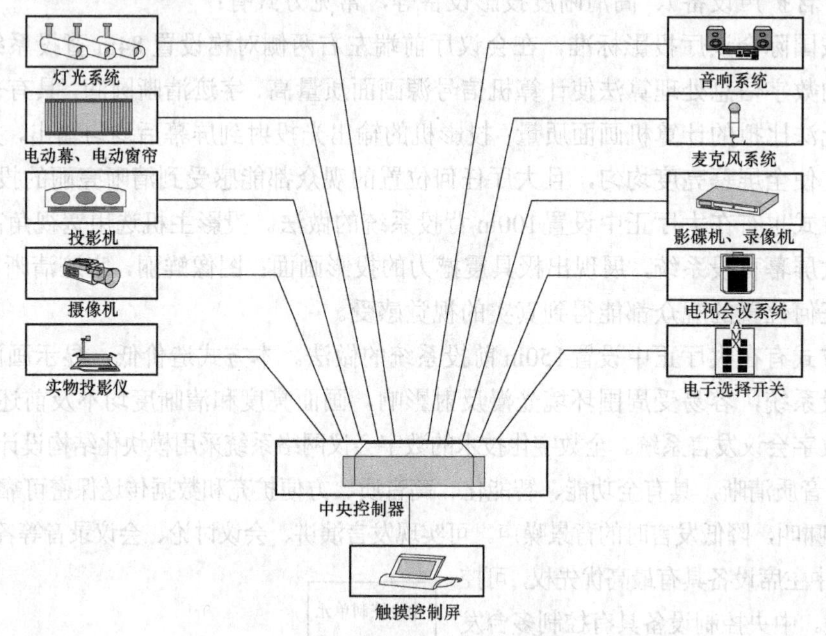

图 9–4　集中控制系统示意图

（4）会议音响系统。会议室大厅音响系统的主要功能是为会议发言设备扩音，兼具为投影系统送音功能，应做到语言清晰、优美动听、声压均匀、动态充沛。

关于扬声器，考虑到语言信息，选用三分频音箱，该音箱灵敏度高、声场均匀、音质清晰明亮，可以做语音乐音兼容使用。后场采用两对二分频定压音箱补音，以覆盖整个听众区。为提高清晰度性能，该音箱采用电子分频，整体布局无声影区、指挥大厅声压高达 90dB 以上，达到会议音响标准，具有立体声还音效果。关于声音调节，对消灭语音强回输声及语音平衡，设有回输抑制器和均衡器，保证语音清晰、声压均匀、动态充沛。该会议厅音响系统可达到二级国际多功能厅音响要求。音响系统逻辑框图较多，设计可以参考制造商样本，从中选择。

演播室组成示意图如图 9-5 所示。某视频会议系统组成示意图如图 9-6 所示。

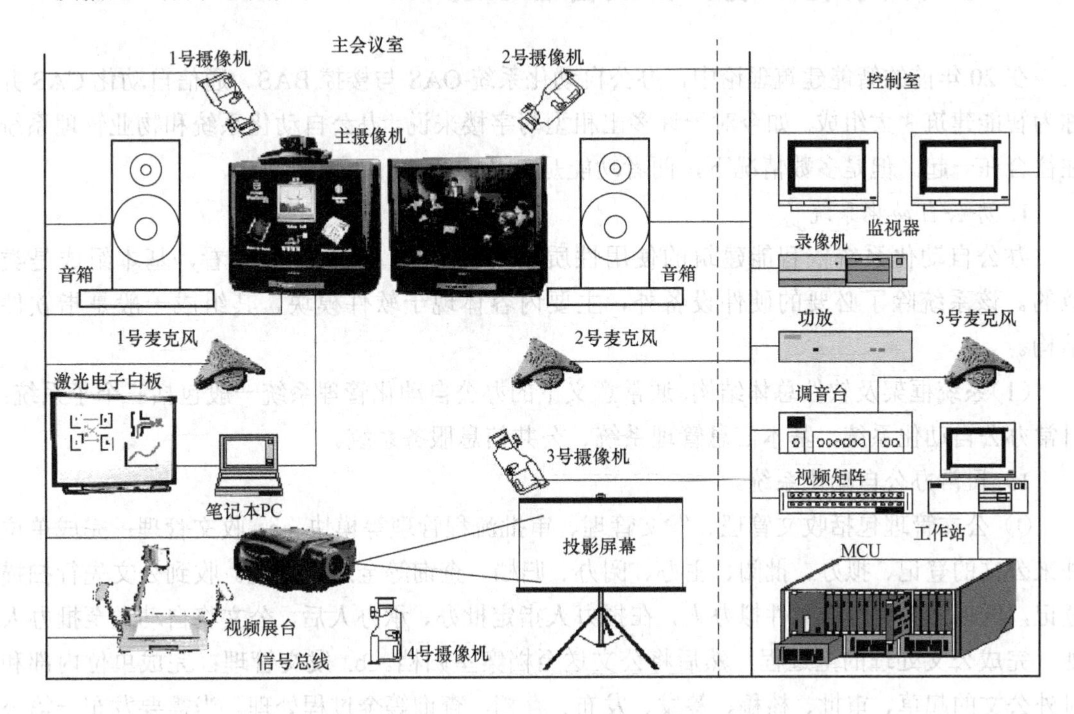

图 9-5　演播室组成示意图

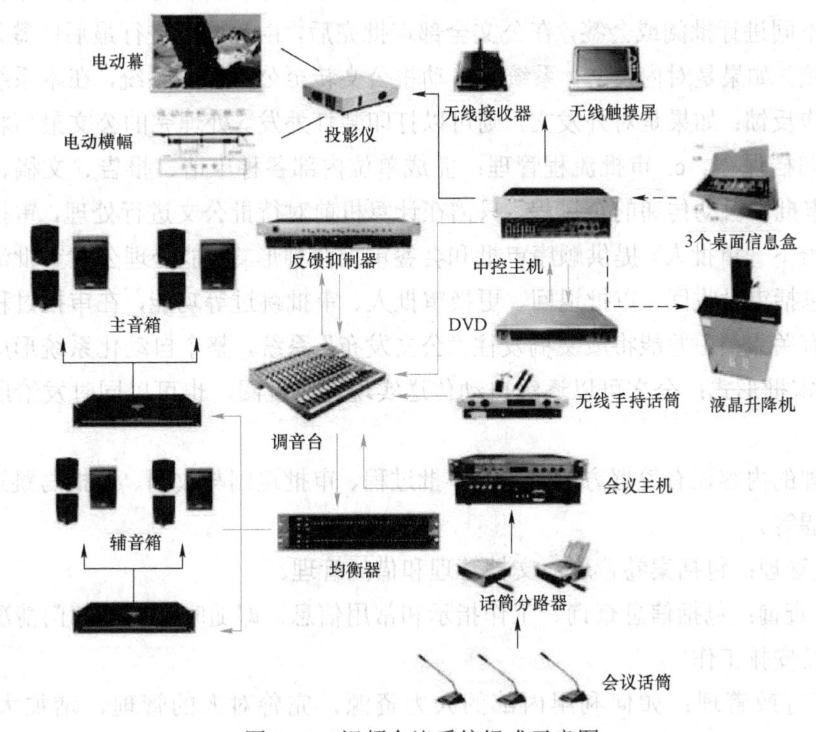

图 9-6　视频会议系统组成示意图

9.5 办公自动化系统和物业管理系统

在20年前的智能建筑理论中，办公自动化系统OAS与楼控BAS、通信自动化CAS并称为智能建筑3大组成。如今对于许多出租型写字楼来说，办公自动化系统和物业管理系统往往合在一起。但是多数情况下，两者功能是分开的。

1. 办公自动化系统

办公自动化系统依智能建筑的使用性质不同而不同，但从总体上看，基本组成是类似的。该系统除了必要的硬件设备外，主要内容体现于软件模块，其组成一般是指软件结构。

(1)系统框架及软件总体结构。通常意义下的办公自动化管理系统一般包括三个子系统：日常办公自动化系统、基本信息管理系统、公共信息服务系统。

1）日常办公自动化系统。

① 公文管理包括收文管理、发文管理、审批流程管理等模块。a. 收文管理：完成单位外来公文的登记、拟办、批阅、主办、阅办、归档、查询等全过程处理。收到公文先行扫描登记，再将公文发送给文件拟办人，在拟办人指定批办、承办人后，公文将自动送至批办人处，完成公文处理的全过程，然后将公文送至档案室归档。b. 发文管理：完成单位内部和对外公文的起草、审批、核稿、签发、发布、存档、查询等全过程处理。当需要发布一篇公文时，首先由起草人起草公文，如文件、会议纪要、通知等，然后将公文发给审批人，根据公文性质的不同进行批阅或会签，在公文全部审批完后，由签发人进行最后的签发，系统自动生成发文稿。如果是对内发文，系统会自动将公文转至公文发布系统，在本系统中进行自动发布和工作反馈；如果是对外发文，则可以打印装订外发。处理完的公文最后将被送至档案室，进行归档保存。c. 审批流程管理：完成单位内部各种申请、报告、文稿、纪要等在网络起草、审批和自动传递的全过程。只需在计算机前对待批公文进行处理，审批后的公文会自动传递给下一审批人。提供顺序审批和会签审批两种形式，能处理公文审批流程的异常流程情况，包括审批收回、审批退回、更换审批人、审批跳过等功能，在审批过程中自动发送邮件通知有关人员，并能将成文稿发往“公文发布”系统，整个自动化系统形成了一个有机整体。d. 审批形式：公文可以逐级自动传送实现顺序批阅，也可以同时发给所有审批人进行会签。

公文管理的内容还有签署方式、追踪审批过程、审批退回与收回、审批与跳过、成文归档、审批提醒等。

② 档案管理：包括案卷管理、文档管理和借阅管理。

③ 领导查询：包括信息查询、工作指示和常用信息，即随时查询各部门情况，打印各种统计报表及安排工作。

④ 人事行政管理：如何利用内部的人力资源，完善对人的管理，增加大楼的综合

竞争力，已成为重要紧迫的问题。本系统通过计算机处理组织机构、人员档案、人员业绩考核和评估、培训、工资、福利、办公用品等信息，并进行查询和统计，生成相应报表。

⑤ 个人事务管理：包括名片夹、个人资料管理、日程安排管理等模块，属于个人信息。

2）基本信息管理系统。

① 大楼图纸管理主要对大楼的相关图纸进行处理，便于对大楼的基础信息、基础设施、设备进行管理和维护。

② 固定财产、器材管理。

3）公共信息服务系统。

① 法律、法规服务用于保存各类法律、法规、规章制度。网络用户可根据不同的权限查阅相关的内容，便于用户了解各项法律、法规、方针政策和规章制度。

② 电子公告通知板完成各类面向单位内部的公告信息在计算机网络上的起草、发布和查阅。

③ 多媒体查询采用触摸屏或电子滚动屏让大楼用户对有关管理信息和公用信息进行查询和公布，也用于列车、民航、客船时刻表的录入、修改和查询。可以按照始发站、终点站、中间站和车次等多种方式查询。

④ 通过互联网实现电子电话和电话传真等多种 Internet+服务。

⑤ 通过互联网实现网上的电子商务、电子政务等。

⑥ 权限管理根据提供的访问与操作活动，设定大楼内部的各种网上用户身份的相关访问操作权限。

（2）系统安全。采用数据加密、用户身份认证、文件存取控制、数据库存取控制、操作痕迹等技术，通过严格限定用户口令权限、设置数据存取权限等方式，防止误操作或人为的数据破坏及防止数据在操作过程中的泄密事件发生。安全管理操作灵活，权限简单明了；提供用户组管理，便于各种权限的设定；字段级管理权限可保护重要字段。

2. 物业管理系统

大中型建筑的物业管理系统是多个管理子系统的集合。

物业管理系统组成主体是软件，目前类型较多，分别应用于不同使用性质的建筑。智能建筑对该部分的基本要求是能够做到系统兼容、信息共享。以出租为主的写字楼为例，其物业管理系统一般包括房产管理（房产档案、移交、验收、维修基金）、客户管理（信息输入、变更、查询、统计、销售、租赁）、合同管理（登记、变更、查询）、收费管理（抄表、计算、结算）、停车场管理、保安管理、设备管理、日常管理等。

办公、商务类的物业管理系统通常包括日常管理办公自动化系统内的七个子系统，即客户管理、物业经营管理、停车场管理、器材设备管理、人事与劳资管理、总经理专用及系统维护，如图 9-7 所示。

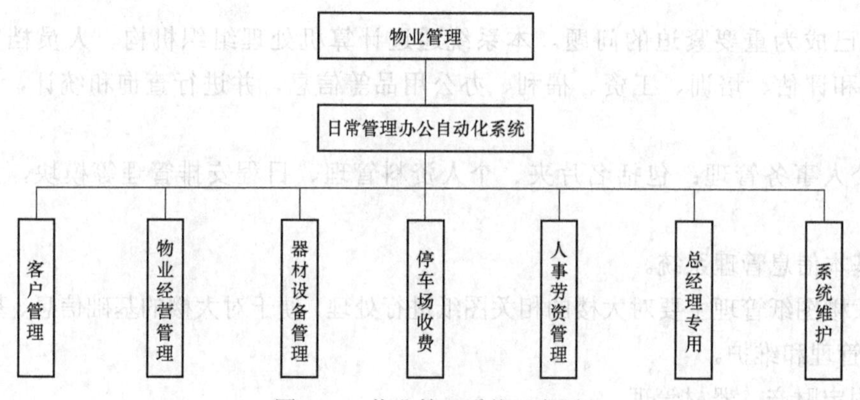

图 9-7 物业管理系统示意图

为了给智能建筑用户提供良好的使用环境与配套服务，在提高管理水平的同时也获取良好的经济效益，并且可以为大楼树立起良好的社会形象、企业形象，使房屋招租与销售活动以及楼内各种消费项目的销售活动能够更加有效地进行。通过中央集成管理系统可以与其他业务管理系统与楼宇设备自控系统进行方便快速的数据交换，在物业管理系统中各个子系统都可以根据自身的功能需求特点，定义需要从其他系统提取的数据，并把物业管理系统的原始数据与其他管理系统共享，这样将极大地简化管理手续、提高工作效率，使大楼在物业管理上形成既提高服务质量又降低经营成本的良性经营管理模式。

以自用为主的办公楼物业管理系统通常由以下部分组成：

（1）物业资料管理：就是对大厦内部各种资料的数据化分类管理，这些资料数据是各业务管理系统的基础数据，也是物业管理的基础数据。通过这样的量化管理，可以做到资料的全面性、唯一性、权威性。档案资料管理的内容主要包括：强、弱电方面的电气图纸；变配电设备的位置、技术参数资料；通信线路等电气工程相关的图文资料；设备档案（包括设备组、单台设备的分类编号、从属部门、物理位置、技术参数、价值、购入价、维修历史、使用周期等技术及维护保养的各种参数；对于复杂的设备建立设备构成表，描述该设备的每个组配件的级别、上下相关的组配件等。这样的管理方式，非常适于管理诸如中央空调、大型风机、变配电设备这样的大型设备）；所有设备的技术操作说明书；房产管理相关的文书档案（包括产权资料、管理合同、公证资料等）；安防、消防档案（包括保安布防分布、消防用品、消防设施分布。从中央数库中自动提取有关消防系统各种消防监测装置、消防设施、消防器械的型号、名称、布放位置等信息，增加使用说明、启用日期、有效时限、配属消防物资的定额数量等描述数据）。通过物业资料管理，管理者可以文字输入、图纸扫描、电子文档等多种方式将相关档案资料输入到数据库中，并可以以多种方式检索、输出。

（2）设备器材管理：大楼的办公环境与各种服务的质量以及管理效益的好坏，都受各种设备运行状况的直接影响。而设备运行效率又直接左右着大楼总体成本的变化。因此从保证正常的工作与内部环境、降低能源消耗、控制运营成本的角度出发，建立完善的设备管理体制，使主要设备能够及时地检修、维修、润滑，消耗品、易损部件能够及时地补充更换，从而保证主要设备的正常运行。

（3）物资器材出入库管理：有入库打卡编码、出库扫码、盘点，如超市。使用无线工作的手持机、抗金属RFID标签、RFID通道门等，实现高效物资流动状态的记录和管理。

（4）消防管理：各种消防设施的使用有效期报警；根据各种消防监测装置、消防设施、消防器械的使用说明、启用，日期、有效时限等描述数据，设置报警提前期，自动进行提示使用到期报警提示。另有记录火警发生、消防记录查询及物资消耗分析、消防物资补充明细表的执行等。

（5）保安管理：记录安防事件发生、安防事件处理记录等。

（6）环境保洁管理：建立清洁与环境维护档案；设置大楼各个区域应该进行的清洁与环境维护活动的具体内容等。

（7）车辆管理：建立车辆档案、车位管理、维修记录等。

（8）投诉管理：负责用户的物业管理方面的投诉。

虽然一般的设计单位对于项目的物业管理系统不予出图，但是它关系到智能化系统设计意图的实现，效果的好坏对于智能建筑的整体承包商来说，物业管理系统的设计不可或缺。下面举例说明。

[例] 某公共建筑的建筑智能化系统物业管理的设计方案。

该大楼的集中式物业管理系统建立在集成管理系统的基础之上。

（1）设计要求与系统目的。集成管理系统的最终目标就是在一个系统平台上管理与IBMS系统联通的各弱电系统。明确地说，就是BA、安保、门禁、消防、车库、广播、计量这七大弱电系统，实现真正的智能化管理。通过IBMS，各个弱电系统的数据相互交换，实现真正的互动。各弱电系统的数据在IBMS处交汇，为物业管理系统和办公自动化系统提供了强大的数据基础。IBMS在智能化大厦中就像是一座沟通的桥梁，将管理系统与弱电系统紧紧地结合在了一起。有了IBMS，管理人员可以轻松舒适地管理各个弱电系统，极大地节约大厦的运营成本。

在物业管理方面，本系统的目的在于为业主建立起企业级的Web管理系统，加强部门间的协作，提高企业的管理效率。使物业工程人员及时地了解设备运转和备品备件情况，保安人员及时了解火灾的报警及安保巡更情况，并且能把重要信息及时反映给管理人员。既是公司面向客户的一个窗口，也是公司内部办公自动化的强有力工具。系统前端只需要一个浏览器并编制好一些通用简单的程序，就可方便地进行操作。对于计算机应用水平参差不齐的管理人员来说尤其合适，他们通过简单的浏览器界面即可获得相关业务信息。

（2）总体设计系统基本规格要求。

1）系统采用何种结构形式，使客户端的软件配置尽量简单。

2）数据库管理系统使用开放型关系数据库。

3）选用可以访问的关系型数据库类型。

（3）系统特点。

1）专业的图形人机交互界面。

2）支持本地及远端的多个高性能工作站。

3）对各类楼控设备的数据实时监控。

4）强大的报警管理。

5）提供大量的历史数据和趋势图。

6）灵活多样的标准或用户自定义的报表。

7）具有安全性、可扩展性和可维护性。

8）运行环境：硬件环境——系统结构；软件环境——系统组。

（4）系统功能结构。

1）集成管理系统由下列子系统组成：设备管理、安保管理、消防管理、车库管理、计量管理、监视工和系统维护。

2）物业管理系统包括日常管理办公自动化系统内的七个子系统：客户管理、物业经营管理、停车场管理、器材设备管理、人事与劳资管理、总经理专用及系统维护。

（5）接口及操作界面设计。

1）用户接口。网页化的设计，专业的图形操作界面，充分体现了“以人为中心”的界面设计思想。快捷方便的操作方法大大延长了操作者无疲劳工作时间，并提供为大多数用户熟悉的×××的操作环境，从人的角度加强了系统运行的方便性和通用性。

2）外部接口。① 集成管理系统：楼控，安保，消防（TCP/IP）；② 车库管理系统（TCP/IP）；③ 计量系统（TCP/IP）；④ 广播系统（RS232）；⑤ 物业管理系统；⑥ 集成管理系统 Oracle；⑦ 数据库（TCP/IP）。

（6）运行设计。集成管理系统及物业管理系统子系统内包括各种的运行管理操作模块，处理各类信息显示，报警监视，记录录入、修改、查询等操作。所有运行相关模块一般由工程设计中的“建筑自动化集成系统方案”及“物业管理系统方案”来详细表述。

（7）弱电系统的联动功能要求。集成系统原则上不影响弱电系统间所固有的联动，但要反映联动结果。

1）消防系统内部联动：① 火灾发生时启动紧急广播；② 火灾发生时启动消防喷淋泵。

2）安保系统内部联动：① 当安全防范系统产生报警时把镜头切换到相应位置；② 当有人进入防范区域的通道时把镜头切换到相应位置；③ 当保安人员巡更时把摄像机切换到相应位置；④ 当巡更人员未能按指定程序运行时，产生报警。

3）消防系统与安保系统的联动：① 火灾发生时把镜头切换到相应位置并录像以便分析火情；② 火灾发生时打开通道门；③ 当安保系统出现异常时，启动紧急广播。

4）消防系统与楼宇自控系统联动：① 火灾发生时关闭相应空调/新风机组；② 火灾发

生时控制电梯紧急停层；③ 火灾发生时防火阀关闭并在楼宇自控系统内产生报警。

5）消防系统与停车场系统的联动：① 火灾发生时打开出口栅栏机以便车辆疏散；② 当停车场系统发生故障时把摄像机切换到相应位置。

6）保安系统与楼宇自控系统的联动：① 当有人在上班时间刷卡进入大楼/房间时启动相应照明设备；② 当有人在上班时间刷卡进入大楼/房间时启动相应的空调机组；③ 当有报警发生时，开启报警区域的高光照明；④ 当大型机电设备发生故障时，摄像机切换到相应位置。

9.6　无线信号覆盖及地下通信系统

1. 无线信号覆盖

无线通信近些年发展很快，WiFi 成为大众通信上互联网高度依赖的基础设施，其覆盖范围也由当初的酒店大堂迅速地进入所有的公共场所和千家万户。

在地下室这个特殊的建筑空间环境里，移动电话（手机）信号远不及地面以上区域的强度，而固定电话的应用不如手机方便，所以，地下室首先要有手机通信信号放大增强装置，同时要和高大建筑一样设置手机无线上网的 WiFi 装置。

此系统设计一般参照产品手册进行。首先确定覆盖范围是仅走廊等公共区域，还是所有房间全覆盖，其次明确主要使用功能和技术指标。

中国移动、中国联通、中国电信的手机信号为信号源，采用无源、有源相结合分布方式对建筑物特别是地下室进行信号覆盖，系统一般采用低功率、多个天线的方式组建。手机网络无线覆盖系统 WiFi 在很多地方是由中国移动通信公司或者中国联通公司等免费提供，建筑智能化系统的设计负责预埋线槽、管道规划，配合完成。

WiFi 用于手机免手机费上网，此外移动通信的无线局域网一般采用 802.11 系列技术标准，可同时支持 11a、11g、11n 三频多模技术。为了实现无盲区全覆盖，AP 可用敏分型、高密型、室外型的布局组合优化无线网络，减少 WLAN 干扰，防止 AP 射频环境恶化，使用蜂窝的方式完成频率复用。当 AP 排列紧密时，应采取信道排列等措施减少 AP 之间的同频干扰。

2. 地下停车场管理系统

地下停车场管理系统是在汽车库出入口管理系统基础上发展起来的。作为建筑智能化系统子系统的设计中有集成与联动接口的功能，同时针对大型建筑的地下汽车库车辆多、车辆进出时间集中于上、下班的特点，车库系统有车位显示、临时车辆收费、进出车辆图像比对等功能，还有不停车高速、准确识别固定车辆功能。现在的停车场一体化设计是围绕着物业管理进行，例如人行引导、车行引导、电子牌、地面标志等多套方式并行不悖，具体的达 30 余项，设计要点如下：

（1）反向寻车以及车位引导系统。为了减少司机寻找可用停车位、返回车库寻找自己车辆所浪费的时间，避免燃料及通道拥挤等现象的发生，从而高效地管理停车场内的车流和车辆分布，反向寻车以及车位引导系统经常是建设单位强调的内容。

空置车位引导可采用超声波引导系统。在每个车位上方安装一个超声波车位探测器，监视每个车位的占用情况，并在车位上方安装车位指示灯，当该车位空闲对外开放时，车位指示灯会变为绿色。将各停车层分为若干相对独立的区域，通过设在每个区域内的车位探测器实时监控每个区域内车位的空闲状态，并把空满信息动态显示于设置在各区域入口的车位引导屏上。车停稳后，该车位的车位指示灯变红色。

反向寻车的使用要求高。简单的反向寻车方式是撕纸条，即在车库内按若干小区域的柱上或墙上放置位置指示条，司机停好车离开时随手撕一张位置纸条，返回时依此找车。第二是在车位附近刷卡记录停车位置。第三是通道寻车。第四是精准寻车，每一辆停车位置上方设置一个视频车位检测器，一般保证在 0.01lx 照度以上准确识别车牌号码信息，依此保证车主反向寻车定位精准，可以快速找到自家的车辆。但是，该方式一次投资高，需要处理的信息量特别大，由此带来许多新问题有待在今后发展中解决。

（2）两种用户。内部用户远距离不停车识别系统的读卡器读卡距离大于 5m，避免了车辆出入车库时的停车交涉；对于临时停车用户主要采用广泛应用的非接触式感应卡进行计时收费管理。在入口设置发卡机，临时车辆进场时，司机在入口处的自动发卡机前取卡，系统同时记录入场时间。在临时车辆离场时将卡收回，同时按停车时间交纳相应金额。

（3）图像对比系统。为了防止盗车、调车现象发生，对管理方造成不必要的麻烦，在停车场的每个出入口各设置摄像机一组，对进出的车辆分别拍照，车辆出库时系统自动调出车辆进场照片通过人工对比来防止盗车、调车。

（4）内部车、外部车隔离停放系统。将地下各层划分区域，例如 B3 为内部车辆停车层，B2 层为临时车辆停车层。为了防止临时车辆进入内部停车层占用内部车位，便于管理人员更好地管理停车场，在 B3 层的入口处设置自动挡车器和远距离读卡器，防止临时车辆驶入 B3 层，很好地杜绝了临时车辆占用内部车辆停车位的现象发生。

（5）车位分层显示系统。为了便于司机快速找到有空车位的停车层，采用车位分层显示系统，通过设在停车场入口处的车位显示屏引导司机驶往有空车位的楼层停车，即在停车场的地面入口设置大型室外立地式 LED 车位显示屏，显示地下层的空车位数量。

（6）出车报警系统。在交叉路口与车道出口处，由于视线较差，车辆容易造成堵车与交通事故。因此在交叉路口与车道出口处应设置出车声光报警提示系统，在有车来时，提示对方车辆避让。当有车辆进出地下车库时，为保障人行安全性考虑，在地库每层的出入口各设置出车报警器一部，当有车辆进出时声光报警系统发出声音，给人以提示“有车辆出入”。在地下停车场每层的出入口车道末端分别设置出车报警灯一组。

（7）控制系统。防砸车系统一般采用三重防砸车机制（防跟车、防溜车、防猛撞挡杆）。在车库工作站设置服务器，对整个停车场进行全面监控和管理，以实现快捷、高效、顺畅、安全等建设目标。车库寻车原理图如图 9-8 所示。

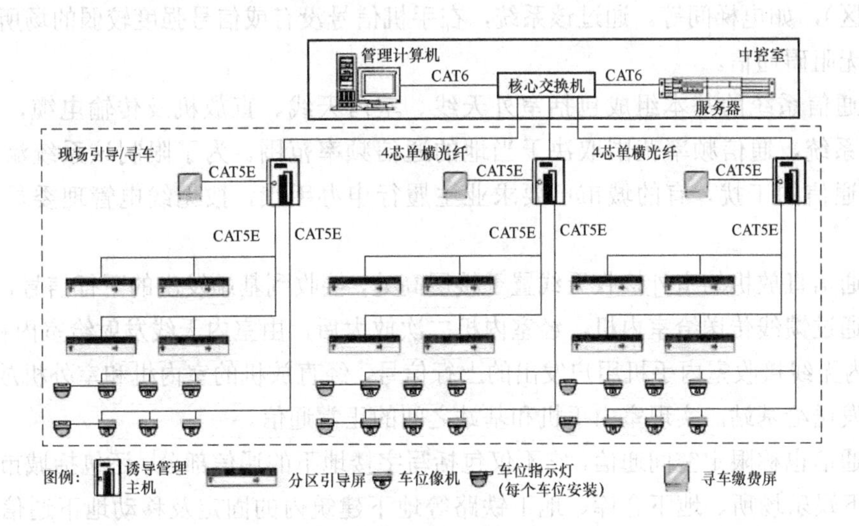

图 9-8 车库寻车原理图

停车场管理已经从出入口管理深化为车库内部管理，图 9-9 所示为车库寻车系统组成示意图。

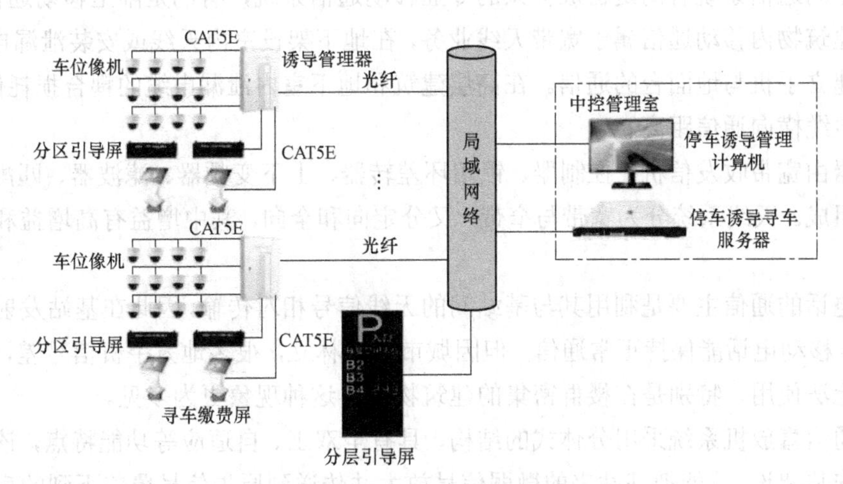

图 9-9 车库寻车系统组成示意图

3. 地下通信系统

手机作为移动通信工具甚至比固定电话更重要。然而手机信号在地下室微弱。智能建筑、智能型小区等现代化建筑的档次较高。因此，为了功能的配套协调，在以往普通建筑中不为重视的手机通信不畅的问题，到了智能建筑中就变得相当重要。地下通信系统又称通信接力系统，主要用于解决地下空间的手机、对讲机信号被屏蔽后的通信联络问题，也可解决地上楼宇内部的手机信号没有或过弱的问题。现在，传呼机已经昙花一现般迅速退出历史，但手机的通信不畅问题还需继续努力解决。

该系统不但适合于大型建筑的大面积地区，同样也适合于大型楼宇内部的个别地区（小面积办公区），如电梯间等。通过该系统，在手机信号没有或信号强度较弱的场所，可以实现手机的无阻碍通信。

地下通信系统的基本组成包括室外天线、室内天线、直放机及传输电缆，其系统实际上有子系统，通信频率范围取决于当地的通信频率范围。为了限制该系统溢出地面信号对正常通信的干扰，有的城市已要求业主履行申办手续，按无线电管理委员会的规划建设。

移动通信直放机的室外接收天线置于楼层高处，接收到基站发出的下行信号，经室外机放大后，通过馈线传送给室内机，经室内机二次放大后，由室内天线发射给室内移动用户。同样，室内无线接收室内手机用户发出的上行信号，经直放机的室内机和室外机放大后，由室外天线发送给基站，实现室内手机和基站之间的正常通信。

地下通信也称限定空间通信，它不仅包括写字楼地下的通信部分，还包括城市里的地下商城、地下娱乐场所、地下仓库、地下铁路等地下建筑内的固定及移动地下通信。限定空间通信即非自由空间通信，由于受到墙壁的吸收和反射作用，电磁波传播吸收大，通信距离多受限制，VHF、UHF 频段内，3m 直径管道最多传 200m，有阻塞后就更小，一般在 40m 左右。

特定空间通信系统有的是自成体系的专业移动通信系统，有的是陆上移动通信的延伸。地下街及建筑物内移动通信属于宽带天线业务，在地下架设室内天线或安装泄漏电缆，通过控制室可建立手机与地面台的通信。在高层建筑和地下室内泄漏电缆的耦合损耗做得较小，可以扩大电缆横向通信距离。

控制器由宽带收发信机、控制器、锁相环差转器、上下变频器、滤波器、匹配器、功率放大器等组成。天线系统分为宽带与窄带，又分定向和全向，其中增益有高增益和一般增益之分。

移动电话的通信主要是利用其与基站间的无线信号相对传输，因此在基站发射功率覆盖的范围内，移动电话能保持正常通信，但因城市高楼林立，很多地方手机信号差，通话易中断，甚至无法使用，特别是在楼群密集的建筑物内，这种现象更为多见。

移动通信直放机系统采用分体式的结构，具有全双工、自适应等功能特点，该套系统经过简单的安装架设，就能把基站来的微弱信号放大并传送到原先信号覆盖不到的盲区或信号微弱的地区，使手机能可靠地接收到来自基站的信号，同时也通过本设备将手机信号送往基站，实现不间断的自由通话。

该系统技术特点主要有：采用多级吸收型电调功率控制技术，保证任何条件下系统的自适应工作能力；单元电路设计普遍采用平衡电路设计，设备具有热备份的效果；采用先进的微波集成电路技术以实现高集成度、高可靠性；采用高选择性多腔滤波技术，实现高增益条件下稳定工作；系统采用分体设计，具有良好发射功能，可把自由空间的能量传送到各个角落。

9.7 资源消耗计量系统

物业收费若按面积则不利节约；只有设置计量，节约归己，才能显著地节能减排。所以在智能建筑的管理中，远传计量水、电、燃气、冷量、热量等消耗计量系统是重要内容，它不仅关系到节能减排和绿色建筑的实现，还直接关系到建筑内人员避免非法侵入的安全保卫。

计量技术的基本要求就是准确可靠，其控制在于能源管理中心（EMC）。计量的数据关系到收费的多少，如果远传遥测的数据与水、电、热、燃气等主管部门的一次表不一致，那么矛盾难以处理。管理范围一般包括大厦的变配电系统、应急发电系统、UPS集中供电系统、空调冷热能源系统、给排水系统等。目前对电量的计量比较成熟，对水量的计量存在问题。对于建筑里的机电系统计量的基本要求包括：

（1）电力系统：① 对各分路MD设置；② 对动力、照明、消防等分别设表计量；③ 对各分路高次谐波分量进行监控、分析及消除；④ 显示无功功率补偿情况，最好能将无功功率补偿因素控制在0.90～0.95之间；⑤ 变配电高、低压故障声光报警；⑥ 各种数据采集（电压、电流、有功功率因数、高次谐波分量为电力系统可靠运行、空调及照明设备节能运行提供可靠的分析依据）；⑦ 中央处理系统：与历史数据进行比较，以确定运行状态，根据处理分析能耗情况和电源质量分析，将电量通报财务；⑧ 显示执行部分：故障声光报警，显示高次谐波分量，设定调度电能最佳分配要与柴油发电机组、UPS电源输入、智能照明高压进线配电情况一并考虑；⑨ UPS电压情况；⑩ 柴油发电机组情况：发电机组测量电流（三相电流）；发电机组测量电压（相电压，线电压）；发电机组测量频率；发电机组测量功率；油箱温度。柴油机房内有日用油箱一只，当油箱内处于低位时，油泵自动启动，将油泵内的油输入日用油箱；反之，当油箱内油处于高位时，油泵关闭。

（2）给排水系统：根据水总表及各楼层卫生间水表的实际走字数，实现计算机远程统计收费。

（3）空调通风采暖系统：按照裙楼单元、标准层单元进行冷热能源的消耗计量，合理实现计算机远程统计收费。

在智能住宅的管理中，水、电、气、热/冷等的计量收费是一项主要内容。图9-10所示为能耗管理示意。为了提高安全等级和管理水平，减少大量人工重复劳动，先后出现了多种远程自动抄表技术，即用一种通信技术，把水、电、气等表具的数据读取到远程计算机上，由相应的计算机软件完成各种数据转换、数据查询、收费等功能。

在发展过程中曾出现多种远程抄表系统，如传输网络采用RS-485总线的、电力载波的、宽带以太网的、HFC有线电视网的、LONWORK总线的、CAN-BUS总线的、GSM的、GPRS公网的形式等。

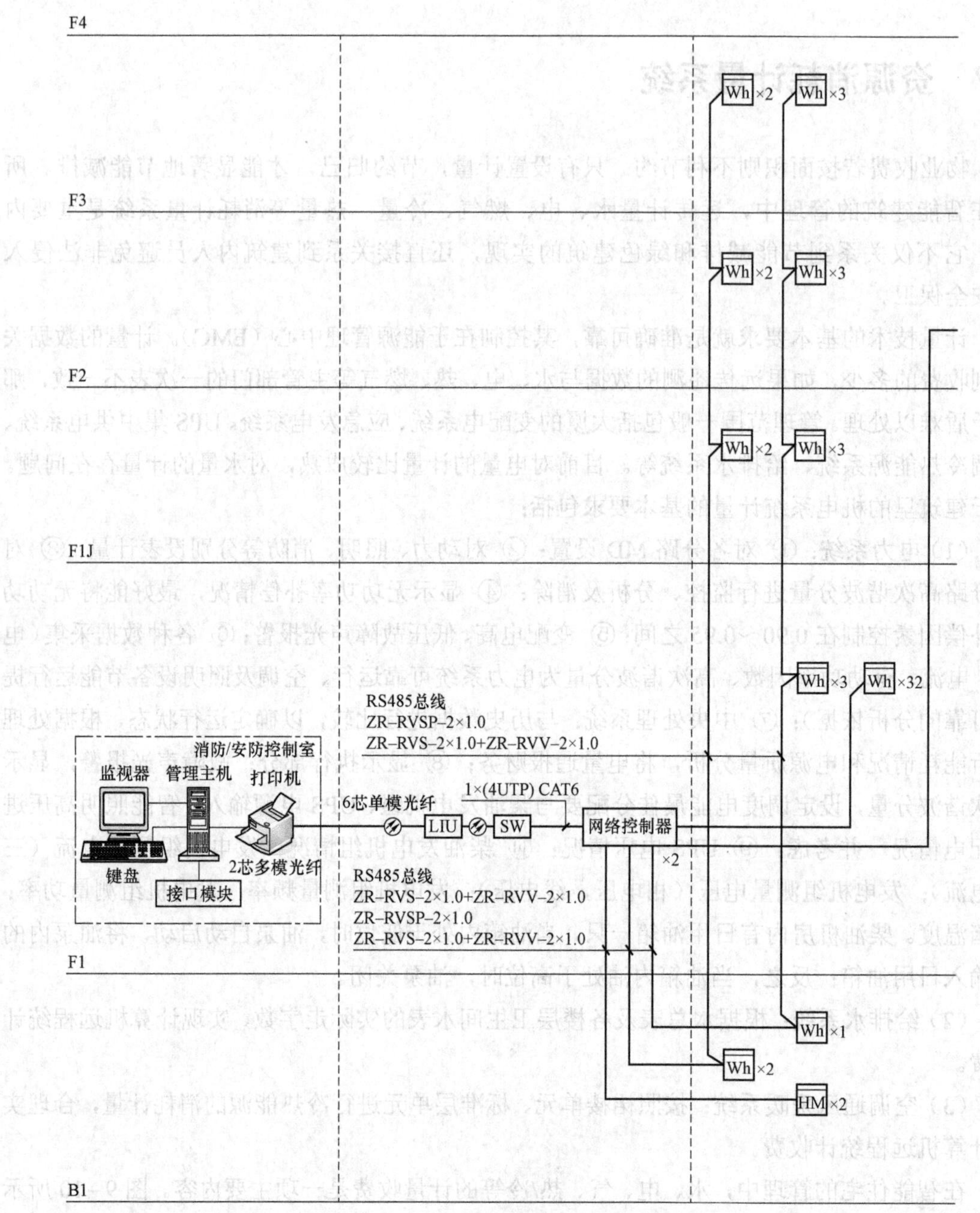

图 9–10　能耗管理示意

曾经大多数远程抄表系统是以脉冲传感器为核心部件的系统，即脉冲式抄表系统。它由采集器接收来自各脉冲表具的脉冲信号，然后进行转换累加。它所存储的是表具发来的脉冲数量。为了正确完成累计计量功能，需要进行基数设置，同时要求脉冲源绝对准确。如果出现脉冲源信号虚假或干扰，必定会使系统的累加数字出现误差，与实际用量不一致。尤其在水表远传系统中，由于计量脉冲是由水表及干簧管产生，再由采集器对脉冲信号进行计数和换算，生成抄表读数。在此过程中显然产生误差和误差积累较多。这是因为：脉冲式抄表系统需要每时每刻采集表具产生的脉冲信号，多采集或少采集脉冲信号都会出现抄表系统读数与机械计量表读数的误差。脉冲表发信本身存在许多问题导致脉冲信号的多发和少发，如外磁干扰、传感器老化、临界点震荡信号重叠、磁钢退磁等都会造成少发或不发脉冲，水管中的水锤现象、水管内压力造成水表倒转形成多发脉冲等原因也会导致计量不准。

通过对传感器的不断研究改造，曾出现自适应、自保持、光电、霍尔元件等多种方式的传感器，但是大多尚未达到脉冲发信稳定可靠的目的，其中表具采用成熟自保持开关技术的系统工作尚可。在要求较高的地方采用超声波技术计算用水量的方式较为准确。

直读式抄表系统比脉冲式抄表系统稍好。它采用总线制，水表内集成了采集、处理、累加、储存等功能，数百远传表同挂在一条通信总线上。它采用光电位置传感器，在字轮表的字轮上印刷特定编码标记，在外围固定光电位置传感器和相关接口电路，工作时由外部电路提供工作电源，通过光电位置传感器判别得到各字轮位上 0、1 状态编码，并获得表读数编码上传到智能终端。该方式避免了脉冲抄表方式的累计误差，在技术水平上有所提高，但因其涉及的编码信息点太多，而误码的概率也相对增加，不能免除误判、误传编码。另外，这种水表必须是经过特殊加工的干式水表，而干式水表本身存在磁传动误差因素，存在用水时计数机构滑差丢转掉字的丢转现象。这样不仅系统造价高，还与小区或建筑的机械式水表总表的读数不能一致，造成物业收费困难。

此外，还出现了无线式抄表系统。但影响其系统实用性、可靠性因素较多，例如表具的信号发射距离、发射准确率、穿通屏蔽的能力、电池寿命等。

另一种方式是利用数码摄像机原理的摄像直读抄表系统。该技术就是用摄像机取得表具图像信号，然后选取适当的传输信道传到远程计算机终端。在计算机上可以看到表具的图像，通过软件识别取得该表的数据信号。系统工作时，在管理软件操作界面下，选取需要抄表采集的用户，然后执行采集功能，系统通信卡把采集指令发出，经过寻址找到网络中对应的采集器，采集器按照预定程序给主机回复信号，同时打开对应表具端口，把视频信号取样到采集器内进行压缩处理后通过同轴电缆上传进入计算机并存储。由于该系统传输的是表具当前拍摄的图像信号，所以计算机的显示数据、打印机打印出的数据与现场机械表的显示信号高度一致。

由于处理的是视频图像信号，通过软件识别就很容易实现表具原始数据提取。每个表具在数据库中存储的都是带有时间、日期等完整的信息图片数据，可以等同人工直读抄表，而且比人工抄表更可靠。

该系统主要功能包括：自动远传准确抄表并可记录打印，原始表具数据用图像存储；自动数据识别；自动数据转换；表具图像记录详细的采集时间，一目了然；数据不存在累积误差，表具工作时间仅限于瞬间，平时不耗电，避免了脉冲采集方式因电源问题造成数据的丢失，使系统性能提高。

通过以上技术比较，应该说摄像直读抄表是目前国内相对稳定可靠、准确实用的远程自动抄表技术，可以作为技术发展和推广的方向。

自动抄表系统不仅需要房地产开发商、建筑智能化系统集成商和物业管理公司等直接相关者认可，更需要自来水、燃气、供电等资源管理者方面的认可。这些部门具有一定的垄断经营的性质，目前大都出台了各自的管理规定，同时有本系统的制造厂、工程队，要获得他们的入网许可就要符合其规定和技术标准。因此，有必要研究摄像直读抄表系统的结构与功能。

摄像直读抄表系统设计是两级放射式的结构。计算机工作站到各个建筑单体的计量箱是第一级，计量箱（采集器）到终端的图像水表、图像电表是第二级。传输网络为SYV75-5视频电缆网，每个数据采集器提供一个视频三通分配器接口。层箱之间由视频三通连接器连接上下层电缆，同时系统分配各个层箱的采集器接口。

摄像抄表系统主要由图像表具（水、电、气、热/冷量表）、表具信号线、总线驱动器、安全器、采集器、采集箱、通信卡、计算机、打印机及系统软件组成。

在智能小区中可为每户设置图像处理采集器，用户的各种图像表具通过专用信号线接到各表具对应端口，通过总线端口连接网络总线到终端计算机。

图像处理采集器的功能一是地址译码，二是图像拍摄。采集器接收计算机发出的表具地址信号，然后进行译码处理、启动图像表具工作电源。图像表具通过端口获得工作电源后，进行图像拍摄，同时采样数据进入处理器进行压缩处理、打包后通过总线传输到管理计算机中。

终端通信卡把来自终端平台的采集指令传给用户采集器。同时把来自用户数据采集器的图像数据流转入计算机进行存储处理。总线驱动器和安全器保证数据在大网络中可靠传输，防止局部短路影响总线。终端计算机的系统管理软件完成用户信息配置、数据采集、数据处理、数据打印、数据查询等功能。

图像数据处理的关键在于摄录图像和图像识别环节。每个表具上的微型摄像头，利用电视行帧扫描成像原理，把表具上显示的数字摄录下来，经过图像信息取样压缩处理，满足传输要求，将5位数字压缩成适当的点阵数据。

在一帧图像内，将每行图像信号进行量化，变为点阵显示，由计算机进行判别。实验证明，即使点阵信号有30%的错误，也能正确识别图像。必要时计算机同时显示用户表具摄录图像和所识别的数据，人工可校对修正数据。

摄像抄表系统的特点主要是抗干扰能力强，这是因为图像处理技术成熟（信封上的邮政编码经分拣机可准确将信件分拣出来）。另外，该系统数据可人工校对更新，没有积累误差；远传表具都设计为分体式设计，改装容易；根据需要可以加装断电模块实现断电控制功能，起到防止恶意欠费的作用；选择数据传输可用类似于计算机网络的摄像机宽带网，也可用监控视频电缆传输网络进行传输；采集的是一次表具目前的图像信号，直接进行数字识别得到数据，不会丢失数据，查询时可以调出图片进行对比。除了这些优点，作为一种新发展的技术，该系统要继续解决诸如表盘数码图像清晰度（通过涂抹高反射荧光漆提高底色与字色反差）、光斑忽略（涉及模糊技术）等问题，提高对字符不清表盘的识别能力或采用电子数码管表盘。

工程实例说明，远传计量系统中的采集器、中继站、传输网络、管理软件及屏幕显示等环节技术基本成熟，传感器是关键。远传表具决定着系统的实用性、可靠性和总体形式。它的技术质量过关与否决定着系统的发展命运。水的计量用超声波表具较为准确；电的计量较为成熟可靠。只要实现动力、照明等分项计量，按绿色建筑设计要求选择设备，设置电能表，能耗管理系统比较简单，如图 9-11 所示。

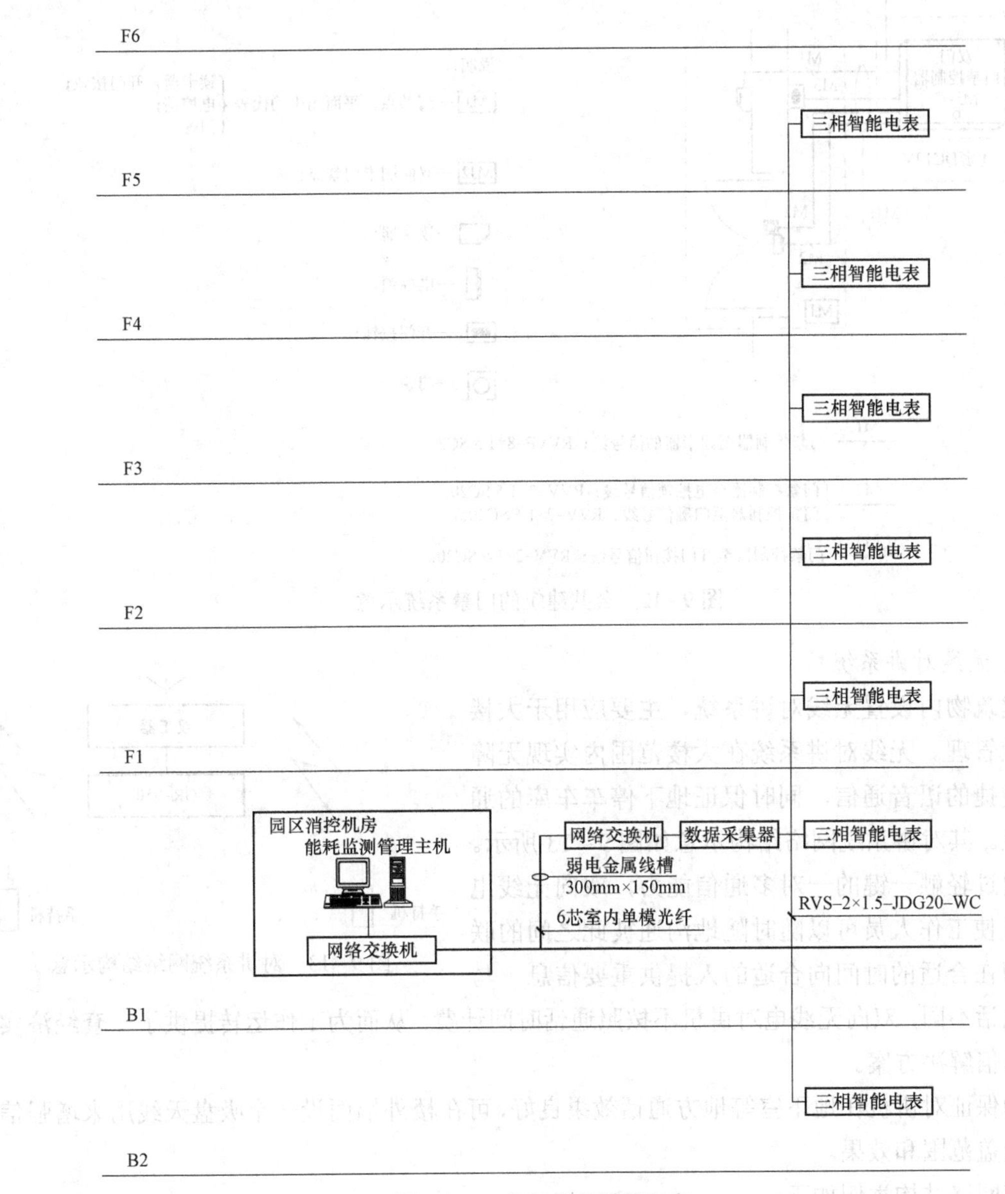

图 9-11　能耗管理系统示意

9.8 访客对讲系统和无线对讲系统

1. 访客对讲系统

访客对讲系统往往是住宅建筑项目的基本配置。访客对讲系统可以看成是住宅的门禁，公共建筑的门禁系统更讲究些，如图 9－12 所示。

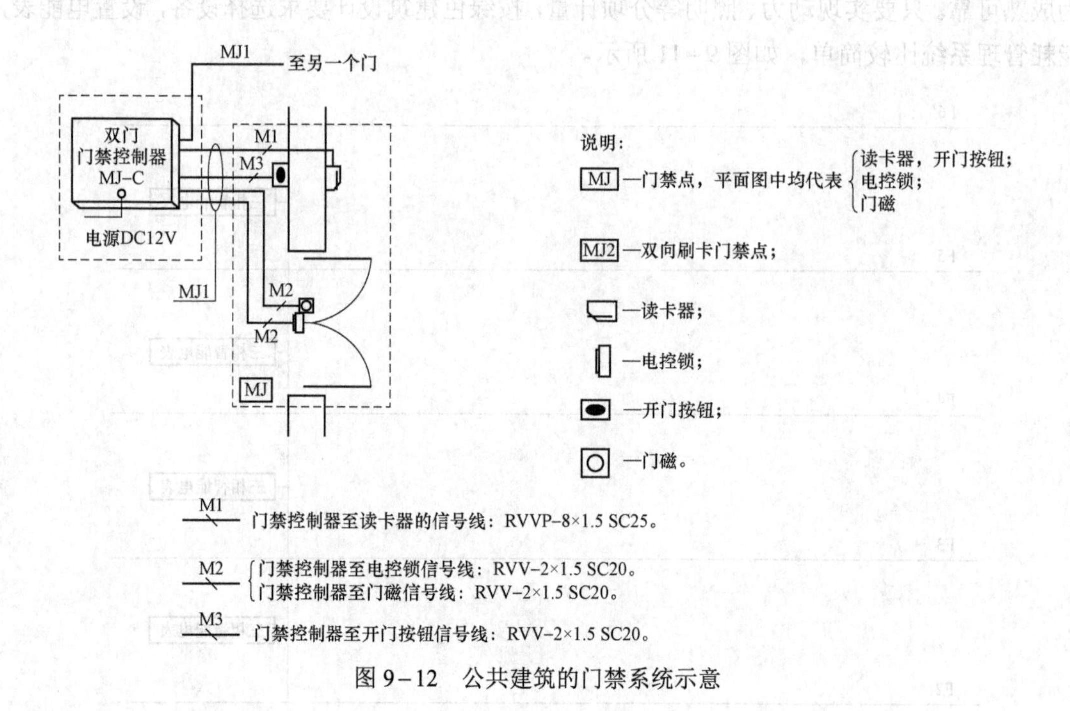

图 9－12　公共建筑的门禁系统示意

2. 无线对讲系统

建筑物内设置无线对讲系统，主要应用于大楼的物业管理。无线对讲系统在大楼范围内实现无障碍、便捷的语音通信，同时保证地下停车车库的通话功能。其对讲系统网络结构示意如图 9－13 所示。

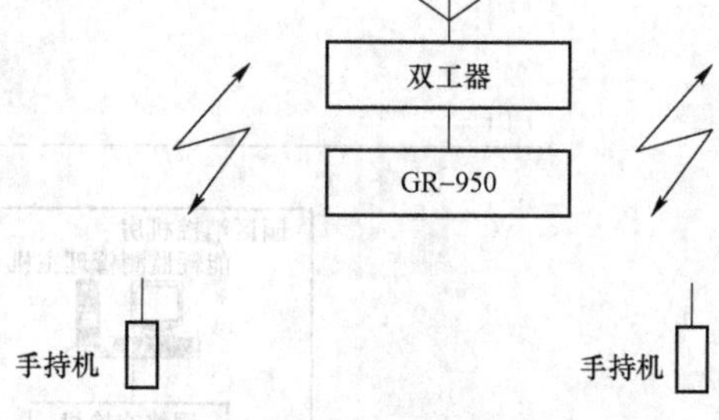

图 9－13　对讲系统网络结构示意

通过轻触一键的一对多通信能力，双向无线电对讲机使工作人员可以随时随地沟通彼此之间的联系，即在合适的时间向合适的人提供重要信息。与移动电话不同，双向无线电对讲机不按照通话时间计费，从而为工作运转提供了一套经济实用的通信解决方案。

为保证对讲机在地下室等地方通话效果良好，可在楼外墙面设一个吸盘天线用来增强信号的覆盖范围和效果。

其网络结构举例如下：

主机采用双向无线电对讲机，其特点表现为功率大，体积小，待机时间长，操作简单明了。它有以下优点：与流动或在不同地点的工作人员保持联系；只需按下一次按钮，便可同时与多个通话组通话；在紧急情况下可以迅速做出反应；具有结构紧凑、纤巧轻盈的特点，符合人体工程学设计；可具有 99 个信道、前面板编程、平均 8h 的电池寿命的功能。

常见的建筑智能化系统除了以上内容，子系统应用比较专业的还有智能卡系统、人脸识别系统、发布公共信息的信息发布公示系统、迎宾系统、导引系统、系统集成平台等。

系统集成与联动对于智能建筑很重要，系统集成是基础条件，联动是目的和效果，它体现着该建筑的“感知—分析决策—对应行动处理”的智能化程度。在将“智能建筑”升级为“智慧建筑”的过程中，系统集成与联动必将是最重要的进化标志内容。

“集成”，顾名思义就是将原本分散的、彼此独立的单元集合起来，组成一个新的单位，并具有新的功能定位。建筑智能化系统里的系统集成，就是将不同厂家制造的自成体系的机电系统、信息系统组建为一个信息共享、系统联动的新平台。所以，系统集成平台与各子系统的连接非常关键，要有良好的通信协议和硬件接口。

系统集成和与之相关的系统联动，在一定程度上体现所在工程的智能化程度和信息化水平。因此，系统集成往往成为开发单位进行工程宣传的亮点和销售部门的卖点。建筑设备监控系统是系统集成的主体部分，与系统集成关联密切，在技术方案中占据重要位置。目前主要有三级系统集成：BAS—BMS—IBMS（系统集成与系统联动）。

在大型豪华、系统复杂且投资较高的智能建筑项目中，一般对系统集成的级别要求较高。由于子系统多达十余个，设备来自不同厂家，系统集成平台与各子系统的连接往往是一件棘手的事情。因此，在工程设计与设备招标中，应特别重视系统兼容、设备接口的安排。参与系统集成的子系统，其通信协议应是一致的，设备供货商应书面承诺其系统设备对外开放。这方面的工作包括硬件和软件两方面。目前，硬件方面，无论是纵向的上下级连接，还是横向的同级连接，较多的系统连接方式是采用网关形式。软件方面将在系统集成有关章节中阐述。

9.9　智能化系统工程设计实例

下面以住宅小区和高级公寓为例说明智能化系统的方案设计。

随着智能建筑技术的发展，智能技术将逐步扩展到整个城市，即形成分层次的智能城市。智能小区是智能城市的基本单元，它就是将一定地域范围内多个具有相同功能和不同功能的建筑，按照统筹规划的方法对其进行智能化装备、资源共享、统一管理和控制，为住户提供安全、舒适、方便、节能、可持续发展的人文生活环境的社区。

智能化是一个相对的概念，其技术在不断地发展完善着，智能小区就是计算机网络进入房地产的结果。目前，关于智能小区的定性定量的标准尚不明确，在这种情况下，通常采用小区智能化的说法来表达住宅小区的智能化是一个过程，将随着智能技术的发展和社会需求的变化而发展完善。

住宅类智能化系统设计指导性文件有《全国住宅小区智能化系统示范工程建设要点与技术导则》《住宅建筑通信设计标准图集》《住宅小区智能化技术论证会纪要》等。其中对智能小区总体规划、实施原理、建设要点和发展方向做了具体阐述，特别是对小区智能化的分级功能设置做了比较具体的规定。

按投资成本小区智能化系统分为高中低三档，即较高标准、普及标准、最低标准。

在实际工程当中，智能小区的建设内容不仅限于上述系统，例如：在三表计量系统中可能会增加热能表而变为四表自动计量系统。为了满足高速上网的需要，采用无线、光纤/同轴混合等多种互联网接入装置。有的地方还要求建立电话、计算机、电视三网合一的系统，小区周界报警系统，门禁、消费等的一卡通系统（包括停车库、门锁、巡更、独立门禁、联网门禁等）。

智能小区的开发价值体现在生活便利、娱乐多彩。可使人们享受到网上教育、计算机购物、计算机阅读、电子邮件、电子娱乐以及家庭办公等功能；物业管理高效、方便、准确。小区中的水、电、气、热、房租等收费可通过计算机网络进行全面管理。另外，保安、购物、洗衣等方面的管理可利用网络管理而大大减少人员，降低成本，提高服务质量和工作效率；智能小区可因智能化大大增加其项目利润。这是因为小区智能化的成本在项目投资中所占比例较小，但由此而产生的小区功能突出、品质超群，在市场竞争中可发挥其巨大优势。

智能小区在总体设计上应注意高度的安全性、舒适的生活环境、便利的通信方式、综合的信息服务、智能化的家庭设备管理等方面。

小区智能化系统可分为三层结构，上层为管理中心，它可与因特网等广域网相连。第二层为小区网络布线系统，它可以是综合布线系统或光纤同轴电缆混合网。第三层为各子系统，包括家庭智能化系统、周边防范、保安监控、电子巡更、照明监控、电梯监控、给排水监控及消防系统。这三层有机紧密地集合为一个统一的智能网络。

为了满足小区居民日益增长的需求，小区的对外网络通信应采用宽带数据通信介质，对内而言，多媒体信息网络应是设计的重点，在起居室和书房应各设一个双口信息插座，其水平电缆宜不分语音、数据而同为五类线。该系统应可达到如下目的：获取大量网上资讯，服务人员可通过该网络对老人、病人进行照顾和护理；实现专业技术人员在家上班完成工作任务的理想；使身处异地的亲友可在网上欢聚一堂；各住户之间的防灾信息能够相互沟通；在家里通过网络计算机学习知识、接受教育。在此顺便指出，一度被房地产业热炒的通过机顶盒综合网络系统，从网络技术专业角度来看，虽然它实现了某种程度上的多种网络整合，但毕竟是一种过渡技术，不是理想的解决方案，有人甚至称之为超级玩具。因此，小区智能化系统应采用先进技术（如千兆以太网），一次规划分步实施。

小区智能化系统的设计应与土建设计同步进行，以便恰当地安排机房位置、弱电竖井及终端管线的敷设路由。否则，中途添加将给智能化系统建设带来很大困难。

设计中的重要问题之一是通信接入网，这是小区与外界广域网信息交流的桥梁，是智能小区最基本的投资项目之一，其性能直接关系到投资费用以及提供综合信息服务的能力。目前，接入网的建设有多种方式，有的利用电视网，有的利用电话网，有的采用专线接入。其中，电视网的缺点是适于传输模拟信号，而此信号易受干扰，会出现乱码，丢失信息。如果传输数据信号，要经过多次数模转换，成本较高，这种方式可用于一些旧区网络改造，优点是可利用现成的管线，工期短，见效快。另一种做法是，控制网和数据网各自单独设网，可高速度、高质量地完成控制信息和数据信息的传输和处理。工作十分可靠，其缺点是一次投入较高。

水、电、气、热四表远程抄表系统是小区智能化系统设计的重点。该系统有多种方式，设计时应根据工程的具体情况分析其优缺点而加以选择。一是利用电视网络，每层设一个控制箱，每户设一个数据终端与四表连接。此外，该数据终端还可连接计算机、门铃、电视、求助按钮、防盗探测器、感烟探测器、燃气报警器等。二是采用电力载波系统。三是设立单独的远程抄表系统。该种方式工作可靠，为许多地方的市政专业管理机构所认可，因而，工程上应用较多。

高级公寓多为高层建筑，面积大，档次高，它的智能化系统设计的重点是信息系统，其功能和子系统组成与智能小区有诸多类似之处，但综合布线系统、消防系统和楼控系统的设计更接近于大厦智能化系统的设计。

在人们心目中，办公、商务类智能建筑比住宅智能化系统地位重要，投资也高，因此，有意无意之间对住宅智能化系统多有忽视。事实上搞好住宅智能化系统并非一件轻松的事。从工程实践看，有下列问题需要重视：

（1）工程设计单位与工程承包商要明确责任界限，工作衔接要紧凑。根据智能化系统工程的特点，应改变由设计单位闭门造车式的设计方案、初步设计、施工图的做法，设计者应重点保证系统功能与结构的设计，规定技术指标，明确施工验收标准，在施工前完成详细的系统图及平面布置图，确定线路的型号规格、连接方式、敷设方式，明确弱电电源的供电要求及现场弱电设备的电源插座位置，而承包商应提供完整详细的端子接线图、安装大样图、设备箱内部布置图及有关的设备资料。

（2）住宅智能化的建设要根据工程的具体情况确定是属于普及型、先进型，还是领先型。既要满足住户对社会信息化的要求，可以适度超前建设少量高标准的工程，又要考虑到我国地域广阔经济发展不平衡的国情，选择不同的档次，不必贪高求全，尽量节约投资，以免浪费财力。国家推出的数十个智能化住宅小区重点示范工程，以普及型居多。普及型的系统设有计算机自动管理中心；设有水、电、气、热三表或四表远程查抄计费系统；设有小区安全防范自动监控管理系统；设有防火、防有害气体泄漏报警系统；设有紧急呼叫系统。对小区主要设备设施实行集中管理，对其运行状态实行远程监控。

（3）智能化住宅的设计应要求建筑专业在设计上具有高度的灵活性，如生活空间、家庭办公空间、家庭影院空间可灵活分割，以适应空间变化、设备布置、管线敷设的要求，以满足生活方式变化的需要。

（4）智能化系统虽可显著节能，在同等情况下节约一次投资，但不可讳言，智能化住宅的高标准、高质量、高效率、高舒适性，必然带来相对于普通建筑的资源和能源的高消耗。对此，只能采取高科技技术，尽量利用太阳能等天然能源，以降低其运行费用。

（5）新建的智能化住宅一般有数个弱电系统，为了美观经济、方便施工，在楼梯间纵向宜将几个弱电系统的层箱综合为一箱，而不宜分散布置。

在小区设计中，综合布线系统以渐趋普及光纤到楼，单元门采用大对数电缆，5类线到户已成主流思想。由于智能化系统是分步实施的，因此，工程中要考虑这种随机性和不确定性。在每栋楼宜设一个约5m^2的弱电间，供总配线架、弱电电源箱等装置使用。另外，竖向及横向的弱电管线宜一次预埋齐全，而不论其系统是否立即穿线。

（6）在水、电、气、热表自动计量系统中，IC卡表因其先交费、后使用的特点，为一些主管部门所推崇。但其在使用中存在不少问题，如工作不可靠、不准确、易人为破坏、不甚尊重用户等。因此，IC卡表仅宜用于规模较小、比较分散的住宅，管理方便。相比之下，采用数据线的远传自动计量系统的优点明显。这因为，后者适应性强，抗干扰，工作可靠，具有较好的自检报警功能，在具备UPS条件下，可长期稳定运行。符合以人为本的时代风尚。

（7）智能化住宅的弱电接地常为人所忽视。实际上，小区智能化系统的网络日趋庞大复杂，为了保证计算机联网、家庭办公、远程服务、网上购物等诸多功能的实现，必须做好弱电系统的接地。计算机的直流接地、交流接地、保护接地的接地电阻值应小于4Ω，如采用联合共用接地方式，尤其在包括防雷接地的情况下，接地电阻值应小于1Ω。如电阻值过大，则电气屏蔽作用将大为削弱，降低数据传输的可靠性，增加误码率，图像扭曲变形，严重干扰弱电系统的整体性能，使其不能正常工作。

（8）为了住宅智能化系统的安全，除了强电专业的保护措施外，宜在弱电设备前端装设过电压保护装置，以防供电故障形成的高电位和雷电波侵入。再者，在电源线进户处设置避雷器，以防架空线引入的雷击。

设计是工程的灵魂。设计工作完成后，则该工程的定档分级与投资最大效益也就基本确定了。从工程实际来看，设计应与业主的经济力量相配合。不少工程迟迟不能成功，往往不是因为设计不佳或技术不成熟，而是建设资金不能保证按时到位。因此，必须对资金问题充分重视。

［例］某公寓智能化系统方案设计说明

一、工程概况

本工程总建筑面积约12万m^2，地下3层（局部4层），设有汽车库、娱乐健身场所及设备用房。地上22层，首层为餐饮、管理等商用房，二层及以上为高级公寓，标准层每层面积约5700m^2，其中偶数层每层有4户跃层。首层层高5.4m，标准层层高3.1m，建筑总高71.5m。大厦为钢筋混凝土结构。四座塔楼相连组成开口朝东的“U”字外形。

大厦智能化系统中央控制室设于地下一层，经电缆桥架与四座塔楼核心筒的弱电竖井贯通。电视前端采编室设于顶层，就近与楼顶天线联通，消防控制室位于大厦首层，内设火灾报警、联动控制设备及保安监控、平急两用广播设备等。

总的设计依据、总的设计内容及范围、总的设计目标、主要技术需求设计原则在这里不再赘述。

二、各个子系统的设计

（一）综合布线与计算机网络系统

设计依据、主要设备、元件、材料选择在这里不做详细介绍。

1. 土建结构分析

本工程总建筑规模约 12 万 m^2，体量较大。按使用性质综合布线可分为公寓和商务管理两部分。在公寓部分，建筑平面显示每层的走廊是不连通的，相当于四座塔楼。首层和地下各层纵横各约100m。考虑到规范对线缆长度的规定及施工、维修的操作要求，在大厦的四个核心筒内各设一个小配线间（即弱电间），智能化系统的竖井沿此配线间上下贯通。非公寓部分每层设置配线架，应能满足本层信息点的应用和连接要求。公寓部分每座设置两个配线架，应能满足本座信息点的应用和连接要求。

根据建筑平面图，在地下一层已留有中央控制室（原电话机房）与四个核心筒内的弱电竖井相连通的桥架墙洞。因此，大厦的综合布线系统将沿此路由水平走线，然后再经竖井与大厦各部分沟通联络。

2. 总体规划

对本工程采用分布式网络管理的思想设计其结构化布线系统，即采用模块化设计和分层星形拓朴结构。根据房间功能，地下二、三层及夹层使用综合布线系统概率较小。本着经济原则，由地下各层至公寓顶层设置综合布线系统，地下一层设四个楼层配线架，负责地下各层的信息点。地上一层设四个楼层配线架，负责地上一层的信息点。公寓层各座居中各设两个楼层配线架，负责公寓层各层的信息点。本工程采用普通式网络布线方式进行信息点布设，保证楼层配线架至最远信息点之间线缆长度小于 90m。

主配线间设于地下一层的中央控制室内，此地集中了计算机网络设备，外面引入了公用市话配线架及其他弱电设备。市话通信电缆一般是通过预埋管道进入大厦内。在入户处做好防水密封及接地工作。

考虑到光纤的良好传输特点，本工程机房至楼层配线架数据垂直干线采用 6 芯多模光纤。同时，拟定语音垂直干线系统采用五类大对数电缆，水平系统采用超五类非屏蔽双绞线，数据和语音可互换。如此设计可满足综合数字业务网和今后的网络升级。当本工程今后需要与其他大厦沟通时，就能通过现有的结构化布线系统平台，方便地组成全方位的信息互访系统，适应信息技术发展的趋势。

据概算统计，本工程各楼层语音、数据信息点共约 2000 个。

3. 各子系统设计

（1）工作区子系统由终端设备与连接到信息插座的连线组成，包括适配软线、连接器和扩展软线等。据规定，一个工作区至少设一个三类和一个五类信息点。本工程中公寓部分是一户一个工作区，设两个超五类信息点于起居厅墙上距地面 0.3m 处。办公管理区按增强型标准每 10m^2 左右设 1 个信息站点，1 个站点至少设 2 个超五类信息点。设置一些信息端口用于多功能设备接驳，如增设传真机、调制调解器、网络打印机等。对高级管理人员办公室适当提高档次，设置 4～6 个信息口，以备现在和将来使用。

信息插座采用双口面板和超五类模块，即 RJ45 型 8 芯插口，一般距地 0.3m 暗装，有架空地板房间在地板上 0.3m 处暗装。工作区跳线为 3m 成品跳线。电源插座与信息插座水平距离 0.3m 处暗装。

（2）水平布线子系统是指从楼层配线架或跳线面板到各房间信息口插座之间的连线部分。本设计采用超五类非屏蔽双绞线，其规格是 100Ω、4 对 24AWG 电缆，传输频率在 100MHz 以上，传输速率在 150Mbit/s 以上，屏蔽线与非屏蔽线相比，价格贵超过 40%，并且在施工中对接地质量要求极高。本工程中的非屏蔽线是穿金属线槽和 SC20 钢管敷设，这等于采取了一定的屏蔽措施，其性能完全可以满足本工程的要求和有关标准的规定。在安装中，要求距强电、水管、煤气管至少 0.3m。

按照综合布线一般的线缆长度计算方法，是按分配架到最远和最近信息插座的平均距离估算。本工程公寓部分最远距离约为 50m，最近距离约为 26m，平均距离为 38m。按每箱五类线 305m 计，水平子系统约需 400 箱五类双绞线。

（3）垂直干线子系统是连接楼层配线架与主配线架的主干线缆。它由设备间子系统、管理子系统及水平子系统引入口设备之间的相互连接电缆组成。数据传输采用 6 芯多模光缆作为网络主干是因为光纤的宽带等特性使今后的网络升级轻易方便，因而成为高速网络主干的首要选择。而语音传输采用五类或三类 25 对大对数电缆，是因为语音传输的要求低，不必花更多的钱。事实上，五类大对数电缆也支持数据信息，带宽可达 100MHz，其终端信息口可支持各种通信和网络终端。

本工程首层高 5.4m，标准层高 3.1m，主配线架所在地下一层高约 6m，垂直干线长度最大约为 85m，最小约为 20m。具体长度取决于所在楼层，每层主干线路数量取决于本层工作区信息点数。

（4）管理子系统提供与其他子系统连接的手段，使整个布线系统及连接的设备、器件等构成一个有机的整体。管理子系统设置在每层的弱电间内，由配线硬件、输入/输出设备等组成。

配线架选用 24 口和 48 口两种数据配线架，24 口用于公寓，48 口用于非公寓部分。配线架的管理器件配合配线架来归拢配线架之间的跳线。

光纤接口箱为墙上明装式，采用 24 口形式，各自配备光纤过线槽。在主设备间（中控室）使用 19in 标准接口箱。

管理器件数量取决于所在层的信息点数量。依据线路共享原则和端口最大率优先原则，既要满足系统管理需要，又不致造成不必要空置浪费。

（5）设备间子系统。设备间子系统是设于中控室内的布线系统核心设备，包括中心配线架、集线器、网管设备、各楼层的电缆、光缆引入装置等设备。在此对整个大厦的信息点进行全面管理。

4. 系统功能及特点

（1）能灵活支持各种计算机网络协议和拓朴结构，能实现共享式、交换式、共享式+交换式的网络管理，灵活构造大厦的计算机组网方式。一次布线在 15～20 年内系统性能满足使用要求，不会因网络配置改变、升级换代而破坏建筑结构和装修形式。

（2）综合了语音、数据、图像等信息管理系统，适应现代和未来技术发展。标准化的电缆和插座，允许不同的设备，如个人计算机、服务器、打印机、电话机、传真机等插接，灵活而实用。

（3）兼容不同厂家的语音、数据设备，支持总线、星形、环形等网络结构。由于使用相同的电缆、配线架、插头、插孔，尽管有线系统庞杂，也不需与不同的厂商协调，不需不同的零配件。

（4）采用模块化的积木式插接标准件，使系统易于扩充和重新配置。局部的更改不影响布线系统的整体。这是因为本系统为所有语音、数据和图像设备提供了一条功能强大的介质道路。

（5）按照国际标准，对整个系统实行集中式管理，对配线间实行分区管理。每一配线架按分区标准单独使用，便于用户的后期维护管理。

5. 设备选择

目前中国市场上的综合布线产品主要为国产、进口产品并存，其中有高、中、低档之分。采用什么品牌产品应着重考虑性能好、全球市场占有率高、一次性投资少等因素。

（二）楼宇自控系统

楼宇机电设备自动控制系统（BAS）是建筑物智能化系统重要组成部分之一。为了把本工程建设成为现代化大型多功能智能大厦，为用户提供一个舒适、安全、高效的工作环境，降低大厦的管理和运行成本，使大厦成为商住楼的范例，本设计采用集中、分散型的自动控制系统进行机电设备的管理。

1. 系统设计范围

冷冻站系统监控、热交换站系统监控、空调系统监控、新风系统监控、送/排风系统监控、风机盘管系统监控、给/排水系统监测、变配电系统的监测、电梯（不包括货梯）系统的监测、公共照明系统的监控、停车库送排风系统的监控。

2. 系统设计内容

（1）冷冻机组系统。

1）系统组成。本工程设有两台冷冻机组，位于地下三层机房。冷冻系统由冷却塔、冷冻泵、冷却泵、制冷机等构成。通过现场安装的智能控制器、传感器、变送器和执行器对冷冻系统的温度、压力、流量等进行监控，通过通信网络与机组控制器联网运行。

2）监控功能。① 监测冷冻水总供回水温度及总回水流量；② 监测冷冻水总压力差值；③ 监测冷却水总供水温度；④ 监测冷冻机、冷冻水泵、冷却塔风扇及冷却水泵运行；⑤ 监测冷冻水泵、冷却塔风扇及冷却水泵故障报警；⑥ 监测冷冻水膨胀水箱高低水位报警；⑦ 调节冷冻水旁通阀门开度；⑧ 冷冻机、冷冻水泵、冷却塔风扇及冷却水泵启停控制；⑨ 控制冷冻机冷却水及冷冻水电动蝶阀门开关。

3）控制方式。① 冷冻水压差控制：根据冷冻水总供回水的压力差，调节冷冻水旁通阀门开度，以保证冷冻水总供回水之间的压差保持正常；在冷冻机系统停止运行时，旁通阀门全关。② 冷冻机组控制：冷冻水泵、冷冻机组冷冻水电动阀门、冷冻机组联锁动作；冷却水泵、冷冻机冷却水电动阀门、冷却塔电动阀门及风扇，冷冻机联锁动作；冷冻机组启动顺序为：冷却塔电动阀门冷却塔风扇；冷冻水总供、回水温度差及总回水流量，计算实际冷负荷，决定冷冻机应运行台数，并自动启停冷冻机以满足冷负荷需要。如运行水泵、冷冻机或冷却风扇发生故障，备用组别自动投入。

4）中央站功能。通过动态彩色图形显示冷冻机系统所有参数，使操作员能清楚了解整个冷冻机系统情况，并可做出参数分析，记录及打印报警信号。

（2）热交换站系统。

1）系统组成。热交换系统主要由水管式温度传感器、水管式压力传感器、旁通阀、热水泵和热交换器等组成。热交换站监控系统通过现场安装的智能控制器对热交换系统进行监控，并可由通信网络与中央管理机联网，实时显示热交换系统的运行状态，打印运行报表等。

2）监控功能。① 监测一次热源蒸气压力及温度；② 监测热水总供、回水温度及总回水流量；③ 监测热水总压力差值；④ 监测热换器组水流状态；⑤ 监测热水泵运行状态；⑥ 监测热水泵故障报警；⑦ 监测热水膨胀水箱高低水位报警；⑧ 调节蒸气阀及热水旁通阀门开度；⑨ 热水泵启停控制；⑩ 控制换热器热水阀门开关。

3）控制方式。① 热水压差控制：用热水总供回水的压力差，调节热水旁通阀门开度，以保证热水总供、回水之间的压差保持在正常的范围内；在热力站系统停止运行时，旁通阀门全关。② 热交换站控制：热水水泵，换热器热水电动阀门，换热器蒸气阀门联锁动作。热器组运作顺序为：打开换热器组热水电动阀门启动热水泵确认热水水流流动→依据分水器供水温度调节该换热器组蒸气阀门开度。换热器组停止运作顺序为：关闭换热器组蒸气阀门→停热水泵→关闭换热器组热水电动阀门。由热水总供、回水温度差及总回水流量，计算实际热负荷，决定换热器组应运行台数，并自动启停换热器组以满足热负荷需要。如运行水泵发生故障，备用水泵自动投入。

4）中央站功能。通过动态彩色图形显示热力站系统所有参数，使操作员能清楚整个热力站系统情况，并可做出参数分析，记录及打印报警信号。操作人员在中央站可对有关参数进行调节并对有关设备进行手动控制。

（3）空气处理系统。空气处理系统包括组合式空调系统、新风空调系统、变风量空调系统等几类。空气处理系统在楼宇系统中比较重要，其消耗能量较大。通过合理设计和控制，充分利用自然光和大气冷量（热量）来调节室内环境，可以达到节约能源的目的。空气处理系统、监控系统通过安装于现场的智能控制器，对空气处理机的运行状态进行检测与智能化控制，并可由通信网络连至中央管理机进行集中管理与控制。

1）组合式空调系统。① 监控功能：监测回风温度、湿度；监测冷/热水盘管后温度做出防霜冻保护，防止盘管结冰，造成经济损失；由风压差开关测量风机两侧压差，监视风机运行状态，异常即发出报警；监测风机故障报警；由风压差开关测量空气过滤器两侧压差，压差超过设定值时（过滤网堵塞）发出报警信号；风机启停控制；PID 调节冷/热水阀门开度；调节新风、回风阀门开度。② 控制方案：空调机、新风阀门、冷/热水阀门联锁动作。空调机可按预先编排的时间程序启停，或由操作人员在中央站手动控制空调机启停。依据室外温度实现季节转换。空调机启动顺序为：依据季节调节新风阀门开度→启动风机→确认风机运行→根据回风温度设定值，PID 调节冷/热水阀门控制回风温度；在夏、冬季时，固定新风阀门在最少开度，减少冷热负荷。在过渡季时，当室外温度在设定值范围内时，关闭水阀，全开新风阀，使室外新风直接送入，达到节能效果。若室外温度低于回风温度及设定值时，关闭水阀，调节新风阀门开度，控制新回风混合比例，维持要求的回风温度。空调机停止顺序为：关闭冷/热水阀门→停止风机→关闭新风阀门。当冷/热水盘管后温度过低，立即停止空调机并打开热水阀门，同时发出报警。③ 中央站功能：通过动态彩色图形显示空调机组所有参数，使操作员能清楚整个空调机组情况，并可做出参数分析，记录及打印报警信号。操作人员在中央站可对有关参数进行调节并对有关设备进行手动控制。

2）组合式空调系统（带湿度控制）。① 监控功能：监测回风温湿度；监测冷/热水盘管后温度做出防霜冻保护，防止盘管结冰，造成经济损失；由风压差开关测量风机两侧压差，监视风机运行状态，异常即发出报警；监测风机故障报警；由风压差开关测量空气过滤器两侧压差，压差超过设定值时（过滤网堵塞）发出报警；风机启停控制；PID 调节冷/热水阀门开度；控制加湿阀门开关；调节新风、回风阀门开度。② 控制方案：空调机、新风阀门、冷/热水阀门及加湿阀门联锁动作；空调机可按预先编制的时间程序启停，或由操作人员在中央站手动控制空调机启停；依据室外温度实现季节转换；空调机启动顺序为：依据季节调节新风阀门开度→启动风机→确认风机运行→根据回风温湿度设定值，PID 调节冷/热水阀门及开关加湿阀门控制回风温湿度；在夏冬季时，固定新风阀门在最少开度，减少冷/热负荷；在过渡季时，当室外温度在设定值范围内时，关闭水阀，全开新风阀，使室外新风直接送入，达到节能效果。若室外温度低于回风温度及设定值时，关闭水阀，调节新风阀门开度，控制新回风混合比例，维持要求回风温度；空调机停止顺序为：关闭加湿阀门及冷热阀门→停止风机→关闭新风阀门；当冷/热水盘管后温度过低，立即停止空调机并打开热水阀门，关闭新风阀，并发出报警。③ 中央站功能：通过动态彩色图形显示空调机组所有参数，使操作员能清楚整个空调机组情况，并可做出参数分析，记录及打印报警信号。操作人员在中央站可对有关参数进行调节并对有关设置进行手动控制。

3）新风机组控制系统。① 监控功能：监测送风温度；监测冷/热水盘管后温度做出防霜冻保护，防止盘管结冰，造成经济损失；由风压差开关测量风机两侧压差，监视风机运行状态，异常即发出报警；监测风机故障报警；由风压差开关测量过滤器两侧压差，压差超过设定值时（过滤网堵塞）发出报警；风机启停控制；PID 调节冷/热水阀门开度；控制新风阀门开关。② 控制方案：新风机新风阀门、冷热水阀门联锁动作；新风机可按预先编排的时间程序启停，或由操作人员在中央站手动控制新风机启停；新风机启动顺序为：打开新风阀门→启动风机→确认风机运行→调节冷热水阀门控制送风温度；新风机停止顺序为：关闭冷热水阀门→停止风机→关闭新风阀门；当冷/热水盘管后温度过低，立即停止风机并打开热水阀门，同时发出报警。③ 中央站功能：通过动态彩色图形显示新风机组所有参数，使操作人员能清楚整个新风机组运行情况，并可做出参数分析，记录及打印报警信号。操作人员在中央站可对有关参数进行调节并对有关设备进行手动控制。

4）新风机组控制系统（带湿度控制）。① 监控功能：监测送风温湿度；监测冷/热水盘管后温度做出防霜冻保护，防止盘管结冰，造成经济损失；由风压差开关测量风机两侧压差，监视风机运行状态，异常即发出报警；监测风机故障报警；由风压差开关测量空气过滤器两侧压差，压差超过设定值时（过滤网堵塞）发出报警；风机启停控制；PID 调节冷/热水阀门开度；控制加湿阀开关；控制新风阀门开关。② 控制方案：新风机、新风阀门、冷/热水阀门及加湿阀门联锁动作；新风机可按预先编排的时间程序启停，或由操作人员在中央站手动控制新风机启停；新风机启动顺序为：打开新风阀门→启动风机→确认风机运行→根据送风温湿度设定值，PID 调节冷/热水阀门及开关加湿阀门控制送风温湿度；新风机停止顺序为：关闭冷/热水阀门→加湿阀门→停止风机→关闭新风阀门；当热水盘管后温度过低，立即停止风机并打开热水阀门。③ 中央站功能：通过动态彩色图形显示新风机组所有参数，使操作人员能清楚整个新风机组情况，并可做出参数分析，记录及打印报警信号。

5）风机盘管系统。监控功能；TC−1 内的温控器具有通/断两个工作位置。可装设于其温度需加以控制的场所内，温控器的通断可控制电动阀的动作。使室内温度保持在所需的范围（温控器的设定温度在 5～32℃可调）；TC−1 内的组合转换开关是用以对风机及系统进行切换的手动开关，夏季运作时选择开关应拨在“COOL（冷）”挡，并对盘管供应冷冻水，当室温升高并超过设定点时，温控器的触点接通，电动阀被打开，系统对室内提供冷气；冬季运作时，选择开关拨在“HEAT（热）”挡，对盘管供应热水，当室温下降时，温控器触点接通，电动阀被打开，系统对室内提供热风；系统转换开关拨在“OFF”挡时，电动阀因失电而关闭，其风机电路亦同时被切断。

（4）送排风系统。

1）监控功能：监测各风机运行状态及故障报警；控制各风机启停。

2）控制方案：可按预先编排的时间程序或与其他设备如空调机组联锁动作启停风机，或由操作人员在中央站手动控制风机启停。

3）中央站功能：通过动态彩色图形显示各风机参数，并可依据实际需要修改。操作人员在中央站可对有关参数进行调节并对有关设备进行手动控制。

（5）给排水系统。

1）系统组成给排水系统为建筑物提供生活用水、消防给水、补水及污水处理排放。给排水监控系统通过现场安装的智能控制器检测高低水位，控制水泵的启停。由通信网络与中央管理机联网，实时显示给排水系统的运行状态，并可打印运行报表。

2）监控功能：监测生活水箱、集水池的高低水位报警；监测生活水泵、排水泵运行状态和故障报警；控制生活水泵、排水泵启停。

3）水箱补水控制过程：根据液位开关的动作自动开启/停止补水泵；液位超限报警，水泵故障自动停机并开启备用泵；对水泵进行动态监视，并做运行记录。

4）给水控制过程：根据给水压力，开启给水泵及投入运行泵的台数；现场采用变频控制时，对给水压力进行调节；多泵系统时，按运行时间，轮流启停次数；给水泵故障报警，有消防信号联锁时，提供全压给水。

5）排污控制过程：① 监视污水池高限、超高限液位；② 根据液位自动开启/停止排污泵；③ 排污泵故障自动停机，并开启备用泵同时发出报警信号；④ 记录排污泵的累计运行时间及启停次数。

6）中央站功能：通过动态彩色图形显示各水系统参数，并自动记录及打印报警。操作人员在中央站可对有关参数进行调节并对有关设备进行手动控制。

（6）照明监控系统。

1）系统组成：照明系统实现建筑物内照明，照明监控系统通过现场的系列智能控制器实现定时或特定安防状态下的照明控制，由通信网络与中央管理机联网，实时显示系统各点状态，并打印报表。

2）控制功能：各状态点（包括节日灯、车库灯、走廊、楼梯、大厅、室外装饰及泛光照明）的状态；有火灾状态下，上述各状态点的控制；有安防报警时，各照明点状态。

3）控制方案可按预先编排的时间程序自动开关各照明箱回路，或由操作人员在中央站对照明盘回路进行手动控制。

4）中央站功能：通过动态彩色图形显示有关参数，方便操作员做参数分析，并自动记录及打印报警。操作人员在中央站可对有关参数进行调节并对有关设备进行手动控制。

（7）变配电系统。

1）系统组成：变配电系统包括高/低压变配电房及所有变配电设备，变配电监控系统通过安装于现场的系列智能控制器监测各配电设备。由通信网络连至中央管理系统，实时显示各设备的状态，并可打印运行报表。

2）监测功能：监测高压进线的三相电压、电流、有功功率、用电量及空气开关状态；监测高压进线配电柜内重要空气开关状态；监测变压器房间温度；监测低压配电柜进线的三相电压、电流、有功功率、用电量及空气开关状态；监测低压配电柜内主要空气开关状态；监测低压配电系统互投器的切换报警；监测发电机的运行状态、故障报警、油位状态；监测发电机的三相电压、电流、有功功率、用电量及频率；监测变压器房间排风机运行状态及故障报警；控制变压器房间排风机启停。

3）控制方式：依据变压器房间温度启停排风机，以保证房间内的温度。当温度超过高限设定值，即发出报警信号。

4）中央站功能：通过动态彩色图形显示高低压配电系统有关参数，以便操作员能依据参数做出分析，并自动记录及打印报警。

（8）电梯系统。

1）监测功能：监测各电梯及自动扶梯故障报警；监测各电梯及自动扶梯暂停服务信号。

2）中央站功能：通过动态彩色图形显示各电梯及扶梯参数，遇有故障报警事故，操作人员可马上通知维修公司，提高效率。

（9）停车库送风及排风系统。

1）监控功能：监测停车库一氧化碳含量并发出报警信号；监测停车库送排风机运行状态及故障报警；控制停车库送排风机启停。

2）控制方案：当停车库一氧化碳含量超过正常时，自动启动相应送排风机至回复正常含量。

3）中央站功能：通过动态彩色图形显示停车场空气质量，保证维持在正常范围内，并记录及打印报警。

3. 系统的基本层次结构

（1）中央操作站：编程界面、时间表、趋势以及其他自动控制功能的设置工具。

（2）控制器：执行控制计算、协调其他通信协议兼容控制设备的运行；管理自动控制功能的执行；引导网络信息；可完成网上通信的可编程。

（3）用于专用系统的网关。

（4）就地操作单元：控制器的附件，带有一个湿度传感器和若干按钮，它用于自定义现场服务模式、修改控制器的参数、其他厂家产品兼容设备等。

4. 系统的功能

（1）提高管理效率。楼宇自控管理系统对各设备子系统运行情况进行综合，了解系统运行状态，及时解决各种突发事件，并完成由建筑物各系统发来的每天上百条设备使用指令，上述操作如果依靠人工运行是不可想象的。计算机快捷准确的处理可大大减少劳动强度，减少设备运行维护人员。另外，系统的综合统筹管理可使设备按最优组合运行，大大减少设备损耗，减少设备维修费用。

（2）节省能源。通过空调控制，控制水量及设定值，制冷系统利用计算机控制多种优势，实施根据冷量控制冷水机组启动台数等多种节能措施，可以大大节省电量、水量、蒸汽量及热量，以降低厂房设备日常的运行费用。

（3）提供舒适的环境。通过其高性能的完全可编程的子站控制器，高速微处理器芯片，快速的内部逻辑环路，高分辨率的输入端口，以及成熟先进的控制程序，可以迅速、准确地对负荷的微小变化做出及时地反应，保证建筑物对环境的要求。另外，该系统的软件功能强大、全面，符合现行 GB 50314 的要求。

5. 系统的特点

包括符合主流技术标准通信协议；简单直接的结构网络；高速的通信网络；三维、动态的全图形操作界面；多种不同点数规格的 DDC 控制器适于不同场合、不同功能，可以根据建筑物的规模、功能和应用进行合理地配置，做到量体裁衣，使用户的投资达至最低；扩展方便，网络控制器直接挂在以太网上，故扩展非常容易，而且数量没有限制。数据处理只取决于计算机的硬件配置；全中文操作系统，有功能强大的图形编程软件。

（三）背景音乐及公共广播系统

1. 系统组成

背景音乐及公共广播系统设计为平急两用形式，即平时播放背景音乐、新闻、通知，紧急事态时切换为事故广播，组织人员救灾疏散。为此目的，广播系统的控制中心设置在大厦首层的消防控制室内。机房设备主要有：

（1）主机：包括系统微机处理机、多个附加应用模块插槽及机壳。机壳正面板上有显示器、功能键、电源开关。主机与一个或多个放大器一起使用，配用功放是自动投入的。

（2）接收模块：高品质的FM接收机可提供当地电台节目。每个通道的调谐和预置均在正面板上的微型电位器进行。正面板上设有预置通道选择及电台频率指示。

（3）卡式放音机座：高频质的卡式放音机可提供丰富的音乐带节目。卡座可装入2台或多台独立的放音机，最多可将4台或多台卡座串联，按顺序放音，使放音周期延长。磁带运转到尾部自动翻面，当两面全放完音后，下一台放音机自动按序放音。

（4）VCD、U盘等唱机。

（5）固态数码录音口信模块：模块含一个记忆芯片，它用数字方式记录口信。可记录多段分开的口信。选播口信之前可以先播一个提请听众注意的提示信号。口信之后可以接播音员的现场讲话，这种连贯的行为按产品的程序执行。用户只需使用外加的话筒就可以把口信记录或转录到集成电路芯片上。

（6）呼叫站：操作者不仅可以用呼叫站的话筒输入讲话，还可以用呼叫站控制音乐和讲话的传送线路。用数码键盘可以对多个分区扬声器进行选择。设有一个记忆键，用它可以调出上一次的状态。用多个功能键盘可以对报警钟声信号、预录口信、优先顺序、扬声器区的放声路线、触发控制继电器、音量控制等功能预编程序。

（7）矩阵式分路控制器。

（8）话筒输入模块：为多个平衡式话筒提供输入端口。用户选择话筒/线路输入和切除低音，为话筒提供电源，带LED状态显示器。

（9）呼叫站输入模块：为2个18区呼叫站提供输入端口并带音量控制。

（10）控制输入模块：消防报警用。可以控制输入触发报警信号和录音口信，并将它们按优先顺序送入相应通道，也可以用控制输入触发某些指定的区。

（11）音乐输入模块：通过这个模块可以把3个不同的音源输入系统主机，其中之一进行了RIAA校正，适合输入唱片放出的信号。

（12）分区继电器模块：把放大后的音乐、喊话信号分别送到多个独立的扬声器区。

（13）控制继电器模块：为系统提供开关触点，用户可编出这些接触点的“开”“合”程序，共用了12个继电器。前两个继电器专门用于指示内部故障，第3个可用于“接续电源”功能。其余的继电器可由不同信号源触发，实现多种功能。

（14）扬声器：由吊顶扬声器和壁挂扬声器组成。

本工程的广播分区分路按楼层划分：首层至地下三层为1层1路；二层及二层以上每3层1路；每个核心筒7路，共有广播分路33路。由控制中心分路控制，自动切换，保证火灾时通知火灾所在层及上、下层人员接到疏散通知。

每个扬声器功率不小于3W。地下各层为吸顶式和壁装式安装方式。壁装式安装高度为2.5m。所有扬声器间距约为8m，广播线路采用阻燃型导线穿钢管暗敷于地板内、墙内或吊顶内。

2. 系统功能

系统功能包括：提供大厦公共背景音乐；提供多种语种自动广播；系统提供功率放大器监听设备，监听其工作状态，功放产生错误，就发出故障报警信息；系统具有自检功能，包括系统的设备状态、工作状态、系统错误等有关信息；自由设定广播区域，火灾或其他紧急情况发生时，可完成背景音乐和紧急广播的切换；具有声音警报功能；可进行广播优先级设置，如紧急广播第一优先等；系统进行消防紧急广播时，可强行打开楼层或客房音量开关使扬声器以满功率播放；系统提供三套背景音乐节目源即录音卡座、FM 调谐器和唱机选择播放。设计选用的音响管理系统示例如图 9-14 所示。

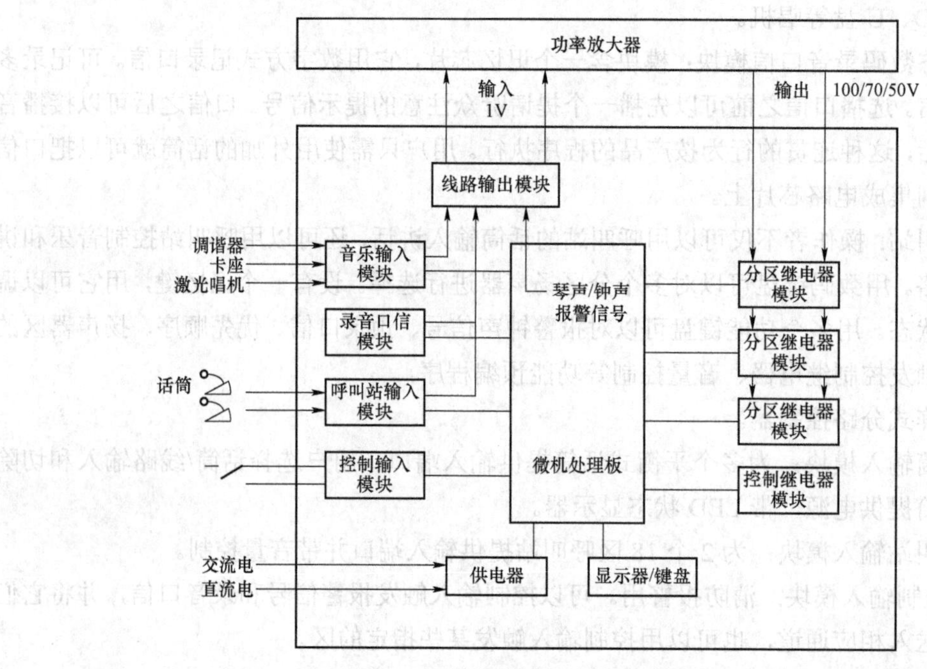

图 9-14 设计选用音响管理系统示例

（四）公共安全管理系统

1. 系统组成

本大厦公共安全系统由保安监控系统（即 CCTV 系统）、门禁系统及重要部门夜间防盗系统组成，其中后二项在大厦建成后由用户自行建设。CCTV 系统主要是由摄像、传输、显示和控制四部分组成，它们可完成对现场图像信号的采集、切换、控制、记录等功能。

CCTV 系统主要划分为前端设备及后端中心控制设备。在本设计中，前端设备主要包括黑白及彩色摄像机、镜头、解码器、云台及附属的支架、护罩等，这部分设备主要决定着图像信号的质量。后端中心控制设备主要是由位于控制中心室的控制主机、监视器、录像机、画面分割器、信号发生装置组成。

（1）系统前端摄像设备：摄像机是前端视频部分的核心，是图像信号的来源，摄像机采用全数字式。镜头可单独配置自动光圈镜头，具体型号根据现场进行配置。电梯轿箱内采用针孔镜头。

（2）系统前端云台、解码器：全方位云台和解码器的采用是为实现对多视角大范围监视区域、长距离区域的有效监控，并能实现云台的预射功能。

（3）摄像机护罩及支架：系统内大部分固定摄像机均采用隐蔽式护罩，并根据摄像机所安装的场所分别采用了半球式护罩或楔形护罩；在室内无吊顶处则采用普通的摄像机护罩；室外用摄像机采用室外型带冷却风扇护罩。

（4）控制系统主机：控制主机是控制系统的核心，宜采用矩阵控制主机，主机可对全系统实现全遥控功能，可以准确地控制摄像机自动和手动操作。

（5）控制键盘：操作者可通过键盘对监视器和摄像机进行选择，并可用操纵杆灵活控制云台运行，按键控制镜头功能。利用键盘可实现对各种功能的系统编程。

（6）系统显示、记录设备：① 监视器：根据实际需要选择黑白监视器和彩色电视机，监视电视图像质量符合有关规范的要求。② 实时录像机：选用高密度长延时录像机，与普通的延时录像机相比，它把一般延时录像机未录的部分也能录下来，当重放时动作连续性好，与实时状态几无区别。③ 画面分割器：系统中根据实际情况选用十六画面分割器，采用数字处理技术，可在将摄像机图像以画面分割方式显示到监视器的同时，将连接到所有摄像机图像以理想的方式录制在长延时录像机上。

（7）多媒体操作系统：利用多媒体技术使用户不仅能将其系统平面图很方便地绘制储存于计算机中，并通过鼠标来完成切换以及云台和镜头的控制，还可以把图像录制于光盘中。

（8）主控平台：系统主控平台按照 19in 国际标准，台上除操纵主键盘外露外，其他设备均为隐蔽安装。

2. 系统设置标准

系统监测是为了防止非法入侵，防止违反安全事故发生的重要措施。安保系统要求具有一系列的安全防范措施，利用这些措施，大厦管理和保安人员能够及时发现并防止意外事故的发生，且能通过这些保安措施对意外事故进行记录。

（1）各楼层公共通道监视使用高分辨率的电荷耦合器件（CCD）摄像机，一律使用 0.3lx 高光敏度黑白或彩色机头，部分可使用 30°+15°三维云台。

（2）公共场所、重要出入口、商务服务柜台、车库、重点防火部位和机要部位使用高分辨率阴极扫描电视摄像机。建议采用 5lx 光敏彩色机头，中芯分辨率在 600L/mm 以上，变焦可调，使用 340°+15°三维云台。

（3）电梯间使用 6mm 口径黑白或彩色定位广角针孔式摄像机。

（4）采用多媒体技术进行采集和存储图像，光碟存储与长延时录像机存储并用。

3. 系统功能

在监控中心设置的多媒体操作站提供了良好的人—机界面，使整个系统更易于控制和管理。闭路监控系统应实现以下功能：

（1）可监视所有出入大楼及特定区域的人或物。

（2）可监视所有电梯内的情况。

（3）可对存放的车辆提供监视。

（4）可自动保留一定时期重要监控场所的录像资料（存于录像带和光盘）。

（5）可与其他系统联网。

（6）系统具有报警自动切换功能。当主控机接收到报警信号时，可自动切换到报警画面并及时启动录像设备。

（7）主机可对全系统实现全遥控，可以准确地控制摄像机自动和手动操作。

（8）控制主机可根据监视场所的客观要求，实现系统视频信号的切换，即摄像机可任意组合切换，任意一台摄像机画面显示时间独立可调。每一组切换中还可以编入分组同步切换，保安管理人员可在大厦监控中心随时将任一组图像信号切换到任意一台监视器上。任意一组切换均可由用户编程，在任意一台监视器上定时自动执行。

（9）利用多媒体技术可使用户将其系统平面图很方便地绘制储存于计算机中，并通过鼠标来完成图像切换以及云台、镜头的控制，还可将监控点等布于平面图中，通过对它们的操作而完成响应的控制功能。当有报警信号时，可激活相应的楼层平面图及该图中所对应的元素，该元素可声光显示以将报警具体位置提示给操作者。

（五）卫星电视与市内有线电视系统

1. 系统组成

本工程采用单向卫星接收系统及有线电视系统，为用户提供卫星转发的电视节目、当地有线电视台的节目、当地开路电视节目及大厦自办电视节目，此外还可提供调频音乐广播节目。本系统由天线、前端、干线传输及分配分支网络四部分组成。

（1）天线：卫星电视天线为锅状，带伺服电机。在大风天气里天线朝天锁定可保证安全。天线均安装于楼顶，位置由实测场强决定。土建专业具体布置天线基座，在土建施工中将楼顶与基座做成一个整体。天线的作用是把电磁波转换为高频电流，经过馈线驱动高频头。

本工程拟接收的电视节目涵盖了目前该地区常见节目，满足该项目住户的收视需要。

（2）前端：包括卫星电视接收机、UHF－VHF 变换器、导频信号发生器、自办节目设备、调制器、混合器及传输电缆等。

该部分形成大厦的三大节目源：卫星电视节目、市区有线电视节目、大厦的自办电视节目。所有前端设备输出的信号均为射频信号，通过邻频混合器将各路信号混合到一起，送到干线传输系统的干线放大器上。

由于前端设备较多，因此在大厦顶层设置电视前端采编室。此采编室距天线较近，有利于保证电视音像质量。

（3）干线系统：干线用于连接机房前端设备与分配网络。本工程电视干线共 4 根，分别沿四个弱电井敷设。根据电缆信号衰减情况，大约 7 层以上，每层设一个放大器和线损均衡器，以保证大厦各层末端信号电平为（64±4）dB。

（4）分配分支网络。该部分由分配放大器、均衡器、分支器、分配器、电视天线插座、同轴信号传输电缆等组成。本工程不用传统的上、下层串交结构，采用较好的本层水平分配——分支结构。在每户的起居厅及主卧室各设一个电视天线插座，电源插座和电视天线插座均为距地0.3m暗装，土建预埋穿线管为SC20。

目前，有线电视系统采用双向传输设计，信号分配采用分支分配形式，分配系统无源设备带宽按1000MHz设计，有源设备带宽按860MHz设计，以满足未来其他业务发展需要。系统终端输出口采用电视（TV+FM）输出口，可直接接收前端传输的电视信号与调频广播信号。在相应楼层设有前端放大器箱，节目源信号经放大后通过分支分配网络送到电视终端插座。

2. 系统功能

860MHz频带内若干套PAL或NTSC制式广播电视信号的传输分配，以及声音信号、数据信号的双向交互传输，可用于办公楼内外有线电视信号、电视会议、视频点播等系统提供宽带、高速的传输分配通道。系统功能包括可接收国内外电视节目的数字式信号、模拟式信号外，播放大厦自选自编的音像节目，以及计算机多媒体信息转播机制。

（六）地下停车库自动收费管理系统

1. 系统组成

本工程对地下室车库实行全内部车辆管理。车库为4层，一进一出。在进口处设有读卡机、发票机、LCB闸门机（带检测器）、感应线圈、摄像机、电话机、木门臂等。在车道出口处有SBE收费机、月票阅读器、带检测器的LCB闸门机、感应线圈、木门臂、编程键盘、电话机、摄像机等。鉴于车牌识别系统与计算机影像对比识别系统所用设备接近而功能差别较大，本工程可考虑配套新颖的计算机影像对比系统，其识别内容不仅包括车牌，还包括车型、车身颜色等较全面的信息。但这套系统将使车库管理系统的造价增加约一倍。

2. 工作程序

当车辆到达入口门臂前，埋于地下的感应线圈感知车辆并使读卡机和出票机进入工作状态。当司机将月票插入出票机上验票口时，如在有效期内，入口闸门机门臂会自动升起，车辆进入停车场内。如果是大厦之外的临时来客，则出票机上按钮指示来者取票，票上印有进入日期、时间、编号及包含上述信息的条形码。停车者取出时票时，闸门机自动抬臂放行。车辆驶过闸门机后，门臂后的感应线圈使闸门机又放下门臂。

当车辆停在出口处的收费亭旁，感应线圈使收款机和月票阅读器开始工作。月票插入阅读器后，如果在有效期内，出口闸门机就会自动抬起门臂放行。持时票者将票交给亭内收款员，然后条形码被阅读，收款机自动计费，收费额显示在显示屏上，驾车者据此付足现金。收费员收费后按下确认键，闸门机抬臂放行。车辆驶过闸门机后，门臂自动降下复位。

3. 管理功能

（1）停车场管理人员可随时编排时租和月票车位比例。

（2）自动计算进入与驶出停车场的车辆数目及自动分类时租车辆和月票车辆之数目及驶出车辆数目，以供停车场管理人员随时了解停车场状况。

（3）具有联动接口，可驳接电视监控系统及车库照明系统；当车辆经过车辆感应器时，自动打开车库照明或摄像机进行录像、监控。

（4）具有断电保护功能，当断电时，所有资料30天内不会丢失。

（5）过期月票可重新输入资料，循环使用可节约成本。

（6）具有防止逆行功能，并可防止月票使用者使用同一张月票将两辆车辆驶入停车场。

（7）自动打印收据给泊车者。

（8）收费机具有以下功能：自动计算停车费用；停车票遗失（收固定费用）处理；优惠收费功能（适用于商店及餐厅以优待客户）；车道悬臂押金。

提供如下统计资料：收银员换班报告（工作时间、收费金额）；车道业务活动报告；客户持续时间报告（进入日期、时间；驶出日期、时间）；每月、每天、每时分项列记的商业报告（金额报告）；收银员考勤卡值班报告。

（9）当发生下列情况时，系统发出警告信号：门臂破坏（非法闯入）；过期月票；非法打开收款机钱箱；出票机内时票不足。

（10）系统可根据停车场需要另加以下设备：

1）内部对讲系统设于出入口和收费亭，以帮助使用设备困难者。

2）停车场多层或区域显示，每层停车场或区域内自动计算空位并通知满位指示灯。

3）计算机影像对比安全系统。

（七）四表出户遥测管理系统

设计目标：本工程面积达12万m^2，主体是高级公寓；大厦的物业管理在大厦的建筑中具有重要地位；本设计采用集中式的物业管理，遥测水、电、热、煤气消耗数据，兼具视听对讲、四防报警等多种功能。

1. 系统结构及组成

（1）用户端：在土建施工的同时，将住户的电能表、冷水表、热水表、中水表、煤气表等根据有关协议改装成市政、公用工程管理部门认可的远传表。除在户外的电表箱外，根据各表所在厨卫详图上的位置，在距远传表0.3m范围内预埋墙中86型接线盒，彼此靠近的表具可以共用接线盒。接线盒与表具之间数据线穿镀锌金属软管保护。接线盒与本层走廊吊顶之间预埋SC20。吊顶内设置金属线槽并与设于弱电竖井中的计量保护箱连通。线路中传输的为脉冲信号。

（2）干线：由竖向电缆和各层计量保护箱组成。计量保护箱与各户之间以放射式布线。本工程共4条竖向干线。4条干线均通向地下一层的中央控制室。计量箱可以单独采集、存储数据。干线即数据总线。

（3）管理终端：主机为一台档次不低于需求的计算机。它负责收集处理各层计量保护箱传来的数据信息，集中地储存、记录、打印，该计算机内的管理软件系统具有读写、查错、修改和监控等功能，与计量保护箱组成保密型的全自动控制系统。不仅可以就地处理各户数据信息及报警信息，而且可以双向通信，通过银行划收耗能费用，打印收据，完全避免了人工处理大量数据时易出现的差错。为了满足进一步的需要，可以对计算机加装各种先进的物业管理软件。

2. 系统功能

（1）系统是开放型网络，连接采用总线方式。各用户并联接在总线上，在网上任意一点都可以抄读三表数据，便于整个大厦及城市水网、气网、电网的自动抄收，银行划拨收款。

（2）该系统具有独立的用户处理装置。各用户独立运行，不会因相互间的干扰及系统连接总线的短路或断路造成数据丢失和混乱，确保抄收及时、数据准确、保护箱和计算机抄收精度与原表（一次表）相同。

（3）网络传输为特殊的仿生基因函数传输，准确无误不怕任何脉冲叠加干扰。

（4）网络具备报警功能。将老人救护、盗抢、煤气泄漏、盗用水和燃气等报警集为一体，发生任一警型即向管理中心报警，以便及时处理。

（5）网络具有控制功能。如用户不交费，可通过网络控制断气、断电、断水，起到强制收费的同等功能。

（6）网络具有防断电功能。停电时，系统的备用电源可确保本系统在72h内安全可靠地工作。

（7）网络能方便地利用公用电话网进行数据传输并可以通过市话网对家居进行控制。

3. 主要设备表（略）

系统一套，设备、元件、材料及造价按户计。

本说明书与设计图相辅相成，共同表达了设计的意图、目标、组成和功能。说明书及图中列出了主要设备、元件和材料。工程报价单及施工组织、计划、进度表等另外成册供业主决策参考。

智能化子系统很多，还有各种公建门禁、住宅供热远传、人工智能应用、智慧管廊等。目前常见的智能化系统子系统尚在继续扩容之中。

子系统虽然较小，设计工作量少些，但是除了方案、初步设计可以较其他系统简单处理外，施工图设计文件仍应包括设计说明、系统图、平面图、机房布局图、主要设备材料清单和工程预算书。一般而言，施工图设计说明应对初步设计说明进行修改、补充、完善，包括设备材料的施工工艺说明、管线敷设说明等，并落实整改措施。其中，系统图要表现立管图等系统配置的详细内容，标注设备数量，完成设备接线图及系统内的供电设计等。平面图应包括前端、终端的设备安装位置、安装方式和设备编号等，并列出设备统计表，并根据需要提供安装说明和安装大样图；管线敷设应标明管线的敷设安装方式、型号、路由、数量，局部大样图，末端出线盒的位置高度等；分线箱应根据需要，标明线缆的走向、端子号，并根据要求在主干线路上预留适当数量的备用线缆，并列出安装材料统计表；根据需要说明每个安装区域的位置、尺寸，宜对不同级别的区域进行标注。

机房布局图应包括平面图，标明控制台和显示设备的位置、外形尺寸、边界距离等；根据以人为本的人机工程学原理，确定控制台、显示设备、机柜以及相应控制设备的位置、尺寸；并标明机房内管线走向、开孔位置、设备连线和线缆的编号；说明对地板敷设、温湿度、风口、灯光等装修要求以及联合设置时必要的条件限制。根据系统构成列出设备材料清单，并标明型号、规格等。最后，承包商要按照施工内容，根据工程费用预算编制办法等国家、地方现行相关标准的规定，编制工程预算书。

第10章　建筑智能化系统设计与建筑各专业的配合

俗话说，“皮之不存，毛将焉附？”那么，以此为比喻，建筑物及其机电设备就是“皮”，提供使用功能的建筑智能化系统就是“毛”。显然，这里的专业配合如果落实得不好，建筑智能化系统的建设就可能悬空，建筑智能化系统的承包商可能无法完成自己的承包任务。

在智能建筑的建设过程中，由于其系统的复杂性，系统工程之间协调工作的重要性不亚于专业技术工作。从宏观上看，协调工作分为两大方面，一方面是智能化系统设计与承包商的内部协调，另一方面是业主、土建施工、监理及智能化系统承包商之间的协调。这些协调工作的正常进行，是智能建筑建设成功完成的重要保证。

10.1　建筑智能化系统设计与建筑、结构专业的配合

在建筑设备监控系统设计中，与相关土建专业的配合十分重要，其关乎系统建设进度和功能目标能否顺利实现。相关专业有8项，包括总图、强电、其他弱电、暖通、给排水、建筑、结构、概预算。

设计的专业配合包括以下要点：

（1）强电：提供变配电和照明设计资料；提供UPS，其额定容量是负荷算术和的1.2倍；选择适配的电涌保护器SPD；提供合适的双电源终端自动切换（ATS的PC/CB级切断短路电流）装置。

（2）总图：小区管线、手孔、人孔布局；管线综合。

（3）其他弱电：集成与联动接口。

（4）结构：机房承载重量能力，土建预留、预埋的加固处理。

（5）建筑：位置、面积、形状；电梯、自动扶梯等。

（6）水暖：提供设备资料及有关要求；无关管线不能穿过弱电机房。

一次施工图设计承担主体应当是土建设计单位建筑电气专业弱电组。但是，实际上由于费用、奖金比例、时间、设计人员知识结构等各种原因，大多的土建设计单位建筑电气专业大多是做概念性设计，所出的图往往只是示意性系统图，甚至是框图，设计深度很浅。因此，

建设单位在招标前会委托专业的建筑智能化工程公司以自己或土建设计单位的名义完成一次施工图设计。

1. 智能化系统与建筑专业配合的主要表现

（1）根据智能建筑的建设级别，建筑设计专业应给予相应的层高及吊顶高度，如果不在楼板中预埋弱电穿线管，不在梁上预留设备管道通孔，则应适当提高层高，以保证吊顶高度（过去的甲级 2.7m，乙级 2.6m，丙级 2.5m，可以参考）。有的开发商对此缺乏应有的重视，往往是在土建进行到一定阶段后才考虑智能化系统，结果往往保证不了吊顶高度，施工十分困难。

（2）建筑设计专业应根据智能化系统的需要，合理安排：弱电机房（数据中心）、弱电竖井（层弱电间）的位置、形状、尺寸、面积、门开向、进出线槽的路由；中控室、电话机房、消防控制室及电视采编室等机房的位置、大小；弱电桥架、管线的空间位置。其中，对于高层以上建筑，为避免烟囱效应，弱电竖井不宜直线到顶，中途可换位。

机房位置首先不能影响工程验收，例如机房上方有食堂、淋浴室等，四周有变压器、发电机等强大电磁场或者明显震动，都会影响工程的验收。其次，机房位置如果偏离中心过多，会大量增加线缆管槽的数量，增加工程造价。

机房面积过小，导致机柜、操作台放不下或者操作距离不够，都会影响工程验收。

机房形状如果是三角形、刀把形，即使面积达标，也会因为难以布置设备而无法验收。

机房的门应当朝外开。许多火灾现场都显示，门向里开，火灾发生时人们挤在门口，谁也开不开门。机房电气设备集中，火灾风险较大，因此应当朝外开。但是，为了不影响走道通行，建筑师往往习惯于门朝里开。

（3）建筑设计专业应提供确定的建筑平面布置图、防火分区、疏散路线、功能分区、窗帘开关、遮阳伞控制要求、电动卷帘门及房间使用性质等资料，以作为智能化系统的设计依据。

总之，智能建筑中的智能化系统与建筑专业关系十分密切。具体的量化指标包括：标准层有效出租面积约占标准层面积的 75%，标准层通信竖井面积约占层面积的 0.6%，标准层电力竖井面积约占层面积 0.7%，标准层设备专业竖井约占层面积的 2%，标准层强弱电竖井面积约占层面积的 1.2%，工作区个人计算机台数按国家设计标准设置。办公区隔板高度一般为 1.5m。

2. 智能化系统与结构专业配合的主要表现

（1）结构专业根据智能化系统提供的卫视天线、卫星数据天线的位置、重量、大小、形状，确定其基座的位置及力学结构。一般天线位置设在梁的交叉点上，并与楼顶屋面上其他设备保持距离，确保大风天气时的天线安全。

（2）结构专业根据弱电箱体的位置大小留洞并配置过梁。若不留洞，现场钻孔卸下一块钢筋混凝土墙体是十分困难的事情。如果是剪力墙、承重墙，打洞还有复杂的结构安全问题要协调。

（3）根据机房设备的重量，尤其是电源设备较多的机房，结构专业应给予局部加固、增强承载的措施。

一般有 UPS 等重型设备的地面承重是普通地面的 6 倍。所以，需要加固的设备室必须由建筑智能化系统设计人向结构设计人提出配合资料。一般办公室的荷载约 200kg/m^2，而机房的荷载设计标准可以达到 1200kg/m^2。

10.2　建筑智能化系统设计与水暖电专业的配合

由于同属建筑机电安装工程，建筑智能化系统与土建设计的水暖电三专业无论设计还是施工，关系都十分紧密。

1. 智能化系统与暖通空调专业配合的主要表现

（1）暖通空调专业应提供其制冷机组、风机、循环泵、控制柜等设备位置、型号规格、数量及控制要求，其中控制要求宜双方商定具体细节。

（2）暖通空调专业设计选择的设备应符合楼宇控制、能耗计量及系统集成的要求，特别是通信协议及设备接口要注意。

（3）暖通空调专业应提供其系统的防火阀、排烟阀、风口等位置。对于要安装调节控制风量的电动阀的风管，必须确定其管径、位置、工作压力等订货参数。

2. 智能化系统与给排水专业配合的主要表现

（1）给排水专业应提供水泵的位置、容量、台数，以及水池的位置及控制要求。如果地下室集水坑排污泵需要监控，其位置、容量、台数及控制要求亦应提供。

（2）给排水专业应提供各层消火栓的位置，其喷淋系统的喷头位置标高应低于探测器等电器；对于要安装调节控制水量的电动阀的水管，必须确定其管径、位置、工作压力等订货参数。

（3）给排水专业设计选择的设备、阀门应符合楼宇控制及系统集成的要求，特别是通信协议及设备接口要注意。

3. 智能化系统与强电专业配合的主要表现

（1）强电专业应提供变配电、发电设备的位置、台数及监控要求。

（2）强电专业应提供照明箱、动力箱及控制箱的位置及回路数，其中有关公共照明、智能照明的内容及方式由双方共同商定。

（3）强电专业设计选择的变配电、发电设备应符合楼宇控制及系统集成的要求。特别是通信协议及设备接口要注意开放性。

（4）强电专业应提供良好的综合接地网设计，保证接地电阻小于 1Ω，并为各种弱电系统接地特别是机房提供独立的金属接地极（一般是焊接甩出镀锌铜排）MEB 或 LEB，以及设计良好的法拉第笼以防各种雷击，使智能建筑内保持一个等电位环境。

在施工界面配合方面，一般先由管道较大的暖通专业牵头，完成吊顶、园区的管槽综合，然后通过工地每周的监理会，协调各个层面的施工顺序、进度和安装衔接。例如，机械通风设备专业的管道上有BAS专业的调节阀、温度传感器等，调节阀的安装要串联安排，而传感器是附在管道上的元件，可以并行安排。

10.3 建筑智能化系统设计与概预算专业的配合

智能化系统承包工程主要就是抓技术、经济两大方面。技术方面核心是工程质量达标合格；经济方面就是成本不超预计，保证承包商的盈利。所以，在初步设计时，智能化系统设计人要给概算人员提供主要设备材料表和线缆管槽做法；在施工图阶段，智能化系统设计人要给预算专业人员提供完整的系统图、平面图、设备元件材料表等，以便预算出准确的设备费用、施工费用和设备元件材料用量。如果设计深度不够，数量缺失，那么靠估计得来的金额、订货量都是靠不住的，轻者影响成本，重者耽误进度。

以平面图为例，虽然目前广泛采用BIM画图技术，但是智能化系统还是二维平面表达设计意图。那么竖向的线缆管槽就要靠层高计算；平面图上的线缆管槽要逐条按比例量取统计，如果图面仅示意或合并表达，或者比例不规范，都会影响预算的速度和准确性。

10.4 工程各方的协调和弱电管槽综合

智能化系统工程中的专业配合主要表现在时空两方面。时间方面的配合体现在工序管理。例如，一般土建、水、暖、电、空调通风、电梯、装修工程是智能化系统工程的前提条件。管道方面，应先安装较大的管道、上层的管道；应先施工隐蔽的工程，后施工表面的工程；先施工桥架、穿线管，后施工穿线、接线。空间方面的配合主要体现在工作面的轮流使用及管槽的路由安排。因为智能建筑的设备多，管线多，所以管线安装要尽量利用梁之间的空间，适当的拐弯与爬跃是不可避免的。一般小的保护管根据设计习惯选用，截面利用率小于35%；大的管槽要经过计算，不能太大或太小，一般占槽率小于46%，如果凭估计，可能会影响验收。

施工中建设各方的协调主要是智能化系统承包商与业主、监理及土建、水暖电设备、装修等方面的配合。在资金、进度、质量、工地保安、垂直运输、施工用电用水、办公食宿、图纸会审、手续申办等方面，需要与业主、监理等方面密切协作。智能化系统的设计应与土建设计同步进行，争取消防系统、照明系统的终端管线埋入柱内、地板内、墙内，保证各电源插座的位置正确，如竖井中的电源插座容易忽略，有防静电地板的机房中的电源插座应距地0.6m而不是0.3m。

为了防止水系统加压实验泄漏的影响，弱电线路应在其后施工。鉴于楼控系统的很多阀门是在设备管道上，因此相应的施工须交叉进行。

装修工程特别是精装修工程与智能化系统的安装关系密切。应在装修工程之前完成智能化系统沿墙沿柱的明敷管线工程、吊顶内的管线工程，应与装修工程交叉完成表面器件的安装，特别是摄像机等贵重装置应在工程后期完成。

管槽综合是工程中的难点之一，其设计一般由土建设计单位的设备专业完成。弱电管槽综合是管槽综合的组成部分，综合的原则是：

（1）管线间距遵守有关设计与施工规范，其相对位置一般是弱电在上，设备管道在下；特别注意热力管道、空调水管道，这两个一冷一热，对信息化线路的长治久安有威胁。

（2）小管线让大管线；弱电管线尽量远离强电管线、高温管线。

（3）为了防止信号干扰，强弱电电缆应尽量远离，在走廊上方时，两者宜分居两侧。

（4）管线交叉时可向上向下翻越，其数量要适当控制，以免水、风系统阻力过大，影响使用。

（5）无论是平行走管，还是交叉走管，都要遵循有关管线工程规范的最小间距不可超标。注意，最小间距是底线。因此，设计、施工都要尽量放大，留有余地。

管槽综合工作一般采用统一规划、事先约定、分头设计、碰头协商调整的方式进行。有的工程还采取先做样板层的方法。

10.5　建筑智能化系统设计的图纸审查及实例

建筑智能化系统属于高新技术，设计复杂，涉及使用功能多，造价大，还涉及操作人员安全，所以，作为一个保证设计质量的关口，我国实行多种图纸审查/会审方式。

（1）强制性审查，即政府机构指定的强制性施工图审查机构要审查建筑智能化系统的一次施工图，审查通过后图纸盖章，出具审查合格书。这个审查与建筑等 5 个专业的施工图一起进行。

（2）设计单位电气专业的内审，包括校对、审核、审定。在市场经济条件下，许多小型设计单位的内审不具备条件。

（3）与建筑等 5 个专业的施工图设计人员会审互签，包括建筑、结构、电气、设备专业。

（4）深化设计后的会审，即建设单位、监理单位、承包单位、土建设计单位，目的是订货、施工。

建筑投资大，发生质量问题后果严重，应当遵循“事先指导”的原则把好设计审图这一关。

图纸审查的结论往往是设计文件是否合格的依据，是下一步项目建设审批的依据或设计费付款的依据。对于不合格的具有错、漏、碰、缺的问题图纸，应当及时修改合格。下面通过具体的电气工程设计实例的不同审查方式来真实体现施工图里的常见问题，以便提高智能化系统设计的质量。

【例】建筑智能化系统设计的图纸审查实例。

为了接近建筑智能化系统的工程图纸审查实际，后附某体育场项目的一次施工图设计文件审查意见（选录）、某体育馆项目的二次施工图设计图纸审查意见（选录）、某医院项目建筑智能化系统二次施工图审查意见、某超高层建筑智能化系统设计特点和其四星级酒店建筑智能化系统的设计特点，仅供参考。

1. 某体育场项目的一次施工图审查意见选录（表 10-1）

表 10-1　某体育场项目的一次施工图审查意见选录（智能化系统包含在电气专业中）

图号	电气专业初审意见
	某制冷机房
电施 XX-01（以下略“电施”）	（1）建筑概况应说明本工程所涉及的体育建筑等级，请按 JGJ 31 相关要求说明
	（2）补充设计依据、图例说明，此处部分与“总平面”不同
	（3）说明三关于负荷等级划分应按 JGJ 354—2014 中 3.1.3、3.2.1 执行，如对于制冰系统用电负荷等级应根据相关体育建筑等级确定，目前赛道制冰负荷为二、三级无设计依据
	（4）说明三.2 中变压器容量值应标出单位
	（5）根据某市房屋建筑工程施工图多审合一技术审查要点 6.6 规定。本说明中相关内容应补充火警系统应采用集中式，建议机房单独出设计说明
	（6）本工程是为某重要体育馆场提供赛道制冷，应为重要公共建筑，并有爆炸性气体，按 GB 50057—2010 中 3.0.3，防雷应为二类
	（7）补充接地说明，接地电阻值
	（8）照明 LPD 表应按 DB 11/687—2015 中 D.4.2 格式，核对修改
	（9）照明 LPD 表中对于 LED 灯应标“效能”，单位为 lm/W。应满足 GB 50034—2013 中 3.3.2 要求
	（10）按某市绿色建筑施工图审查要点（2018 年 7 月版）补充相关绿建说明、绿建星级、绿建表或说明相关图号
	（11）氨制冷机房内电气设备及线路应按 GB 50058—2014 相关规定考虑防爆措施，采用防爆设置等
	（12）关于气体灭火应详细说明，如系统型式、联动要求或见相关图号
XX-1～3	（1）2 号图中补充说明电气火灾监控系统报警动作时间
	（2）2 号图说明中第 5 项火灾发生时应自动切除非消防负荷，不应手动 JGJ 16—2008 中 13.4.9
	（3）补充火灾时切非设计，标出回路及消防信号
	（4）应标出线路敷设方式
XX-5～10	（1）补充变电站剖面图
	（2）根据 GB 50016—2014（2018 版）中 10.1.9，对于变电站内（含夹层）消防照明灯具应标识，并补图例说明（9 号图 ZM-2）
	（3）9 号图中消防疏散指示补充于 8-4，8-E 柱子
	（4）ATg-1-BD 中消防负荷与非消防负荷不可共箱配电，如插座不应接入
	（5）消防疏散指示应标出其初始防电时间，ZM-1 图同改
XX-2	（1）消防设备与非消防设备不可共箱配电，图中存在多处，如备用、插座等，非消防负荷与消防应急照明共箱配电，不符合 GB 50016—2014（2018 版）中 10.1.6 要求
	（2）图 XX-BD-WP1、2，XX-GD-WP1，XX-ZB～WP3，WP4 补充漏电保护

续表

图号	电气专业初审意见
XX－2	（3）意见同电施 XX－05－08－BDS－1～3－3
	（4）图 XX－1－ZB 应补充电涌保护
	（5）应与暖通专业确认图 XX－SG 箱及其他配电箱中风机是否为消防风机，如果是，其电源线、联动控制线应采用耐火线，消防配电箱中备用均应标为消防备用
	（6）系统图中各电动机应标注负荷名称，并标出是否是消防风机或事故风机，图中多处
	（7）防爆电气设备保护级别应按 GB 50058—2014 中 5.2.2 补充选择
XX－DL－4	（1）补充 GB 50057—2010 中 4.5.4（DL－2 图）
	（2）DL－3 图意见同电施（05－08－TY－6）
	（3）补充接地测试点（DL－4）
	（4）说明中补充 GB 50016—2014（2018 版）中 9.3.9.1 内容
XXXZ－1	（1）柱列 8－A、8－6、8－11 通道补充疏散指示（ZM－1）
	（2）补充房间名称，分界室补充消防应急照明设计
	（3）加氨站补充照明设计，首层出口多处未设安全出口标志
	（4）楼梯口补安全出口标志
	（5）ZM2 图柱列 8－6、8－9 区域未做设计
XXXF－1	（1）补充夹层火警平面图、系统图，补充电气火灾监控、消防电路监控、防火门监控系统图、平面图
	（2）火警系统图补充电涌抑制器设计，补充切非、应急照明、消防动力联动设计
	总平面图
XY－01、02～06	（1）图例中疏散指示应标注其初始放电时间
	（2）02 图中建筑概况，该体育建筑应属于特级，应与建筑专业核对，设计依据补充 GB 51251—2017，GB 50974—2014
	（3）02、05 图中 GB 50016—2014 改为 GB 50016—2014（2018 版），D800、D301、D500 应核对采用最新图集
	（4）说明三.1 应与本项第 2）条意见一致，二、三级负荷应按 JGJ 354—2014 中 3.2.1 调整，补充 GB 50052—2009 中 4.0.2
	（5）说明三.7.4）、5）应补充 DB 11/1024—2013－3.2.7，余自查补充
	（6）说明 15.12）补充 GB 51251—2017 中 5.1.2、5.1.3、5.2.2
	（7）说明四.5 补充 JGJ 345—2014 中 9.1.4、6.1.7，GB 50016—2014（2018 版）中 10.3.2、GB 50217—2018 中 5.1.9；DB 11/1024—2013 中 3.1.3、JGJ 153—2016 中 4.4.11、－4.4.12
	（8）说明六体育建筑线缆选择应按 JGJ 345—2014 中 7.3.2 选择。核对并根据建筑物等级调整，说明四.16 应按 GB 50016—2014（2018 版）标准说明
	（9）说明九应按某市绿建审查要点（2018 年 8 月版）中审查内容进行说明，如 4.2.4、4.2.10、8.1.3、5.2.9、5.2.11、5.2.17 等，其中第 15 项应标出 CO_2 浓度监控范围，色温、UGR 需列出主要空间对应表
	（10）05 图中说明八补充 GB 50116—2013 中 4.8.12；GB 50314—2015 中 4.6.6、4.7.6
	（11）05 图说明十一补充电气火灾监控系统漏电报警电流及动作时间，防雷部分补充 GB 50057—2010 中 4.5.4、GB 50174—2017 中 8.4.4、13.3.1
	（12）05 图说明十三.4 补充消防广播线路单独敷设，消防广播为阻燃型，火警系统报警和联动网络地址余量应不小于 15%

续表

图号	电气专业初审意见
XY－01、02～06	（13）05 图说明十四.5.（2）应为 0.25s，5s 不符合 DB 11/1024—2013 中 3.1.3 要求，05 图十四.5.（7）不符合 GB 50016—2014（2018 版）中 10.3.2 相关规定，补充双电源互投进线开关应具备隔离保护功能
	（14）需说明本“总平面图”中设计说明为哪些子项设计说明，对于防雷子项等需单独列出、制冷机房建议单写
出发区 2	
XT－2	（1）意见同“总平面图”电施－05－00－ETY－01－06
	（2）照明 LPD 表 RI 值补充
XP－1～5	（1）意见同制冷机房图 XX－TY－1－9）、8），图 XX－1～3－3）、4）
	（2）5 号图 XX－2FJ 出线未标线路线型，应补充二次原理图集号，页数，并补充热保护（只报警不跳闸），所有图纸核查
	（3）5 号图 XX－2－1 中 XM－D 应说明为消防应急照明控制器，应当有消防认证，且具备对出线线缆的保护功能
XD－4	（1）防雷引下线间距偏大
	（2）补充接地测试点、各 MEB、LEB、防雷引上线
XZ－1～6	（1）核对各主要功能房间照明 LPD 值应满足，GB 50034—2013 中 6.3 及 JGJ 354—2014 中 9.1.2 要求，并应将主要功能房间补充入照明 LPD 表
	（2）疏散指示设置应满足 DB 11/1024—2013－3.2.3.5 及 3.2.5.1 要求，如 ZM－4 图就餐区应补充疏散指示，ZM－6 出发区延展区未设疏散指示，且 6 号图安全出口位置有误，应指向首层或请确认火灾疏散路线并说明。此处应标明室内外、对室外与建筑专业核对是否为疏散区
XF－1	火警图、系统图补充消防应急照明、消防风机联动等
XF－2～4	（1）地下一层及二层未见照明、插座平面图，图纸目录中也无此图纸
	（2）补充切非、应急照明、消防动力联动、安防如门禁、视频监控联动等
	（3）缺一层消防平面图
	特级、甲级体育建筑的比赛大厅应采取 2 种以上不同类型火灾探测器
	无障碍卫生间补救助按钮、报警装置及线路电压值，淋浴间补 LEB
出发区 3	
XY－2	（1）未见体育场馆照明分级，照明标准值
	（2）补充电气火灾监控系统设计说明、强电系统图设计以及切非设计
	（3）其余意见同出发区 2
XP－1	未见应急照明系统设计，柴发系统图设计，应急电源设计应满足 GB 50052—2009－3.0.9 要求
XL－2	（1）补充 MEB、LEB，电缆入户需重复接地
	（2）其余意见同出发区 2
	（3）补防雷平面图、火灾自动报警系统联动部分，消防电源监控系统设计
出发区 1	
XY－2	多图防雷计算表中应将体育馆特级及甲级分清，只取其一，统一改，余见“总平面图”意见，JGJ 31—2003 中 1.0.7
XS－1	（1）说明 5 按 GB 50116—2013 中 4.10.1 说明，并在系统图中按回路标出，并补充 24V 消防联动信号
	（2）电气火灾监控系统报警动作电流值偏大，应执行 GB 50116—2013 中 9.2.3 及 JGJ 354—2014 中 7.6.3

续表

图号	电气专业初审意见
XS－3	未见计量柜
XS－6	（1）变电站应设消防应急备用照明，非普通照明。EPB 中消防与非消防设备不可共箱配电，图 XXPX－8 中图 XX－BPD 同改
	（2）补充柴发系统图，变电站剖面图
XP－3	（1）图 XX－1、图 XX2－1 意见同出发区 2，图 XX－1～5－3），类似自查核改
	（2）所有消防电力配电箱应补充热保护（只报警不跳闸）；并补充二次原理图集号及页数，如图 XX－WYB 等，自查补
	（3）图 XX－WYB 出线、图 XX－FJ1 出线均无线缆规格、敷设方式
XL－5	防雷引下线间距偏大
XM－4	（1）就餐区补充疏散指示设计，且采用双向开启平开门作为疏散门不符合 GB 50016—2014（2018 版）中 6.4.11 相关规定（100 人），补柱列号尺寸
	（2）消防泵处楼梯间的安全出口标志位置有误
XF－1	（1）火警系统图补充 280° 防火阀连锁线
	（2）补充切非、消防应急照明、消防稳压泵联动、强启关系
XF－2、3	（1）消防广播布置偏少
	（2）补充切非、应急照明联动，安防如视频监控、门禁等联动，未见消防稳压泵联动、平面设计等
	（3）补充氮气报警联动平面图、系统图
	（4）其余意见同出发区 2 及电总平面图
	赛道
XT－1	（1）压降计算应满足 JGJ 354—2014，3.5.2、3.5.3，高于的可调整电缆截面等，对于电动机及其他设备按±5%核查
	（2）应补充体育场馆照明等级，及对应的照明标准值，JGJ 153—2016 中 4.3.16
	（3）说明四中训练的照度值偏高，GB 50034—2013 中 5.3.12，补充 JGJ 153—2016 中 4.4.3、4.4.4、4.4.5
	（4）补充照明 LPD 表（D.4.2），补充 DB 11/687—2015 中 6.4.2、6.4.3 及 D.4.1、D.4.2
	（5）说明五补充防雷计算值及防雷网格尺寸，赛道灯具设备补防雷措施
	（6）余见“电总平面图”
XP－1～7	（1）应补充干线系统图，标注出各配电箱电源引自何处，电缆规格及上级断路器整定电流值，设计说明表格中部分配电箱功率值对不上
	（2）1 号图 XX－1－2、4 中电伴热根据安装情况补漏电保护
	（3）补充 UPS 持续供电时间
	（4）户外照明灯具配电应补漏电保护，宜采用 TT 系统供电
	（5）补充电气线路穿越伸缩缝做法，如图集号页数
	（6）补充接待系统型式，应有总等电位联结及局部等电位联结设计
	（7）防雷及接地平面图应补充防雷引下线及接地引上线
	（8）补充电气火灾监控系统设计

续表

图号	电气专业初审意见
	结束区
XY-2	（1）电井补充接地干线
	（2）余与出发区 1 设计说明意见一致
	（3）照明 LPD 表缺：观众席、就餐区、会议室、办公室、走道、卫生间等
XS-1～4	（1）AA05 互感器额定电流值偏小
	（2）5 号图应补计量柜，2 号图中备用电源严禁接入应急电源系统
XP-1～20	（1）PX-4 图中许多出线回路无型号规格，无二次原理图集号，见出发区 1 相应意见
	（2）8 图中应将视频监控系统电源纳入消防配电箱中，各套图核查，GB 50116—2013 中 4.0.2
	（3）PX-4 图 XX-2、3 中消防负荷与非消防负荷不可共箱配电；图 XXFJ1、2 补充热保护（只报警不跳闸），及二次原理图集号、页数，并补充出线电缆规格。图 XXBPD 同改
	（4）图 XX15 中因本工程设计说明中叙述不涉及人防，系统图中不应写“战时”
	（5）图 XX-1 中区域电源引自何处应说明
	（6）图 XXF-1 应引自专用消防供电回路，不应与非消防配电箱共回路配电，GB 50016—2014 中 10.1.10
	（7）图 XX-SB 应按本项第 3 条意见修改，电动机启动器应选消防型，排水泵标为“消防排水泵”
	（8）16 图补切非，按回路标注
	（9）图 XXZ4 出线部分未标规格
	（10）电动窗是否为消防负荷，如果不是，则不能与消防负荷共箱配电
XL-3～11	（1）柱列 5-11、5-A 区域附近区域多个电机无机旁控制装置，其余整体补充
	（2）燃气表间设置事故风机，与暖通专业核对
XL-15～17	防雷平面图与说明不符，请确定屋面是采用接闪器防雷还是接闪杆（避雷针），未见引下线设计
ZM-1～ZM10	（1）核对照明 LPD 值是否满足 GB 50034—2013 中 6.3 要求，走廊超标
	（2）精装区域需设应急照明的补充消防应急照明设计，如走廊等，各楼核查
ZM11～20	（1）人防密闭门不应作疏散门，应核对
	（2）13 图柱列 5-E、5-C、5-10、5-11 各门应均设置安全出口标志
	（3）变电室补疏散指示、安全出口标志
	（4）观众席空间补充疏散指示、安全出口设计，此处需标室内、外
	（5）14 图柱列 5，1/6，5-B 疏散指示方向应反向
	（6）15 图大家庭厨房，补充疏散指示
	（7）ZM-16 柱列 5-F 观众席中部分疏散指示方向上无通路，其右及左下区域未设置疏散照明指示设计，2M17～18 同改，此处需标注室内、外
	（8）ZM20 中平台是疏散平台，请核对建筑专业，各门补安全出口标志
XF-1	补切非，应急照明、消防动力（水泵风机等）安防等联动，气体灭火联动、补 280℃防火阀连锁线，安防（门禁、视频监控）消防室 119 直拨电话
XF-3～12	（1）意见同 XF-1-1）
	（2）看台及图中前室评论席走道补充火灾探测器，请核对建筑专业，室内、外应标注

续表

图号	电气专业初审意见
XF－3～12	（3）图 XX－9、11、12 手动报警按钮偏少，见图 5－8、5－5、5－B，核对防火分区，各图核查，补充防火分区示意图
	（4）图中对室内、外应标注区分
	（5）其余意见均参照出发区 1 意见修改
运营综合区	
XS－01～06	（1）需执行 GB 50052—2009 中 3.0.9，应区别应急电源、备用电源对应的负荷，根据负荷使用情况，将非涉及安全负荷的备用电源移出应急供电系统，补充柴油发电机配电系统图，对于应急负荷使用的柴油发电机还应接入其他负荷
	（2）补充 GB 50016—2014（2018 版）中 9.3.9
XP－05～17	（1）图 XX－WP3 电缆截面偏小，此类问题涉及安全，应整体核对修改（05）
	（2）图 XX－WP1，补充电动机启动器型号规格，标出负荷名称或说明（08）
	（3）图 XX－09 图配电箱出线许多未标线缆型号规格
	（4）图 XX－10 中 ALe－1－1－WL4，储油间应设应急照明
	（5）图 XX－13 中 ALe－1－1 意见同出发区 2 电施－05－03－PX－1～5－3）
	（6）XX－15 循环系统图出线许多未标线缆规格，负荷名称、计量表
	（7）X－15、16 中循环泵、风冷机组均未提供 K_x、功率因数数据
	（8）X－16 中 ALEe－1－BD 消防负荷与非消防负荷不可共箱配电
	（9）消防配电箱均应标注热保护（只报警不跳闸）及二次原理图集号
XL－1～16	（1）补充消防干线路由
	（2）消防灯具与线路应与普通照明区别，如排烟机房、加压送风机房等
	（3）装修区域的消防应急照明需补充
XM－12～22	（1）12 图柱列 6b－8、6－13 对外疏散门补安全出口标志
	（2）图纸应补柱列间尺寸，所有图核查
	（3）12 图突发人员备勤室的疏散指示以及左侧楼梯间疏散指示位置有误，其位置应在门内侧
	（4）疏散走道拐弯处 1m 范围内应设疏散指示，如 12 图柱列 6b－7
	（5）ZM－18 图、6－5、6－1/9 补充疏散指示
XF－1	意见同结束区 XF－1－1）
XF－03～13	（1）储油间宜选择火焰探测器（03 图）
	（2）04 图通信机房应补消防电话
	（3）意见同 XF－1
	（4）排烟机均未见相关联动强启线
	（5）其余意见均参照结束区意见修改
车库	
XY－1	（1）说明本建筑物等级
	（2）照明 LPD 表补充走廊等主要功能房间
PX－2～4	图 X－WP1～3 补充漏电保护

续表

图号	电气专业初审意见
DC-4	补防雷引下线、MEB、LEB、接地测试点
ZM-1～3	（1）线路应补充线路号，部分缺
	（2）ZM-3中户外消防灯配电回路，补电涌抑制器
	（3）补充火灾自动报警系统图，氨气探测联动系统图，事故风机联动系统图
	（4）补充电气火灾监控、消防电源监控、防火门建筑系统图
	某附属设施
XY-1	（1）建筑概况应说明建筑物等级、性质，通道长度
	（2）说明六中隧道内应设线性感温探测器及点式火焰探测器，GB 50016—2013中12.1.1
	（3）补充说明隧道内消防设备防护等级不低于IP65
	（4）应补充电气火灾监控系统设计，补图例说明
	（5）图XX-1-2（1）中不应设置景观照明回路
	（6）图XX-W1～3补漏电保护
	（7）火警系统线路选型应满足GB 50116—2013中11.2.2要求
	（8）补充GB 50116—2013中12.5.4、12.5.3，补充DB 11/687—2015中D.4.1、D.4.2
DL-1、2	（1）本工程接地系统宜设TT系统
	（2）补充JGJ 354—2014中12.3.1于接地平面图
XF-1	（1）意见同电施-XXY-1-2）
	（2）补充防雷平面图
	（3）补充电气火灾监控系统平面图，火警平面图补充切非、应急照明联动
	（4）火警系统图补充消防电话、消防广播及切非、应急照明联动、视频监控联动
	某中心总平面
XY01～03	（1）图例26、27中蓄电池放电时间偏低，应按DB 11/1024—2013中3.2.7修改，ETY-02中表2同改
	（2）ETY-03说明六中导体选型应按JGJ 354—2014中7.3.2、7.3.3、7.3.4选择，核对补充修改
	（3）其余意见均参照雪车雪橇中心“总平面图”意见修改
	山顶出发区
X-TY-2	照明LPD表应按DB 11/687—2015中D.4.2格式
BS-2～4	补充柴油发电机系统图，对于应急电源应满足GB 5052—2009中3.0.9要求
PX-8	补充电动机启动器型号规格
DL-1	给水机房中P05-1-1电机应补充机旁控制按钮
ZM-1	网络、弱电间应设应急照明
ZM-4～6	楼梯口补安全出口标志
XF2～4	（1）弱电机房补消防电话
	（2）补防火门监控平面
	（3）柱列2/C、3/C区域补消防广播
	（4）其余意见均参照出发区1意见修改

续表

图号	电气专业初审意见
中间平台	
X-P-5	AL3-B1-1-WS1 补充漏电保护
ZM-5	（1）柱列 1-8、1-B 处疏散指示应与安全出口标志联合设置
	（2）柱列 1-B、1-8 下层安全出口位置有误
	（3）其余意见均参照山顶出发区意见修改
索道 A1、A2 中站	
03-06-BS	（1）应按 GB 50116—2013 中 9.2.1、9.2.3 设置电气火灾监控报警动作电流值，各套图核查
	（2）AA2-1 电流互感器额定电流值偏小
PX-1	AL6-B1-1 中消防负荷与非消防负荷不可共箱配电
DL-1	（1）楼梯口补安全出口标志
	（2）缺防雷平面图、火灾自动报警系统图、消防电源监控系统图、防火门监控系统平面图
	（3）其余意见参见×中心附属设施意见
竞技结束区	
XY-2	（1）竖井或大样图需补充 LEB，应急供电系统应满足 GB 50052—2009 中 3.0.9 要求
	（2）补充 JGJ 16—2008 中 12.2.9.8（各图核对）
BS-11	（1）ELB 不应接入非消防设备
	（2）补变电站剖面图
PX-4	（1）图 XP-F1、2 中消防设备与非消防设备不可共箱配电，类似自查修改，如 ALE-RF
	（2）图 X-SB 出线补线路规格，标明消防潜污泵、补热保护（只报警不跳闸）、二次原理图
PX-5	许多电动机启动器规格不全
PX-9	（1）对于 ALE4-1-1 需说明 XM-D 经消防认证为消防应急照明控制模块且具备对出线线路保护功能
	（2）B1 男女淋浴间补充 LEB
	（3）核对照明 LPD 值是否超标，如走廊、餐厅等
XF-1	火警系统图补充气体灭火、应急照明、消防动力、弱电等联动
XF-4	（1）厨房补可燃气体探测器
	（2）其余意见均参照 X 结束区意见修改
某集散广场区	
XP-9	插座备用等负荷不可与消防负荷共箱配电，见图 XX-FJS，类似统一修改，-2、-3、-4-PX2 等多处
ZM-2	网络设备间应设应急照明
BS-5	柴油发电机出线应设置断路器
PX-6	户外设备如室外照明等配电回路应设漏电保护
DL-06	L6 电力平面图中 P02-3-WD1-1 电动机补机旁控制装置
DL-07	补 MEB、LEB、接地测试点、防雷引上线
DL-08	部分防雷网格偏大

续表

图号	电气专业初审意见
ZM－0304	03 图 3－8、3－H、3－3 处疏散指示应与安全出口标志联合设置，04 图同改
XF－1、2	（1）变电站夹层补充火灾探测器
	（2）其余意见参照某制冷机房意见修改
	（3）设计文件中未见绿色建筑评分表
	总平面图
智施 X1、02（以下略“智施”）	设计说明中，本工程公共广播为平急两用，则表中 3 项喇叭应注明为“阻燃型”
XX－03～07	（1）设计依据中 GB 50348—2004 已废止，现行为 GB 50348—2018；建筑设计防火规范应为 GB 50016—2014（2018 年版）；GB 50174—2017 的规范名称错了，JGJ 64—1989 已废止，现行 JGJ 64—2017，GB 50311—2017 错，应为 GB 50311—2016，应补入 JGJ 31—2017
	（2）有线电视系统有设计说明，无对应的系统图说明，应明确电视终端电平要求
	（3）建筑设备监控系统说明应明确检测、监视、控制、操作、储存等系统功能要求，明确 DDC 监控点数冗余比例，DDC 电源来源方式；BAS 中采用的变频器产生高次谐波，应明确以设隔离器而保证电源质量，应有对进入 BAS 监控范围机电设备硬件接口的要求、对系统集成设计系统接口要求及通信协议要求
	（4）在广播系统中，应明确紧急广播备用电源的连续供电时间，应该与消防疏散指示标志、照明备用电源的连续供电时间一致
	（5）作为建筑智能化系统的设计说明，应有建筑信息系统机房的防雷、防静电接地保护方式及要求的专项说明；应有关于弱电机房、电信间等内部设备的等电位联结并接地的要求说明；应明确对金属线槽分段跨接并接地的要求
	（6）在设备安装说明中，应有电气设备抗震措施要求
	（7）在线路敷设说明中，应明确不同工作电压的线路不能共管、共槽敷设；应明确对金属线槽、保护管的截面占用率的限制
	（8）应明确设计标准，按 JGJ 31—2017，本工程应按特级体育场馆设计
XX－08～20	设备材料表中，材料缺列项目不少，穿线管、金属线槽应列出壁厚要求，以便验收通过
XX－1～20	（1）各系统图以示意图为多，作为施工图阶段的系统图，设计深度不够（元件、设备、线、缆、管、槽大多未标注规格、数量）
	（2）BAS 缺控制原理图，系统集成无集成形式、联动功能、接口、通信协议
	附属设施
XF－01 等 7 张图	作为施工图设计深度不够，如电涌保护器平面图上无，系统图上有图例无 SPD 符号及标注；线缆的路由、敷设方式、管槽规格在平面图上，系统图上都没有，使下一步智能化系统工程招标的评标可比性较差
	中间平台
XT－01 等 16 张图	未标出综合布线系统中的交换机、建筑设备监控中的 DDC 以及体育专项系统中的电源引自何处；是电源插座还是 UPS 未明确安排；各智能化系统图上有图例，无 SPD 图符，许多终端元件、中间设备无标注、线缆的路由、保护管规格等敷设标注不全，作为施工图设计深度不够，影响智能化系统招标中可比性，该中间平台线路较长，综合布线设计应有水平线缆长度小于 90m 限制
	某出发区
XT－1	（1）3 个机房的平面布置图上应有线缆、管、槽的进线，出线安排及 3 个弱电系统电源装置的安排；应有这 3 个机房的等电位联结及接地的做法和要求，本子项其他弱电机房同此要求
	（2）10kVA，UPS 的系统图上双电源缺电源转换开关
	（3）UPS 的上级开关整定电流是 40A，下级断路器整定电流也是 40A，缺乏选择性

续表

图号	电气专业初审意见
XT-2～5	（1）有线电施系统、综合布线系统、无线对讲系统、建筑设备监控系统、能源计量系统、出入口管理系统、视频监控系统等的系统进线有的无标注，入户处电涌保护器有图例，无 SPD 图符及规格标注，有的系统无终端元件、中间设备标注，也无图例表加以说明。设计深度不够，影响招标评标
	（2）作为体育建筑，应明确 BAS 的 DDC 的 I/0 接口余量不少于 15%
XX-1 等 12 张平面图	（1）各层平面图上元件、设备、线路敷设标注不齐全，建筑设备监控系统、综合布线及网络系统的电源线、数据线工作电压不同，不应共线槽敷设，应分开或隔开
	（2）各子系统放线半径应限制，过远应设中间箱
	（3）BAS 的 DDC 的 I/0 接口余量应不少于 15%
集散广场区	
XF1	建筑设备监控系统机房等 5 个机房平面布置图上应有进、出线缆管槽的安排和弱电电源的安排，应有等电位联结及接地要求
XT-2	（1）作为配电系统图应有主要的电气负荷计算，列出主要计算值
	（2）双电源汇合处应设电源转换开关
	（3）下级断路器与上级开关整定电流同为 20A，无选择性
XT-3～7	（1）本子项建筑设备监控系统较大，应有各系统总点数规模、线路敷设、接地保护等简要说明（BAS 监控点表无汇总不利于招标）
	（2）各系统进户线上电涌保护器有图例无 SPD 图符及规格标注，除了无线对讲系统，其余 7 个系统无对应设备表或图例表
	（3）建筑设备监控系统的 DDC 的 I/0 接口（点数）冗余量应明确不小于 15%
XX-1 等 5 张平面图	（1）本子项建筑智能化系统平面图上弱电机房较多，均未见 MEB 或 LEB 设置以及等电位联结做法图，未见防静电做法图及接地平面图，应明确这些机房等电位联结方式是 S、M、SM 中哪种型式，明确其接地干线材质、截面以及 Rd 要求
	（2）PDS 平面图中有些一管路四线路（2 个双口信息插座）的设计不妥，线占管截面超标影响验收，应 2 根线穿 SC20，S25 施工难过 86 盒
	（3）有些区域大、线路长，应有限制条件（如 PDS 水平缆线不大于 90m）和保护措施，同时应明确安防、BAS 等系统线路，将电源线、数据线分开敷设，特别是工作电压不同时不能共管、共槽敷设
	（4）平面图以上线路、元件、设备标注为主要内容，标注不齐即施工图设计深度不够影响招标
某竞技结束区	
XT-02	（1）广播学 3 个机房字符重叠无法识别；机房未见进出线标注及预埋穿线管安排，未见机房等电位联结及接地做法、Rd 要求等，未见机房内 MEB、LEB 设置及对接地干线材质、截面要求
	（2）配电系统图上双电源无电源转换开关
	（3）配电系统图无负荷计算值标出
	（4）配电系统图无保护选择性（上级开关整定 40A，下级开关也整定 40A？）
XT-03～09	（1）各系统图上进户线处电涌保护器有图例无 SPD 图符及规格标注
	（2）进线的线缆管槽及路由，敷设方式多个系统未标注，多数设备元件无图例说明或元件表，设计深度不够
	（3）BAS 等较大系统应有点数汇总，说明系统图规模、布线半径等
XB-04	（1）各平面图上的弱电机房未见等电位联结及 MEB/LEB 设置，未见 Rd 要求，未见对接地干线材质、截面要求
	（2）安防、BAS 等系统的电源线与数据线多有工作电压不同，不应共槽、共管敷设
	（3）平面图上设备、元件、线路敷设标注不齐，影响招标

续表

图号	电气专业初审意见
	出发区 1、2、3
XT-1	（1）10kVA，UPS 系统图上，两路电源汇合处无电源转换开关
	（2）上级开关整定 40A，下级断路器开关 40A，无选择性
	（3）只有目录，没有设计说明、图例符号、设备元件表，设计深度不够
XB-1～3	（1）BAS 的总线和电源线放一个线槽内，因工作电压不同，不宜共槽
	（2）所有平面线路标注不全，设计深度不够，出发区 2、3 意见同上参考，运营及后勤综合区
	运营区
XP-1	（1）60kVA、UPS 系统图上，双路电源汇合处无电源转换开关
	（2）下级开关整定电流与上级开关整定电流同为 200A，无选择性
	（3）60kVA、UPS 未见接地保护措施
XR-2	20kVA、UPS 问题同上
XP-5～8	（1）BAS 系统图上 DDC 的 I/0 接口数量冗余未明确（体育场馆不少于 15%）；DDC 的电源引自电源插座还是 UPS 未明确；BAS 总线传输速率等主要技术指标未明确，不利于招标的可比性
	（2）入侵报警系统、视频监控系统等弱电系统，作为招标前施工图，应明确系统主要功能要求、主要技术指标要求
	（3）各子系统的防雷接地措施应在系统图上画出，如摄像机位于户外时
	（4）综合布线系统的布点数量标准（以工作区为单位）应明确
	（5）无线对讲系统图上无元件、设备标注，无线缆管槽标注，作为施工图设计深度不够
	赛道
平面图	（1）各系统的不同电压线路不应共槽、共管敷设
	（2）平面图缺比例，缺相关专业会签，缺线槽敷设的规范标注
	某附属设施
XT-01	（1）系统图上缺摄像机防雷接地保护措施
	（2）平面图上线路敷设标注不全；穿线管 JDG 一般是薄壁管，影响验收，应注明壁厚不小于 1.6mm
	信息设施
XX-01～03	（1）建筑设备监控系统、安防系统中、总线、电源线、视频线的工作电压不同，不应共槽敷设于 MR200×100 中，有线电视系统、信息布置系统一样
	（2）平面图上线路较长，线缆管槽标注不全，没有导线规格不能保证安全使用
	（3）电气间只有引出线，未画终端出线箱，设计深度不够，影响招标
XX-08～10	（1）大面积办公区布点众多，综合布线无集合点 CP 布置，路由和敷设方式未明确，工作区布点标准未明确
	（2）每路管穿 4 根 6 类线不利验收、施工，水平线缆长度应设限（<90m），另外平面图无轴线，无比例不妥
X-01～10	（1）安防系统中，户外摄像机未见设置 SPD 于进户处
	（2）视频监控点位表无，应有总点位汇总，明确系统规模

续表

图号	电气专业初审意见
	结束区
XT-1～10	（1）八个弱电机房的平面布置图中，应安全措施第一，未见防静电要求，未见相关等电位联结要求；S、M、SM 型之一的接地保护布置未见；MEB/LEB 设置未见，接地干线材质要求、导线截面要求、Rd 要求未见
	（2）多个 UPS 系统图上，双电源汇合处无电源转换开关；上级开关、下级开关整定电流一样，无选择性，UPS 无接地做法
XX-1～ZX-10	（1）平面图上将多个不同的弱电系统布于一个金属线槽中，其数据总线、电源线、视频线、音频线的工作电压不同，若共槽敷设不能验收
	（2）建筑设备监控系统中的 DDC，综合布线及网络中心的交换机皆为有源设备，平面上应标出其电源来源
	（3）本子项弱电系统较大，宜汇总各系统点数规模并做说明，明确线路敷设路由做法及要求以便招标
	训练道
XZ-1	（1）系统图中未见与"智施-05-07-SBZX-1"平面图对应的车库系统图（如 P07-1、P07-2、P07-3 及电动机等设施）
	（2）平面图上多个弱电系统共槽敷设，其线路工作电压都有不同
	（3）多个系统共槽，可能使金属线槽占槽率超标，应限定占槽率
	制冷机房（参考如上意见）
	总平面
XY-1	本工程公共广播系统平急两用，表中喇叭应注"阻燃型"
XY-2、总说明	（1）建筑性质中，按 JGJ 31—2017 规定，项目应为特级体育场馆
	（2）设计依据中 GB 50174—2017 的规范名称错了；GB 50016—2014 应为 GB 50016—2014（2018 年版）；GB/T 50314—2016 错，应为 GB 50314—2015（为强制性规范）；GB 50311—2017 错，应为 GB 50311—2016；GB 50348—2004 已废止，应为 GB 0348—2018；JGJ 64—1989 已废止，现行 JGJ 64—2017；应补入 JGJ 31—2017
	（3）总说明应写全弱电系统统一安全保护措施，如紧急广播备用电源的连读时间，必须与消防疏散指示标志照明备用电源的连续供电时间一致
	（4）各弱电机房应注明建设级别，明确各子项系统总点数等建设规模大小，明确设计标准（如布线），明确主要技术指标和功能要求（如 BAS 总线传输速率，DDC 点数冗余量等）
	（5）各弱电机房应明确等电位联结方式和要求，明确防静电要求、防雷要求、接地干线要求、接地电阻要求及金属线槽分段跨接要求等保护措施
	（6）在设备安装说明中，应有抗震措施
	（7）在设备选型中，应明确选用节能产品，经 3C 认证（与消防有关）产品，不得采用淘汰产品（审查要点）
系统图	（1）大多为方案一类的示意图，作为施工图设计深度不够，影响招标中可比性。建筑智能化系统的一次施工图应满足招标的要求、深化设计（招标后的）的要求、土建专业预留预埋及机房地面加固的要求
	（2）建筑设备监控系统应有监控原理图，应有监控设备接口要求
	（3）系统集成部分，应对系统联动的功能要求叙述明确具体（这对投标、报价影响大），对涉及系统集成的各系统应有硬件接口要求和通信协议要求。系统集成应明确集成形式

2. 某体育馆项目的智能化系统二次施工图审查意见

二次施工图设计为该项目中标的承包商所做，会审后将作为项目订货、进场设备报验、安装施工、分项验收、监理施工管理、竣工验收、运行维护的依据。这次审图目的是增加该项目建筑智能化系统 IBS 的安全性、可靠性和稳定性。

对该体育中心各个场馆的一般非竞赛类建筑智能化系统施工图审阅，由于时间紧，图纸多，具体的图面表达不规范等细节问题就不一一列出了，比较重要的存在于各个场馆的共性问题如下：

（1）从整体上看，9 个场馆的建筑智能化系统施工图设计质量参差不齐。设计单位对公共建筑如图书馆、档案馆较熟悉，而对体育建筑不甚熟悉。首先是设计依据有欠缺，如《体育建筑智能化系统工程技术规程》（JGJ/T 179—2009）应为本工程的主要依据之一，早已在业界流传参考，并于 2009 年 12 月 1 日前颁布执行。本设计在 2009 年 12 月 1 日后出图，应当在设计中认真执行其各项规定，然而相对于该体育建筑智能化系统技术规程却欠缺较多。

（2）在设计标准方面，本工程按乙级标准建设。对照此要求，尚缺少一些子系统配置。

在具体技术标准把握方面，各个子项目的设计者有一定的随意性，例如：综合布线系统应当先明确布点标准，但是有些子项目没有这么做，一些房间信息点太少；视频监控系统应当先明确设防级别以及摄像机布置原则，但是有些子项目没有明确，使一些场所布点太多（比赛场地内有些应是电视台的摄像机）或太少（一层主要出入口）。

（3）整个设计缺乏统一的技术措施，缺乏技术领军人的把关。各个子项目的设计者各自为政，特别是在设计深度方面，深浅不一。按设计要求，建筑智能化系统施工图应当满足土建预留预埋、单项工程招标、深化设计的要求，现在看图尚达不到前面的要求。有的设计说明太简单，没有系统的结构、功能、规模、布局；有的系统仅有框图；有的系统没有主要技术指标和参数，许多重要的技术标准只字不提，如会议系统的投影仪的流明数是重要参数，太低了开灯看不清，太高了则价高。这样将造成招标中缺乏可比性的问题。另外，图面也有些硬伤，有表达不规范甚至错误之处。

（4）该工程建筑面积大于 10 万 m^2，规模较大。应当从数字城市的一个组成部分入手，让其建筑智能化系统设计首先应针对该工程整个场区进行网络系统、信息基础设施、场区管线综合的总体规划。不应是各个子项目各自设计，自成系统。通过中心机房、分中心机房、弱电间的网络化布局，实现信息集中、管理集中、高效快捷、控制灵活机动的建设目标。同时为进入数字城市大系统预留好有关接口位置。

（5）建筑智能化系统与空调、变配电、电梯等机电设备有接口问题，同时，为了系统集成，在建筑智能化系统的内部各个子系统之间也有接口问题。在这关系到建筑智能化系统的成败方面，没有明确具体的设计安排。

（6）设计中许多采用的技术值得商榷，如在综合布线系统中，CAT5、CAT5E、CAT6 都在用，应统一为 CAT6。

防雷部分，仅强电设 SPD 是不够的，弱电系统也要设，特别是在出入户处应当设置。

接地系统，不应多种接地方式并存。

照明系统，除了手动、消防强制控制外，对公共照明为节能可以接入BAS，但是不必在这些之上再叠加智能照明。

弱电电源方面，安防系统要明确为按本工程最高级别的负荷供电。仅仅双路供到UPS是满足不了要求的。

（7）线路敷设不应各自为政，应统一安排竖向、横向线槽，统一用管和敷设方式，不应用PVC、KV、SC等。有的不同电压、不同系统的线缆共槽。

（8）制冷系统应纳入BAS，而事故照明不应纳入BAS。

（9）系统集成与系统联动是建筑智能化系统的智能化标志之一，本设计对此语焉不详，所述甚少。

建议：按标准、按深度优化该设计。

3. 某医院项目建筑智能化系统二次施工图审查意见

（1）设计依据的标准和规范方面：本工程的设计、施工及验收应采用最新的、有效的标准和规范。该工程投标技术文件所涉及的原缺或者已经被新规范取代的主要涉及的现行有效的国家标准和规范如下：

《智能建筑工程质量验收规范》（GB 50339—2013）、《建筑电气工程施工质量验收规范》（GB 50303—2015）、《建筑工程施工质量验收统一标准》（GB 50300—2013）、《有线电视网络工程技术标准》（GB/T 50200—2018）、《民用建筑电气设计标准》（GB 51348—2019）、《综合布线系统工程设计规范》（GB 50311—2016）、《综合布线系统工程验收规范》（GB 50312—2016）、《视频安防监控系统技术要求》（GA/T 367—2001）、《出入口控制系统技术要求》（GA/T 394—2002）、《入侵报警系统技术要求》（GA/T 368）、《安全防范工程技术标准》（GB 50348—2018）、《建筑物电子信息系统防雷技术规范》（GB 50343—2012）、《火灾自动报警系统设计规范》（GB 50116—2013）、《火灾自动报警系统施工及验收标准》（GB 50166—2019）、《数据中心设计规范》（GB 50174—2017）等。

（2）深化设计深度方面：设计深度不仅是设计质量问题，而且会影响订货、造价、技术指标、使用功能、设计变更、施工进度、工程验收等。本设计主要问题是一些图面内容浅，缺图。

弱电深化设计深度要求一般包括：主要技术文件组成，包括图纸目录、设计说明、主要设备元件表等；设计说明，应包括工程设计概况、各系统结构组成、主要功能指标、施工要求、设备订货要求、防雷接地措施、所选标准图集的编号、页次以及图例符号等。

设计图纸包括：

1）各系统平面图（原则上按子系统分别出图。应在经过整理后的建筑平面图上绘制，另设定电气图层）。包括箱体位置、线缆走向、终端器件位置等。标注箱体编号、型号、规格；回路编号、电缆的型号规格及敷设方式、终端的编号等。据需要添加设计说明。图纸应采用标准的图幅及比例。对于较小的子系统，可合并绘制平面图。

2）机房平面布置图。包括UPS、操作台、机柜、精密空调的平面位置，主要管槽的进出位置及走向，弱电系统防雷接地保护做法要求。

3）弱电竖井平面图、立面图。按比例确定管槽及层箱相互空间位置，确定弱电电源插座位置、机柜位置。

4）系统图。包括软件结构方框图、监控方框图、按建筑立面层数绘制的竖向系统图等，一般按子系统分别绘制，全面具体地反映各系统的结构、组成及设备器件的位置和数量。系统图一般应附有主要设备材料表（包括名称、型号、规格、数量、单位），并附以主要的控制要求、安装要求。

5）弱电总平面图。弱电总平面图包括所有机房位置、建筑红线内埋地、架空线缆的路由、型号、规格、人/手孔及敷设方式等；入户穿过道路时的保护铁管长度、管径等。

6）接线图。弱电接线图即端子接线图。弱电层箱、DDC 箱等箱盖内应贴弱电接线图。

7）弱电机房布置图及照明图等施工图、局部安装大样图、天线方位、朝向及基座图、防雷接地及等电位做法图。

（3）执行有关安全的国家规范强制性条文方面。如：弱电进户线在入户处采取防雷措施，设适配的 SPD；UPS 的输出端的 N 端须重复接地，机房局部等电位联结、防静电接地、气体灭火等。

（4）楼控系统：BAS 的作用之一是节能。DDC 可将地下车库、泛光照明、节日照明等公共照明纳入监控范围，定时或定照度自动控制，达到节能目的。

有的楼层不大却用了 6 个 DDC，可以适当合并。每个 DDC 需要一套电源装置，一个箱体，不宜太细碎。

对 3 台冷冻机组宜只对其控制箱接口监控。

（5）系统集成：除了 BAS、FAS、SAS，宜加入车库、广播、计量、时钟、门禁（与 FAS 联动）、PDS（通过 Web 技术提高物业管理水平）。

（6）车库：分为固定、临时用户，对固定用户采用不停车识别技术，对大型车库可解决高峰期拥堵问题。

（7）计量：关键是数据采集的长期准确、稳定。过去脉冲式信息采集方式计量系统 2 年后多有废弃。现方案中列出 3 种脉冲式信息采集方式，作为深化设计要具体明确，并且有成功的工程实例。

（8）安保系统：前端用模拟技术成本低，但增加回路难，故应一次布齐。宜加一、二层机房、电梯前厅、电话机房、变配电室等处的摄像机。

重要部位宜设置摄像机、报警与照明的联动。

（9）施工：应 1 根 CAT6 穿 1 个 JDG15 管，2 根 CAT6 穿 JDG20 管、3 根 4CAT6 穿 JDG25 管、不宜 6 根 CAT6 穿 JDG32 管。

管线要横平竖直，不要长线斜走；弱电线路要粗线突出，不宜与建筑线同细混同。标注要规范、齐全。

为了保证工程进度、质量，各弱电子系统宜有“测试大纲”。

4. 某超高层写字楼智能化系统的设计特点

所谓超高层建筑，按有关国家标准定义，凡建筑高度超过 100m 的建筑为超高层建筑，属于特级保护对象，其火灾自动报警系统的技术方案必要时需经专家论证。该超高层智能建筑工程为商务综合楼，建筑面积 7 万 m^2，47 层，高 178m，钢筋混凝土框架结构。该项目建设目标是档次高级、功能实用、技术先进、造价经济。目前，这些目标基本达到，系统集成达到 BMS，并为 IBMS 做好了准备。

该工程建筑智能化系统包括如下子系统：综合布线与计算机网络系统、楼宇自动控制系统、火灾自动报警系统、安全防范系统、背景音乐和公共广播系统、卫星及有线电视系统、电话通信系统、地下停车场自动管理系统、地下通信系统、ISP 专线接入系统、物业管理信息系统、视频会议系统、智能化系统集成等。其中，系统集成组成功能较齐全，布局较合理。系统集成囊括了上述大部分弱电子系统，形成一个相互关联的信息体系，结构上分为三层，即管理层、中间控制层、现场层。按金字塔形描述，上为 IBMS 智能建筑管理系统，中为 INS、BMS 楼宇管理系统及 CNS 通信与网络系统，下为文本数据处理系统、有线/无线通信系统，以及卫星电视、有线电话、共用电视天线、出入口监控等子系统。

超高层智能建筑设计的特点之一是建设中难免变更。由于建设档次高，投资规模大，系统集成要求严，施工周期长，往往延误工期，一干数年。而信息技术的发展日新月异，一年一个样，因此设计的特点之一是设计变更不可避免。对此设计师在方案设计时就要予以考虑，预留回路、点数，做好系统扩展、升级的准备。面对不断涌现的新技术、新产品及新的设计理念，设计师要及时调整系统设置，实事求是地综合考虑技术和经济因素，以积极的态度而不是消极的态度优化和完善设计。例如随着数字化技术的发展，许多的信息采集和储存由模拟式更改为数字式。又如监控摄像由日间改为昼夜值班，这就要增加报警与照明的联动控制。

“设计是工程的灵魂”。从设计方面看，在统筹规划超高层智能建筑的建设时，作为一种策略，同时也是现实的选择，智能化系统设计要考虑一次整体设计，分步实施。以综合布线为例，由于有些楼层的使用性质、最终业主不明确，甚至大空间的分隔都不能确定，显然，将所有语音数据信息点都做到位可能造成大量浪费，如果一点不做，日后施工难度大。一个变通的方式是 TP 方案，即按虚拟间每间吊顶内或大梁侧设一 TP 箱，每层的楼层配线架（包括网络设备交换机等）放线只到 TP 箱。待业主进入，装修时可将线沿墙、沿地毯敷设到各个信息插座，这时平面布置已确定，线路安装不会返工。

由于超高层智能建筑的信息系统大，监控点数多，可能设置光纤到桌面，竖向的大对数语音电缆、光纤、监控视频电缆、广播回路、火灾回路等管线很多，务必仔细计算竖向金属线槽的占槽率，安排相互空间位置。另外，超高层智能建筑的弱电竖井由于高而长，上下部大气压差值增加，风自下向上抽，火灾时的烟囱效应强，应当考虑在中上部做竖井换位，这虽然增加了施工难度，但可有效遏制烟囱效应，使大楼更加安全。按一般工程，如果为省事竖井不换位，将会为日后的运行埋下消防安全隐患。

超高层智能建筑网络化程度高，信息点密度大，标准级别高，基本实现了数字化，这就使大厦内点对点通信迅捷，易于实施办公自动化（包括电子政务、电子商务等）、办公无纸化，同时为在运营中实现“一卡通”管理创造了条件，从而将门禁、考勤、车库、就餐、仓库以及娱乐消费等纳入一卡管理，充分体现了信息化的便捷性。

为了使超高层建筑成为信息高速路的一个节点，采用宽带接入可有效缓解上网难的通信瓶颈问题。楼内的计算机网络采用全数字化通信方式，它是日后实现电话、计算机、电视三网合一的物理基础。

由于超高层建筑多为办公楼、综合楼，内部的水、电、暖通、空调设备多，为了协调系统运行动作，提高节能水平和应急防范能力，超高层智能建筑必须设有楼控、消防、安防等系统之间的联动，系统联动实用价值大，倍受业主重视。

超高层建筑多有地下汽车库，由于车辆多（一般数百车位），车辆进出时间集中于上下班，因此，车库管系统应具有车位显示、临时车辆收费、进出车辆图像比对等功能外，首要的是对固定车辆识别要高速、准确，该工程采用的是不停车远距离无源识别技术，可允许车速高达 100km/h 通过，有效避免了高峰期堵车现象。

该工程 BMS 系统集成实现的同时，实现了机电设备的整体监控和动态维护，实现了子系统间包括楼控、消防、安保、巡更、车库等子系统的联动。鉴于 BAS 是建筑智能化系统最重要的支柱，本工程集成的模式就是以 BAS 为中心，采用 LONWORKS 等技术。BAS 的上层局域网采用以太网技术，下层采用较低速的 RS485、LONWORKS 工控总线方式，适合大区域和点数分散的控制系统，以实现集中管理、分散控制目的。另外，其网络结构采用自由拓扑结构，布线容易，可对现场节点编写相应程序，从而将节点接入控制网络，表现出较强的网络可扩展性。

系统集成是智能建筑建成后评价定级的关键。该工程集成的技术路线就是采用大型数据库，使采自下层的数据达到上层，以网络为物理基础实现子系统之间的数据交换、动作协调、信息资源共享，从而实现节能高效的目的。

超高层智能建筑的系统集成至少应做到 BMS 级，并为 IBMS 级的系统集成做好准备，其中系统联动至少应包括 BAS、FAS、SAS。该工程采用 EBI 系统作为系统集成核心，它是应用于楼宇机电设备自动化集成管理的系统，采用模块化设计方案，其开放性使系统具有对各类现有楼宇系统进行综合集成的能力，其组件主要有楼宇控制管理系统、生命保障（火灾报警）管理系缆、安保管理系统。楼宇自控管理系统可综合监控建筑物的空调、电、水及能源等专业子系统。系统设备符合 BACnet、LonMark 通信协议，亦可连接第三方设备及系统。保安系统可监控多个重要场合的出入及安保情况，提供中央报警、持卡人管理等多种功能，后者通过与人事数据库的连接进行查询，从而获得持卡人资料。保安管理系统同时提供报表功能，管理人员可利用系统预设打印报表，也可针对不同的设备，提供用户自定义内容和格式报表。消防管理系统用于消防监控，对早期的烟雾、火苗等发出预警信息，使大楼内人员及时安全疏散和撤离。此外，把事件信息、报警提示、事件追踪等功能结合在一起，构成一套突发事件管理系统及协调管理的工具。楼控、消防、安防三大模块构成主要的应用基础，各种设备和第三方系统的接口都以模块化的方式提供，这种摸块化结构性能价格比和系统扩展性良好，包括从单个系统到基于广域网络的多个服务器体系的大型集成应用。

由于超高层智能建筑安全设防级别高，但缺乏相应的技术规范，说明其设计难度大。例如广播在一般建筑中分为业务、背景音乐、紧急广播三部分，而在此大多采用平急两用的一套系统。再如消防系统，超高层建筑的特点主要是适用设计与验收规范暂缺。本着设防从严的精神，该工程在每条报警回路设置了总线隔离器，注意区域报警控制器、楼层区域显示器不重复设置。火灾探测器的布置标准较高，保护半径从严掌握。面积为 5m^2 以上的房间均要设火灾探测器，即使卫生间也不例外。此外，楼梯间、电气竖井均设探测器。在建筑平面上的边角处，探测器的保护半径也要达到审核要求。在变配电室、发电机房等，除了设气体灭火装置外，还应考虑设置缆式烟感器。

设计讲究具体问题具体对待，不注意区别，设计便会不合理。火灾报警系统如果采用模拟式器件，造价较低，过去使用较多；但对超高层建筑而言，火灾报警探测回路宜用数字式。数字式回路容量大，信号数字化，技术上较模拟式先进。另外，超高层建筑监控点数可达上万，宜采用多回路总线制，这样，即有效减少了回路线，又可以保证故障面较小，至于造价，可采用不同灵敏度的探测器来达到降低的目的。计算机室、书库、档案室等可选一级灵敏度，一般场所可选二级，经常有少量烟雾的场所，如商场会议室可选三级。

超高层建筑必有避难层。此设置是特殊应急措施，用于火灾避险时人员暂留，以弥补超高层给消防设备带来的灭火能力不足。一般 120～190m 高度的楼设 3 个避难层。通常在保证人员躲避火灾需要的前提下，避难层设置部分设备机房，要求避难层的正压进风系统独立设置，送风量不小于 30m^3/h。避难层的排烟风机和正压风机在火灾时用同时工作区段，排烟口和进风口不应贴邻布置。

火灾报警系统智能化的提高是趋势。对火灾报警系统内部而言，超高层建筑一般采用智能型地址编码探测器。鉴于超高层建筑体量大，面积多，其使用面积的分割具有较大的不确定性，因此，为了适应房间形状、面积、使用性质的变化，每条报警回路应留出 30%左右的探测器数量裕量；对火灾报警系统外部而言，智能化的含义主要是指系统联动。采用系统联动方式是争取火灾前期时间和主动权的有效手段。

超高层建筑的高度特点是带来消防设计特点的根本原因，要立足内部自防而不能依赖外部灭火。在楼内，火灾报警系统有效起作用有赖于喷淋系统的可靠工作。另外，消防系统是一个由建筑、设备及电气等专业构成的整体，专业间的密切配合及统筹安排十分重要。

超高层智能建筑必有突出的垂直交通安全问题，一般设有多部高速电梯，轿厢内设置针孔摄像机，电梯厅设置双鉴探测器（红外加微波）。

超高层智能建筑中的电子设备多，价值高，而其耐受雷电波、电磁脉冲、高次谐波能力差，常见的信息系统雷害事故引发方式有电阻耦合（雷电使地电位升高）、磁耦合（雷电的交变磁场产生感应电压）、电耦合（对无线有影响）、电磁耦合（雷电区信息网络感应过电压）等，因此为了保证信息系统安全，一要保证电源质量，二要保证供电连续，三要防雷接地措施完善到位。除了这 3 条常规措施，还应在 UPS 电源侧设隔离变压器，以防止谐波袭击和雷击伤害，因为高次谐波往往是电子设备受害的元凶。

作为施工组织的特点，超高层智能建筑的设计汇集了众多的高科技，施工技术含量高，不能由普通施工队承担，该项目的业主就是将系统集成商委托给一个设计院承担。传统上设计单位不承包工程，但现今工程技术日益复杂，国外出现设计、施工总承包的形式，鉴于此形式好处多，国内业已倡导。实践证明，由一家技术力量雄厚的技术单位总承包超高层智能建筑，而不是将设计、施工分为两个单位，这样效率高，质量好。设计院承包智能建筑工程的方式之所以效果好，方向对，原因有：首先，设计院重视国家设计规范，在技术设计上注重技术先进，经济合理；其次，设计院选用设备较为超脱，不会将多推销产品作为目的；第三，设计院与土建设计单位、施工单位、监理单位、业主沟通较容易，而这个沟通在项目实施中作用极大。反观一般集成商，不了解建筑设计全过程，不熟悉设计阶段，不了解建筑设计规律，故与相关专业配合有困难。同时，由于图纸自画自用，对设计图规范表达不熟悉，因而出图粗糙，图面质量较差。

一般土建是将弱电穿线管预埋在现浇层内，其优点是节约空间，防火等级高。该工程是地处南方的超高层建筑，自然设有空调通风系统，所以，弱电管槽一律采用热镀锌材料在吊顶内敷设。这些管线穿插于空调及通风大管线之间，这样土建施工方便，弱电管线更改便捷。

超高层智能建筑的物业管理内容要求高，主要包括日常管理、基础设施、信息服务三大功能模块，其中包括“决策子系统”等多层次、数十个子系统模块。超高层智能建筑工序复杂，做好项目管理必须要在抓紧进度、控制投资的同时，重视质量。其中工序衔接十分重要，不仅要事后查验，而且要事先指导，使施工人员知道验收标准；特别是对隐蔽工程要从严掌握，应当旁站监督，且文档齐全，防止返工。

5. 某四星酒店智能化系统的设计特点

现在的星级酒店无不采用各种先进的智能化系统技术来作为其提高酒店的综合服务水平、确保各种设施的稳定运行、大幅度降低其日常运营成本、提升酒店的档次和商业竞争的重要手段，确保酒店的较高收益。

酒店建筑类型有商务酒店、休假式酒店等。不同类型酒店有各自的特点，有的对通信要求较高，有的对音响要求比较高，有的对娱乐设施要求较高。同时，智能化系统与管理模式关系密切。酒店管理模式不同，其智能化系统设计必定要做相应变化。

目前较大规模的星级酒店，基本都采用了现行国家智能化设计标准 GB 50314 规定中的绝大部分子系统配置。从采用的技术来看，数字技术正逐步取代模拟技术。今后的发展趋势是全面数字化，无线网络全面覆盖。在施工图设计阶段，星级酒店主要特点包括：

（1）无线通信。星级酒店智能化技术中近年来发展最快的就是无线网络技术。考虑社会发展的趋势和实际使用的需要，酒店应采用有线网络与无线网络一体化设计布置。因为近年来个人便携式的笔记本电脑已远远超过了固定位置的台式计算机销量。另外，智能手机具备了上网的功能后，对于无线网络的需要也是增长加快。星级酒店作为高端客户比较集中的场所，其智能化系统的终端应当满足这些客户的需要，重视相应信息的集成。其无线网络的覆盖，从区域上首先要覆盖客房、走廊、大堂等公共区域，对于星级较高的酒店，覆盖面应包括所有客人能到达的区域。

无线网络的设计，要满足移动性和灵活性的需要。具体的设计中，部署 AP 点要合理，要考虑使用效果和投资成本两方面。例如对客房层，如果每一个客房设置 AP 点则成本较高，如仅在走廊设置则使用效果较差，因为信号穿透门窗、墙的能力较差。折中的办法在走廊设置 AP 点，在各个客房设置经过功放的天线终端，可以兼顾使用效果和降低成本两方面。

无线网络的设计考虑因素通常有六个：高带宽、高覆盖、易兼容、易扩展、高稳定、密接入。相对而言，酒店不同于金融物流之类对稳定性、可靠性要求较高的场所，酒店的特点是人员较多，因此设计特点是对无线网络丢码的要求相对低一些，比较注重带宽、传输速率等指标，尤其是传输速率要高。

AP 点的设计布置分两种，第一种是大型开放区域直接布点，如大的会议室可布置 3 个 AP 点（如 AP 点过多易产生频谱干扰），安装方式分为吸顶和壁装两种，具体的位置要结合装修工程予以美化。第二种是相对狭小的封闭区域，主要是指酒店客房，一般使用上述折中方式，即走廊内设置 AP 点，经功率分配器将网络的终端（天线）引入各客房内，一个 AP 点可连接多个天线终端。这种做法不同于大学的学生宿舍，因为学生宿舍的房间人员多于客房人员。

WLAN 设计要注意两个方面，一是系统间的相互干扰，要注意电源的质量、接地的质量以及效果；二是注意使用空间中信号的强弱以及重叠，进行相应的优化布置。

星级酒店的网络系统分为内网和外网两个部分。内网用于内部的运营管理，主要供酒店的员工以及管理层使用；外网主要供住店客人上网使用。前者因为涉及资金流信息，所以可靠性在第一位，而且必须设置必要的备份冗余，对每一条信息都应可靠存储，防止在系统故障时丢失重要信息，因为一条交易信息的损失可能给酒店带来较大麻烦；而外网强调的是速度第一。

（2）卫星电视。涉外高档酒店应有卫星电视系统。它与有线电视、视频点播等共同组成了酒店电视的节目源。在许多城市，有线电视业务被专业公司垄断，他们负责系统建设，建成后按时、按月收费，其设计比较成熟。设计的技术难点是卫星电视天线的放置位置。虽然现在有几个卫星可接境外电视节目，但是如今高楼林立，卫星电视信号多有遮挡，所以卫星电视天线位置不当就接不到电视信号。另外，接境外电视节目须由建设单位向政府主管部门申办批准手续，不然买不到相应的境外电视节目解码器。

（3）设备节能。所谓节能是指在形成相同的人工环境舒适条件下，智能建筑比传统建筑大幅减少耗能。在绿色建筑中，智能化系统里的设备监控是节能的重要手段之一。酒店的综合节能管理是设备管理的重要内容和追求目标，其重要性甚至关乎酒店是否盈利。因为由于酒店是耗能大户，而智能化酒店的机电设备都采用了 BAS 系统的自动化监视和控制，使利用综合节能技术变为现实。通过节能管理，节省建筑物的运行和管理成本。而 BAS 的设计，不仅包括面对水、暖、电专业设备的调整和控制的系统设计，同时也应考虑到酒店今后物业运作、维修等综合管理方面的需求，使能源的消耗更为合理。酒店设计常用的 BAS 节能技术方式有：

1）在公共照明控制方面，利用时间程序控制、照度控制、分组控制等方式对大厅、走廊、餐厅、车库、节日照明、立面泛光照明、夜景照明、庭院灯等进行自动控制。

2）在动力设备控制方面，对水泵、风机等实行变频无级调速，对电梯采用节能运行模式，对多台冷冻机组实行群控节能策略。

3）在空调方面，面宽量大。一是在较大的房间采用 VAV 变风量系统。二是联动，如窗磁、门磁与空调联动，如客人出走时间一长就自动关掉房间空调。三是提高室内温湿度控制精度。由于自动控制精度及联动控制程度不高，往往造成建筑物内夏季室温过冷或冬季室温过热（相对于标准设定值）。这种现象不但对人的健康和舒适是不适宜的，同时也浪费了能源。四是控制新风量。五是空调设备最佳启停控制，以缩短不必要的预冷、预热的宽容时间，同时减少获取新风所带来的能量消耗。六是采用热泵。相对于办公楼，酒店的特点是洗澡热水特别多，既要供暖又要制冷。热泵的好处是可以供生活热水洗澡，而冷水机组出来的、送到冷却塔去冷却的水是超过 30℃的热水，热能被浪费。但是现在酒店在配热泵后用得好的并不多，应对极端气候时往往需另配备用电的空调设备。

（4）安全防范。星级酒店安防管理系统（SAS）的子系统一般包括防盗报警系统、出入口控制系统、视频监控系统、巡更管理系统以及联动控制系统等。酒店的门禁控制系统分为客房门锁系统和办公门禁系统。整个系统的硬件和软件采用模块化结构，便于系统的升级和扩展，同时也利于调试和维修，其电源应按酒店的最高级别负荷供电。

根据酒店使用功能和管理特点，安防系统设防划分为以下部位：① 公共部位：电梯、扶梯、主要出入口通道、车库进出通道、大厅、对外通道门、消防通道门。② 要害部位：库房、财务室、档案室、领导办公室、计算机、通信中心机房等。③ 重要设施部位：系统监控与管理中心、发电机房、变配电室、通信机房、冷冻机房、空调机房等。对于公共部位、要害部位应达到一级安全防范要求，对于重要实施部位应达到重点监控和以酒店能够保证正常运行管理的要求。同时，安防系统还可与楼宇自控系统 BAS 系统集成联网，具有与上一级乃至城市安防系统联网接口。

安防系统的设计要点：

1）尽量采用全数字化技术。目前，模拟技术、数/模结合技术（前端机房设备用数字化技术，终端用模拟技术）、全数字化技术并存。全数字化技术先进，系统扩充容易，布线简单（如用 Epon 技术，手拉手式布线），所有摄像机都有 IP 地址，利于实现图像高清化、监控智能化，其监控图像想让谁看，不想让谁看，授权管理很清晰，包括图像管理各种功能容易做到。但是模拟技术一次投资小，用户又比较熟悉，所以仅一些建筑群式酒店要求用全数字化技术，而规模不大的酒店一般要求用数/模结合技术。

2）要注意摄像机布点选型规则。酒店大堂，保管室，财务室的环境不同，摄像机布点选型不同，要求的清晰度、照度、放置位置、宽动态等也不同。如大堂的摄像机要求很高，一定要选择超宽动态的机型，因为酒店大堂的摄像环境要考虑逆光因素，大堂内外一定是反差较大的。大堂采用普通摄像机，会导致看不清进来人脸。解决问题的办法是应用超宽动态摄像机。

3）动态摄像节约录像硬盘空间。24h 动态录像能保证没有情况的时候不录。图像发生变化了才会录像。或者平时不是不录，而是一边录一边删。已经录的画面一定要在 *X*s（可以手设置 10s，20s，30s）以后再删。确定在设定时间内没有报警，它才删掉。这就保证了报警前的一段图像能随时调出来。现在的一般项目录像硬盘占用的太大了，达到 2T 多。但事实上可能很久都没有发生过一次报警。

4）采用合理的摄像机与监视器的比例。有的酒店是建筑群，有多栋楼，摄像机数量就多了，解决问题的办法就是采用智能图像分析软件来解决无人值守问题。例如一个摄像机看着一个门，这个图像没有人看，但是有人过的时候，它会自动报警。这种实用技术受到酒店管理公司欢迎，特别是园区式的酒店，摄像机太多了，人工监视图像困难，所以更需要。

5）探测器、摄像机外形适应环境，许多酒店不愿意见枪式摄像机，觉得非常难看，所以用小球体（球机或半球）的比较多。

6）注意保安报警和巡更的关系不要冲突。夜里报警器设防，有的酒店里报警和巡逻路线交叉就冲突了。所以一定要把设防的区域和保安的巡更分清楚。

7）安防与消防可以系统联动，联动功能要符合规范和招标投标文件规定。

（5）客房控制。高档 VIP 酒店体现档次很大部分在于客房，因为客人大量的活动是在客房里。因此酒店对客房控制要求高，一般采用微计算机主机，功能十多项。主要体现在能源控制方面，如客房中所有房间安装能源控制器、控制空调等设备，主要作用是在没人的时候关掉空调，而当客户在大堂登记时，至少入住前 5～10min 时即开空调。另外还有窗帘控制，灯光控制。针对 VIP 客户，还采用一套独立音响，因为有些客户习惯在旅游时带唱盘。客房控制设计要点有：

1）客房控制设计讲究慎选参考的供应商品牌，确定设计配置标准。所有投资商对客房控制都特别在意，因为客房控制投资大，直接关系到几百套客房造价，关系到酒店的性价比。一套客房控制价是 4 万元或者 1 万元，总价差就很大。业主投 2000 万元到客房控制就要求明确客房控制概念，包括档次概念、价格概念、系统结构、主要功能等。客房控制很重要，差异也很大，设计至少要选三家供应商参考。

2）客房控制的灯光控制。要根据不同的用户，选择不同的灯光控制。有的酒店要求单一，灯光控制就简单；有的酒店专门面向富豪居住，就要复杂的灯光控制，连面板都要求特别漂亮。别墅型的酒店，客房控制包括楼上楼下的小中控型灯光控制，如楼梯灯要求楼上楼下都能实现双控开灯、关灯。别墅型的酒店灯具多，同时客户对灯光控制要求多，坐在一处能控制所有的灯。为此采用中控的方式，不论客人是看电视还是睡眠，所要的灯光亮暗效果都可以随心所欲地控制实现。对于客房夜灯，过去的夜灯都是长亮的，有的人不习惯，有点儿亮就睡不着。VIP 客人睡不好觉是大问题。酒店除了专门研究怎么静音、床的软硬、窗帘的美观、音响效果的好坏外，还要考虑如何在睡眠时没有亮光，让客户休息好。故设计时可设置夜灯自控传感器，当关掉大灯电源时传感器就开始工作，客人起夜的时候，一下地夜灯就自然亮灯，无须客人黑着灯的时候摸灯开关。

3）高档酒店客房卫生间设计有电视已经很普遍了。现在有的酒店要求客房内卧室、客厅、卫生间里的电视频道同步。类似的客房设备同步工作还有音响问题，客人希望卫生间的喇叭和客房里播放的是一样的音乐。另外，按消防要求，客房里的喇叭需要设计有紧急强制切换开关，保证及时通知客人。

关于卫生间里电视屏幕的安装位置，一般是镶嵌在墙里或是挂着。但有的外国酒店放在卫生间的镜子里面了。薄薄的在镜子中间和镜子一体，做得特别漂亮。不开电视时屏幕就是一面镜子，开机以后即看见节目图像，而且通透没有镜面反光，关机后屏幕能够自动退去。本来镜子需要反光的，在客人刷牙盥洗时候当镜子，只有在开机时屏幕才出来。这种国外的要定制的东西比较昂贵。

（6）综合布线与计算机网络。酒店的综合布线与办公建筑类似，主要是确定信息点的布设标准、系统的机构、弱电竖井的面积和位置等。一套客房布设多少个信息点，要根据客房的面积和使用性质确定。属于酒店公司管理的酒店按其技术标准执行。关于系统结构要考虑用户对于终端上网速度的要求，一般是采用星形结构，楼层配线架直达信息点。如果在客房设置弱电箱，则需要考虑在此设置小型有源交换机。关于弱电竖井土建专业往往预留较小，而万豪等酒店管理公司要求每层的弱电间不小于 5m^2，才会有合适的维修空间。与此相联系的是机房面积不能小于底限，一般 200～400 套客房，对应的机房面积是 30 多平方米。如果水平布线超过 90m 的标准要求，则应考虑改用光纤布线到桌面。一般商务酒店对通信要求较高，大堂以及中、西餐部里所有设备均有网络口，可以远程控制。信息点的布置位置需注意防尘、防油，加防尘盖。

程控交换机按照信息点数量选择。在计算机网络方面既要重视酒店的宽带接入，又要重视酒店管理软件，服务器、路由器之类的设备选择要与之匹配。

（7）系统集成。系统集成体现着酒店的智能化水平和建筑宣传亮点。从方案阶段就要明确系统集成的子系统组成、系统结构和集成级别，这是建设目标的一部分；星级酒店智能化系统的系统集成至少应做到 BMS 级，并为 IBMS 级的系统集成做好准备。随着设计深化，逐步明晰系统集成的具体功能和技术指标，其中系统联动至少应包括 BAS、FAS、SAS 等系统。

根据星级酒店的一般技术要求，设备控制系统应采用集散式的结构模式，实现对 BAS 各专业子系统设备运行参数的监测和管理，其监控功能包括空调、直燃机/冷冻机组、给排水、变配电、照明和电梯等设备的实时监控和管理。控制和信息采集功能将由 BAS 中的 DDC 控制器、操作站共同完成。而 BMS 网络的监控管理工作站将对上述的机电设备，以及保安系统、消防系统、实行一体化监测和管理。

系统集成实现的关键技术之一是软件、硬件接口的兼容性。为此酒店工程宜选用一个较好的设备监控系统作为系统集成核心，同时在选用子系统设备时兼顾系统集成的要求。另外，智能化系统与各方面的配合很重要，智能化设计中要重视的配合方包括土建、机电、装修、消防、酒店管理等。智能化的所有设计，都应与这些相关专业沟通，获得认可。

智能化系统与管理模式和酒店定位关系密切，其设计要贯彻管理思路，例如 IP 电话一般包月，不涉及信息流量，有的酒店要求设置，并放在床头柜内，而有的酒店不要求设置。酒店如果由外国管理公司管理，则需特别注意消防。一般来说，部分国内消防规范标准可能会比西方国家低，例如美国酒店管理公司为其投保到保险公司，而美国的消防法来自保险公司，故对消防的条例要求非常详细严格。

装修对于酒店很重要。客人进入酒店，对于酒店的档次印象首先就来自于大堂的规模和内部的装潢，之后才是服务和客房。星级酒店的内部装潢一般早已确定，颜色已配好，所以智能化一定要配合装修，如智能化系统的多媒体发布、音响喇叭的颜色、信息面板的布置都需要与之协调。随着计算机技术、通信技术等的飞速发展，建筑智能化系统的设计技术日新月异。特别是物联网理论和实践的深化推进，标志着新的传感器技术层出不穷，这将促使星级酒店的智能化系统设计会不断翻开新的篇章。

第11章　建筑智能化系统的系统集成

建筑智能化系统一般由综合布线系统、楼宇自控系统、消防自动报警及联动系统、管理信息系统、卫星电视系统、保安监控系统、地下车库自动化管理系统、地下通信系统、公共广播和背景音乐系统、因特网接入系统等组成。这些子系统，可以独立运行，但是效果有限，达不到“感知—分析判断—按决策采取对应行动”的智能化要求。系统集成的建设，就是为了满足智能建筑功能、管理和信息共享的要求，从实际出发对智能化系统进行不同程度的集成，从而实现系统联动。

对系统集成，过高或过低的定位都是不恰当的。过去，业界和学界曾对系统集成的必要性产生过争议，有人认为系统集成没有必要，搞好各个系统就足够了；还有人认为，凡是智能建筑必须进行最高层次的一体化集成，否则就不是智能建筑。现在，通过国内的实践和赴国外考察，业内人员基本赞成从实际出发、按需集成的观点，认识到系统集成可以提高工作效率，降低运行成本，是实现高效物业管理的客观要求。据统计，集成管理系统在人员、维护费、培训费等方面节约成本、提高工作效率等效果显著。可以说系统集成是建筑智能化系统建设的关键，是建筑智能化水平高低的主要标志。

系统集成是指从一定的应用需求出发，将与之相关的硬件、软件等各类构件进行改进和改造，使之组合成为一个统一、实用、高效、可靠、低耗的整体，换言之是系统工程概念上的集成。建筑智能化系统的多学科综合、多工种并行施工的基本特点更决定了它离不开系统的一体化集成。按照系统工程的逻辑层次，各种集成可以分为横向集成和纵向集成；按照内容和深度又可分为客观的线性集成和包含了人、组织系统、工作方式等社会因素的非线性集成；按照形式结构则可以分为全系统集成和子系统集成。

系统集成作为智能化程度高低的体现，主要依靠软件的数据综合处理与分析能力实现使用功能，包括涉及人工智能AI的功能。所以今天系统集成的关键在于“云计算”数据库基础上的软件设计。

11.1　系统集成的目的和原则

1. 系统集成的目的

建筑智能化系统的系统集成的建设目标是以先进、成熟的信息技术、控制技术和管理与决策手段为依托，建成合乎标准的智能大厦。具体地讲，系统集成的直接用户是建筑物的高层管理人员，这些人员不直接操作设备、维护系统、设置参数，他们只是在宏观上对大楼的营运进行管理。因此，系统集成的首要目的就是为高层管理者提供运营、决策及有关的服务支持。智能大厦的核心技术是对信息的采集、取用和综合管理，即对信息的集成管理。这种信息集成的一个重要方面就是对各弱电系统的集成。

在信息科技高速发展的今天，计算机网络的系统集成已成为发展的主流方向。从发展的趋势来看，从产品功能到软件系统都以集成的形式出现，以适应未来信息技术发展的需要，为用户提供方便、灵活、开放、经济的解决方案。

智能化系统作为计算机应用系统在系统集成的道路上迅速前进，并成为衡量建筑智能化程度的重要指标。在规范中明确指出“智能建筑不是多种产品的简单集合”。实现建筑智能化的核心技术方法就是系统集成。

集成系统是将分散的、相互独立的弱电子系统，用相同的环境、相同的软件界面进行集中监视。经理、部门主管、物业管理部门以及管理员可以通过自己的桌面计算机进行监视；他们可以看到环境温度、湿度等参数，空调、电梯等设备的运行状态，大楼的用电、用水、通风和照明情况，以及保安、巡更的布防状况，消防系统的烟感、温感的状态，或停车场系统的车位数量等。这种监控功能是方便的，可以生动的图形方式和方便的人机界面展示各种信息。

集成系统能够对弱电子系统中重要的点的状态和信息进行监测，用户通过服务代理和单元接收这些数据到工作站。系统中的任何用户通过组态，都可以对任何弱电子系统进行统一和全面的监测和管理。用户可以监视和观察设备的启、停、事故状态和模拟参数的量值等，这些设备将以对象的形式按需要的模式显示在屏幕上。用户可以方便地编辑打印所需要的报表。

综上所述，系统集成的目的如下：管理合理化，按设定的程序工作，减少人为随意因素；实现集中管理；设备优化控制，运行节能；机电系统整体联动，运作协调，快速高效，在紧急情况下可减少损失，把事故消灭在萌芽状态。

系统集成本质上是对楼控系统的控制域与计算机网络系统的信息域进行集成，重点就是信息的集成，就是将BMS、CAS、OAS等相关信息通过中央“信息池”实现信息的处理与共享，并借助决策算法与模型来完成高层的管理与决策。系统集成技术主要是采用信息系统的管理技术，目前采用的通信协议比较先进的是BACnet协议和Lontalk协议，其特点是数据通信能力强，符合开放式标准，可运作高级复杂的大信息量，系统互连简单，可以实现不同系统设备之间的无缝互连。

系统集成目前常见的模式有：一体化集成（IBMS），它可实现大厦的自动化综合管理；楼宇级集成（BMS），亦称为建筑设备自动化系统（包括水、暖、电、车库、消防、保安、电梯等机电系统）；BAS和OAS结合，即面向物业管理的集成系统，此系统主要用于出租性商业大楼的管理。实现这些集成的主要技术手段包括模型集成、方法集成、软件集成、人机界面集成等多方面。系统集成范围可参考图11－1的框图示例。系统集成的硬件组成可用图11－2表示。

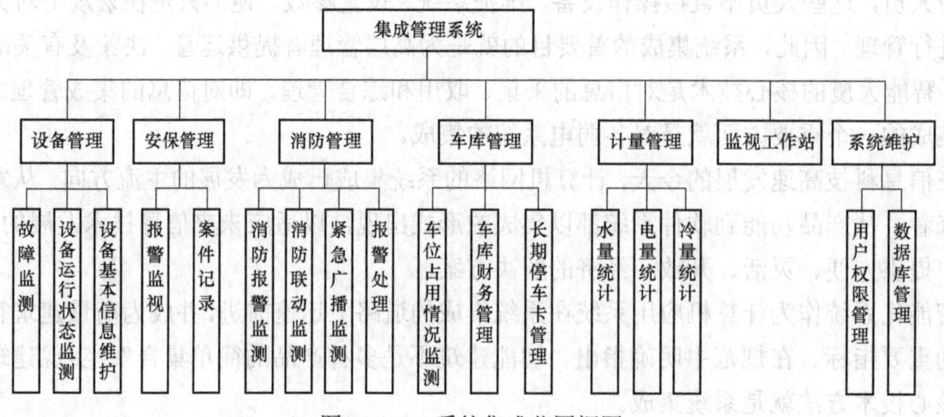

图 11－1　系统集成范围框图

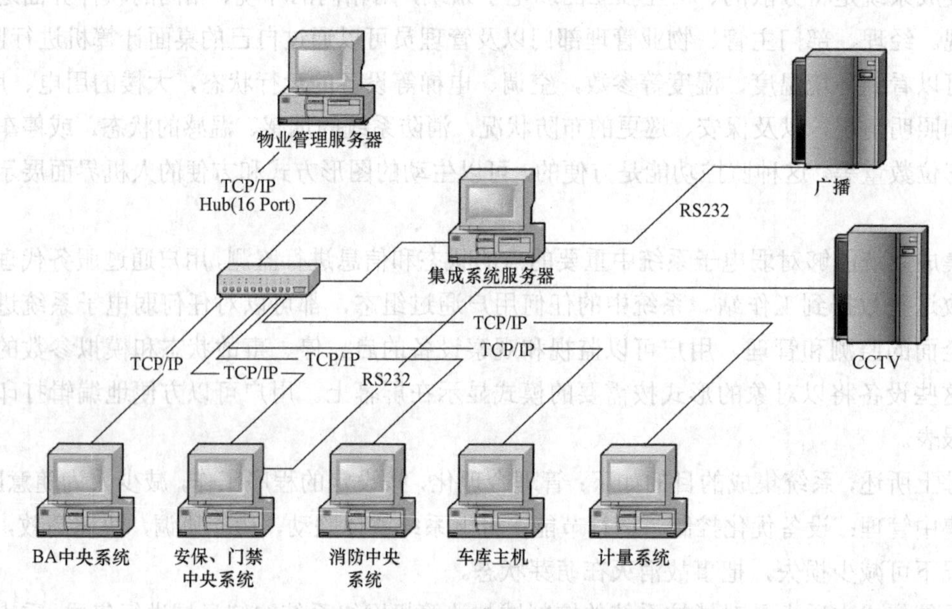

图 11－2　系统集成的硬件组成示例

2. 系统集成工程设计遵循的宏观原则

（1）标准化：设计及其实施应按照国家和地方的有关标准进行。选用的系统、设备，产品和软件将尽可能符合工业标准或主流。

（2）先进性：工程的整体方案及各子系统方案将保证具有明显的先进特征。考虑到电子、信息技术的迅速发展，本设计在技术上将适度超前，所采用的设备，产品和软件不仅成熟而且能代表当今世界的技术水平。

（3）合理性和经济性：在保证先进性，按用户需求集成的同时，以提高工作效率，节省人力和各种资源为目标进行工程设计，充分考虑系统的实用、适用和效益，争取获得最大的投资回报率。

（4）结构化和可扩充性：集成网络系统的总体结构是结构化和模块化的，具有很好的兼容性和可扩充性，既可使不同厂商的设备产品综合在一个系统中，又可使系统能在日后得以方便地扩充，并扩展其他系统厂商的设备产品。

（5）全面综合优化、优选，注重以人为本，便于实现现代化管理。

3. 系统集成的主要技术要点

（1）尽量提高智能建筑的整体性能，即智能化水平。建筑智能化系统与普通建筑中独立、分散的弱电系统相比，其突出特点就是经过综合组织、集成配置以后，整体性能大为提高。

智能建筑的日常业务是由一系列相互紧密联系的不同部门密切协同进行的各种各样的活动所组成的，任何一个活动都是在具备适当的前提条件下，在适当的时间、地点，由恰当的部门和人员参与进行，并在一定时间内完成的，同时也为后续的活动提供条件。

面对现代化的、具有世界先进水平的建筑，集成系统应满足与其业务适应的需要，从现代化智能建筑实际应用出发，在集中数据库的情况下，所有的数据只需要一次采集和加工即可被共享和重用，可以避免数据分布情况下多次重复的劳动。

集成系统采用“数据集中，应用分布”的设计原则，以物业管理和办公自动化信息作为主干信息，以相关信息作为辅助信息，并将以上所有信息集中储存在中央服务器的中心数据库中。各项不同应用的子系统，虽然分布在不同的多个使用它们的地点（各职能部门），但以高速、可靠的计算机网络作为依托，各子系统之间可以通过中央数据库快速地进行信息共享及交流。

对于建筑智能化子系统，它们的数据都存储在中心数据库里，其他将来可能扩展的子系统，可与用户一起定义这些子系统与中央数据库及计算机网络的接口，保证这些子系统中有用的信息也能够存储到中心数据库中，从而实现所有子系统之间的信息交流与共享。

由于采用数据集中、应用分布的设计原则，从整体性能上与独立、分散的系统相比有了很大的提高，具体来说有以下几点：

1）避免了数据的重复采集和加工，减少了不一致问题产生的可能性，除可在应用系统中实现一致性检查外，还可利用数据库本身提高的机制，进行数据库服务器级的一致性控制。

2）简化数据备份过程。在数据分布的情况下，备份发生在多个地点，在数据集中的情况下，只要在一个地点就可备份系统用到的所有数据。

3）保持了数据的一致性。由于全部数据存放在一个数据库中、一个服务器上，通过合理的结构设计可最大限度地减少数据冗余集成综合信息系统。

4）实现了数据的安全保护。“数据集中、应用分布”的原则使数据的安全保护可在服务器和客户两端都得到实施。在服务器端，通过给不同用户不同等级授权（包括表、视图、字段、存储过程）来拒绝对数据的非法访问；在客户端，由于不同用户安装的客户软件是根据该用户的业务性质制定的，从而也限制了用户对数据库的操作范围。

（2）尽可能实现各层信息的共享与交换。在系统集成中完成不同平台、不同系统信息的交换、共享和维护，这是设计工作的重要方面。系统集成是智能建筑要解决的最关键问题，而要搞好系统集成，首先要完成不同平台以及不同系统之间的信息交换、共享和维护。从平台的角度来看，一般定义了两个层次上的平台，即网络和数据库。从系统的角度来说，应考虑的主要是完成各个弱电应用子系统的集成。不同平台以及不同系统之间的信息交换、共享和维护，在设计方案中是通过对这些异质平台以及不同系统的集成及统一管理来实现的。

（3）实现相关系统的业务流程整合优化。中央数据处理系统是整个集成系统的核心，也是实现关联业务流程整合的关键。

中央数据处理系统由一个中央数据库系统和一组中央服务进程组成，中央数据库集中储存着智能建筑所需的各种基础数据及信息，这些数据及信息在整个系统都是可被各应用子系统存取和使用的，同时中央数据处理系统的管理进程也确保了全系统的数据一致性。中央服务进程是连接中央数据库系统和客户端应用子系统的中间件，也是自动触发和控制这些应用子系统的主要机制。

每一个业务流程的实现在信息系统中都是通过多个应用子系统互动协调完成的，关联业务流程的整合，实际上也是这些业务流程对应的应用子系统之间的整合。

当某个能够影响业务流程的因素出现时，首先得到此信息的应用子系统将通过网络（TCP/IP 协议）将此信息传递给中央数据处理系统，中央服务进程专门负责接收从各客户端应用子系统传递的数据库更新及进程触发请求，并将这些请求发给一个中央业务事件发–送进程，名字叫做“ROUTER”。此进程保留着一个业务事件发送表（Route Table），该表记录了当中央数据库的一个或多个关键字段更新时，需要向谁发送什么消息，这些中央服务进程得到此类消息之后，将自动触发各中央服务进程所对应的一个或多个应用子系统，并通过中央服务进程以广播的方式向所有使用这些应用子系统的客户发送消息。

系统集成商为了更好地完成各业务流程的整合，需要结合项目的实际情况进一步完善各子系统与中央数据处理系统的接口。应用子系统的接口定义，主要是触发子的定义。触发子由事件和处理程序组成。每一个应用程序，只有在特定的事件发生后，其特定的功能才被激活。通过触发子的定义，可以非常方便地完成各应用程序之间的数据交换和协同工作。

（4）保持各个被集成的智能化子系统的相对独立。

对于集成系统的关键子系统来说，必须保障其安全性及相对的独立性，例如人脸识别系统、一卡通系统等。这样才不会因其他系统或外界因素的影响而使这些关键子系统不能正常运行和使用。集成系统是通过三个方面来保障各子系统的安全性和独立性的。

1）保证在中央系统未完成之前，一些重要子系统可以提前投入使用。

2）消除单点故障。当主干网络、中央数据库或主机系统发生故障时，关键子系统仍然能够继续提供服务。

3）系统防灾。当出现自然灾难时，关键子系统在一定范围内仍然能够继续提供服务。

系统集成商应与用户一道要求各分包商在系统设计时必须考虑各种紧急状况下其负责的子系统的应急措施。

关键子系统是指对大厦正常运营必不可少的子系统。这些子系统在中央系统未完成之前，为了保证大厦的正常运营，将提前投入使用。正常情况下需要从中央数据库得到的数据，此时将通过手工录入。

系统集成方案应保证整个信息系统主要子系统正常运行，为此，在主机、网络、数据库、核心应用系统四个技术层面做消除单点故障的设计和集成。

对于主机系统，一般采用双机热备（互为备用）的技术及原理，可以保证在单机故障的情况下主机系统的接管功能。采用各种数库备份的技术，使设计的数据库及集成方案能够保证数据库系统的无单点故障。

（5）建立自上而下的中央数据库。计算机比人的大脑强大的地方就是数据处理能力。为了充分利用计算机的这个优势，在系统集成中要建立自上而下的中央数据库。

作为智能化系统的重要内容之一，体系结构对其系统建设具有十分重要的意义。而数据库系统自顶向下设计，对于智能大厦这样一个以中央数据库数据作为其应用子系统共同信息基础的集成系统来说，更是必须加以足够的重视。中央数据库自顶向下设计（图 11 – 3）就是为整个系统的信息结构和信息交换制定统一的标准，然后在这个统一标准的基础上进行系统建设。

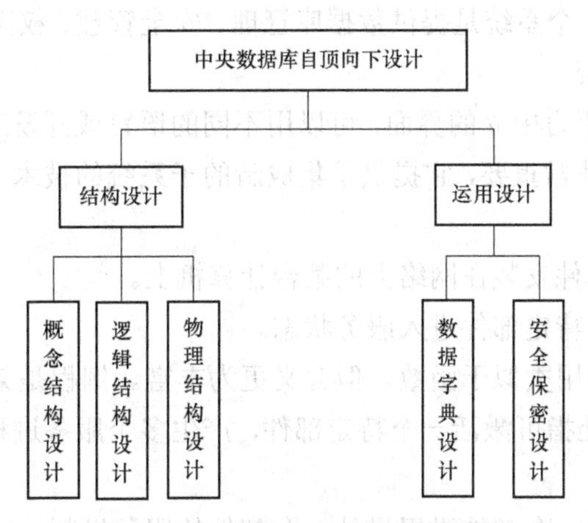

图 11 – 3 系统集成的数据库框图

中央数据库自顶向下系统框架设计包括结构设计和应用设计。结构设计包括概念结构设计、逻辑结构设计和物理结构设计。应用设计包括数据字典设计和安全保密设计。

1）结构设计。

① 概念结构设计。说明本数据库将反映现实世界中的实体、属性和它们之间的关系等原始数据形式，包括各数据项、记录、系、文卷的标识符、定义、类型、度量单位和值域，建立数据库的第一幅用户视图。

② 逻辑结构设计。说明把上述原始数据进行分解、合并后重新组织起来的数据库全局逻辑结构，包括所确定的关键字和属性、重新确定的记录结构和文卷结构、所建立的各个文卷之间的相互关系，形成本数据库的数据库管理员视图。

③ 物理结构设计。建立系统程序员视图，包括：数据在内存中的安排，包含对索引区、缓冲区的设计；所使用的外存设备及外存空间的组织，包含索引区、数据块的组织与划分；访问数据的方式方法。

2）应用设计。

1）数据字典设计：对数据库设计中涉及的各种项目，如数据项、记录、系、文卷、模式、子模式等一般要建立起数据字典，以说明它们的标识符、同义名及有关信息。

2）安全保密设计：说明在数据库的设计中，将如何通过区分不同的访问者、不同的访问类型和不同的数据对象，进行分别对待而获得数据库安全保密的设计考虑。

（6）能够按需要增减被集成的子系统数目。应用程序体系层通过中间件层和中央数据处理层进行数据交换，以及各子系统之间的消息传递，实现子系统之间的联动。每一个应用子系统都称之为一个部件，都是一个可管理的对象，可以通过中间件层插入系统。每个部件有相对的独立性，增加或减少一个部件不影响整个系统的运行。

中间件层是指在数据库主机上运行的多个 Unix 服务进程，由它们完成应用子系统和中央处理系统的数据交换工作，以及应用子系统之间的消息传递。

中央数据处理层包括两个子系统。一个系统是和中间层紧密耦合提供实时在线事务处理的中央数据库系统，另一个系统是提供数据库管理、安全管理、权限管理及事件管理等系统管理功能的中央管理系统。

每个部件都要定义语言中立的界面，可以用不同的语言或开发工具进行开发。中央管理系统对系统的可扩展性非常重要，它提供了集成新的子系统的技术手段，可以为新子系统提供以下服务：

1）安装：将一个部件安装在网络上的某台计算机上。

2）登录：可使一个特定部件进入服务状态。

3）例程：例程的作用类似于函数，但含义更为丰富。例程是某个系统对外提供的功能接口或服务的集合。此处指可激活一个特定部件，产生多个服务进程；请求消除时，撤销这些进程。

4）引用：可以提供一个部件引用另外一个部件的服务机制。

5）管理：用于控制部件的版本，完成升级。

6）监控：用于监视一个部件活动的机制。

7）完整性保证：保证对数据和计算资源的安全和合理使用的机制。

上述三层结构保证了整个系统具这样的能力：如果应用程序不能满足大厦的需求，可以改进应用程序或安装新的应用程序，而对其他系统无排他性。

（7）实现建筑智能化系统内部的系统联动。系统集成是手段，系统联动才是目的，因为这才是智能化的具体体现。试想，如果一个大楼里有 20 个弱电子系统，各自独立运行，其间的信息流通、动作协调等工作完全需要人员去操作，那么，将有大量信息得不到及时处理，同时还需要许多物业管理人员安排在各个岗位上。反之，智能化的优势十分明显。例如，过去对于消防控制室来说，接到火灾自动报警系统的火警信息后，需要人工前去报警所在区域认定是真火灾，不是系统误报（难以避免），才能启动紧急广播、排烟、喷淋等一系列动作。这样的过程，就会失去火灾初起时非常高效的灭火时机，导致大火难以及时扑灭，直到将可燃物烧尽为止。因此，消防工作做再多，能救下的东西也很有限。如果有了系统联动，至少可以通过火灾报警系统、视频监控系统、照明系统的联动快速确认火灾，将火灾消灭在萌芽状态。

网络系统作为应用系统的基础，必须有足够的覆盖范围，使各个子系统、各种设备及各种工作人员都可以对系统进行操作。网络系统还要有足够的带宽，使信息可以在网络的任何地方畅通，即要保证智能建筑的信息传递高速、畅通。

网络系统根据用户的实际需要，完全覆盖大厦的各个部门。这样，分布在上述区域的各个子系统及各种设备可以有效地连入网络系统，各种工作人员亦可以对系统进行方便的操作。

系统联动是系统集成的重要目标之一。它实用性强，因而倍受业主重视，目前，要完全实现控制域与信息域所有子系统的联动尚有一定困难，在管理上其必要性也不大。现实可行的系统联动包括楼控系统、消防系统、安保系统、车库系统等。以发展的眼光看，实现智能建筑内部全面的系统联动，在今后相当长时期内，仍将是重点研发的技术领域。

11.2　系统集成的体系结构与集成级别

在建筑智能化系统设计中，有关系统集成的图纸很少，主要是以框图形式体现系统集成的涉及范围，然后用文字描述系统集成的联动功能，明确横向、竖向的接口形式和通信协议。系统集成与联动的功能形式多种多样，例如：当某个仓库的 FAS 感烟探测器报警，为了尽快确定是否误报，要求照明系统开灯，SAS 视频监控系统马上把画面切换到报警区域，确认火灾发生后，立即启动紧急广播，联动消防风机和消防水泵等投入，同时联动停止 BAS 等非消防设备的运行。这样就比传统的人工去现场确认火警更为快捷。

1. 系统集成级别

系统集成的级别可以分为 3 级。

（1）初级为 BAS，就是将以中央空调系统（包括冷源系统/冷冻站—制冷系统和热源系统—热交换系统/热力站）为主体的机电设备的监控，包括空调系统、风机盘管系统、新风系统、送/排风系统、给/排水系统的监控，公共照明系统的监控和变配电系统、电梯系统的监测（不能控制）等，集成到一个平台——BAS 工作站。

（2）第二级为以 BMS 为代表的中级集成，另有 OAS、CNS。BMS 主要是将 BAS 和安防工作站 SAS（含视频监控、报警、巡更、车库、出入口管理、门禁等）、消防工作站 FAS（含火灾报警、紧急广播、消防电话、系统联动、电气火灾监控等）集成在一个平台，即 BMS 工作站。OAS、CNS 集成对象有计算机网络、数据处理、有线通信、无线通信、电视、广播等。

（3）第三级集成即 IBMS 级集成，是目前最高级的集成，内容包括 BMS、OAS、CNS 等。

系统集成包括所有需要集成的弱电子系统。系统设备的集成是系统集成的主要内容之一。集成系统是一个开放的、可扩展的系统。这是一个基于计算机区域网络（Intranet）的集成系统。通过网络将楼宇控制系统、消防系统、综合安保管理系统、停车库管理系统、电梯管理系统等设备连接到一起，系统设备的集成是系统信息集成的前提。

系统集成是体现计算机和网络技术最新发展的综合应用系统工程。随着网络技术的进步和普及，人们已经认识到它的巨大好处。越来越多的系统产品增加了通信接口，有了和外部交换数据的能力。这种趋势和计算机、网络技术的发展密切相关。由于弱电产品的多样性，其技术不断在更新发展，各个厂商的解决方案也各不相同，信息交换的方式有通过软件方式，也有通过硬件接口，即使采用相同的通信规范，其传送的数据格式也有各自的定义。要将这些不同类型的数据模式整合起来进行集成管理，最灵活、最有效的方法是采用计算机网络集成形式。在系统中使用通信网关可实现和各子系统的通信连接，然后转变为统一的数据格式向网络上发布。它可以适应不同类型的接口和数据格式，也不会在传送通道产生瓶颈效应。另外，系统集成的主要目的是对各子系统综合管理，以及向信息服务系统提供资源，这种数据并不是各种无序信息的集合，而是将这些数据处理后以标准的格式提供给整个网络的应用系统，例如建立开放的网络公共数据库。

采用 TCP/IP 通信协议，加上网络环境下的分布式客户机/服务器工作模式，将使系统具备强大的功能。以此建立的集成系统拥有当今计算机区域网所能提供的一切优越性：先进、开放、灵活、标准化、可扩充，这只有计算机网络平台才能做到。所以真正意义上的系统集成，就是通过计算机区域网络而实现。集成管理系统这个计算机区域网一般采用高速以太网，并可以支持其他网络结构。操作系统由通信网关和虚拟应用服务器和管理工作站构成。目前所有工作站的操作系统多为中文环境。

网络系统运行集成管理系统软件分为中央管理和系统管理两部分。中央管理是一个实时楼宇智能系统监控平台，用于对各弱电子系统设备进行界面组态、时实监视、联动控制及分析处理；系统管理用于采集各子系统的数据，进行过滤、整理、格式转换后向中央管理系统提供。智能建筑的弱电系统运用先进的构件对象模型、软件构件重复使用和智能代理等先进技术，是典型的分布式客户机/服务器网络平台。

系统中以 TCP/IP 协议或者通信网关实现和各子系统的通信连接，采集各类机电设备的实时参数，然后通过实时对象服务程序把它们转变为一致的数据格式向网络上发布。软件可以安装于大楼局域网内任何计算机节点，不受地点和数量的限制，可以根据使用者的需要自行定制图形界面。

2. 系统集成的体系结构

集成系统的目标是将分布在弱电子系统中的局部数据源中的信息有效地集成，实现各子系统之间的信息共享、资源共享和集中管理，实现信息集成。集成数据模型是以面向对象的数据模型为基础，将传统数据库、面向对象的数据库和文件系统进行信息集成。

在数据集成、信息集成的基础上，将建筑内部的各类应用实现功能集成和过程集成。集成系统是实现上述目标的软件系统。集成系统可以用图 11－4 所示的系统集成框架层次结构来表示，它是由应用集成框架和集成平台两部分组成的。集成框架是实现应用软件管理、过程管理及优化管理的软件系统。集成平台提供基于网络、数据库、面向对象技术和开放分布处理，能无缝地实现大厦内部的信息集成，以及便于使用和维护的环境，包括人文社会环境。

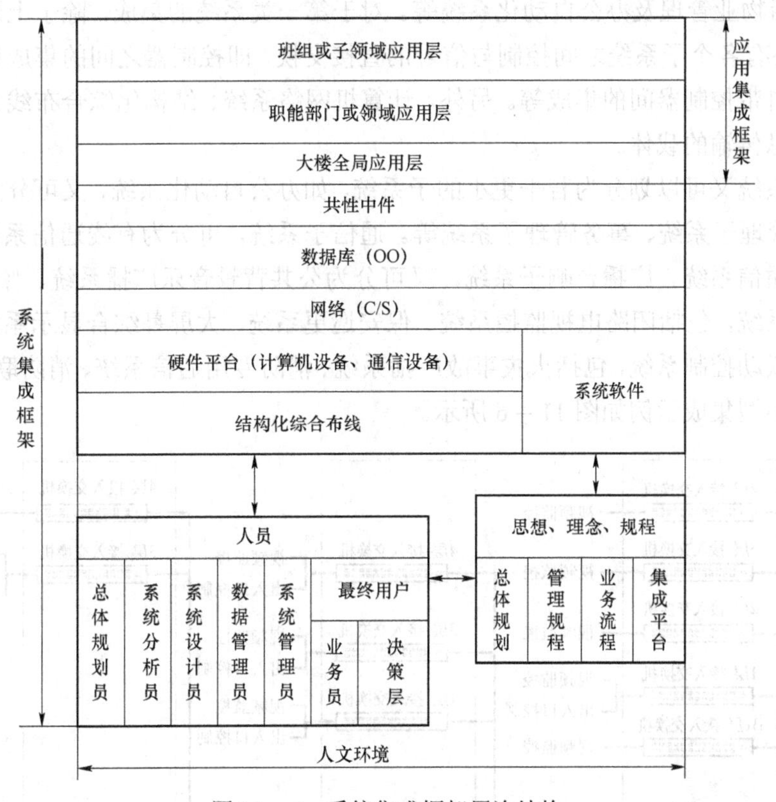

图 11－4　系统集成框架层次结构

由于各相关子系统之间的信息共享和交换十分频繁，因此，要满足弱电系统集成的需求，集成系统可采用如图 11－5 所示的简化的体系结构。

集成系统是实现各应用领域之间的信息交换和共享，支持全局范围内的信息交换与共享，实现项目内各子系统的集成和特殊应用软件的集成。弱电子系统主要解决各应用领域内部的信息交换和共享，实现应用领域或职能部门内各专业和应用之间的集成。各应用领域子系统之间，或子系统与集成系统之间都是通过网络传输，由集成系统统一管理，完成数据的交换和共享。集成系统以计算机通信网络为主

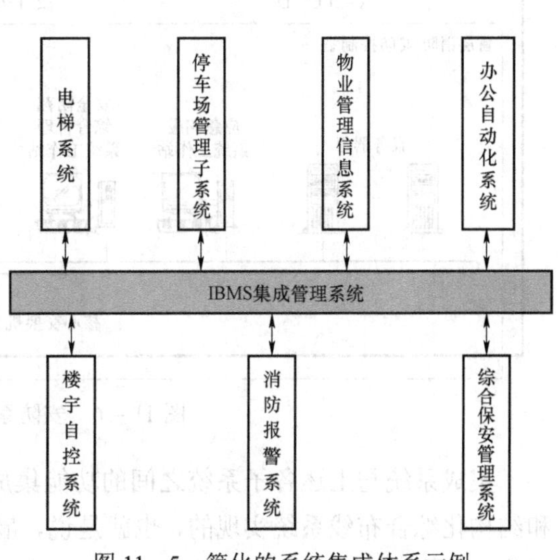

图 11－5　简化的系统集成体系示例

体，分为两种不同类型：一类是以楼宇机电设备自动控制为核心，以控制设备为主体的控制系统，包括楼宇控制系统、安保监控系统、消防报警系统、停车场管理系统、背景音乐和公共广播系统、电梯管理系统等；另一类是以管理信息系统为核心，以计算机网络为主体的管理系统，包括物业管理及办公自动化系统等。对于第一类系统的集成，除了上述所提到的信息集成外，还有各个子系统之间控制与信号的直接交换，即控制器之间的集成以及控制系统与被控设备自带控制器间的集成等。另外，计算机网络系统、结构化综合布线系统则为上述集成系统信息传输的载体。

某些子系统又可以划分为若干更小的子系统，如办公自动化系统，又可分为物业管理子系统、办公管理子系统、事务管理子系统等。通信子系统，可分为有线通信系统、无线通信系统、卫星通信系统。广播音响子系统，又可分为公共背景音乐广播系统、紧急广播系统。保安监控子系统，包括闭路电视监控系统、保安巡更系统、大屏幕综合显示系统。火灾自动报警及消防联动控制系统，包括火灾事故广播系统、消防专用通信系统、消防联动控制系统。安防系统的小型集成示例如图 11－6 所示。

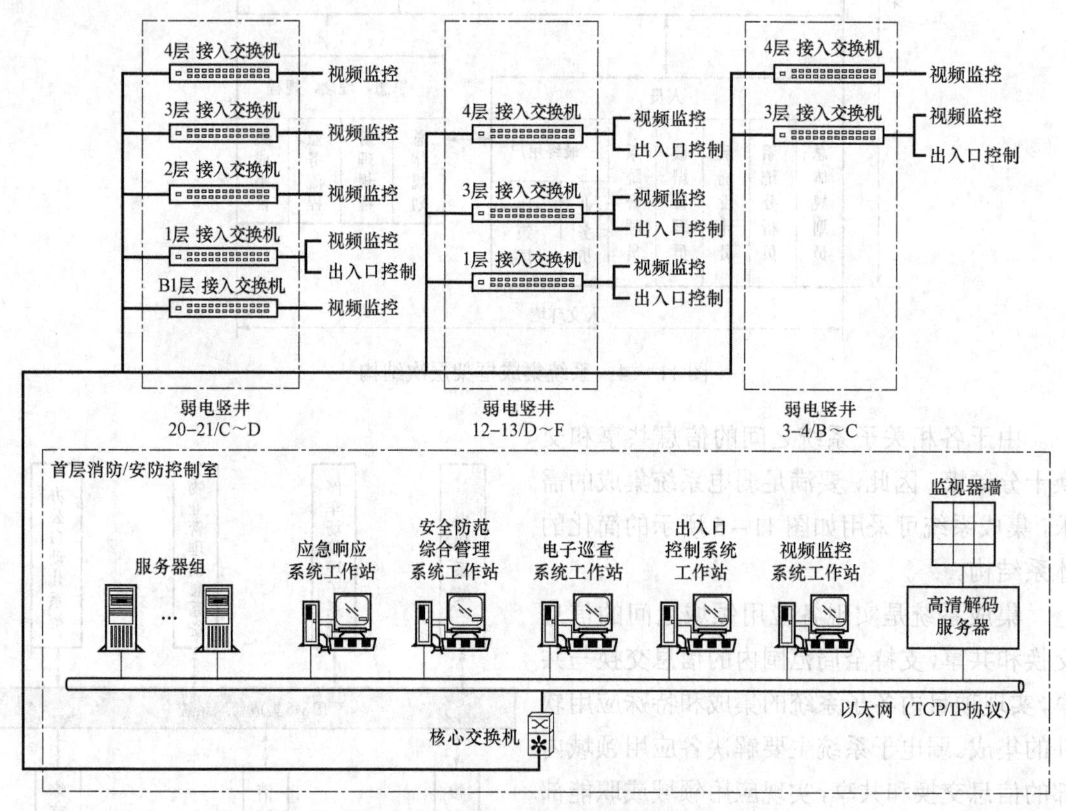

图 11－6　安防系统的小型集成示例

集成系统与上述各子系统之间的功能集成、信息集成和过程集成是通过计算机网络系统和结构化综合布线系统实现的，也就是说，最后这两个子系统实现了设备的物理连接，或者说物理集成，它们是实现系统集成的物理基础。

11.3　系统集成平台与各子系统的连接

基层的集成是将不同标准的设备或者系统互联互通，采用较多的是“网关”，其实就是一种翻译器，类似于站在说不同语言的人中间的翻译，将“不通”变为“畅通”。

硬件接口有 RS485、RS422、RS232、RJ45 等。

软件接口含有通信协议的概念。一般楼宇管理系统软件可提供标准 OPC 软件接口（ole for proass control）。OPC 是一种基于微软软件技术的国际标准的软件标准。只要 IBMS 集成软件采用微软公司的软件平台开发，均可以通过 OPC 软件接口，实现与 BMS 楼宇集成管理系统集成。通信协议还有 CAN、MeterBus、TCP/IP、BACnet、ODBC、ModBus、LonTalk 等。

集成系统的功能强弱主要取决于其软件功能模块的多少。

【例】以某公共建筑的 BMS 系统集成为例说明其管理系统是智能化的综合管理系统如下：

这个系统平台能收集到大厦内相关数据，分析具有高附加值的信息，结合先进管理技术和方法，使大厦的办公和物业管理效益更高、综合服务功能更强、运行成本更低且更安全。为此目的，将大厦内的各机电自动化控制系统与资料管理系统、设备管理系统、客户服务系统、系统维护系统等统一起来，集成起来，使它构成一个有机的整体 BMS 系统。公开各系统间的信令格式、数据格式、指令格式，并提供一个强有力的通信网络接口和操作平台，与楼内的交易系统、信息系统、结算系统、办公自动化系统等连接起来，形成一个局域网。楼内的用户可及时沟通信息，形成一个信息共享空间。使大厦业主物业管理者节省劳动力，提高大厦管理效率。

1. BMS 系统安全运行的条件

考虑到当前和今后的双重需要，该 BMS 系统不仅将有关各系统集成起来，而且建立起一个开放的操作平台，提供了功能强大的接口。为了保证数据资源、信息资源共享，保证系统运行的安全可靠，该 BMS 系统应满足的要求包括：

（1）通过从各子系统主机中收集数据、分析数据，BMS 为用户提供客观、有效、及时的信息。

（2）BMS 可以监视各子系统运行状态，及时发现各种故障和告警信息，向有关部门报告。

（3）BMS 接收上级系统发来的查询指令、操作指令，经处理后向有关系统传送。

（4）BMS 不直接控制各子系统，但可以向各子系统发送指令，只有当各系统的现场技术人员确认后才能执行。这可以有效防止误操作，避免意外事故的发生。

（5）数据库管理系统使用开放型数据库。

BMS 系统在客户端主要有三个工作站模块，监视工作站、管理工作站、图纸工作站。

BMS 系统环境，如系统服务器、操作系统、客户端的操作系统等，通信协议是 TCP/IP，数据库是开放的关系数据库。

BMS 系统对各系统扫描间隔设置：根据一定的时间间隔，从其他子系统读取状态、故障、报警值。考虑到 BMS 系统要保存一年的历史数据，同时要与多个子系统连接，扫描间隔要根据不同类型的数据，采用不同的策略。报警、故障类型的扫描尽可能做到及时快速，而状态数据的扫描间隔可长些，如：保安、消防报警为 10s；楼控、消防、车库的故障为 20s；楼控、安保、广播的状态数据，车库的车位数据为 30s。车库财务数据为 1 天。

2. BMS 系统的主要功能

（1）BAS 管理系统：大楼能源消耗用量数据汇集；与承租者有关的空调、照明等特殊需求服务的数据汇集；以日为单位从 BAS 定时自动进行汇集。楼控子系统各种设备的运行状态，开关状态等数据通过实时或定时方式传送到中央机房。

1）空调设备调监测管理系统：定时读取空调设备的开关状态、温度、室内温度及其故障状态。根据用户的特殊需求，定时开启空调设备。查询空调设备的运行记录和故障记录。

2）供配电监测管理系统：定时读取供配电设备的开关状态、电流、用电量、电压及其故障状态。查询供配电设备的运行记录履历和故障记录。对设备某一时间段内用电量、电压的状态变化趋势可通过曲线图形表示出来。

3）照明监控管理系统：定时读取照明设备的开关状态，查询照明设备的状态记录，发布特定区域照明点的定时开关指令，定时开启或关闭照明设备。查询照明设备的运行记录。

4）给排水监测管理系统：汇集给排水设备的开关数据，查询给排水设备的状态记录，故障记录。

5）自动扶梯监测管理系统：汇集自动扶梯设备的开关数据，定时读取自动扶梯设备的开关状态及其故障状态。查自动扶梯设备的运行记录和故障记录。

（2）SAS 监控管理系统：定时汇集大厦磁卡门和锁的开关状态，在紧急情况下，控制指定地址的磁卡的开闭，视磁卡门是否被强行闯入以及安保系统的报警信号。查询磁卡门各运行记录（门和锁的状态）和安保系统的报警记录（磁卡门的强行闯入和报警信号）。

（3）FAS 管理系统：在消防系统与 BMS 接口允许的条件下，收集、积累消防联动控制数据及消防设备的运转状态。定时读取报警探头的报警信号、故障状态及联动信息，查询消防设备的状态记录、故障记录和联动信息。

（4）车库管理系统：汇集查询停车场的停车数量、主机的开关状态、报警信息。定时读取车库设备的故障状态、长期停车卡的启用/禁用状态。同时以日为单位定时读取车库系统的每天营运统计数据。根据用户的特殊需求，可启用或停用车库系统的长期停车卡。

（5）广播音响系统：定时读取广播系统连接到楼控系统中的信号，以确定平时广播状态还是紧急广播状态。

（6）BMS 工作站：实时监测楼内楼控、保安、消防、车库、广播等子系统的运行状态，可显示故障和报警状态。

（7）资料管理：该系统把大楼的各种工程图、设备图按 CAD 图纸、BIP 扫描图、文本文件、PDF 文件等分类管理。

（8）设备管理：储存设备信息，如设备所属系统、楼层位置、安装日期、运转时间、运转次数，作为设备运行时期的维护管理的基础，自动生成有关的设备表单。

（9）库存管理：对各种设备所使用的消耗品、备品、备件进行记录，其系统包括物品维护、订货管理、库存查询、出库管理五个子系统。各消耗品、备品、备件的信息预先在物品维护中记录，对已记录的物品可进行订阅，然后入库。在库存查询子系统中可查到相应物品。领用消耗品备件时，通过出库管理子系统进行出库管理。

（10）客户管理：登录入驻的承租单位信息，如名称、负责人、承租方式、期限、房号、电话、各种检测点设备号等；登录必要的个人信息如姓名、性别、年龄、磁卡号、磁卡权限等。生成客户信息的数据库，具备修改、检索、打印、注销等功能。

（11）系统维护：登录应用系统的用户信息，包括用户标志、初始密码、权限级别；具备修改、注销功能。此一类为系统员专用，开设用户、修改用户权限、删除用户等一系列操作均由系统员在系统维护中实施。

BMS 级的系统集成示例如图 11 – 7 所示。

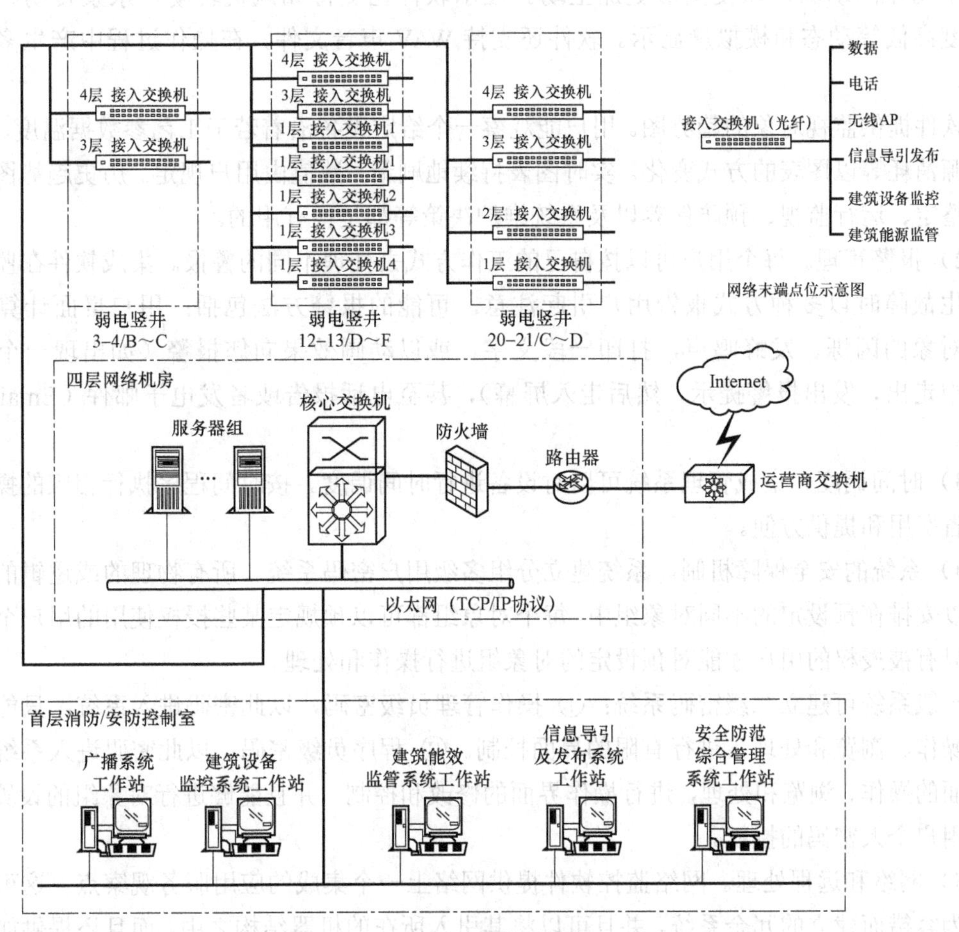

图 11 – 7　BMS 级的系统集成示例

11.4 软件系统集成

集成软件将集成的弱电系统数据显示于工作站屏幕上，并可分成两种类型显示。

（1）分系统显示。将监测的内容分系统显示，显示形式分为三类。

1）按系统图方式显示系统结构，纵观各系统的运行状况。

2）按平面图形式显示设备的位置及状态，分楼层浏览。

3）按工作原理图方式显示设备或设备组（空调机、冷水机组等）工作状况。

（2）集成显示。根据大楼的平面布局，在一张平面图上显示多个系统的设备状况。

1）显示方法。软件平台支持多种图形格式，可将AutoCAD图形直接转换到集成系统中去，也可以通过其他绘图软件制作相应的图形，或直接利用子系统的图库。

显示软件支持多种动画，可从摄像机中剪辑动画插入监控平面。软件提供用户自行编辑十个动作的动画，以使图形更加生动。显示软件也支持如风机转动、水泵转动、水位及温度高低等动态和模拟量显示。软件还支持WAV声音文件，在操作过程中产生多媒体效果。

软件提供监视对象的趋势图。用户能观察一个给定设备沿着若干工艺参数据温度、速度或能源消耗等以图表的方式变化。实时图表持续地刷新，数值由用户规定。历史趋势图对于系统整定、运行监视、预防保养以及系统维护决策等都是很有用的。

2）报警管理。每个用户可以按自己的工作方式去处理不同的警报。集成软件在监控对象发生故障时以多种方式报告用户引起注意。可能的报警方法包括：用户桌面计算机屏幕上对象的闪烁、发蜂鸣声，打印一段文字，或以动画效果向您报警（如出现一个人从屏幕中走出，发出报警提示，然后走入屏幕），甚至电话报告或者发电子邮件（Email）给用户。

3）时间调度。集成管理系统可以对设备进行时间调度。按时间程序执行相应的操作，以节省费用和提供方便。

4）系统的安全保障机制。系统建立分组多级用户密码系统。所有物理的或逻辑的对象都可以安排在预设定的不同对象组中，每个对象组都可以预规定某些授权使用的用户个人密码。只有被授权的用户才能对预设定的对象组进行操作和处理。

一般系统可建立二级密码系统：① 操作管理员级密码，以此密码进入系统，只能做一般的操作、浏览和处理，进行有限的界面控制。② 程序员级密码，以此密码进入系统，可做全面的操作、浏览和处理，进行操作界面的修改和控制，并且能够进行对象组的设置、修改和用户个人密码的授权。

5）网络和远程处理。网络监控软件提供网络上一个集成的应用服务观察点。这可视为系统为容错而建立的冗余系统，并且可以将其引入所在的机器结构之中。而且还提供如下能力：① 在实时环境中通过网络处理现场目标对象；② 通过网络来处理和操作系统；③ 通过电话或者调制解调器来处理和操作系统。

集成系统应具有快速响应的能力。集成系统对整个大楼的机电设备进行监控，对数据的传输和显示速度有较高要求，集成管理系统由虚拟应用服务在网络上发布，系统刷新用户屏幕的响应时间是以毫秒计的。在一般条件下，网络监控软件从外部系统接收若干点信息，转换这些信息在网络上发布它们，并在用户屏幕上依次刷新显示仅需若干秒时间，其中任何所需时间的变化依赖于控制网络的硬件，而不是系统软件本身。例如在使用以太网的一个用户，网络监控软件从应用网关处理 2000 点信息并传送到用户屏幕所需时间不到一秒。在典型的条件下，每个 VAS 能同时控制处理近 100 个在时间响应上没有任何停顿的用户的请求。当然同时工作的用户数量可以通过在网络上复制虚拟应用服务而容易增加。

11.5 网络和数据的集成

网络集成是采用标准以太网，同质网络集成不存在网络之间的转换。

数据库系统是指 IBMS 服务器中数据库。

IBMS 数据库中包括的数据有楼宇集成管理系统中信息、OAS 系统提供的信息、CAS 系统提供的信息。IBMS 服务器可以采用标准关系数据库 SQL 语言编程法，可以实现与 BMS、OAS、CAS 数据库系统信息集成。

IBMS 系统集成信息可以客户机/服务器模式，为大厦内任意一台终端共享。

BMS 系统集成商应能对中国市场的主要火灾报警系统主流产品提供现成的网关产品，无需二次开发。

闭路电视监控系统/综合保安管理系统（SMS）：大厦内保安中心采用综合保安管理系统，综合保安管理系统可以将门禁系统、巡更系统、考勤系统，电梯控制系统、防盗报警系统、闭路电视监控系统集成到一个平台下，实现保安集中管理。安保相关系统集成到一个平台下，形成一个集成化的安保中心，也符合大厦物业管理安保的具体实际和功能的要求。

安保中心平台通过接口控制器和相应网关，可以被集成到 BAS 楼宇集成管理系统平台，BAS 楼宇集成管理系统，可以实现对安保中心报警监测、布防/撤防等保安管理。

11.6 系统集成的质量保证

1. 采用正确的实施流程

在实际的智能化系统建设中，要全面实现功能集成需要足够的集成技术储备做保证。由于历史的原因或者内部体制和外部条件的种种约束，既有子系统的各类应用平台十分复杂，其相互之间与新建的系统及设备之间、系统平台互不兼容，网络结构和数据库结构不一致，内部和外部都无法联网通信、共享资源，特别是各类应用系统开发的软件，标准化和规范性不高，将导致不同的分系统和子系统之间连接困难，为此，要实现功能集成应在以下两方面有相当的集成技术做保证：

（1）商品化软件、硬件的集成技术：广泛掌握各厂商的产品特性、测试条件和工具、接口特性和标准；熟悉国际、国内有关的标准、规范和协议；制定一套行之有效的测试、验收和工程实施标准；选择合适的软硬件接口技术、连接技术。

（2）应用软件开发的集成技术：从应用软件开发的最初阶段，就要按系统集成的要求，加强对软件开发的管理、软件质量的管理、文档的管理，保证应用软件的可维护性、可靠性、可读性、可移植性和兼容性，从总体上取得对各子系统应用软件的控制权和维护权。通过对各子系统的适当调整，实现各个应用系统的可互联性。

信息系统集成实施流程框架由八个部分组成，如图 11－8 所示。

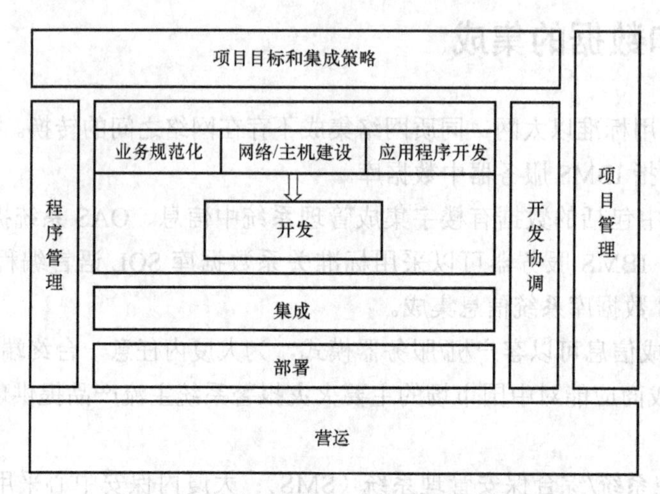

图 11－8　信息系统集成实施流程框架示意图

集成框架可以分为横向和纵向两个方向，横向是从整个项目的进展过程来考虑，而纵向则着重于项目的控制与协调。横向与纵向不但不冲突，反而是相辅相成、互相依赖的。

（1）横向框架的最高层是项目目标和集成策略，是系统集成工作的依据和指导思想。完成系统集成有四个阶段的工作：

第一阶段：开发。包括业务规范化、网络/主机建设、应用程序开发等几项工作。

第二阶段：集成。集成阶段的主要工作是组装各应用程序，测试开发出来的应用系统是否满足业务目标，并准备部署各应用程序。

第三阶段：部署。将集成完的应用系统安装到现场。

第四阶段：营运。将最后完成的系统投入实际的业务工作中。

在上面四个阶段的集成工作中，第一阶段到第三阶段的集成工作通常需要循环地进行，这是因为智能大厦的应用是一个综合复杂的系统，其开发、集成、部署过程通常不是一次就能顺利完成的。

（2）纵向集成框架统一在承包商和业主组成的项目联合管理机构的领导下进行。它包括程序管理、开发协调和项目管理。

1）程序管理及开发协调是对横向框架开发、集成及部署三个阶段工作的统一程序的开发控制及管理。智能大厦信息系统是一个非常复杂、综合性很强的集成系统，它包括多个应用系统，分别由承包商完成。程序管理及开发协调的工作就是要协调各不同厂商的产品连接接口定义，制订统一的开发计划，保证整个信息系统的整体性，控制软件开发质量以及协调开发商的工作进展等。

程序管理体现在软件文档管理上，根据中国实际情况，按现行《计算机软件产品开发文件编制标准》，在各个工程阶段，提交相应的文档。包括可行性研究报告、项目开发计划、软件需求说明书、数据要求说明书、概要设计说明书、详细设计说明书、数据库设计说明书、用户手册、操作手册、测试计划、测试分析报告、开发进度月报、项目开发总结报告等。

2）开发协调的主要工作有：支持项目的全过程的开发、集成、部署的管理工作，协助总、体组进行项目决策；协助集成小组完成各子系统的集成；协助集成小组和总体组解决在项目实施过程中出现的各种争端；检查在解决问题过程中对应用系统的修改是否和系统总体突；保证被批准的、附加的开发工作顺利完成，协调各开发小组的工作。

3）项目管理分成四个部分：项目的启动、项目的计划与组织、实施对各子承包商的项目的控制和项目完成如图 11-9 所示开发流程示意图。

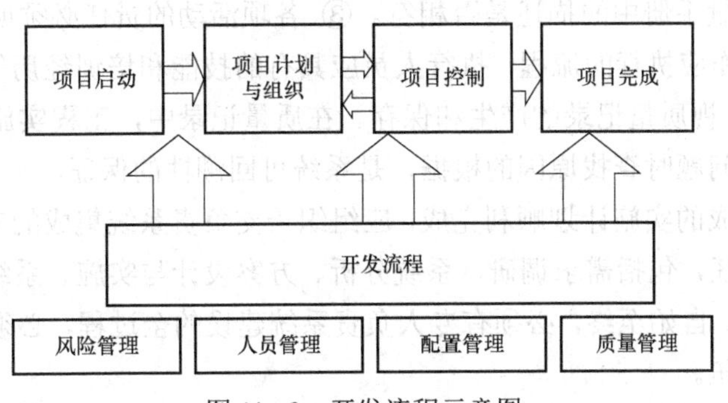

图 11-9 开发流程示意图

① 在项目启动阶段，应建立完整文档编制规范和文档管理机构，保证明确地定义项目的范围和实施的工作。

② 在项目的计划和组织过程中，管理人员需要制订项目计划及实施过程，组织技术人员进行开发，明确整个项目的主要阶段、里程碑以及任务。

③ 项目的控制是管理人员从项目的第一天起就开始面临的问题。随着项目的全面展开，更多的技术人员介入工作，项目控制工作会成为管理人员的主要工作。项目控制工作包括从各开发小组收集项目数据、检查工作进度、发现和分析出现的问题、提出解决方案等。

④ 项目的完成实际上是业主对乙方承担的项目进行测试、验收和试运行的过程。当项目完成后，整个项目管理机构会大幅度缩减，仅留下技术支持和维护部门。

为顺利完成以上项目管理工作提供四种项目管理技巧及方法，即风险管理、人员管理、配置管理和质量管理。

风险管理的目的是及时发现和降低项目开发中的风险，保证项目顺利完工。风险管理分成两个方面：① 风险评估：这是一种项目风险的分析过程，帮管理人员降低或消除风险。

② 风险转移：这是一种监视风险，在战略上转移风险的过程。风险评估、风险转移横贯着工程的整个生命周期。

项目管理明确定义了项目里程碑和决策点，以保证各子承包商之间的协作和系统的质量。每一个里程碑将记录各个子系统的开发情况，并对之进行评估。这保证了各子承包商的工程延误和工程风险可以及时被发现，便于承包商和业主采取措施。

人员管理主要是对开发人员的工作进行管理，保证开发人员按时、高质量地完成任务。它为开发人员提供工作指南，从项目开始一直到项目结束，包括人员定位、人员职责、人员培训、工作评估、人员交流等。

配置管理提供了对应用系统更改的管理。配置管理保证了项目开发计划修改是必要的，保证整个应用系统的完成性。配置管理记录了所有对应用系统的修改。

质量控制具有以下特点：① 质量控制并不只是最终软件与标准简单的符合性比较，而是融合在开发的一系列相应的过程中，如软件的需求分析、详细设计、编码、测试、维护等。② 所有的活动应当用文字描述出来，形成质量管理手册（对内）或质量保证手册（对外）。质量管理和质量控制活动的合理性可以通过文字描述资料来推敲。对实际质量活动的监督是检查实际操作与质量手册中的描述是否相符。③ 各项活动的责任必须明确，即由谁负责、由谁辅助执行、工作应执行的流程、执行人员应具有的技能和培训经历等。责任越明确，可执行性越好。④ 重视质量记录的产生和保存。在质量记录中，工程实施过程中产生的第一手原始资料是出现问题时查找原因的根据，是系统可回溯性的保证。

为保证系统集成的实施计划顺利完成，应组织一支负责系统集成的专门队伍，指定专人负责、落实岗位责任，包括需求调研、系统分析、方案设计与实施、系统调试、试运行、系统交换与系统维护。自始至终，必须有专人负责系统建设的全过程，必须有系统集成实施和技术支撑的专业队伍。

在充分讨论的基础上，完成和完善系统的总体设计方案，审定硬件和软件支撑平台集成方案，包括系统集成中网络平台的建设方案、服务器平台建设方案和数据库平台建设方案等。确定集成管理软件的二次开发方案，以便充分满足应用环境和功能需求。确定其经配套应用软件的开发目标、开发方案、开发计划。明确各子系统之间的、各厂商设备之间的界面和接口关系，明确各子系统的设计目标、技术要求、完成期限和验收标准。

明确总的实施规划；确定总的实施方法和步骤；以实际交付的项目为基础，定期核准计划项目的工作范围、预算和技术；明确定义项目完成过程，坚决防止变动。实施方案至少应包括以下内容：① 集成系统逻辑模型的生成；② 弱电系统软、硬件集成环境的配置和实现，包括订购、验收、联调、运行等；③ 集成管理系统二次开发软件和其他配套应用软件的验收、安装、设计；④ 系统使用人员的培训和考核；⑤ 弱电集成系统的全面试运行；⑥ 系统维护、系统完善、系统交付后的技术服务支持措施；⑦ 制定和实施系统集成工程管理规范和系统集成的质量保证体系。

系统集成是一项庞大的系统工程，适用于系统工程的规范、方法、经验和管理一般有选择地适用于系统集成。在工程实施之前，制订智能大厦工程管理方案，与用户反复讨论、修改，达成共识，形成正式文本，作为集成商、分包商和用户在系统集成中共同遵守的约定。

工程管理规范主要包括以下内容：① 弱电集成工程的总体目标和阶段目标；② 工程组织结构划分及各自的责、权和相互关系定义，包括决策、执行和监督；③ 工程实施计划，包括任务、人员、资金、设备的划分与分配，实施方案设计，时间进度计划；对主要任务的工作流程进行描述和定义；明确主要任务执行人、目标、进度、质量测试目标和方法；④ 工程质量保证体系和检测计划、流程和操作原则；⑤ 工程风险因素分析与对策；⑥ 文档的管理与控制；⑦ 设备的初验、运行期的综合验收和终验，设备的控制与管理；⑧ 工程关键项目的实验计划；⑨ 工程人员的内部培训计划和用户培训计划；⑩ 工程移交、验收方案；⑪ 工程维护和支持方案。

2. 建立开放共享型中央数据库

软件技术、网络技术及数据库技术是系统集成的主要技术。目前实现IBMS级的系统集成的主要手段就是建立开放共享型的中央数据库。

（1）网络。网络系统作为应用系统的基础，必须有足够的覆盖范围，使各个子系统、各种设备及各种工作人员都可以对系统进行操作。网络系统还要有足够的带宽，使信息可以在网络的任何地方畅通。

根据用户的实际需要，方案中网络系统应完全覆盖智能建筑的各个部门。这样，分布在上述区域的各个子系统及各种设备，可以有效地连入网络系统。各种工作人员亦可以对系统进行方便的操作。

网络系统是其他所有系统的基础平台，高速、可靠的网络系统为其他先进的应用软件提供了良好的环境。制造厂家提供的网络产品及服务将在技术上保证智能建筑各局域网络之间、局域网与主机之间或者局域网与广域网之间顺利进行数据通信和资源共享。

这主要表现在以下两个方面：

1）网络的互连性：网络的互连性是指网络应可以将不同厂商、不同结构的设备可靠地连接起来，另外，可以将系统中的各种设备连入网络，以构成一个完整、统一的系统。在网络方案中，无论采用什么公司的设备，都是应当符合工业标准的。因此，任何符合工业标准的设备，无论是来源于哪个厂家，也无论其内部结构如何，都可以在网络级实现互连。在具体实现时，应注意设备的接口类型，如：双绞线的RJ45，光纤的ST或MIC，其他电缆的RS232，AUI等。在网络协议上，应采用业界广泛应用的协议等。

2）网络的可维护性：网络的可维护性是指要有一套实用的系统监视、统计、控制和优化工具。可以对网络系统进行端口级的操作，使网络系统达到极高的管理水平，运行系统有很高的可维护性。

（2）数据库系统。建筑智能化各子系统数据库具有实时性、分布性、多媒体、异构性、互操作等特点，因此，不同类型数据库的集成十分重要。一般这些数据应具有以下特性：① 独立性。包括物理数据独立性和逻辑数据独立性。② 共享性。数据库中的数据可为不同用户或应用程序使用。③ 持续性。在设定有效期内数据保持稳定。④ 一致性。⑤ 非冗余性。⑥ 安全性。数据非法更改或外泄应予以防止。

数据库一般由数据、约束、联系、模式等部分组成，数据库的管理系统为访问服务，它应具有以下主要的服务功能：数据目录、存储管理、事物处理、并行控制、出错恢复、语言接口、容错工作（在事务超时或违反约束时数据库可继续服务）、安全保障。

智能建筑的中央数据库功能复杂，性质多样，其体系结构最好具有下列性质：① 多媒体性，即兼容数据、语言、视频等不同类型的信息。② 互动性，即在联动的各子系统之间，其子系统数据库与中央数据库具有横向和纵向的双向互动性。③ 开放性，即为了满足相互交换信息的需要，智能建筑的中央数据库及各子系统的数据库均应是开放的。④ 分布性，即各子系统是各自拥有自己的数据库，分步各处，相对独立运行，确保本身系统运行安全。⑤ 实时性，即在保证系统快速传递信息的前提下，各子系统的延时要求应符合各系统的实时性要求。⑥ 异构性，即智能建筑中各子系统产品不同、功能不同、数据类型不同，其数据库结构不同，因此，中央数据库的体系一般是一个异构数据库管理系统。⑦ 逻辑性，数据库体系应能反映事件触发机制的逻辑对应关系，以满足控制和联动的需要。⑧ 面向对象，对象是状态、接口等实体的抽象描述，为了在系统集成时将各种数据按其属性高效率地归类、重新组合，必须面向对象，以保证按逻辑关系进行操作并完成任务。

各子系统可能采用不同的数据库，智能化系统的数据库系统集成有以下几种情况：① 应用系统不配备数据库系统，依赖于中央数据库系统或局域网数据服务器；② 应用系统自带数据库系统，并且和中央数据库系统是同质数据库；③ 应用系统自带数据库系统，和中央数据库系统是异质数据库。

（3）中央数据库。对于第一种情况，子系统不配备数据库系统，依赖中央数据库系统或局域网服务器，那么此应用系统将采用微软制定的 ODBC 标准访问数据库。由于 ODBC 提供的是一种独立于数据库的应用编程接口，若要访问新的数据源，只要安装与其相对应的驱动程序即可，从而大大地节省了用户投资，是非常经济的一种数据库访问方式。ODBC 的基本思路是为用户提供简单、标准和透明的数据库连接的公共编程接口，而由开发商根据 ODBC 标准去实现底层的驱动程序，这个驱动对用户是透明的。

1）同质数据库。主流的关系数据库厂商均提供了透明的分布式事务处理及透明的数据复制技术。建筑智能化系统是大型系统，由多个子系统构成，是多级的分布式体系结构。如果子系统采用同质数据库，通过复制机制可以方便地实现数据库的集成。

关系数据库强有力的分布式处理能力保证智能建筑的各业务子系统在网络的各个节点可联网查询、快速反应。通过关系数据库提供的这种分布式处理能力，位于智能建筑信息中心，各业务部门的客户机都可以在一次数据请求中同时访问本地数据库、各业务处数据库及中央数据库。这种访问包括透明的分布式查询、透明的分布式更新等。此外，中央数据库的信息也可以通过各种数据复制技术下载到各业务部门数据库，包括实时下载、定时下载等。反之，数据的上传也可通过数据复制实现。

集成商应充分利用数据库的复制技术，完成中央数据库系统和各应用系统数据库之间数据交换定义，包括中央数据库的表和各应用系统数据库表之间复制方式（主从式、级连式、对等式等）、复制粒度（数据库表的复制、表中部分行的复制、表中部分列的复制）、复制时间要求（实时、定时）等。

2）异质数据库。在建筑智能化系统集成中，大量存在的是异质数据。通常采用网关方式处理不同子系统之间的集成。异质数据库集成要使用到所谓信关（gateway）的概念，数据库信关允许一个本地 DBMS 用户访问另一个相同或不同平台上的 DBMS，用户不必知道数据库所使用的存取机制。所以，数据库信关实际上相当于界面转换器。

数据库信关逻辑成分包含两部分：① 客户 API 库：客户利用它向服务器提交远程数据请求，并处理服务器的响应；② 服务器 API 库：是客户 API 库的镜像。客户 API 的子例程发出请求，而服务器 API 库的子例程则产生对应于这些请求的事件，同时利用它返回结果。

（4）应用子系统。智能化系统是典型的客户/服务器结构，它采用中央数据库机制，各应用子系统之间的信息共享、交换和维护就是通过这个中央数据库来完成的。

这些子系统可以通过三种方式与中央数据库进行数据传输：① 应用程序通过中央数据库提供的专用接口直接访问中央数据库；② 应用程序通过中间件（WWW，群件）访问中央数据库系统；③ 通过本地数据库系统访问中央数据系统。

1）中央数据库专用接口。对于实时性要求比较高的应用系统，可以采用中央数据库专用接口直接访问中央数据库。采用这种方式其访问数据库的速度可以比采用中间件方式快一个数量级。但这种方式的缺点是应用系统只能访问特定的中央数据库。

2）通过中间件访问中央数据库。这种方式实际上是一种三层客户/服务器体系结构。

第一层：表示层。完成落户端应用子系统的用户界面功能。可以是 WWW 浏览器，也可以是 Notes 浏览器，或用开发工具开发的客户端应用界面程序。第二层：功能层。利用中间件完成子系统的应用功能。它集成了电子邮件、群体系统等功能。第三层：数据层。中央数据库作为后台数据库应表示层客户端请求独立地进行各种复杂的数据处理及计算，同时把处理及计算结果返回功能层，然后经过功能层在表示层上显示出来。

这种结构的特点是客户机上不再运行应用程序，应用程序由统一的中间服务器来完成。这样就摆脱了由于客户机上由多个应用而造成的复杂运行环境的维护，减少了系统维护的工作，同时应用的增加、删减、更新只需要在中间服务器上进行，对客户机的执行环境没有影响。另外，当来自客户的访问频繁，造成第三层服务器负荷过重时，可通过中间服务器分散、均匀负荷而不影响客户环境。但是，从客户端访问中央数据库的时间来说却是慢了不少，而且由于中间层的引入，也需要一些额外的投资。

3）通过本地数据库系统访问中央数据库系统。如果本地数据库系统和中央数据库系统是同质数据库，则可以通过复制机制来进行数据交换；如果本地数据库系统和中央数据库系统是异质数据库，则通过数据库信关或异质数据库的复制功能进行数据交换。

3. 控制系统集成的实施

保证集成系统工程质量的主要手段是使实施过程始终处于可控状态，参与工程的各类人员工作界面清晰，责任明确。为了保证系统集成的质量，特别要注意以下几个方面：

（1）系统集成质量保证的整体性：遵照 ISO 9002 系列国家和国际质量管理和质量保证体系，建立多方面、多层次、多专业、全员的质量管理体系，保证集成系统中的每一子系统，每一应用软件的第一模块，都要有可靠的质量，否则，只要有一个环节的质量出了问题，就可能导致系统的全面崩溃。

（2）要搞好总体设计：总体设计的质量是系统集成成败的关键。在弱电智能化系统招标文件的指导下，在本建议设计方案的基础上，进一步确定系统的远期目标、近期目标，确定系统的总体结构、系统功能、系统划分、系统的支撑环境，制定系统的代码和公用数据库，提出系统的运行保证和措施，提出实施步骤和经费计划等。

总体设计须经得起各方面的反复推敲，专家评审，保证万无一失。

（3）充分考虑软、硬件平台的多样化和灵活性是保证系统集成质量的重要措施。由于计算机技术发展特快，平台不断更新换代，在世界开放式系统尚未真正实现的今天，这是非常重要的。

（4）要把各子系统之间、各应用软件之间、各设备之间的接口设计和实现看作系统集成质量的灵魂。只有接口搞好了，系统的总体性能和综合效益才得以充分发挥。因此，要安排专门力量研究接口方法和接口技巧。

（5）做好各类测试工作是保证系统集成质量的重点和难点。对集成系统中的每一项应用软件，都要进行以下测试：① 该软件作为单项应用软件的测试；② 对该软件接口的测试，即与其他软件互相调用、互相支持功能的测试；③ 对该软件嵌入集成系统后的整体性效益测试；④ 对该软件多平台、多支撑系统的测试；⑤ 各子系统数据库对该软件支持能力的测试；⑥ 网络对该软件支持能力的测试。

有些项目测试的难度是较大的，因为系统集成是分阶段开发的，有些测试只能用模拟方法进行。

（6）利用文档控制建立质量保证体系。系统集成的工程文档包括工程质量管理手册、设计文件、程序文件、质量记录、技术档案、外来文件等，这些文档系统能准确地将工程质量管理中所涉及的各个要素细化、展开，把各项工程及其结果用文字规定下来。在重要工作环节采用报告制度，在关键时刻发出通报文件，在每一阶段的开始和结束都要有计划和总结文件。

（7）利用质量过程控制理论来管理工程，建立工程管理规范，质量过程控制可用于系统集成工程的全过程。设计质量过程控制框图如图 11-10 所示。

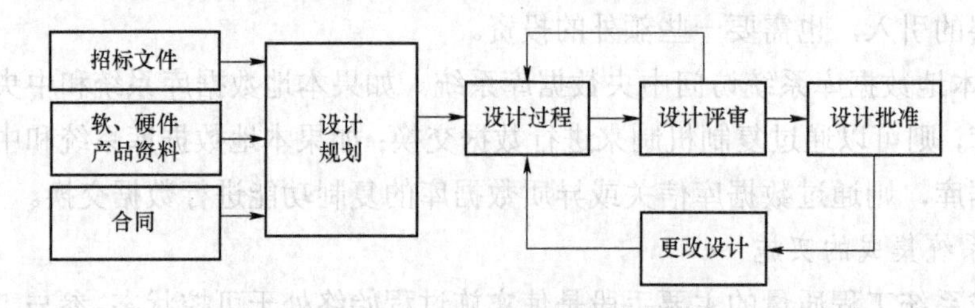

图 11-10　设计质量过程控制框图

产品验收后，应提交以下文件：测试验收方案、验收实施方案、各种测试质量记录、验收报告和不合格报告。产品验收过程控制框图如图 11-11 所示。

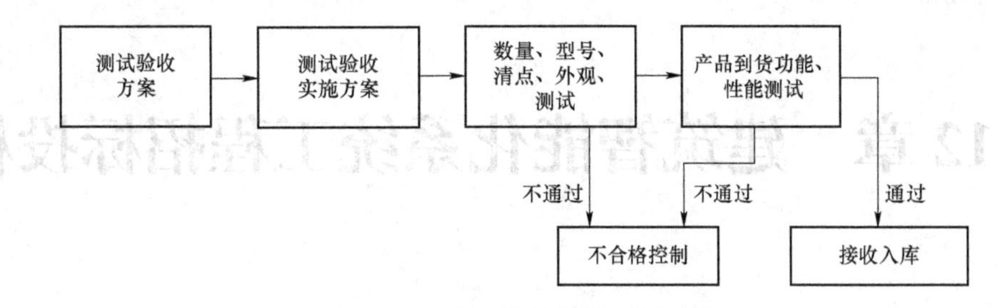

图 11－11 产品验收过程控制框图

（8）建立工程数据库，用于辅助工程管理和质量控制。工程数据库可以协助集成商、用户和工程技术人员及时掌握工程中的技术问题、质量问题、进度和有关档案，及时采取决策和措施，利用工程数据库可以作为技术交流和培训的平台，提高全体工程人员的技术水平和管理水平。智能建筑系统集成数据库功能结构框图如图 11－12 所示，各模块按权限加密控制。

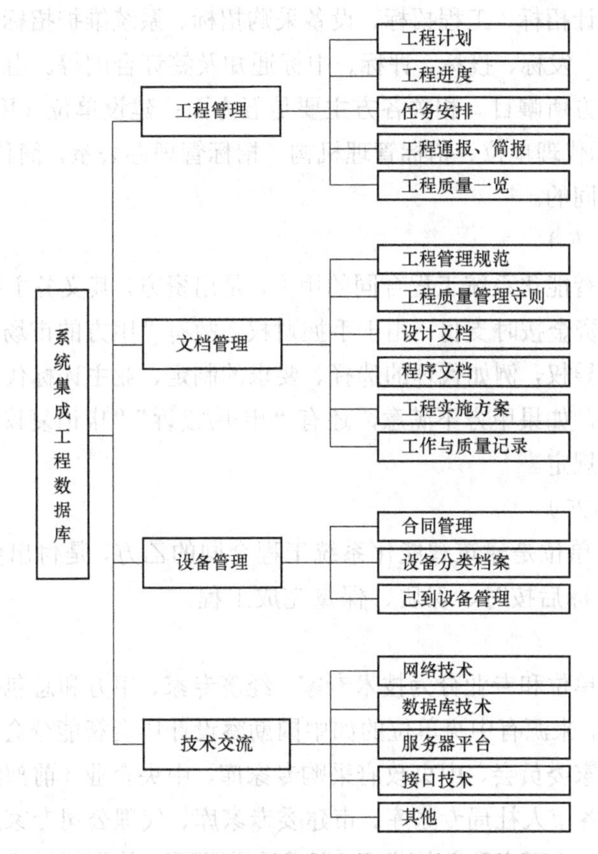

图 11－12 智能建筑系统集成数据库功能结构框图

目前经过几十年的发展，智能建筑系统集成的技术产品无论是专项的、全面的市场上很多，国内国际的都有，各有千秋。

建筑智能化系统的集成软件一般是 2～3 年就升级换代，各个项目在实施时要注意集成管理软件的有偿、免费升级问题。

第12章　建筑智能化系统工程招标投标

12.1 招标投标相关方

作为一项高新技术系统，建筑智能化系统工程历来是被看作专项工程而单独招标的。招标按内容可以分为设计招标、工程招标、设备采购招标、系统维护招标等类型。招标工作一般包括编制招标文件、发标、投标、评标、中标通知及签订合同等。由于涉及的经济利益较大，此招标为相关各方所瞩目。相关各方主要是五方面：建设单位（甲方）、施工单位（乙方）、评标专家、招标代理单位、招标管理机构（招标管理办公室，简称市标办）。这五个方面的权利、义务是不同的。

1. 建设单位（甲方）

建设单位是建筑智能化系统工程合同的甲方，是出资方，其义务主要是提出科学可行的用户需求，保证项目资金按时支付。由于手握财权，故有“甲方的市场”一说。实际上甲方在招标中有一定的主导权，例如代理的选择、要求的制定、业主评标代表的引领作用等。即使到了评审结果出来，如果甲方不满意，还有“申诉/投诉”“申请复议”等方式转圜调整，当然条件是符合相关规定。

2. 施工单位（乙方）

意欲承包的施工单位是建筑智能化系统工程合同的乙方，是付出劳动、获取收入的一方，其义务主要是中标后按时、保质、保量完成工程。

3. 评标专家

评标专家按所在单位和专业分为技术专家、经济专家、甲方和总包代表；技术专家和经济专家一般随机抽取，来源有中央单位的如中国勘察设计协会智能分会专家委员会、中国建筑业协会智能分会专家委员会、中央政府采购专家库、中央企业（前部级单位和军队）专家库等；地方单位的如各市人社局专家库、市建委专家库、代理公司专家库等。人数不得少于评标委员会的三分之二。甲方和总包代表、社会专家不同，他们可以确定评标费的多少，也是提前知道什么时间、地点评什么标的人，虽然名义上每个专家是独立评审，权利一样，实际上甲方代表往往发挥较大作用。

4. 招标代理单位

招标代理单位名义上是收甲方代理费、为甲方办理招标事务的机构，应当在操作方面与招标单位基本一致，评审中没有评审发言权，但是在实践中往往不尽然。

5. 招标管理机构

招标管理办公室代表政府管理以上各方及其招标事务，例如安排评标日程、受理投诉、处理专家和甲方代表等，均由招标办公室负责管理。

评标由招标人依法组建的评标委员会负责。采用直接投资和资本金注入方式的政府投资工程建设项目，评标委员会应当符合国家和地方市政府有关评标委员会组成的规定，聘请专家的费用由招标人承担。

12.2　招标投标的基本原则和要点

由于建筑智能化系统工程项目较多、工期较短、利润较高等原因，竞争一直比较激烈。为了保证招标投标的顺利进行，保护有关各方的权益，相关各方如建设单位、承包商、评标专家、招标代理单位、市标办等在建筑智能化系统工程招标投标工作中应当遵循的原则和要点包括：

1. 公开、公平、公正

这是基本原则。所谓公开，主要是指项目招标信息要在指定的传媒上展示规定的日期，使潜在的合格投标人能够看到这个招标信息。另外，评标结束后要公开必要的信息以便接受社会的监督，这些信息包括各个投标单位的得分和排名、中标单位名称、中标单位该项目的项目经理等。公开的信息对于维护投标单位权益有重要作用。例如，中标候选单位有 3 家，如果某个项目经理有关信息里有虚假陈述，例如该人无在施工程的承诺是不真实的，那么，依此证据，排在第二、三位的候选人就可能取代第一位中标。类似的公开信息还有“企业诉讼”“工程履约率”等情况。

“公平”主要指招标文件的各项规定和评标过程的操作两方面。为此，招标文件往往要在招标之前经过专家审议通过；评标过程和评审打分结果要结束监督和专家抽查，以保证要求一样，不偏不倚，一视同仁。

“公正”主要是对评标专家在评标中的要求，同时也是对市标办秉公处理的要求。

2. 有竞争性，反不正当竞争

这是紧密联系的两个方面，类似于一个硬币的两面。招标要有竞争性，这是招标的核心要求之一。如果报名或者投标单位不足 3 家，即可认为没有竞争性而流标；若开标后有废标，剩下的是 2 家，一般可以继续评审，如果技术条件和商务条件都满足，视为有竞争性，从中可选 1 家中标；若废标后只剩下 1 家，可视为没有竞争性，流标。在这方面，有的单位“围标”而粗制滥造投标文件，必然失败。

反不正当竞争，主要针对投标单位，也包括招标单位。我国实行招标以来，各种不正当竞争的手段层出不穷，花样繁多，不胜枚举。为了巨大的经济利益，有人不惜铤而走险，甚至刀口舔血，违法乱纪：有的试图现场操纵评标，指定中标单位；有的企图收买评标专家，到处寻找关系；有的拉帮结派，串通投标；有的不顾评审标准，刻意打压或拔高某些单位。如此等，不一而足。

3. 独立评审

就是要求评委自己判断、不受干扰的评审，以保证评委客观、中立。本来，专家库随机抽取评委，就是要专家来自四面八方，互不隶属，独立评审，事实上做到这一点很不容易。因为评委共处一室，首先是甲方代表往往带着目的任务前来，当面求情拉票，甚至软硬兼施（例如装病罢评中止评标）。其次是乙方设法拜托专家相助，串通评标。第三，专家希望缩短评标时间（无关评标费）。纸质的投标文件堆积如山，即使是电子文档，阅读量也很大，若每人独自看一遍，用时会很长。所以，评标专家往往分工阅读再汇总。这样就给某些人造成操纵评标的可乘之机。由于投标文件的客观分数（俗称死分）如资质等各家基本一样，拉不开距离，那么其中的“拟投入资源”等主观分数（俗称活分）就成为决定性因素，谁分到了“活分”部分的发言权，基本就拿到了中标的决定权。因而甲方代表往往坚决要求由其负责该部分打分。

4. 诚实信用

显然，这是招标投标的应有之意。因为商业活动中，“诚实信用”就是企业的安身立命之本。但是在招标投标中实际上存在着各种程度、形形色色的不诚信行为。例如弄虚作假、偷梁换柱、背信弃义、李代桃僵、以次充好、挂靠投标等，各种表现或许不很严重，但是在本质上这些都是属于法律上定义的“商业欺诈”行为。尤其是多数招标不要求提供原件，只要提供盖了公章的复印件即可，于是各种文件、证件造假屡禁不止。

5. 不得有歧视性、倾向性、排他性

这 3 条是含义相近、关系密切的规定，虽然列在七部委 30 号令里已经多年，但是实际招标投标中有意、无意违反的表现比比皆是。例如，甲方设置的各种不公“门槛”、资质歧视、地区歧视、行业歧视、指定品牌范围（参考品牌、推荐品牌除外）等。

6. 择优选取

中国有千年以上的科举制度，“择优选取”是深入人心、大家认可的概念，在招标里自然是不言而喻的规则。但在评标中，仍然有人不要“物美价廉”的投标者，执意选取价格高的“标王”中标，因为这是其单位想要的承包单位。

7. 科学性原则

作为高新技术的智能化系统招标，技术性很强，先进又适用的科学性原则应当贯彻在工程始终。例如招标的建设目标，既不能过高，也不能过低；验收要求里，人为故意的、不科学的限定系统的指标参数都是不可取的。

8. 严格以招标文件为评审标准

这一条是用于规范专家行为的。不少专家有个人主张，如果看到评标标准不符合自己心意，他可能滥用专家权利，不按招标文件评审。显然这样标准不能被允许。当然，如果招标文件有不符合政府法规的内容，评标专家应当告知招标单位，以政府法规为准进行评标。

9. 保密

主要针对招标投标前期和中期工作，即在开标、评标前，标底、评标专家名单等是保密的。评标的整个过程和公示前的评标结果都是保密的。这是为了保证招标投标的顺利进行，减少不必要的干扰所必须的。它和信息公开的作用是相辅相成的关系。

以上有关招标投标知识要点，虽然是老生常谈，但是并非可有可无。业内人士若不注意，靠想当然办事，轻则流标，耽误工期，权益受损或影响企业利润，重则违法、受罚、被撤职，甚至坐牢，因此即使是甲方市场，甲方也不能为所欲为。

根据国家招标投标法和地方法规，政府投资额超过一定数额的工程必须经过招标投标选择承包单位。具体的招标起始点的工程额在各个行业、各个地区的规定里有所不同。工程建设项目符合《工程建设项目招标范围和规模标准规定》（国家计委令第 3 号）规定的范围和标准的，必须通过招标选择施工单位。任何单位和个人不得将依法必须进行招标的项目化整为零或者以其他任何方式规避招标。

建筑智能化系统招标投标大致分为政府（市标办、区建委等）主持、招标代理主持、开发商自主等几大类。其中，市场上政府主持的招标项目较多，其招标投标过程由国家有关部门颁布的《中华人民共和国招标投标法》《中华人民共和国招标投标法实施条例》《评标委员会和评标办法暂行规定》《工程建设项目施工招标投标办法》等以及地方政府的法规界定。按质地分有电子标、纸质标；按市场分有一级市场标、二级市场标、政府采购标；按顺序分有资格预审标、资格后审标等评标类型。

对于资金自筹的开发商自己的项目，其招标投标往往采取开发商自主的工作方式。推进过程一般为两步，第一步为业主招总包单位，第二步为总包单位单独或与业主联合招分包单位，每一步的招标分为几个步骤进行。

12.3 招标文件（标书）编制

1. 招标方式

招标的方式主要是公开招标、邀请招标、竞争性磋商谈判等。其中，邀请招标适于专业性很强、潜在的合格投标单位很少、时间紧、金额不很大、不适合公开招标的情形。一般邀请 3 家投标单位竞争。显然，这种方式比较适合有技术特长的中小型建筑智能化系统公司，并且中标率较高。

竞争性磋商谈判多用于政府采购项目，投标单位是进入了相关政府采购名单的单位，一般也是 3 家竞争，所不同的是不评分，在商务条件、技术条件都满足以后，投标单位分别做二次报价即最终报价，然后以最低价者中标。

公开招标广泛适用于建筑智能化系统的招标，因此是其主要的招标方式。标书的形式内容因前述的招标类型不同而不同，各个地方政府主管部门、各个招标代理都已经针对不同类型，形成了比较固定的标书格式，特别是在商务标、信誉标、报价标等方面比较成熟。

这种公开招标，由于是招标代理公司操办，所以往往采用其熟悉的土建工程的招标办法进行智能化系统的招标。资格预审，就是企业综合实力展现，包括资质、财务、信誉、项目经理、技术负责人、设备、人员、各种承诺。其中与智能化系统沾边的仅是完成的业绩，而这个复印件有可能造假；工程承包标大多是承包报价，加上施工组织计划而已，往往没有设计图纸，没有技术做法，方式虽然简单，但是不能体现智能化系统工程作为高新技术的特点，难以衡量投标单位真实的技术能力。

2. 标书编写方法

编制建筑智能化系统的招标文件（以下简称标书）最主要的要求是应当具有可比性，尤其是技术暗标。暗标是相对于明标而言的，就是要求所有投标文件不得出现能够表示自己身份的任何信息，包括单位名称、工程名称、人名、徽记、表格、图片、字体、颜色等，目的是保证评审的公正性。

可比性的体现方式有：① 文字表达的用户技术需求，如系统结构、系统功能、主要技术指标、参数等。② 系统终端点位分布表（如楼控监控点表、电视点位表、视频监控点位表）。③ 功能选配表（包括检测、监视、自控、报警、存储、操作等）。④ 一次施工图设计文件（在招标前由土建设计单位完成或专业公司完成）。⑤ 工程量清单（多用于有较全定额的土建工程，在智能化工程里可能与施工图不一致）。⑥ 技术偏离表（其中重要指标可以设置为星号废标项）等。

这些方式一般是组合使用，例如采用第一、二、四项作为招标的技术文件。工程量清单的方式过去多用于土建部分的招标，这部分土建有齐全的定额指标可以套用。但对于智能化系统而言，可比性还是要靠一次施工图体现。有的项目不要求投标文件画图，只出施工组织计划和报价，也难以体现技术水平和实力。但是现在招标代理公司因为熟悉清单这个方式，故大量用于建筑智能化系统工程的招标。

标书一般由通用条款和专用条款组成，具体的部分有前附表、工程概况、招标范围、技术需求、商务需求、废标条件、合同条件、投标文件格式、图纸等。对于前附表，要注意两点：一是前附表里的条件基本是必要合格条件，许多都是废标条件，一条否决投标，应当严格逐条响应；二是投标格式文件内容要求不仅限于前附表的内容，例如项目经理的材料，更多些，要按齐全的要求提供，如信誉截图、财务报表、资质证书、各种承诺、证明文件、验收报告、合同协议等，不漏项。

标书是智能化系统招标投标的纲领性文件，标书的编制是一项具有严肃性、权威性的工作，标书一般由业主委托具有相关资质的工程咨询公司或业主主持编写。

标书编写依据包括：① 本行业国家及地方的智能化系统设计规范以及相关法规、规定、工程定额；② 用户需求；③ 一次施工图设计。

标书编写的一般方法是根据智能化系统的专业设置，分为综合布线系统、楼宇自控系统、消防系统、物业管理、系统集成等，各系统专业人员撰写初稿后拟由相关的专家小组审稿、定稿，以便统一格式，统一技术、经济及内容深度要求，使各专业功能协调、档次一致、相互呼应。标书中的有关技术要求是标书的核心内容，应努力做到重点突出，量化各项技术指标，尽量少用模糊的、定性的条纹语言，所有的附图、数据表格要准确无误。另外，标书对报价所包括的内容要明确具体，以防投标者漏项，日后追加工程款项。

标书的具体内容一般包括工程概况、投标资格要求（相关资质、财务状况及信用等级、工程业绩等）、功能要求、技术要求等。

宏观地看，凡是招标文件与现行法规不符之处，一律以现行法规为准执行。

3. 标书实例

为了直观实用地表示标书编写方法，下面的示例体现了标书的一般内容。

【例】某公共建筑综合布线系统招标文件。

（1）建筑工程概况。某大厦是由某房地产发展有限公司投资兴建的高档写字楼，是某市政府的重点建设工程项目。某房地产公司决定将某大厦建设成为当代一流的智能建筑，其智能化系统由某单位以总承包方式承担建设。某大厦工程得到有关部门的高度重视，某大厦智能化系统的设计和建设将严格按照国家智能建筑的各项规定开展工作。该工程建筑概况包括工程地点、用地总面积、建筑总面积，以及地下室面积、使用性质（行政办公）、建筑结构（钢筋混凝土结构）、建筑层高及用途见表 12－1。

表 12－1　　某工程建筑概况

楼层	建筑使用性质和功能说明	层高 H/m
B3	水泵房、变压电室、发电机房、空调机房、仓库等	4.8
B2	人民防空、车库等	4.5
B1	地下汽车库等	4.25
F1	大堂、商务中心、消防中心等	5
F2	商场、商库、中央控制室	5
F3	商场	5
F4	证券、金融	5
F5	证券、金融	4.5
F6	证券、金融	3.3
F7	办公、写字	3.3
F8	办公、写字	3.3
F9～F13	办公	3.3
F13B	避难间、空调机房	3.0
F14～F26	办公、写字	3.3
F26B	避难间、空调机房（自本层起强电井无，与之相邻的消防戋路竖井办理设计变更洽商保留）	3.3
F27～F37	办公	3.3
F28	中西餐厅	3.6
F39	舞厅、健身房、茶座、酒吧	4.5
F40	水泵房、空调机房、TV 采编室	4.0
F41	观景厅	6.2
F42	网架层	2×2.7

表里的建筑使用性质和功能关系到建筑智能化系统设计的前提条件，必须明确。其中的层高关系到概预算专业线缆管槽的竖向长度计算需要，由此出发，汇总订货，才能既保证工程够用，又不能剩余太多。至于建筑总面积，关乎该工程主要技术经济指标，结构形式决定智能化系统的线缆管槽路由布置。土建概况不是可有可无、可多可少的介绍材料，而是工程所需基本的信息。

该工程建筑智能化系统工程范围包括如下子系统：① 综合布线与计算机网络系统；② 建筑设备监控系统（楼控系统）；③ 火灾自动报警与消防联动控制系统；④ 安全防范系统；⑤ 背景音乐和公共广播系统；⑥ 卫星及有线电视系统；⑦ 通信系统；⑧ 地下停车场自动管理系统；⑨ 地下通信系统；⑩ ISP 专线接入系统；⑪ 物业管理信息系统；⑫ 视频会议系统；⑬ 智能化系统集成。

（2）投标须知。大厦智能化系统总承包单位负责大厦智能化系统整个建设过程，并会同甲方对智能化系统各子系统的设备供应、安装调试、人员培训和售后服务保障等环节进行招标。本招标书的招标范围是大厦综合布线系统设备供应、施工安装、调试、培训和售后维护服务。

大厦作为重点工程，其成功建设对提高我国智能建筑技术，推动我国智能建筑朝着健康、有序的方向发展具有重要意义。各投标单位必须本着严谨、认真、科学的态度做好投标的各项工作。

综合布线系统分包商选择标准包括：承担综合布线系统工程建设的营业执照；施工、设计资质证书；安全生产许可证；质量、环境、职业健康、信息系统安全等体系认证；工程业绩；投标单位资信要求；财务要求；项目经理资质；技术负责人资质；企业信誉；各种承诺书等。

（3）投标文件的格式要求。

1）投标单位应按照国家关于建筑智能化系统建设的有关规定、标准规范、文件、定额标准编制施工概算。

2）投标方完成并提交竞标书一式八份（正本一份、副本七份），加盖企业印章，并经企业法人签字方为有效。

3）投标方必须按照招标文件要求及招标投标格式进行投标，并附必要的文字说明。

4）投标方应按照招标文件中提出的设备要求和功能要求进行投标，并提出详细设备清单。设备清单应完全满足系统建设所需要的数量、质量和性能要求。

5）投标方在所提交的综合布线系统的总价格中应包括如下费用：① 所有进口设备运抵中国香港的 FOB 价格（不含关税和增值税），国产或国内采购设备运抵工地现场的价格；② 设备备用件价格；③ 工程施工材料费（包括线缆等材料清单、价格、数量和总价）；④ 设计、施工、安装、调试、督导、测试费；⑤ 人员培训费；⑥ 售后服务费。

6）所有设备必须具备设备名称、型号、数量、厂家、产地、单价、总价表。

7）投标方在投标文件应注明系统总价的付款方式。

8）投标方对系统设计方案、质量保证措施、售前售后服务以及给业主提供的优惠条件等，请在投标文件中用图示或文字进行说明。

9）投标文件必须用中文书写，要求字迹清楚，表达明确，不应有涂改、增删处，如有涂改，修改处必须有法人代表的签章。

（4）投标单位须提供的资质材料及相关材料。

1）企业营业执照复印件，产品在中国的销售许可证，产品鉴定书，各种测试报告，企业在中国承担综合布线系统施工的资质证书等。

2）提供企业及产品 ISO9000 系列质量保证体系等认证证书。

3）产品样本、中文说明书图片资料及获奖证书复印件。

4）投标单位技术力量及装备情况简介。

5）工程施工方案及进度计划表。

6）工地组织管理一览表。

（5）投标。

1）投标方必须在接到甲方和总包单位招标书后十天内，即某年某月某日下午 5:00 之前，将投标书交到某地点。若超过送达时间，则视为自动弃权投标。

2）若投标方对条款说明内容有异议时，应在接到招议标书三日内以书面形式通知总包单位澄清、解释。

3）在开标后，由甲方组织总包单位和专家组成的评标小组，对所有文件进行评定。

4）评议标小组及甲方有权要求投标方对竞标书及其他有关问题进行解答；投标方按照评议标小组及甲方规定的时间出席答疑和洽谈；如不按时到达，则视为自动退出竞标。

5）投标方必须依照招标书之内容要求进行投标。

6）投标单位必须明确议标价格为综合布线系统建设包干价，包括因物价或劳工价变化而引起之涨落。

7）甲方和总包单位选定投标方后，投标方所提供的投标书将被视为合同的一部分，具有同等法律效力。

（6）评标的标准。初步评审的符合性、完整性审查标准，详细审查的必要合格条件标准，具体的打分表标准详见招标文件，各个投标单位应当认真阅读，按照逐项响应，还应换人检查落实有无遗漏和错误。

1）总包单位及甲方收到投标书后，根据产品的先进性、功能特点及性能指标、性能价格比、工程实力等，进行全面分析、评价，不承诺选择价格最低的投标方。

2）投标方签署的投标文件完整无损，符合标书的要求。

3）投标方产品满足技术要求，保证质量和交货期，价格合理。

4）提供完整的售前售后服务、培训计划、长期维修方案。

5）提供足够的备用产品、备用配件和易损件。

（7）中标通知和合同签订。

合同格式内容附在招标文件中。

1）决标后由招标单位通知中标单位和未中标方，但不做任何解释，未中标方费用自负。

2）中标方接到通知后，在总包单位和甲方规定的时间内与总包单位和甲方签订正式合同。

3）总包单位和甲方选定中标单位后，如中标单位不能按竞标书中所列各项内容执行，总包单位和甲方有权要求投标方赔偿总价格 10%作为延误损失费。

（8）投标书的密封与送达。投标书必须密封，并在封口封条处加盖单位公章，投标书可按指定时间派专人送达。招标单位将给予回执收条。

（9）技术要求（略）。

12.4 发标与投标

1. 发标

发标就是将经过审定的标书及其附件给予投标单位，投标单位可以是确定的，也可是不确定的，因此，首先应确定招标的形式。招标形式一般分为向社会公开招标、定向招标及邀标等，公开招标是通过社会传媒公开发布消息，凡符合条件的单位均可参与。这种方式工作量大，耗时长，仅适宜大型工程。

定向招标及邀标就是通过调查研究确定一个数量适当的投标单位名单，一般每个系统为3～10 家，根据时间安排发出通知，邀请各投标单位领取标书，并根据投标单位提出的问题对标书中有关要求做出解释，以使各投标单位完整准确地理解标书要求。

标书发放时招标单位可向投标单位适当收费，方式有：一是收取标书成本费，不论中标与否不予退还。二是收取标书成本费及图纸资料押金，若不中标，则退还押金，收回图纸资料；若中标，则费用不退，投标相关资料作为投标单位归档文件。另外，也有不收费的做法。

发标时应按照通知确定的时间、地点和联系人按时发标。未列入招标范围的、未按时领标书的及未按时交标书的单位，均视为非投标单位。

发标时，应准备好审定后的标书及相关图纸资料，在指定地点领取标书后，一般由发标单位组织召开一个简短会议，以便说明招标意图等事项。

2. 投标

（1）研读招标文件，尤其是合同条件，是否合乎自己的情况。对于有不明白的地方，要发函或者其他方式要求招标单位澄清。

（2）严格依照招标文件中规定的投标文件格式撰写、提供，不可自作聪明删改其中约定，对于有有效期要求的证明文件，必须核对日期。

（3）对商务需求、技术需求不论多少条都要逐条响应，不可一句“无偏差，全部响应”了事（许多评审标准要求逐条响应）。

（4）复印件要清楚，要盖红章。

（5）材料齐全，目录、页码详细易查，滴水不漏。最好由专家检查后交出。

3. 施工组织计划

如今智能化系统投标文件的系统技术内容大为缩减，往往既不画图，也不做技术方案，蜕变为报价、商务条件和施工组织计划的比拼。施工组织计划的得分差异表现，抛开人为操纵的因素不谈，有以下几个方面：

（1）只写施工。该文件不仅要写智能化系统的施工，还要写智能化系统的构成、特点等针对各个子系统的技术内容。许多标只是泛泛而谈施工，没有智能化系统的针对性。

（2）不写项目的重点、难点分析。应当针对项目的系统集成、质量要求、联动功能具体分析，还要对项目地理位置（中心、闹市）、单位多造成施工配合难度、施工协调、安全文明施工、绿色认证等级、全过程 BIM 管理、季节施工、节假施工、投入人员和设备、成品保护等分析透彻。在此基础上，针对以上各项重点、难点分析，逐条提出具体的、切实可行的对应保证措施。

（3）不写优化建议。招标文件不是"挂一漏万"，起码投标文件有许多优化建议可写。特别是结合本身特长可以充分表现投标单位的实力、诚意、专业水平、对项目的理解程度。

（4）不写技术标准依据。智能化系统工程是技术性很强的高新技术，必须有熟悉技术规范标准的专业素养。当然，写出来的，不能有已经废止的标准规范，不能有尚未实施的标准规范。应当列出主要的、常用的、对口的标准规范。

（5）不写工程概述。土建基本情况、智能化系统范围等都是总纲内容，相关人员都有用。

（6）施工方案和技术措施里漏项多。应当有中标后深化设计的安排、质量控制体系里的组织架构、制度、手段和方法。应当有各个子系统的概述、需求分析、设计原则、逻辑结构、调试测试（仪器、参数、性能）、安装工艺流程、技术要点、绿色施工、施工平面布置图、雨雪天施工、各方协调做法、紧急情况处理、成品保护、风险处理、BIM 应用、技术支持、施工信息化管理、设备材料采购、质量奖目标、报验和验收的安排，以及进度控制、质量保证、成本控制等保证措施。

12.5　评标与中标

1. 评标方式

建筑智能化系统工程评标方式有多种。按照不同情况可以分为合格制、评分制等。

合格制就是不评分，只评审是否通过。通过的就是合格的投标人，否则就是被拒绝的投标人。合格制多用于对中小型项目的施工组织计划等投标文件的评审。

按照先后阶段不同区分，评标区分为资格预审、资格后审、工程承包标评审 3 种方式。

2. 资格预审内容

一般工程建设项目，资审委员会可以按照国家和本市有关评标委员会的规定组成，也可以由招标人内部或其委托的招标代理机构熟悉相关业务的人员和具有技术、经济等专业职称的人员组成，成员人数为 5 人以上单数，其中具有技术、经济等专业职称的人员不得少于成员总数的 2/3。招标人内部纪检监察部门应当对资格评审过程进行全程监督。资审委员会成员名单在资格预审结果确定前应当保密。

相对于工程承包标，资格预审更加重要。因为，如果不能通过资格预审，便全盘皆输，没有了参与该工程的可能；而大型工程往往对中标候选人的前几名都有安排，特别是工期较紧的情况下，评标得分前几家单位都能拿到子项工程。

资格预审一般采用定量评审法。评标的目的是在所有报名单位里选择3～7家单位入围，参加下一步的工程承包标竞争。显然，这种方式适合大中型工程项目。因为大中型项目的投标资料多，工作量大，如果在50～80家单位里直接通过工程标评标而选出一家中标单位，对整个社会资源是极大的浪费。在实际评标里，可能出现报名不多、废标较多的情形，使通过初步评审（符合性完整性评审）、详细评审（必要合格条件）后的投标单位不足7家，那么，资格预审合格的投标人少于3家的，招标人应当依法重新组织资格预审，并可以在符合国家规定资质条件的前提下适当降低资格预审的条件和标准；只要不少于3家，例如剩下了4～7家，就可以不进入评分阶段，直接依据这些单位的注册资金、近3年平均净资产等现成信息形成排名顺序，完成评标。

资格预审的工作步骤一般是：编制资格预审文件—发布资格预审公告—发出资格预审文件—潜在投标人编制并提交资格预审申请文件—对资格预审申请文件进行审查—确定合格投标人，并向投标申请人发出资格预审合格通知书或者不合格通知书。

招标人或其委托的招标代理机构应当根据招标项目的性质、特点和要求，参照使用有关行政监督部门颁布的示范文本，编制资格预审文件。

资格预审文件一般包括以下内容：① 申请人须知，包括项目概况、招标范围、资金来源及落实情况、资格预审合格条件、资格预审申请文件的编制要求和提交方式、资格预审结果的通知方式等。② 资格要求，包括对投标人的企业资质、业绩、技术装备、财务状况、现场管理和拟派出的项目经理与主要技术人员的简历、业绩等资料和证明材料等方面的要求。③ 资格审查的标准和方法。④ 资格预审申请书格式等。

3. 资格预审程序

评标中资格评审应当严格按照资格预审文件规定的评审标准和方法进行。资格预审文件没有载明的评审标准和方法不得作为评审依据。资格评审的具体评标程序一般是：

（1）初步评审：根据资格预审文件有关要求和规定，主要审查投标申请人提交资格预审申请文件的时效性、完整性和符合性，企业和项目经理是否符合国家规定的资质、资格条件和其他强制性标准等。

（2）详细评审：根据资格预审文件中载明的评审标准和方法，对通过初步评审的投标申请人的履约能力进行审查，推荐或者直接确定投标人。

由于不必逐次打分、计分，这样的评标往往用时较短。为什么报名十几家，废标后剩下的不足8家？主要原因是投标单位往往1人完成资格预审投标文件，没有校审，没有逐项响应招标文件的评审标准。而在初步评审（符合性与完整性评审）、详细评审（必要合格条件）中，任何一个条件都是废标条件，即通过，或者不通过，无需第二条理由。例如，有的投标文件擅自变更格式，有的申请函缺少签字或者盖章，有的纸质申请函签字用签字章代替，有的承诺函欠缺或者造假，有的项目经理类别、级别不符合要求，同一工程集团报名公司超标，母子公司借用资质导致与投标单位名称不一致，投标单位为招标项目的前期工作提供了设计（这种情形较多，先设计，后投标工程承包）、咨询服务的，资格预审申请文件中有关材料弄虚作假的等。资格预审所要求的资料，一般都是投标单位具有的现成资料，制作资格预审投标文件难度不高，所要者，周密无遗，滴水不漏。

资格预审评标的关键是主观分数，俗称“活分”，例如“拟投入该项目的施工设备和检测仪器”“拟投入该项目的施工和管理人员”，打分有较大的活动区间；另外，“企业业绩”“项目经理个人业绩”的同类业绩认定也有认识差异产生的区别。所以，往往资质、财务、职称等客观分数（“死分”所有评委必须打分一致）拉不开投标单位的得分差距，而是这些活分在起决定作用。

4. 承包标评审

工程承包标评审就是在资格预审后入围的单位正式竞争该工程施工标的承包。评标内容淡化了企业资格和有关主要项目部人员资格审查，但是需要核实此投标文件有无相对于资格预审时人员变换，变换后人员的资格有无低于前报人员资格，工程承包标评标主要是技术暗标、商务标、经济报价等。技术标包括各个智能化系统的技术方案、施工组织计划、施工图和技术偏离表等内容。

施工标分为有控制价和无控制价两种。前者报价得分一般都很接近，没有什么区别。决定性因素往往是技术暗标——施工组织计划。虽然施工组织计划并不能反映投标单位的智能化系统设计水平，也不能全面体现其智能化方面技术实力，但是代理公司大多套用土建招标方式招标智能化系统，这样导致这类标有时被操纵。后者由于报价占比常常是60%，是决定性因素，所以往往导致“围标”。当然，此类标的施工组织计划也不容有失。

因此，可见施工组织计划的重要性（既是“活分”，又高达40%左右占比）。虽然如今施工组织计划趋于模板化，但是，详细周全的得分还是高于简单粗糙的，其技巧在于补齐别人所忽视、所不写的内容。

5. 资格后审

资格后审适于规模不大的项目。其评标顺序是：技术暗标评审，结果复印定格，不能回溯修改—明标里的资格审查—商务标评审包括报价计分—汇总，顺序排名—完成评标报告等。由于评审内容较多，废标比例较大。

在明标阶段，评审专家看到了所有投标单位。这时如果有专家达到条件需要回避，应当声明退出评标，不然将面临一系列不良后果。至此该专家所有评审结果无效，另行补抽应急专家从头评标。因为专家库有自动回避功能，这种情形较少，往往发生在专家单位变更、专家由非工作单位推荐、专家挂证等情况下。

另外，按照地点不同区分，评标有在市标办下面的一级市场（较大型工程）和二级市场（中小型工程）、政府采购区、区建委、招标代理公司、建设单位、总包单位等不同环境里评标的情形，其方式方法有所不同；按照介质不同区分，有纸质投标文件，有电子投标文件，两种评标方式差异较大。前者以往是主要形式，评审专家各自进行审阅，用纸较多，不利于环境保护；后者实现了无纸化评审，评审专家须齐头并进，现在是主要评审形式。在资格预审标的评审中评分可以有较大差异；在工程承包标评审时评分不能有较大差异（比如相对平均分差异在20%以内），否则评审专家需要说明理由。

6. 评标打分

按照评标程序规定，一般是：评标专家签到、签署承诺书—推选评标组长—学习招标文件，掌握评标标准—初步审查—详细审查—评分及汇总—废标报告—评标报告。

评分制是大多数评标办法。具体分为综合评分法、性价比评分法、最低价评分法等，其中以综合评分法最为常见。综合评分法就是针对技术、报价、商务、信誉等方面设定不同的权重系数，然后将各项评分结果统计汇总。具体的比例分配各地区有所不同，主要的做法是技术暗标约占40%，报价约占50%，商务条件约占10%。

评分制里分为客观分（俗称“死分”）、主观分（俗称“活分”）。例如资格预审里的“拟投入资源”，一般包括人力资源即项目部人员组成、施工设备和检测仪器、租赁设备和仪器等。另外，在施工组织计划里，一般“工程重点、难点分析及对策”、投标方的优化建议、安全文明施工措施等都是活分里值得考虑的因素。

7. 议标

按照标书规定，收集的投标文件由招标单位先行封存。根据确定的议标或评标方式，应产生相应的标书评议机构及工作程序。标书评议机构应由有关领导、应邀专家及会务人员组成，专家应包括各有关专业的工程技术人员，学界及业界均宜有人员参加，以便取长补短，相辅相成。使评标既注意系统的现实可行性，又兼顾一定的前瞻性和先进性。

议标是指议而不决，评委会以先专业分工后集中评议的形式，经过形式审查、技术方案对比、报价比较等步骤筛选出2～3家入围单位，并写出相关议标结论，交上一级决策机构（如董事会）决策参考。

评标就是招标单位将评审选择权交予评委会，评委会经上述程序产生招标各系统工程的中标候选单位，排好第一到第三的顺序，并予以适时公布。一般的中标单位就是第一名，如果因为合同条件或者投诉等原因，第一名不能签约，可以由候选单位递补签约。总之，最终决定由建设单位做出，并具有法律效力，任何机构或个人不得随意变更。

评标、议标的一般要求有：按照招标文件的要求和条件进行对比；公开、公平、公正、科学、合理；注重投标者的整体实力和信誉；比较报价，权衡性能价格比；投标者的承诺应符合建设单位的要求。

衡量标准及参考因素有：企业资质；企业技术及经济实力；工程业绩及真实性；业绩的规模等级；施工质量及施工队伍；所用产品的先进性、可靠性和开放性；投标方案的完整性和特点；投标者的技术服务质量；投标者对工程的进度、投资、质量的控制能力；质量保证体系；系统集成的能力；网络结构；系统功能及技术指标；管理及维修的难易程度；技术培训体系等。评分表上每条评审项都直接标示评审标准，这些都是公开的，投标人尤其要注意这些评分标准，按要求提供材料。

评标过程中只可以对瑕疵问题澄清，不可以对实质性问题澄清。

揭标就是公示评标结果，宣布中标单位、候补单位。

12.6　投标单位综合实力考察

在政府标办组织的公开招标投标中，一般仅凭投标单位提供的业绩材料评审，不做实地考察；在开发商自主的招标投标里往往由对投标单位业绩、实力、资质等的综合现场考察。特别是对于建筑规模在数十万平方米的大型的重要工程的智能化系统招标，一般在评议标过程中，在审查书面及电子图像材料的基础上，业主会选择入围单位或拟中标单位，组织进行综合考察。

综合考察包括投标单位经营状况、工程业绩、信誉等级、技术力量、技术装备等。一般考察前，宜确定考察提纲、日程安排、人员分工等准备工作，以便做到有的放矢、目的明确、内容具体，取得较高的工作效率。否则，此项工作易流于形式，达不到预期目的。考察中，考察人员应按各自分工做好现场记录及现场拍照，按考察提纲注意询问有关人员，尤其应注意业绩的真实性及工程验收报告。考察后写出量化分析报告，考察提纲如下：

（1）考察以结构化布线系统、楼宇自控系统及系统集成、消防系统等内容为主。

（2）时间安排以日程表为参考，调整落实后执行。

（3）考察细目：工程名称，工程类型，工程规模等级，工程重要性（国家级、省部级），建筑总面积，建筑使用性质，单体建筑面积，投资规模，建筑高度，层数，地下工程概况，智能系统合同签署、执行、完成起止日期，本工程所包括的弱电子系统（包括系统名称、分包施工单位、系统规模、控制点数或探测器总数、系统验收时间），子系统联动项目，系统集成级别及联动功能及实现方法。系统集成考察表见表 12－2。

表 12－2　　系 统 集 成 考 察 表

考察内容	楼宇自控	消防	安保	停车库	广播音响	综合布线
楼宇自控						
消防						
安保						
停车库						
广播音响						
综合布线						

（4）内容：结构化布线系统施工单位资质、技术班子及施工队伍、施工验收报告、用户意见、施工质量细目等。大厦智能化系统分包商评议表见表 12－3。

表 12-3　　大厦智能化系统分包商评议表

时间		分包项目名称		分包商标书编号	
地点		评议人姓名		评议人身份	专家/业主/总包/其他
序号	评议内容		得分（按十分制）	评语及说明	
1	投标文件完整性				
2	技术方案的先进性				
3	技术方案的安全可靠性				
4	产品性能/功能全面性				
5	产品技术标准先进性				
6	产品技术标准开放性				
7	报价合理性				
8	性能/价格比				
9	企业总体实力及服务水平				
10	施工组织安排合理性				
11	工程业绩				
备注	合　计				

结构化布线系统考察表、建筑设备监控系统考察表等可以自拟。

12.7 合同谈判与合同附件

1. 合同内容

公开招标的建筑智能化系统工程，其合同格式不仅列在招标文件里供投标单位斟酌，而且有国家级的标准合同供参考，这就是依据：住房城乡建设部与工商总局颁布的现行的《建设工程施工合同示范文本》(GF-2017-0201)。合同条文的核心内容是贯彻我国的合同法。其主体是4个控制，即质量控制、进度控制、成本控制、安全控制。合同组成包括协议条款、通用条款、专用条款等。一般还有中标书、投标书、附件、图纸、工程量清单、报价单、预算书等。

合同文件优先顺序是用来解决合同有关文件的不一致、相互矛盾、释义歧义等问题的。特别是在合同相关文件多、参与人员多、工期较长情况下，这些问题容易出现。排序的规则是：对于主次文件，例如合同主体效力高于附件；对于先后出现的文件，后签的协议比前面签的协议效力高，优先执行。

合同分类有不同的分类方式，例如按先后顺序有设计合同、供货合同、施工合同、维保合同等，按承包角色分工有总包合同、分包合同、劳务合同等。

合同价形式有暂估价（据实结算）、代装安装费（甲方供货）、一次包死固定合同价等，通过投标签订的弱电系统的合同价一般就是投标价，即前述第3种；第1种、第2种在工程中引发的矛盾较多。

开发商自主招标的合同形式多样，满足使用要求即可。

2. 商务谈判

商务谈判是智能建筑工程顺利进展的基础工作。对于商务谈判首要的是准备好一份合同草案。商务谈判的过程与内容因招标的方式不同而不同。对于议标而言，合同谈判内容包括技术部分和商务部分，技术部分主要为确定技术方案、系统组成、功能指标、测试办法及验收标准等。商务部分主要是投标竞价、业主询价、优惠条件、产地约定等。投标竞价是提高性能价格比的重要手段，一般在入围单位之间进行，由于是同行竞争，又因已初选入围，中标的希望较大，故而竞争激烈，使业主能够获得一个较为理想的价格。但是，这种做法要把握一个合理的尺度，不能一味追求低价，以防恶意竞争，影响工程的质量和顺利进行。业主询价是制定标底的依据，是判断投标价格虚实的准绳，所以此项工作不是可有可无，而是应予以重视。在社会高度信息化的今天，互联网为询价提供了极为便利的条件，这是因为大多的智能化系统产品价格是公开透明的，在互联网上可以查到。优惠条件是指投标单位对业主或总包单位做出的相关承诺，如免费培训、技术考察、备件优惠、质保期延长、系统软件免费升级等。产地约定的提出是因为同一品牌的产品因产地不同而存在质量、价格的差异，所以对产品产地的提前约定是必要的，可以避免日后在这方面出现争议。

应当指出，采用先进的技术和方法，制订合理的技术方案是节约投资的根本途径（大约可节约投资 10%～20%）。恶性降价竞争后患无穷。因此，业主在选择时不宜把价格作为决定因素，而应综合考虑。根据工程实例，总包管理费约为智能化系统造价的 4%～10%，设计费约为智能化系统造价的 5%～8%，系统较小者收费比例较大。

由于有的建筑智能化系统设备主要来自国外，故在实际操作上宜采用合同拆分这种行之有效的方式，即以签字生效的合同为依据，将合同按进口设备、国内供货设备（包括国内采购的进口设备）、安装及技术服务分为三个商务合同，这样，在进口设备计算关税的时候或业主申报进口设备减免关税手续时可达到简捷明了，既符合海关有关要求，又使业主获得了最大经济利益。这是因为合同如果不予拆分，则在设备入关计算关税时将以合同总额作为关税计算基数。因而，合同拆分的好处是显而易见的。

3. 合同要点

合同要点包括合同承包范围、合同价格和支付方式、验收方法和标准、违约金、项目经理、合同变更、合同签订时间地点等。

合同签订地点和时间在合同封面标明，说明其重要性，但是往往被忽略，甚至空着不写。例如，时间界定了合同的有效期，无效的合同就丧失了作用。合同签订地点决定了合同一旦起了纠纷，“官司”在哪里打，显然，在甲方所在城市诉讼，宏观上对甲方有利，反之亦然。这里要注意，虽然“仲裁”比法院诉讼易行，但是往往较有利于甲方，所以，纠纷处理方式应当将两者都写上。

合同承包范围是划定职责区间。如果不陈述清楚，不仅影响施工单位，还牵扯设计、监理、验收等各个方面。

合同价格和支付方式是合同核心内容，相关方尤其是乙方十分关注，因为钱在甲方手里，乙方要拿到不是容易的事情。所以，合同总价、预付款（合同签订后）、到货款（货到工地后）、进度款（分部、分项工程初验后）、结算款、索赔款、质量保证金等的数额和支付条件、支付方式、发票形式、纳税方式等，都要明白无误。

项目经理过去不是智能化系统合同的条款，那时看重甲、乙（承包人）双方单位对单位的权利和义务，所以没有列出个人作用。后来，投标文件中要求，项目经理和技术负责人名下必须提供作为项目经理和技术负责人的同类工程业绩，并提供相关证明文件。这些条件有时像企业资质一样是废标条件。虽然验收单、任命函、业主证明也能作为证明文件，但是合同才是最直接有效的证明。如此一来，现在的合同一般列出项目经理和技术负责人的名字，这样对双方都有好处。

合同变更在智能化系统实施中不鲜见。有的工程甚至是"边建设、边设计、边修改"，甲方领导变更、市场变化、专家建议等都可能是变更的原因。所以，附加协议或者出"设计变更单"是必要的手续。变更范围包括整个承包合同范围，变更分类多种，弱电工程以技术变更为主。变更条件首先是某一方提出后，甲方、监理和设计同意，并且符合现行国家、行业、地方规范。

4. 分包合同

分包子系统合同范围差别很大。智能化系统今日已经发展到 8 大组成，50 余子系统，让一个弱电总包单位独自完成所有系统往往不现实。诸如冷热量的计量、人脸识别、车库管理、智能卡等，专业性较强，常规做法是分包给专业公司完成，只是对其范围、指标、界面分工等要在分包合同载明。弱电分包的管理类似于总包管理。

接口条件包括硬件接口和软件通信协议，智能化系统的子系统、系统集成都需要这些条件配合，所以它是供货合同和设备进场报验的重点内容。成品保护在合同里一般规定是：在智能化系统工程验收交接前，统一由弱电承包单位负责，其间如果有失窃、损坏、错换等情形，一律由弱电承包单位补齐、补正，并保证系统的完整性。

合同条款的控制实施包括质量控制、成本控制、进度控制、风险控制、安全控制等方面。

5. 合同管理

合同管理中的质量控制宏观方面有施工组织计划、测试大纲、设备进场、集成配合、施工进度做法、分项施工质量、隐蔽工程、分部报验、子系统试运行、甲方人员总培训与交接等。要点包括 ISO 9000 质量认证等 3 认证、质量管理体系、施工机械与测试仪器、TQC 全面质量管理等。施工中的质量工作要点有设备质量要求合格、质检员制度、检测大纲和方法、试运行规则等。

合同管理中的进度控制一般受工地监理会议节制。特别是弱电工程不能独自前行，施工条件多受制于人。所以，在进场后什么能做就先做，减少窝工。例如，中控室等弱电机房相对单纯，可以自行安排。各层施工要其他专业配合。为了保证合同工期，要对内进行合同分析和合同交底。将有关技术要求、工时限制分解具体到施工人员，并且与合同中的横道进度表一致。为了争取主动，弱电系统的施工条件不能只等，应当在每周的监理例会上积极争取，与各个机电专业配合好各层的工作界面落实。如果进度滞后，就要设法组织赶工，特别是配合验收工作的整改要抓紧。

验收方法和标准在合同中有的具体，有的泛泛而谈。一般而言，都是执行现行有效的智能化系统工程验收规范。附之以施工期间的各种监理表格记录和竣工文档。关于质量保证期，通常为 2 年，也有承包商主动增加为更多时间的情形。

合同管理中的成本控制关系到企业的生存发展，“赚钱”是承包工程的目的，所以其工作贯穿工程始终。合同总价构成主要是设备费、安装费、安全文明施工专项经费、不可预见费等。其中，设备费与设备差价相关，也与安装费相关，直接影响项目利润。所以，业内人士一般不赞成甲方供货。因为这样既影响承包商利益，也因商务关系不清晰，在系统出现问题时容易发生争议。

目前，弱电工程施工安装费多由市场竞价确定，比较透明。不像土建工程那样与定额关系紧密。安全文明施工专项经费是法定要求，目的是促进施工的安全文明化。由于事关重大，政府关注，如果划拨数额少于规定，在评标中是废标条件。

影响成本的因素还有设计变更（布置、技术、质量、材料、功能等）、投入的设备、人员的合理曲线、人员窝工问题、违约金等。这些和预算与结算工作都有密切关系。

智能化系统合同风险类别和风险表现形式多种多样。例如有环境风险（政治形势、市场经济动态、财经纪律政策、法律法规变化等）、施工企业自身实施项目风险（越权签订、限制民事行为能力、欺骗、违规等导致的无效合同以及建设、运营、技术、管理性风险等）、不可抗力导致的风险（战争、台风、洪灾、地震、火山喷发、海啸、暴乱等）。在一定的条件下，这些风险有可能导致合同终止或者合同解除。当然，在上述风险之外的日常活动里，也有可能有一方提出合同解除。

由于智能化系统工程的特殊性，变更、窝工情况较多，在后期结算时往往数额超出原来合同额不少。一般控制在 10%～15% 之内。再多了审计部门不能认可。这种增加，国内往往称为“补偿”，国际统称“索赔”。索赔原因和索赔分类一样，比较多。各个项目表现不一样。在乙方索赔的同时，往往甲方要反索赔，双方都向对方要钱，此消彼长，最后就看核实证据后相互抵消的结果。

合同索赔成立的要点是符合事实，合法、合理。索赔成功的关键是：

（1）提出索赔意向书，完整、清晰地陈述索赔事由等。

（2）做好索赔同期书面记录，原始的书面记录应当签字、授权、文件收发记录完整。

（3）提交索赔详细报告和依据，这些是附录，备查。

（4）注意索赔的方式方法，不能急躁、粗暴，争取平和、友好地解决双方争端，取得共识。

12.8 系统工程性能价格比

性能价格比就是用户得到的使用功能与所花费金钱的比例大小。

不可否认，开发商在房地产项目中采用智能化系统是为了获得更高的经济效益，在开发商眼里，建筑智能化不仅是客观形势的需要，也是以较小投入获得较高回报、增加卖点的重要途径。单就造价而言，智能建筑的单位面积造价肯定高于同档次的普通建筑（此前某地每平方米约增加 500～800 元人民币），一般开发商对智能建筑都要投入巨额资金，按建设程序，仅土建部分就要占用大部分资金，而智能化系统一般是在工程后期投资建设，此时项目的资金相对紧张，因此，开发商大多希望尽可能降低工程的后期投资。显然，性能与价格是对应的，较高的配置会带来较好的、较多的功能。但是，由此带来的过高价格又是不可行的，有时也是不必要的，所以，应当结合性能与价格两方面的要求，找到一个适当的、最佳的结合点。从目前国内的市场来看，进口设备占据了国内建筑智能化系统的较多市场。要提高建筑智能化系统设备的性能价格比，智能化系统设备国产化势在必行。这一方面可以通过竞争降低进口设备价格，同时，也可以促进国内的智能化企业提高技术水平和竞争能力。

另外，各种技术方案的技术经济对比，包括局部的技术做法的对比也是提高性能价格比的重要途径。例如保安监控系统通过网关可以实现与其他系统的联动，而该系统保持相对独立；利用综合布线网络传输图像信号，为了完成数字信号与模拟信号的转变，在传输网络两端设置适配器。智能化系统集成是系统联动的基础条件，系统联动体现一个建筑的智能化水平，所以，系统集成级别的确定关乎该工程的系统性能价格比。

按照目前业界和学界的一般说法，智能化系统集成分为 BAS、BMS 和 IBMS 级。系统集成级别的确定是智能化系统建设成功与否的关键之一，也是智能建筑的建设难点之一，其相关因素有用户需求、建设规模、投资状况，使用性质、技术经济可行性等。对于普通的中小型公共建筑而言，做到 BAS 级就可以满足使用要求，对于大中型的重要工程，应当优先考虑一步建设到位 BMS 级，并为下一步升级到 IBMS 级集成做好必要的准备。对于特大型国家标志性建筑，其使用要求必然是信息高速公路的主节点之一，宜采用整体规划、分步实施的方法，建设 IBMS 级的系统集成。对一般工程而言，原则上宜通过性能价格比的分析对比决定系统集成的级别。

第 13 章 建筑智能化系统工程管理

从管理学方面看，建筑智能化系统工程是典型的系统工程，必须用系统工程的理论来指导其工程管理。为了统筹兼顾管好质量、进度、成本、安全等多方面工作，可以借用“5W1H”的理念，即在具体的“长计划、短安排”之上，对工程事务宏观的管理思维方法是全面顾及：什么时间段完成（WHEN）？涉及的区域和范围（WHERE）？由谁负责？什么团队组成（WHO）？具体的任务内容（WHAT）？为什么这样做？不那样做，别无优化吗（WHY）？究竟如何去干？步骤和路线程序（HAO）。

13.1 建筑智能化系统行业管理

1. 建筑智能化系统的行业管理

国家对智能建筑的管理，目前主要由两个部门掌管。一是国家建设主管部门，主要负责设计及施工资质审批、工程管理有关标准的制定等，是智能建筑的主管部门，二是信息产业部门，主要管理通信系统、城际骨干网、计算机技术以及软件方面的有关管理、电子产品标准等。

建设部门主管智能建筑的部门是市场司和科技司等，并有智能建筑专家委员会协助工作，这些单位分工协作，负责全国性的技术规范的编制，行业管理规定的发布、有关政策的制定以及实际执行情况的检查调研。从总体上看，建筑物内部系统的管理属于住房和城乡建设部及地方建设委员会管理范畴，在具体的项目和内容上，住房城乡建设部和信息产业部的管理职能和分工界限还有待于进一步的明确。

建筑智能化系统设计收费是依据面积或造价，具体方式是市场定价；施工承包依据投标定价，目前工程毛利润有所降低（20%～40%），价格相当透明，这就是目前的主流做法。

2. 建筑智能化系统的行业法规、规定

智能建筑是技术与管理密不可分的，比较而言，技术较单纯而管理较复杂。管理的依据就是国家和地方的法规、规定。国家主管部门对智能建筑的发展十分重视。建设主管部门多次召开智能建筑工作会议，有关部门的领导在一些学术刊物上发表了许多有关智能建筑技术和产业化方面的文章，尤其是建设主管部门先后出台了一些文件，其中比较重要的有 1997 年 290 号文件、1998 年 194 号文件、1999 年 117 文件、建住办 04 号文件、建设技字 23 号和 34 号文件、信息产业部的信部规 1999 年 1047 号等文件，2000 年 10 月 1 日《智能建筑设计标准》(GB/T 50314—2000)颁布执行，奠定了建筑智能化系统诸多子系统专项规范的基础。此后，在发展经验总结基础上推出了《智能建筑设计标准》(GB/T 50314—2006)。2015年，这个综合性规范终于出现质的飞跃，由推荐性规范变身为强制性规范《智能建筑设计标准》(GB 50314—2015)。这些法规及规定对我国智能建筑的健康发展起到了极大的推动作用。

设计是工程建设的龙头，因此1997年建设部在《建筑智能化系统工程设计管理暂行规定》中，规定了建筑智能化系统工程的范围、设计的具体内容、管理的指导思想、应执行的统一标准、设计资格和设计责任，规范了系统集成商的工作，提出了对智能建筑进行评估的要求，特别是明确了建筑智能化系统工程的主管部门是建设部勘察设计司及各地方建设委员会。

以上法规、规定的陆续出台，标志着我国智能建筑市场无政府指导状态的结束，规范有序发展阶段的开始。其作用明显，意义深远。

3. 建筑智能化系统的设计、集成，分包资质及施工资质

建筑智能化系统工程设计与承包资质是市场的准入证。在进行资质管理之前的一段时期内，这方面市场处于无序状态，工程的承接全靠双方的意愿，业主信任即可做。这一时期虽存在许多问题，但也为以后的规范管理提供了业绩基础，因为申报资质时，申报单位必须具备相应等级的业绩。1998年建设部印发了建设(1998)194号文件《建筑智能化系统工程设计和系统集成专项资质管理暂行办法》，明确了资质的申请、审批、监督与管理。这一文件的颁布，对规范智能建筑市场起到了重要的作用，并对国内能够承接工程设计、工程承包的单位进行了具体的规定。1999年初，智能建筑工程设计、承包单位资质开始申报。第一批审批了200家，共分为三个级别，一为工程设计，二为系统集成，三为子系统集成。原则上前两个级别的承包范围向下兼容。20多年来，建设主管部门陆续颁布了一系列的法规和标准，特别是智能化系统专项资质的申报条件趋于简化，有利于智能化事业的不断发展。

目前，获得双甲资质(设计甲级、施工一级)的单位约1500家，主管部门动态管理的规模大概控制在3000家左右。目前工程承包资质的范围有所放大。例如，二级资质过去的承包范围限于800万元及以下，现在可以承担工程造价1200万元及以下的建筑智能化工程的弱电施工。继取消公安部门安全技术防范管理办公室(国家、省市都有)及其颁发的安防资质后，国家取消了工业和信息化部有关信息集成的企业资质和项目经理资质。关于建筑智能化系统工程的资质基本都由住房和城乡建设部主管部门审核颁发。名称也有变化。例如施工资质改叫“电子与智能化系统工程承包资质”；设计与施工一体化专项资质重新分为设计专项资质、施工承包专项资质，以便适应省(或市)政府城市规划委员会管设计单位、住房和城乡建设委员会管施工单位的体制要求。

施工资质仍沿用以往各行业主管部门的规定，包括电子工程、施工安装工程及其他施工资质，总的要求是其施工资质与承包范围相符合。具体来说，通信、电子工程设计资质合起来按分级管理，施工资质也是按分级管理。不具备上述资质的单位，不得从事智能建筑内相

应级别的通信网络、综合布线及办公自动化系统的设计、施工。

建筑智能化系统的施工管理、工程质量检查和验收，每个城市的工程质量监督站都会在管理土建工程同时也负责监管。第三方检测往往由该项目所在省市的质量检测中心执行。验收有业主主持，验收人员除了质监站，还可能有质量监督局、专家委员会、消防局方面的人员。

4. 质量管理与级别评定

智能建筑建设成功与否的关键是质量管理。质量管理遵循国际惯例，即在国内有关质量管理的基础上主要是采用国际 ISO 9000 系列质量管理体系，质量管理贵在事先指导，而不在事后检查，不在制定措施，而在狠抓落实。这就需要在施工中认真执行《智能建筑工程施工规范》（GB 50606—2010）、《智能建筑工程质量验收规范》（GB 50339—2013）等施工和质量检测方面的规范。

级别评定是在工程验收后期参照有关规定进行的一项结论性工作。目前虽然国家级的级别评定标准尚未出台，但可参照《智能建筑设计标准》中的关于高中低 3 档配置的有关内容执行，也可参照有关地方标准执行，如深圳市颁布的《建筑智能化系统等级评定办法》执行。级别评定的主持部门一般是当地建设委员会、技术监督局或质检站。

13.2 设计对施工的交底

建筑智能化系统工程作为成套设备的安装工程现场工作量不大，但是，它的设备多，线路接头多，不容出错。所以，施工前的设计对施工的交底就是十分重要的工作。其内容是该工程的建筑智能化系统承包单位的设计人将自己的设计意图向施工人员全面介绍。

智能建筑的施工与普通建筑的施工相比有其共性和个性，这里重点讲述其个性特点。首先，智能建筑的施工前应与业主确认综合的配套的建设标准，如层高、吊顶高度、管线敷设方式、空调新风方案、物业管理模式、各层使用性质等；其次，建筑智能化系统的施工要与土建设计单位（包括水、暖、电专业）、土建施工单位以及业主做好外部的协调，协调的方式为图纸会审、管线综合、施工程序配合、设计变更等；最后，建筑智能化系统内部要根据确定的建设目标、工期要求、质量要求、功能要求，做好施工组织协调工作。具体的体现是进场日期安排、工序交叉的时间与空间安排等，其中的管理要点是工程进度、质量检查、工序管理、费用控制。

建筑智能化系统的施工分为总包和分包两个层次，前者着眼于宏观上的管理和专业协调，后者着眼于工程进度与施工质量，其计划的制定有一个自上而下、自下而上的整合过程。施工组织计划的内容包括组织机构及人员分工、施工方案、进度安排、人力及设备管理、安全措施、测试验收、人员培训、材料管理等。

管槽、线路敷设是建筑智能化系统施工的基础，它在工程量中所占比例甚大。传输线路是保障整个系统正常、安全、稳定工作的“生命线”。为此，所有线路敷设要在防火、防触电的基础上，综合考虑抗干扰、抗雷击等环境因素，要求应符合设计及施工验收规范。具体的要求详见建筑电气及弱电的安装工艺和有关规范。例如：同轴电缆延长距离超过 228m，需配置视频放大器；管子的弯角不用直角弯，要用月弯；管内预设一根镀锌铁丝；将供电电缆和信号、控制电缆分开敷设，管道上必须做好接地，保证联合/共用接地电阻不大于 1Ω。设计交底的直接目的是催生该工程的全面具体的施工组织计划。

13.3 建设程序与工程管理

1. 建设程序

智能建筑建设程序的重点环节是可行性研究、委托设计、招标评标、施工管理、工程质量检查和验收等。

（1）可行性研究：在项目立项之前，要进行可行性研究及技术经济分析，在智能建筑刚开始兴起时，开发商不重视可行性研究，在工程建设中，往往是遇到没有预料到的情况，工程进展很困难。因此，在以后的工程建设中，开发商开始对可行性研究重视起来，这一工作一般由设计院或专业咨询公司来做。

可行性研究就是从技术和经济等方面，对工程项目的可行性进行研究并提出有结论的报告。

智能建筑可行性研究的纲要应包括项目概况、市场定位、需求分析、技术分析、经济环境社会综合效益分析等主要内容。

（2）项目申报：根据有关规定，智能建筑管理是政府重视的一项工作，应当在具备条件后向当地的建设管理部门申报，特别是“示范工程”“试点工程”之类。如申报，会在后续的一系列工作中有专家咨询一类服务。由于智能建筑是一项高投入的工程，因此，立项必须慎重，不能想上就上，想下就下。一旦被批准，就不能随便降低或提升建设要求。通过了项目立项这个智能建筑管理的第一关，便可获得有关部门的支持和协助，业主在项目宣传及工程验收等方面会程序通顺。

（3）委托设计：建筑智能化系统的设计单位可以由具有资质的土建设计单位承担，也可以单独委托具有设计资质的专业公司对项目进行总承包，包揽设计、招标投标、施工及调试等一条龙服务工作。由于各种实际原因，采用后一种方式的项目较多，效果较好。

确定了设计单位后，即可由此单位进行用户需求调查。需求不宜定位过低，也不宜过高，应符合实际且具备一定的前瞻性。一般而言，业主对本项目的使用性质、功能需求、智能化系统的投资规模等方面了解得不够具体，仅有一些初步的设想和大概的要求。因此，设计单位应当以为用户着想的思想为指导，深入研究该工程的特点，结合智能建筑的发展动态，必要时进行同类项目的考察，在此基础上，为业主写出详细具体的，包括潜在需求的、切合实际的需求调查报告。其间可以与业主多次交换意见，逐步明确其量化技术指标的具体要求。需求调查报告应使业主明确其智能建筑的档次及定位，了解到相应的投资规模和投资回报的基本情况。

（4）工程设计：包括方案设计及初步设计，对应于土建的方案设计及初步设计，通过工程设计应使智能化系统从轮廓勾画到具体描述逐步清晰，其系统的结构、组成、功能、方案对比优化的结果及设计概算均应明确。为了保证其设计深度，除了必要的图纸以外，应当有较详细的文字描述。这些设计文件，在通过有关方面的审查批准后将是各投标单位的共同依据。过去有的项目没有这个阶段，直接由承包商建设，造成不必要花费，弊病较多。而设计单位居于业主与供货商之间，综合考虑技术和经济的综合效益，事实证明效果是良好的。

建筑智能化系统工程流程图可以用框图表示，其基本内容顺序就是：

1）用户需求及建设目标确定。

2）统筹规划制订技术方案。

3）配合土建的初步设计（扩初、三段式设计规定及深度）。

4）一次施工图设计及图纸强制性审查（与其他5专业同步报审）。

5）作为一部分参与弱电工程招标投标。

6）深化设计（二次施工图）、4方图纸会审及施工组织计划。

7）设备订货、进场报验、施工安装、工种配合、调试测试、系统试运行、人员培训。

8）竣工图、资料归档、工程验收、评级、文件及设备交接。

9）两年质保期服务、工程回访、报安装质量奖等。

就施工本身而言，其实施基本流程如图13－1所示。

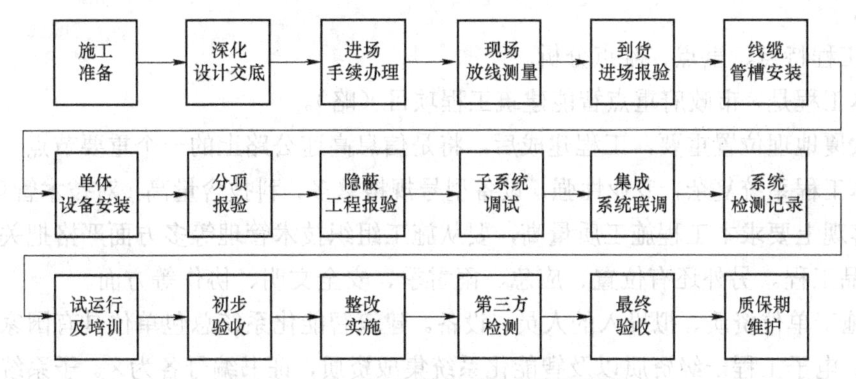

图13－1 建筑智能化系统工程流程图

其中的关键，就是智能化系统设备的采购，既要防止“贴牌”，又要有齐全的产品生产商的委托授权书、软件销售许可证、3C认证、合格证等。

过去，智能建筑设计标准是推荐性规范，一个项目是否上马智能化系统，建设那些子系统，都是要经过立项论证的。现在，智能建筑设计标准是强制性规范，立项基本不存在问题了。所以起步就是用户需求探讨研究。

（5）招标评标：这是建设程序的重点之一，大量的工作需要完成。鉴于目前市场上良莠不齐，虚假宣传等问题的存在，主管部门规定，智能建筑工程应当按照招标投标法完成招标工作，其基本目标是选出技术上先进、符合设计要求、经济上价位适中、实力强大、信誉良好的企业作为系统承包商。

（6）施工管理、工程质量检查和验收：这是智能化系统建设的实施主体。鉴于其内容丰富，下面将由专门章节阐述。

智能系统智能建筑工程建设流程图可以根据具体的子系统组成进行调整。

2. 承包商的工程管理

智能建筑建设成功与否的关键是质量管理。质量管理遵循国际惯例，即在国内有关质量管理的基础上主要的是采用国际ISO质量管理体系，质量管理贵在事先指导，而不在事后检查，不在制定措施，而在狠抓落实。现在智能建筑工程的质量管理体系、制度已经相当成熟。

目前很多地方的智能化系统施工组织计划已经实现模块化。下面概括叙述施工组织计划的主要内容：

（1）工程概况。工程概况包括大厦共几层，其中地下几层，地上几层，地上几层为裙楼、塔楼。大厦总建筑面积，其中裙楼每层面积多少，塔楼每层约面积多少，地下室每层面积多少。大厦投资建设业主、土建设计单位、建筑智能化系统设计单位、监理单位、工程地点、建筑智能化系统建设总承包单位、大厦各层基本情况表等。

（2）工程内容。智能化系统建设包括综合布线及计算机网络系统、楼宇自控系统、火灾自动报警与联动控制系统、保安监控系统、卫星及有线电视系统、公共广播及背景音乐系统、ISP专线接入系统、地下通信系统、地下车库自动管理系统等。其中，一般工程的综合布线及计算机网络系统、楼宇自控系统的工作量大，工期长，因此施工的计划和实施多以这两项为主展开。

（3）工程特点、重点、难点分析。

1）本工程是×市政府重点智能建筑工程项目（略）。

2）大厦地理位置重要，工程建成后，将是信息高速公路上的一个重要节点。

3）本工程系统复杂，专业性强，设备型号规格繁多，科技含量高，对技术管理要求高。

4）客观上要求本工程施工质量高，要从施工组织技术管理等多方面严格把关保证本工程成为精品工程。另外还有位置、应急、雨雪季、安全文明、协作等方面。

（4）施工单位资质、拟投入的人员、设备。建筑智能化系统总包单位具有国家认定建筑企业资质、电子工程一级资质以及智能化系统集成资质，证书编号各为×。子系统分包单位具备有与工程相适应的施工资质，具有丰富的本专业施工经验。

（5）技术方案、主要保证措施。

1）组织保证。组成项目经理部，重大事项向单位领导汇报请示。项目经理部由多位高级工程师负责管理、协调工作，并派有常驻工地代表，每周至少与有关各方开一次进度协调会。

2）资金保证。合同划归总包单位的资金保证用于工程施工使用，保证到货及时、配件齐全。

3）技术保证。

① 建立施工安全责任体系。智能化系统的各个施工队伍设立安全负责人，并明确安全负责人的职责。制定切实可行的安全制度，经常进行安全教育和检查，以确保施工过程中的人身和设备安全。

② 建立TQC全面质量管理体系。首先确定总包、分包二级施工质检员，实行施工质量的过程控制，凡分段施工，自检合格后，方可申报验收。其次，各子系统根据系统工程特点，

制定其施工质量保证措施，加大奖罚力度，巡查制度执行情况。

③ 加强技术培训和管理，不断进行工程总结，使每个施工人员熟知有关施工验收规范和“熟知应会”的安装技术。按工序组织施工和控制，减少窝工和返工以及材料浪费。贯彻事先指导原则，长计划、短安排，确保较高的一次通过率。

④ 加强协调工作，既要与土建、装修、水、电、空调通风各专业协调一致，还要做好内部子系统的协调，合理分配空间资源，区分轻重缓急。

⑤ 总包单位在各单项施工队进场之前，组织进行详细的技术交底，并学习施工规章制度，使每位上岗工人不仅在形式上上岗合格，更要思想、技术合格。

本工程综合布线和楼宇自控两大系统最为庞大，工期最长，因此施工计划以此为主线，其他各子系统如卫星电视、广播音响、保安监控等系统穿插其中，并列进行，使交工截止日期统一。

进度控制以前期前赶为策略，如有滞后，则及时加强一线施工力量。

（6）针对各个子系统的施工计划，以综合布线系统为例。

综合布线系统是一个模块化、灵活性极高的建筑物或建筑群内的信息传输系统，是建筑物内的“信息高速公路”。它使语音、数据、图像通信设备和交换设备与其他信息管理系统彼此相连，也使这些设备与外部通信网络相连接。它包括建筑物到外部网络或电信局线路上的连接点与工作区的语音或数据终端之间的所有电缆及相关联的布线部件。

综合布线系统由不同系列的部件组成，其中包括传输介质、线路管理硬件（如配线架、连接器、插座、插头、适配器）、传输电子线路、电气保护设备等硬件。这些部件被用来构建各种子系统，它们都有各自的具体用途，不仅易于实施，而且能随通信需求的变化而平稳过渡到增强型布线系统。一个设计良好的综合布线系统对其服务的设备应具有一定的独立性，并能互联许多不同的通信设备，如数据终端、模拟式和数字式机、微型计算机和公共系统装置，还应能支持图像（电视会议、视频监控）等系统。

大厦的综合布线系统具体指的是将大厦的语音通信系统和数据通信系统通过采用结构化布线系统的设计思想进行综合布线，构成大厦的综合布线系统。通常情况，综合布线系统划分成6个子系统：工作区（终端）子系统；水平子系统；垂直子系统；设备间子系统；管理子系统；建筑群子系统。

（7）系统施工质量的检测，以BAS为例。

楼宇自控系统的主要任务是状态控制和参数采集与监视。做好施工阶段的检测对于保证施工质量、施工进度与减少返工浪费十分重要。因此，开展楼宇自控系统的检测工作，第一应熟悉工程设计文件和合同技术文件，全面了解整个系统的功能和性能指标。被检测系统的业主与工程承包商需提供的主要技术文件有用户需求报告、设计方案（包括系统选型论证、系统规模容量、控制要求、系统功能说明及性能指标）、系统图、各子系统控制原理图、BA系统平面布置图、端子接线线图、与BA系统监控相关的三箱（动力箱、控制箱、照明箱）电气原理图、现场设备安装图、DDC与中央管理工作站的监控程序流程图、中央机房设备布置图、BA系统供货合同及随货文件、施工质量记录、相关的工程设计变更单、调试记录等。

其次，根据BA系统的验收标准——楼宇自控系统检测的主要依据，制订合理的BA系统检测方案。检测可分为中央监控站、子系统（如DDC）、现场设备（传感器、变送器、执行机构等）三个层次来进行必要的参数检测。

1）中央监控站的检测。中央监控站是对楼宇各子系统的DDC站数据进行采集、刷新、控制和报警的中央处理装置。检测的内容包括：在中央监控站观察现场状态的变化，中央监控站屏幕上的状态数据是否不断被刷新，其响应时间是否合乎要求，特别注意报警时间是否太长；中央监控站控制下级子系统模拟输出量或数字输出量，观察现场执行机构动作，监控对象工作是否正确、有效，动作响应的时间是否合乎要求；在DDC站的输入侧人为制造故障时，在中央监控站屏幕是否有报警故障数据显示，并发出声响提示，记录其响应时间。

在中央监控站人为制造失电，重新恢复送电后，中央监控站能否自动恢复全部监控管理功能；检测中央监控站是否对进行操作的人员赋予操作权限，以确保系统的安全。可对非法操作、越权操作的拒绝予以证实；人机界面应友好，最好汉化。由中央监控站屏幕查询、控制设备状态，观察设备运行进程，操作是否直观方便；检测中央监控站是否具有设备组的状态自诊断功能；检测中央监控站显示器和打印机是否能以报表图形及趋势图方式，提供所有或重要设备运行的时间、区域、编号和状态的信息；检测系统的软件工具是否可进行系统设计、应用及建立图形；检测中央监控站所设定的控制对象参数，与现场所测得的对象参数是否与设计精度相符；检测中央监控站显示各设备运行状态数据是否完整、准确。

2）子系统的检测。子系统（如DDC）是一个可以独立运行的计算机监控系统，对现场各种传感器、变送器的过程信号不断进行采集、计算、控制、报警等，通过通信网络传送到中央监控站的数据库，供中央监控站进行实时显示、控制、报警、打印等。检测予系统的项目有：在中央监控站人为停机，观察各子系统（DDC）能否正常工作；人为制造子系统（DDC）失电，重新恢复送电后，子系统能否自动恢复失电前设置的运行状态；人为制造子系统（DDC）与中央监控站通信网络中断，现场设备是否保持正常的自动运行状态，中央监控站是否有DDC离线故障报警信号显示，检测子系统（DDC）时钟是否与中央监控站时钟保持同步，中央监控站对各类子系统的监控是否有效。

3）现场设备的检测。根据系统设计监控要求，电信号分为模拟量（AI/AO）和开关量（DI/DO）。传感器、变送器是将各种物理量（温度、湿度、压差、流量、电动阀开度、液位、电压、电流、功率、功率因数、运行状态等）转换咸相应的电信号的装置。执行机构是根据DDC 输出的控制信号进行工作的装置。现场设备的检测项目有：检查现场的传感器、变送器、执行机构、DDC 箱安装是否规范、合理，便于维护；检测中央监控站所显示的数据、状态是否与现场的读数、状态一致；检测执行机构的动作或动作顺序是否与设计的工艺相符；当参数超过允许范围时，是否产生报警信号；在中央监控站控制下的执行机构动作是否正常。

4）功能检测。楼控系统对建筑设备的监控是按功能与区域完成的。因而检测功能也是按区域进行的。以空调和公共照明区域为例，空调区域是人们工作、休息的场所，在楼控系统的控制下，空调系统应保证提供舒适的室内温度和合格的新鲜空气。检测空调和公共照明区域的内容包括：检测中央监控站对空调系统的控制是否能按时间表进行，检测空调区域温度、湿度是否与中央监控站显示数据相符；检测室内二氧化碳含量是否符合卫生标准；检测能否根据时间程序，控制公共照明区域灯的开关和设置夜间、节日照明，以达到节能的目的。

归纳起来，楼控系统检测的主要目的是对楼控系统的实时性、可靠性、安全性、易操作性、易维护性、设备的安装质量、控制精度等做出单项及总体评价，对存在的问题提出改进措施，使楼控系统正常运行。其中，中间施工主要流程如图 13－2 所示。

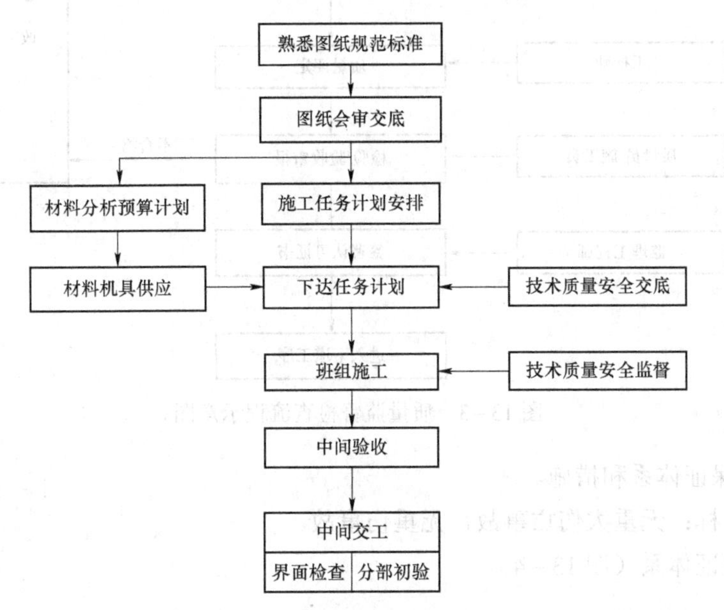

图 13－2　主要施工流程示意图

关于质量保证措施：工程质量是千秋大业、百年大计。在任何情况下，都不能忽视工程质量，建立以项目理为首的质量保证体系。工程质量受监理工程师的直接监督，并自觉接受市质监站的例行检查和监督。建立质量岗位责任制，项目经理对工程质量负全责，专业工程师对本专业的工程技术质量负责任，质量员负责日常的质量检查、监督、验收、质量指标的控制，施工员负责本专业的质量监控。质量监督检查流程如图 13－3 所示。

关于施工机具及检测仪器，施工单位往往注意施工设备，设备表里列的比较齐全，而检测仪器遗漏较多。而这正是专家、监理、业主关注的地方。因为智能化系统工程往往现场的终端点位很多，而工程验收都是采用抽查方式，例如 1 万点，抽查 3%～5%，就是几百点，那么大部分点的施工质量就靠施工单位的质检员来 100%的检测以保证工程质量。如果施工单位没有齐全的检测仪器（可以包括租赁设备），则不能保证工程质量。

另外，由于智能化系统工程一般在土建结构施工之后，因而通常施工工期短而紧，劳力安排、施工总平面布置、进度表、夜班作业、垂直运输、施工用电、用水需要计划和措施都是施工组织计划的要点。施工管理组织机构一般实行扁平化管理，项目部人员构成包括项目经理，直接领导施工员、质量检查员、文档员、仓库材料员、安全员、成本核算员等。较大项目还有项目副经理、现场经理、分部经理、施工作业组长等。

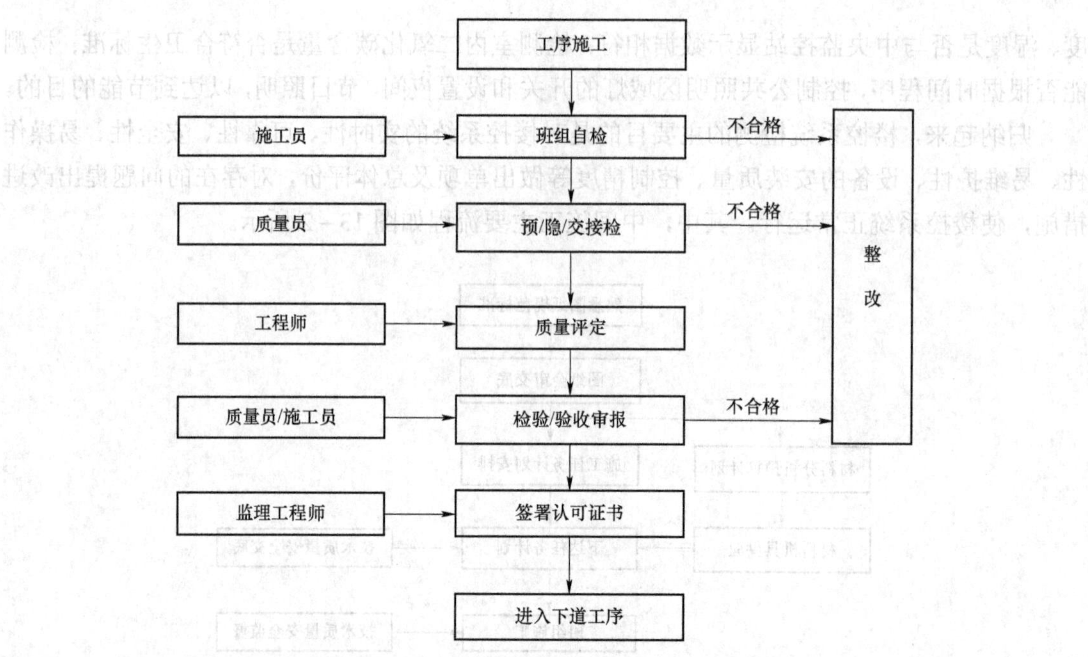

图 13－3　质量监督检查流程示意图

（8）安全保证体系和措施。

1）安全目标：无重大伤亡事故，无重伤事故。

2）安全保证体系（图 13－4）。

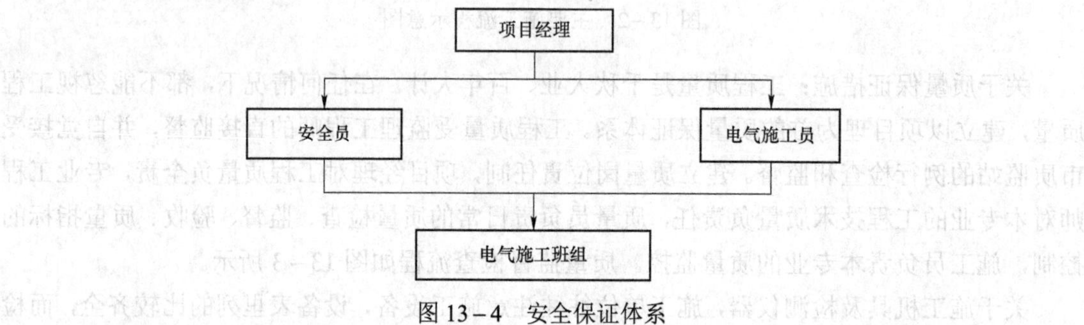

图 13－4　安全保证体系

3）安全保证措施。

① 建立上岗前的培训制度，无论新老工人上岗时，进入现场前，先进行安全培训和安全考试，合格后上岗。

② 特种作业人员，电焊工和电工必须按规定持特殊工种操作证上岗，无证不上岗。

③ 建立施工现场安全、消防、文明生产管理的规定制度。

④ 建立安全交底制度。施工员在安排下达任务的同时有书面的和口头的安全交底。

⑤ 建立班组安全活动制度。每周班组进行一次安全例会或活动日。结合班组的生产实际，排除事故隐患，提出改进措施，安全员有针对性地对安全知识进行宣讲。

⑥ 出了事故，按规定逐级上报，同时要根据规定认真对待，严肃处理，并举一反三，

消除隐患。

（9）成本降低的措施。

1）要降低工程成本首先要降低物化劳动的消耗，必须首先从降低设备材料的成本入手，要充分把握好设备材料的进料关，做到既能保证设备材料的质量又能保证设备材料的价格最低。

2）建立一套合理有效的材料工作程序来保证降低物化劳动的消耗，使设备材料的采购质优价低。

3）对材料的分析预算要准确，尽最大可能地与实际需要相符合，采用有经验的材料估算人员做材料分析预算，对有些材料（例如电缆）的采购订货必要时采取现场实际测量的方法确定量，以减少不必要的损失。

4）努力减少班组施工中的材料损耗，在施工中推行限额领料制度，节约有奖，超限额罚。

5）努力降低工具使用和维修费，提高工具设备的使用率，加强工具的保管，使工具的保管责任到人，保证工具在使用过程中不非正常的损坏和丢失。

6）加强施工过程的技术质量管理，提高质量管理的预控能力，确保施工质量不出问题，使施工中不因质量问题而返工返修。

7）降低活化劳动量的消耗，合理组织劳动力，优化劳动组合，合理搭配劳动力的技术水平，提高劳动生产率。

8）尽可能采用流水施工的方法，提高施工专业化的作业水平，从而提高劳动生产率。

（10）智能化系统施工总体进度。

智能化系统施工总体进度一般采用横道图表示。横的方向罗列施工各个重要时间节点，竖向逐项列出智能化子系统名称。中间以粗实线画出施工阶段起始点和完成点。

施工进度表列于施工组织计划中，属于预设计划性文件，实际执行时要根据现场情况以及每周监理会的安排随时调整。

进度计划说明：其他子系统如 ISP 专线接入系统、无线信号覆盖系统、地下车库管理系统、保安监控系统、电视系统必须在开工后 7 个月以内完成，因此，智能化系统施工周期约 9～10 个月。系统集成及物业管理信息系统等软件开发在系统开工后同步进行。

计划往往赶不上变化。智能化系统施工后期的调试工作技术要求高，应预留足够的时间，随时调整，特别是智能化工程作为上层设施，不能在其他土建、机电系统之前施工，只能与人家配合施工或者在人后施工。这就像毛与皮的关系，“皮之不存，毛将焉附”。所以，施工顺序不能逆反，做早了可能因为挡路被人拆掉，工期滞后又可能加人、加班赶工。

（11）质量保证体系。建筑智能化系统属于高科技范畴，其安装调试等工程质量是智能建筑的生命，是实现智能建筑各项目标包括经济效益的关键之一。一旦建筑智能化系统的工程质量出现问题，则智能化系统的工程进度、投资规模均难以控制。智能建筑的质量关主要是优化设计、订货验货排除假冒伪劣产品、子系统验收、系统测试、系统集成总体验收等。其中，设计水平的高低是决定智能建筑整体质量的关键，而施工中的分步测试是保证工程质量的重要手段，尤其是综合布线与计算机网络系统，务必要重视测试手段与测试技术。

建筑智能化系统的质量保证体系宏观上包括施工企业内部组织结构、质量认证、企业质量管理规章制度等内容，施工企业外部相关单位如土建、机电、消防、设计、质监站、验收、监理、业主等因素。在投标文件的施工组织计划里，质量保证体系可以组织体系代表，内容包括领导者、分工负责人、各个子系统的分包商或者班组如楼控、综合布线、安防、车库、广播、电视、通信、电气消防、会议系统等。

建筑智能化系统的质量保证体系一般用简单框图表示，分为组织体系、制度体系等。

3. 工程管理组织

（1）项目部。综合布线系统包括大厦所有的语音通信系统和数据通信系统，具体点数可以层为单位列表表示。为了在较短的工期内，将本系统顺利开通并完好的投入运行，必须制订一套完善的工程管理及实施计划。在签订合同后，组织一个项目部来负责本工程的具体实施。该项如负责计划、组织、协调、联系该工程的实施。项目部将在项目经理的指挥和协调管理下，全面实施工程计划。

项目部主要包括以下小组：

1）技术支持组：负责本项目的设计、实施工艺等技术支持工作。

2）质量保证组：负责保证本项目的实施符合设计标准并完好顺利开通等工作。

3）系统维护及培训组：负责系统维护、技术培训等工作。

4）后勤保障组：负责本项目实施时人员食宿、材料及工具的安置及保护、设备及材料的交接及保护等工作。

5）施工队：根据工作计划及现场安排，分成施工小组实施。

（2）经理项目部成员的职责。

1）项目经理的职责：全权负责大厦项目部的一切工作。布线系统实施方案及规则的修改及审批；制定及修改各小组的职责、工作评定准则和奖惩办法；处理及协调业主、监理、设计院及其他相关单位的关系；与业主及监理一起进行工程项目总体核查及验收。

2）项目部副经理的职责：协助项目经理负责现场工程的计划、组织、协调、联系等一切事宜，是本项目现场工程管理的负责人。将布线系统设计方案转变成工程实际实施方案并执行；安排协调工程计划；计算所用材料的数量；向施工小组发布工程实施指令；与质量人员检查已完成工作质量；组织工程实施文件及记录；协调客户及施工分包商的关系；解决客户不满意见及申报；实施修正行动；参加业主的工程协调会议。

当发生下列情形时向上级报告并及时落实指示：重大的业主投诉（难以处理或不清楚者）；重大的费用变化；重大的工程进度变化（一般超过 2 周或累计超过 1 个月）；足以影响工程实施的材料定购或发运延误；严重的人员或分包商问题；其他严重影响工程实施的情况。

3）技术组负责人的职责：布线系统的实施方案的编制；布线施工方案的修改；布线施工工艺的编制及解释；布线施工人员的技术培训。

4）质量保证组负责人的职责：负责保证本项目的实施符合设计标准并完好顺利开通等工作；监督、检查并记录已完成工作质量，发现问题应及时上报并要求改进；检查并记录布线材料的质量，发现问题应及时上报并要求改进；组织工程实施文件及记录；与业主及工程监理一起进行工程项目质量核查；参加现场工程质量协调会。

5）系统维护及培训组负责人的职责：在系统完成并验收后，与用户共同制订系统维护方案；系统维护方案的落实及实施；在系统完成并验收后，与用户共同制订系统培训方案；系统培训方案的落实及实施。

6）后勤保障组负责人的职责：负责本项目实施时人员食宿、材料及工具的安置及保护、设备及材料的交接及保护等工作。项目开始实施之前的人员食宿的安排；材料及工具的安置及保护场所的落实；在设备和材料进场时的验货和交接；人员发生疾病、工伤时的处理；材料及工具发生短缺时的处理并上报。

7）施工小组负责人的职责：组织队伍进行工程实施。安排具体工程进度；宣传及监督施工人员的施工质量及产品质量；记录工程实施进度及测试验收结果；保护工程进场材料及中间现场；记录工程修改申请及申报重要意见；解决客户具体的不满意见及申报重要意见。

当发生下列情形时向上报告并等候进一步指示：工作场地未准备好或设计不符；收到或使用的材料与原计划不符；业主提出新的变化要求（如信息点位置，信息点数量，布线路由，项目计划）可能会影响到项目费用或进度；与业主的其他承包商发生相互干扰；施工发生错误；其他可能影响工程顺利实施的情况。

（3）工程质量保证措施。为保证布线系统的工程质量能符合设计标准，并完好顺利的开通运行，在工程实施过程中制定以下措施：

1）明确系统目标：合同文件、施工图纸及变更洽商。

2）备齐技术资料及国际和国家有关质量标准，如建筑电气设计规范、工业企业通信设计规范、建筑与建筑群综合布线系统工程设计规范、市内电话线路施工及验收技术规范、EIA/TIA 568 标准等。

3）指定现场负责人，小组负责人及责任工程师，并明确其工作职能。

4）设立工程协调会制。根据工程实施的进度，由双方项目组共同召开工程协调会议，具体部署工程实施计划，责任分工、工程进度安排、工作总结，以及就专门问题具体协商等。

5）工程验签制。在工程进展过程中，分阶段地向监理（业主）提交工程进度资料，得到其签字认可后，方可进行下一步工作。在整个工程调试完工后，由业主组织相关部门共同验收测试，各项指标合格后，方可交工。

6）内部实行工程监管制。由质量保证小组负责整个工程的内部监管工作，包括：系统设计的合理性审查；设计图纸、施工安装工艺的准确性审查等的监督管理工作。

4. 现场施工守则及工艺要求

（1）现场施工守则：

1）应明确施工范围，做好施工前的一切准备工作。

2）进入现场时请带齐使用工具和测试仪表。

3）在施工现场，每位工作人员必须佩带现场施工证。

4）施工队应设法保证施工环境的干净和整洁，除指定房间外；在其他房间内不得吸烟和进餐，施工完后废物垃圾由施工队负责清理。

5）施工队严格按照设计图纸施工，不得擅自进行更改。

6）协助现场督导做好现场测试和文档工作。

（2）施工工艺要求：

1）线缆敷设：布放线缆的规格程式应符合设计要求。布放路由应符合施工设计的规定。光、电缆布放时，上下楼道。每个拐处及过线盒处应设专人，按统一指挥牵引，牵引中保持线缆呈松弛状态，严禁出现小圈和死弯。线缆在布放路由上处于易受外界损伤的位置时，应采取保护措施。光缆在架桥出口和拐弯点（前、后）应绑扎，上下走道和爬墙的绑扎部分，应垫胶管，避免胶管受侧压。有特殊要求预留的光缆，应按设计要求留足。光缆连续的环境必须整洁，光缆各连接部分及工具、材料应保持清洁，确保连接质量和密封效果。光纤接头损耗符合规定中的光纤接头损耗指标。线缆捆绑要牢固，松紧适度、紧密、平直、端正。捆扎线扣要整齐一致。线缆下弯应均匀圆滑，起点以外部分应顺直，线缆的弯曲半径不小于电缆直径的 20 倍。桥架内电缆应顺直，无明显扭绞和交叉，电缆不溢出桥架。电缆进出桥架部位应绑扎。电缆不得有中间接头。布放跳线应松紧适度，整齐平顺。布线的两端必须有明显的标志，不得错接或漏接。插接部位应紧密牢靠，接触良好。插接端子不得折断和弯曲，线缆插接完毕应进行整线，外观应平直整齐。电缆剖头处应平齐，严禁操作芯线及绝缘。芯线应按色谱规定的色序分线，编扎线扣应松紧适度，扣距均匀，线束顺直，芯线保持自然扭绞，出线整齐准确。所有配线架和机柜的安装位置应符合平面设计图，安装牢固，同一类螺丝露出螺帽的长度应一致。光、电端子板的安装位置应符合设计要求，各种标志齐全。过线槽（用于跳线）装置牢固，排列整齐，上下、前后均应保持在一直线上。

2）配线架端接：应最小剖开线缆的表皮，宜小于 0.7in 以保持原有的线缆的绞距。线对压入插座及配线架触点时，应最小散开线对以保持较好的绞距。保持线缆的弯曲半径为线缆直径的 8 倍。当弯曲时应保持合适的线缆张力。完整标识配线架的标签。

3）桥架及配管安装：结构化布线系统的管路结构采用地面线槽和吊顶上桥架相结合的方式进行敷设。通过特殊的管路设计将信息插座装在地面上。管槽结构的设计将严格遵守现行的《综合布线系统工程设计规范》，在施工和验收中将以《综合布线系统工程施工及验收规范》为依据。管路的详细情况见施工图纸。垂直骨干线缆原则上直接铺设于管道竖井中，但为减少外来电磁干扰，防止线缆松散、动物咬线造成不必要的破坏，应将垂直线缆布设在镀锌线槽中，填充率应控制在 46%以下，便于将来线缆再布设。所有线槽均用膨胀螺钉固定在墙上。水平线缆的布放可采用 PVC 防火管、金属镀锌槽、阻燃槽等做线槽。在施工当中，如果强电一方采用了屏蔽材料，如金属镀锌管，则水平线缆可铺设在阻燃槽中。如强电施工方未采取相应的屏蔽措施，则弱电的施工线材必须使用金属管材。从水平主线槽分线到达各个工作区，采用阻燃线槽填充率控制在 30%左右。根据有关施工规定，电气配管管线直路超过 15m，有三个弯的超过 8m 时，可以在其中加设分线盒。对于明装配电箱配管，从地坪至箱体这部分管子必须暗埋在墙内，在墙内放置分线盒作为出线口，图纸表明明装的除外。所有进入分线盒的电气管道，必须采用接头与箱子连接，铁皮过渡箱开孔，严禁气割，必须采用开孔器具。所有配管的箱盒，位置应准确，高度符合图纸要求，所有管口箱盒，一定要用堵口，泡沫板封箱底，以防堵塞。电缆或导线在线槽内敷设时应排列整齐。电缆线槽与之相连接的一部分明配管，最大固定卡距不超过 ϕ 20mm 的不大于 1m，由 ϕ 25～ϕ 30mm 不大于 2m，ϕ 40～ϕ 50mm 不大于 2.5m，ϕ 65～ϕ 100mm 不大于 3.5m。电缆线槽桥架的安装必须严格按图纸标高，纵横向定位准确。桥架的吊顶预埋件，膨胀螺丝必须牢固可靠，所有桥架线槽以及支架加工的下料，严禁用气割。强电与弱电严禁同穿在一根管内，线槽以及管内严禁有接头，导线的管槽满率不超过 40%。电气配管必须确保不漏和位置准确，切断采用砂轮切割机和手钢锯。套丝采用手动套丝板。管子的弯曲 SC20 以下采用手动弯管器弯管，SC25 以上采用液压弯管器弯管。

5. 工程实施

（1）系统设计。合同签订后立即开始系统实施方案的详细设计工作。包括：① 编制综合管线及预留件等全套施工安装布线图纸；② 配线间制作说明；③ 光缆及光纤分线盒安装及端接说明；④ 大对数电缆安装及端接说明；⑤ 水平系统安装及端接说明；⑥ 配线架安装及端接说明；⑦ 跳线安装及说明。

上述实施方案需经业主核查并确认后方可实施。

（2）设备及系统安装。施工安装总体计划共分以下几个阶段：① 桥架、管路敷设；② 线缆敷设；③ 光缆、大对数线缆及双绞线的端接；④ 配线箱、机柜的安装；⑤ 系统测试；⑥ 系统文档；⑦ 系统运行及交验。

（3）设备材料及工具的准备。根据工程总体进度计划安排施工进度，确定施工机械类型，质量和进场时间，确定施工机具的供应办法，进场后的存放地点和方式。

设备材料方面要根据施工进度情况，分阶段提出材料及工具需用量计划，按计划安排采购及进场使用。

（4）劳动力配置。劳动力配置可根据施工时具体情况及进度要求做适当调整。

（5）施工人员准备。施工队伍由工程负责人主抓，各管理人员分工负责，形成强有力的领导机构。

公司要组织好各种所需劳动力，提高劳动生产率，保证工程质量，组织好现场各项管理工作。

工长应做好材料计划，提前做好材料的领用和储备工作，保证及时供应合格的材料。

技术准备工作要做好。施工人员首先要认真阅读施工图纸及有关技术资料，理解设计意图，制定施工具体方法。

为保证工程安装质量，所有施工人员要认真学习有关施工验收规范及质量检验评定标准和其他一些规章制度。

在施工中，技术员要对施工班组进行详细的技术交底，队里可结合本工程特点，组织进行参观学习。

（6）保证工程质量措施。在工程中承包商应对工程的质量严格把关。根据《建筑与建筑物综合布线系统工程施工规范》，承包商在各个施工阶段委托经认证的专业工程师到达现场进行示范和指导，对有关的安装程序、要领、注意事项提供指导，进行质量监督。同时，在整个工程中，将有专人跟踪该工程的进展情况，保证在下一道工序开始之前，对上阶段工程情况进行总结，并对下一阶段工程的情况进行注意事项的宣讲。对一些技术标准要求较高，难度较大的工序，一律由制造商认证的工程师进行安装或指导，同时保留详细的现场施工记录。

施工方面认真贯彻工程质量手册的执行，做到工程质量分级管理，把好质量关，在竣工验收时达到一次交验合格，质量达到优良。

加强现场施工质量检查，配合专业检查人员做好检查，对检查结果不合格的要认真讨论分析，制定纠正及预防措施。

要严格按图纸施工，特别是对进口设备要详细地阅读说明书和有关资料，要掌握设备的有关规范和技术要求，各系统安装工程要编写施工方案或施工技术措施。

加强原材料和设备的进场检验工作，做好记录，坚持不合格品不施工的原则。

对相同或类似机房内的设备、管线等安装要实行统一的做法，首先做好“样板间”或“样板层”，经验收合格后，再统一进行安装施工。对各类机房、走廊吊顶内等各专业交叉复杂的部位应预先组织图纸会审，然后再进行施工，以免造成安装后的拆改。

凡使用新材料、新产品、新技术的项目，应有产品质量标准、鉴定证明书、使用说明书及工艺要求等，经监理同意、批准后方可使用，监理按其质量标准进行检查。

（7）保证施工安全措施。安全生产工作要严肃法规，落实责任，消灭违章，以强化管理为中心，努力提高企业的安全技术管理水平，确保全体施工人员的安全健康。

参加该工程施工人员必须坚持安全第一，预防为主的方针。层层建立岗位责任制，遵守国家和企业的安全规程，在任何情况下不得违章指挥或违章操作。

编制安全技术措施。书面向施工人员交底。

进入现场必须严格遵守现场各项规章制度，工长对施工人员要做好现场安全教育，进入现场必须戴好安全帽。

安装使用的脚手架，使用前必须认真检查架子有无糟朽现象，有无探头板，施工周围应及时清理障碍物，防止钉子扎脚或其他磕碰工伤事故。

施工地点及附近的孔洞必须加盖牢固，管道竖井及其预留钢筋按需要孔径切割开洞，防止人员高空坠落和物体坠落伤人等事故发生。

敷设用电必须符合安全用电规定，凡手持电动工具的使用必须通过漏电保持装置，施工照明用电应低于 36V 低电压，潮湿地点作业要穿绝缘胶靴。

生产班组每周要进行一次班组安全活动，并有记录。查隐患、查漏洞、查麻痹思想，要经常不断地进行安全教育。

（8）安全保卫。选好库区、料场位置，仓库门窗要坚固、严密，门锁插销要齐全，料工离库要上锁，库房要建立严格的管理制度。管理人员要加强责任心，办事认真，收发料具时要坚持认真登记、清点等制度。库房电源控制必须设在外面，下班后断电，安装库门要一律往外开。

贵重器材和设备应指定专人保管，严格履行领用、借用、交接等手续。

空调机房、各前端设备安装就位前，应安装好门窗，加强安全防范工作以免造成损失、丢失。

班组工具、量具要有专人负责，下班后要锁入工具箱内，不要随便乱放，工具房门窗要牢固，防止工具丢失。

自觉遵守现场出入制度，出入现场主动出示证件。

在消防方面应建立健全消防组织，负责消防的人员要时常进入现场巡回检查。严格执行现场用火制度，主动接受总包消防员的检查，电、气焊用火前应先办理用火手续，并设专人看火。同时电、气焊工要经常检查电、气焊工具是否漏气、漏电，以防易燃易爆等不安全因素的产生；遇到五级大风天气时，禁止使用明火作业。施工中如消防管道、设备等设施和其他工程发生冲突时，施工人员不得擅自处理更改，应及时报请甲方和设计单位，经批准后方可更改。仓库、料场应配备足够的消防器材，对易燃材料应集中管理，并设有明显标志，严禁在消火栓周围堆放设备材料，以确保消防设施道路的畅通。冬季严禁用电炉取暖。施工人员要严格执行现场消防制度及上级有关规定。

（9）成品及设备部件的保护措施。施工人员要认真遵守现场成品保护制度，注意爱护建筑物内的装修、成品设备等设施。

设备安装前要由有关人员检查进入现场的重要设备，进行拆箱点件，并做好记录，发现缺损及丢失情况，及时反映给有关部门，在参加人员不全时，不得随意拆箱。

设备开箱点件后对于易丢、易损部件应指定专人负责入库妥善保管，各类小型仪表及进口零部件，在安装前不要拆包装，设备搬运时明露在外表面应防止碰撞。

配合土建预埋的保护管及管口要封好，各型设备的管道接口也要封好，以免掉进杂物。

加强成品保护意识，对有意破坏成品的要给予处置。

各专业遇有交叉碰撞现象发生时，不得擅自更改，需经设计、甲方等有关部门协商解决后方可施工。

对于贵重、易损的仪表、零部件尽量在调试之前再进行安装，必须提前安装的要采取妥善的保护措施，以防丢失损坏。

（10）环境保护措施。施工现场文明施工管理必须执行颁发的场容管理及有关规定，各施工队要有一名管理人员主抓，施工员分区负责，各施工班组均有一人负责文明施工。

施工队对现场文明施工管理要统一布置，统一安排，每个班组要建立岗位管理制。

工长施工交底时必须对文明施工提出具体要求，重要地位要有切实可行的具体施工及书面交底。

操作地点周围必须做到整洁，干活脚下清，活完料尽，剔凿、保温完成后要随时清理干净，将废料倒在指定地点。上道工序必须为下道工序积极创造优良的条件，及时做到预留、预埋和暗配工作。施工现场堆放的成品、材料要整齐，以免影响地区景观。

冬、雨季施工措施：进入现场的设备、材料必须避免放在低洼处，要将设备垫高，设备露天存放时应加雨布盖好，以防雨淋日晒，料场周围应有畅通的排水沟以防积水。

施工机具要有防雨罩或置于遮雨棚内，电气设备的电源线要悬挂固定，不得拖拉在地，下班后拉闸断电。

地下设备层机房内应做好防排水工作措施，防止雨季设备被水淹泡。

冬季施工，应做好五防“防火、防滑、防冻、防风、防煤气中毒”，管道和各类容器中的水要泄净，防止冻裂设备和管道，冬季放电缆要采取相应的加温措施。

室外工程均应在冬、雨季前安排作业，尽量避免在不利条件下施工。

6. 工程进度及管理

整个结构化布线工程可以分解为20个子项工程，各子项工程既相互联系，又相互影响和渗透（见表13－1）。

根据上述工程描述，工期预定为180天，工程开工之前，有关人员就工程进度、流程及工艺等问题充分协商，在达成共识的前提下开始施工，以确保工程的顺利进行。

表13－1　结构化布线工程工序表

序号	子项工程	工　序
1	信息点位置确定	确定点位做好标记，确定管线的走向
2	开凿线槽	墙面开凿PVC线槽，开凿暗合孔
3	固定线槽	安装固定PVC管和暗盒，调整垂直水平
4	制作主干镀锌槽和桥架	槽道定制，清洁搬运
5	安装桥架、镀锌槽	打孔、安装、连接
6	布放水平线缆	放线、分线、对线、编号、整理、编绑
7	水平工作区端接	剥线、端接、安装模块、整理、记录
8	放垂直主干电缆	布放大对数、放线、分线、编号
		整理、记录、布放PVC管
		穿管、布放室内光纤
9	墙面修复	修复墙面
10	室外光纤开挖管道沟	挖土、石方、修整底边、找平
11	敷设管道	管道外观检查，敷埋管道
		固定堵头及塞子，管头做标记
12	敷设室外光纤	检测光缆，光缆配盘、穿放引线
		敷设光纤，光缆头包保护管，盘余长
		光缆编号
13	回添管道沟	回填，找平
14	管理间施工	固定机柜，整理线
		安装光缆配线架，安装五类线配线架
		配线架端接，做标记

续表

序号	子项工程	工 序
15	楼内导通测试	对号，测试，记录
16	楼内五类线测试	对号，衰减测试，近端串绕测试
		环路阻抗测试、信噪比测试，记录
17	光缆测试	光纤特性测试，铜导线电气性能测试
		互套对地测试，障碍处理，记录
18	验收	
19	现场培训	
20	交付归档文件	

7. 系统测试

在布线完工后，委派专业的技术人员到工地现场进行测试验收。按照 EIT/TIA 568A 中规定的测试标准和国家现行的《建筑与建筑群综合布线系统工程验收规范》进行验收，测试工具将采用验收单位认可的测试仪进行测试工作。在测试完成并通过后，提供给大厦一套完整的测试记录存档。

与其他系统相比，综合布线系统的施工质量尤为重要，这因为综合布线系统的终端多、线缆多，一旦出现问题较难处理。为了保证工程质量，首先应当采用事先指导的方式，即做好施工上岗前的准备，明确技术要求和施工方法；其次，应加强施工中的检查和测试，发现问题及时处理，以防止大的返工和浪费；最后，应采用合适的测试仪器。

测试仪的选择取决于三个方面，即可靠的测试精度、详细的诊断能力、快捷的测试速度，另外，测试仪器应当操作简便，可一机多用，可支持多种类型的电缆测试。什么样的系统采用相应的测试仪和测试方法，这是达到验收标准的重要保证。较老式的测试仪采用模拟技术（频率扫描）来测试衰减等指标，它使用窄带滤波器以防止噪声干扰测试结果。在噪声较大的工程环境中，此类测试仪的测试结果就不能全面反映日后用户的使用情况。因此，应采用数字技术的电缆测试仪。例如对 UTP 非屏蔽 5 类线可采用 FLUKE DSP－100 达到 TSB－67 标准的要求。采用 FLUKE DSP—2000 测试仪可满足超 5 类 UTP 非屏蔽线缆的测试要求，6 类线使用 DSP－4000 测试仪。此类数字式电缆测试仪使用宽带滤波器进行测量，测试速度快，通过多次测量，不仅会显示稳定的测试结果，还会报告测试环境的噪声，使用户确定电缆的布线环境是否正确合理。

（1）测试的内容。测试的内容包括线缆的长度、接线图、信号衰减、近端串扰、信噪比，其中最重要的技术指标是衰减和串扰，它们直接影响超五类传输性能。

（2）测试的仪器。测试工具将采用验收单位指定的测试仪进行测试工作。① 在双绞线的测试过程中采用 FLUKE 电缆测试表进行基本的连接性的测试。② 有关双绞线系统的衰减、损耗、速率、抗干扰的能力采用 FLUKE 进行超五类测试。③ 在光纤的损耗测试过程中采用 FLUKE 光纤测试仪进行测试。

（3）测试标准依据。按现行的《建筑与建筑群综合布线系统工程验收规范》执行。

（4）测试过程。参照国家现行测试标准，在工程测试期间委派专业的技术人员到工地现场进行测试。

在系统安装完毕之后，应按照设计标准对各个子系统进行全面测试并填制测试报告。测试报告包括光缆测试报告、大对数线缆测试报告、语音水平系统测试报告、数据水平系统测试报告。

8. 完工验收

工程完工后，立即安排业主及业主指定的有关单位对工程进行验收工作，验收工作严格按合同中规定的技术性能指标进行，验收合格后双方签署验收合格证明。

资料提交：

（1）在签约后四个星期之内，呈交精制的主要产品样品给业主。

（2）两个月内呈交主要设备说明书和详尽技术资料、图样、特性曲线等给业主。

（3）在签约后四个星期之内呈交详尽的工程进度表给业主。

（4）工程完成后立即向业主提交操作与维修说明书。

（5）工程完成后立即向业主提交易损件及备件手册。

9. 维修和保护

（1）系统质量保修期为系统调试验收合格后12～14个月。

（2）在质量保修期内承包商向业主免费提供对设备正常运行的所有服务，必要的材料和设备。

（3）质量保修期满后，双方可协商签订系统保修维护合同：承包商向业主提供与本项目合同等的产品和服务，价格不高于本项目单价。

（4）为了免去用户的后顾之忧，承包商应在工程合同签订同时，为用户进行15年质保的申请工作。具体程序如下：① 将工程情况的总体描述提交布线供货公司加以备案。② 将设计方案提交布线供货公司进行审核（千点以上工程）。③ 将承担该工程督导工作的人员名单提交布线供货公司。④ 开始接受布线供货公司对大厦结构化布线工程的各项监督工作。⑤ 在施工当中，为布线供货公司的不定期检查和抽测提供便利条件。⑥ 工程结束后，将提交给用户的备案材料提交给布线供货公司加以审核。

最终，布线供货公司提供的十五年质量保证提交给业主，并负责该工程15年内的各种维护和响应工作。

10. 培训

为了正确使用灵活操作本系统，需要进行必要的培训，为此，制订以下培训计划：

（1）培训名额：系统高级管理人员1名；普通维修及操作人员不少于3名。

（2）培训内容：

1）综合布线的系统结构。

2）布线系统的安装工艺要求。

3）布线系统常用工具的使用方法及技巧。

4）布线系统的配线及跳线原则。

5）日常使用、维护所需的有关知识。

经过培训的技术人员，将有能力独立地分析问题，解决日常的网络管理问题，对各种情况的跳线处理达到熟练的程度，能完成电话和计算机的移动及变号的处理，较为轻松地担负大厦布线系统的维护工作。如用户有特殊的应用需求，承包商公司将根据情况为用户提供境内和境外的培训机会。

13.4 工程验收、质量管理与级别评定

1. 验收资料

建筑智能化系统工程验收质量标准遵照现行验收规范执行，具体验收时间、程序、人员等条件由甲、乙双方依照合同规定商定。一般是在完成分项工程报验、智能化系统试运行完成后进行。竣工验收文件资料一般包括以下内容：

（1）工程合同、施工中报工程监理文件等技术文件。

（2）全套竣工图包括：① 施工图设计说明；② 系统结构图；③ 各子系统软件组成框图；④ 设备及管线平面布置图；⑤ 电气控制原理图；⑥ 相关监控设备电气接线图（贴在每个 DDC 箱门内侧）；⑦ 中央控制室设备布置图；⑧ 设备清单或设备元件表；⑨ BAS 监控点表等。

（3）系统设备产品说明书。

（4）系统技术、操作和维护手册。

（5）设备及系统测试记录包括：① 设备测试记录；② 系统功能检查及测试记录；③ 系统联动功能测试记录、系统试运行记录（甲乙双方操作人员参加并签字）等。

除应满足一般条件的规定外，有的工程还包括工程实施及质量控制记录、相关工程质量事故报告表等。建筑设备监控系统工程的验收要点是验收的主体、验收的程序、验收的分工、验收的结论及形式。

验收前的第三方检测是否作为竣工验收的前提必要条件，各地没有硬性规定。一般的做法是，有第三方检测可能一次验收通过；没有第三方检测则可能第一次初验，提出整改意见，第二次正式通过。

第三方检测的资质多由省市颁发，例如发给省里的检测中心；第三方检测的费用由建设单位（甲方）承担，数额双方商定，大约几万元不等。第三方检测的过程按照本行业的检测规程执行；第三方检测的仪器仪表应当都是适用的，符合标准要求的，一般与施工单位质检员所用的一致；第三方检测的结论报告对于一次通过验收有重要作用。

如果建筑智能化系统工程具备了验收的条件，一般做法是由施工单位报建设单位并报监理单位一份《工程质量承包商自评报告》。由此启动竣工验收工作。

2. 人员培训

人员培训完成，业主的物业管理人员能够独立进行该智能化系统的操作，是进行验收、

交接工作的前提。

智能建筑的人员培训目的在于为日后的智能建筑管理、维护、使用人员培养合格人员，这是智能建筑能够得以发挥预期效能的组织保证和技术保证。过去，由于管理人员的素质较低而使系统不能正常运行的教训并不鲜见，所以今天的业主一般都能够重视此项工作。鉴于智能建筑的高科技属性，首先被培训人员的学历一般不应该低于大专，其所学专业应为控制域和信息域的对口专业或相近专业。

培训的方式可分为以下几点：① 建设过程中的边参与边学习；② 集中的理论培训（一般为 1 周左右）；③ 系统调试后期的现场操作培训；④ 交工前试运行期间的自主管理演习；⑤ 国内外操作管理考察。

3. 验收组织机构

验收组织机构原则上应当在合同签定时予以约定，但其人员构成可以在竣工时临时确定。目前国家有关部门对于验收机构尚未做出具体规定，验收机构可以有多种组成方式，如由业主牵头的特邀专家组成，或由当地建委牵头组织业主、监理、施工单位组成，也可由当地的质检站或技术监督局组织验收。其人员构成应包括建筑智能化系统的有关专业（包括楼控、消防、安保、网络、软件等）设计、施工、督导等工程技术人员。

4. 验收程序

验收分为子系统验收和整体验收。子系统按专业特点分为两种情况，像保安、消防、电视系统应由相应的政府管理部门验收，如公安局技防办、消防局、广电局，其他子系统验收可由监理、业主、施工单位联合验收。整体验收程序一般分为初验和复验。初验的目的在于全面检查施工质量，督促承包商按照验收标准尽善尽美地完成后期工作，尽可能地发现工程中存在的问题，包括技术细节问题，并为下一步的复验（正式验收）一次通过奠定良好的基础。复验一般是在系统试运行期（按合同规定一般为 1～3 个月）结束后进行，验收正式开始后的第一道工序一般是文档验收，内容包括施工图、竣工图、变更资料、会议纪要、施工文档、测试记录、分部工程验收记录等。其后，按专业分组分头逐项验收，并按验收标准的规定，抽查适当比例的测试数据，并做好抽查测试记录。在此基础上由专家组对工程的整体质量做出优、良、及格、不及格的评价结论。同时，对该智能建筑的功能等级参照有关标准评定为甲、乙、丙级。并写出相应的鉴定意见。如果验收未予通过，验收机构应当指出存在的问题，提出解决办法，限期解决，约定下次验收日期。

5. 资料归档

资料归档是智能建筑管理的一项重要工作，一般在竣工验收后投入使用之处进行。除了业主、监理、施工单位各自的资料归档之外，主要是指施工单位应当交付业主的资料归档，业主应当交付当地建筑档案馆。由于建筑智能化系统的复杂性，为了保证今后管理的简捷高效，业主对施工单位的归档质量务必要仔细清点查对，因为它是今后对系统维护保养的基础依据。资料归档包括技术和经济两部分，不应只重视技术资料而忽视有关的商务材料，此二者在今后的工作中都是不可或缺的。

6. 验收标准

验收标准是业主、施工单位及监理公司包括智能建筑验收机构共同遵守的标尺，是衡量智能建筑建设质量的客观准绳。在我国，智能建筑虽然蓬勃发展，但由于其历史较短等原因而显得管理滞后，权威完整的国家验收标准、地方标准或行业验收标准出台较晚。在以往的一些项目中，由于业主与承包商对验收标准未给予充分重视，故在合同中对此未明确或叙述不详细，造成验收中各执一词，或相持不下，严重影响工程的按期竣工交付使用，严重的扯皮往往导致业主不按期付款，承包商停止后期工作，甚至造成系统瘫痪，最终使业主蒙受巨大损失。有鉴于此，建筑智能化系统合同附件中应有较为详细的、可操作的验收标准。验收标准一般应包括验收依据、文档验收、工程验收、测试指标、验收方式、验收机构约定等。

验收标准以 PDS 工程示例于后。

（1）系统工程验收依据：

1）综合布线系统的各子系统统一布线，使其具有高度灵活性，能根据用户不同需求随时调整，以适应未来通信与网络的发展。

2）布线系统的施工与验收应遵循以下的标准（仅列出主要的标准，不限于此）进行：《智能建筑工程质量验收规范》（GB 50339—2013）、《综合布线系统工程设计规范》（GB 50311—2016）、《综合布线系统工程验收规范》（GB/T 50312—2016）等标准。

（2）系统设备的验收。设备器材到现场后，安装之前，须对各个设备器材进行检验。检验的项目包括：外观检查；规格、品种、数量的检查；线材电气特性抽样测试；光纤特性测试。

（3）系统性能指标和功能的验收。

1）系统各部分的要求。

① 管线。垂直主干部分采用金属封闭线槽，将主设备间主干光缆引至各楼层分配线架，水平线部分采用吊顶金属线槽，按标准的线槽设计方法：线槽横截面积为水平线截面积之和的 3 倍。槽道左右偏差不超过 50mm，水平偏差不超过 2mm，垂直度偏差不超过 3mm。

为确保线路安全，金属线槽、金属软管、电缆桥架应整体连接后接地。在施工过程中，按现行行业标准，线槽与电力线保持一定间距，见表 13－2。

表 13－2　　间距表

电力线小于 480V	最小距离/mm		
	<2kVA	2～5kVA	>5kVA
开放的或非金属通信线槽与非屏蔽的电力线间距	127	305	610
接地的金属通信线槽与非屏蔽的电力线间距	64	152	305
接地的金属通信线槽与封闭在接地金属导管的电力线间距		76	152

② 工作区子系统。墙面上安装双孔超五类信息插座，每个插座有两个非屏蔽信息点，插座以嵌入的方式安装在距地面 300mm 的墙上（与电源插座的距离为至少 200mm，高低偏差不超过 5mm，并排安装时高低偏差不超过 2mm）。

信息模块须满足现行标准关于超五类电缆连接器硬件的传输要求。

办公楼层信息点的分布达到标准，信息点的标识应包括信息点序号、语音点或数据点标识、楼层号。

③ 水平子系统。水平子系统由各层配线间至各工作区之间的电缆构成，传输介质为超五类非屏蔽双绞线。超五类非屏蔽双绞线在两个有源设备间的线缆长度不能超过100m。

建筑物天花板上的金属线槽进入工作区后从线槽引出金属管，以埋入方式沿墙到各信息点，须注意线缆的转弯角度不可超过90°。

④ 垂直主干线子系统。计算机网络系统干线采用6芯室内多模光纤，可支持千兆以太网或625兆的ATM网。语音垂直主干线采用超五类25对大对数非屏蔽双绞线。

⑤ 管理子系统。管理子系统由跳线、管理配线架及网络设备（如交换机、集线器）组成。地下的三层共用一个电信间，顶层的高级商务会所合用一个电信间，标准层办公层每层设一个电信间。

电信间内线缆在配线架上的标识应与信息面板一端的标识保持一致，管理配线架的标识应包括楼层号、行号、列号。

⑥ 设备间子系统。由中央主配线架、电缆、跳线及适配器组成，把中央主配线架与各种不同设备互连，如支持第三层交换的交换机，用于接入广域网的路由器、服务器和网络专用防火墙等。计算机网络系统由1000M的光纤干线和10/100M自适应的交换的用户端组成，该系统与具体网络应用有关，相对独立于结构化布线系统。

中央主配线架的标识应包括楼层号、行号、列号。

2）技术指标与验收、测试。

① 对于标准办公楼层应先选一楼层作为样板层施工，经检验合格后再对其他楼层动工。

② 线路的检测包括线路通断检测和线路特性指标测试。a. 线路通断检测的段落为全部线路段，测试项目包括导通、异位；b. 线路特性指标测试为抽测不少于10%的线路段，为适合千兆以太网，测试项目包括线对匹配、远端串扰、回波损耗、线路长度、近端串扰、衰减、延迟、延迟时延。对于特性阻抗、环境噪声干扰强度和直流环路电阻可据现场条件进行测试；c. 光纤电缆线路测试指标应符合现行行业YD的要求；d. 测试用仪器要既满足基本链路认证精度又满足通道链路认证精度。测试仪的精度有时间限制，精密的测试仪器须在使用一定时间后做校验；e. 近端串扰应进行双向测试，即从两方各测试一次，而带有智能远端器的测试仪可实现双向测试一次完成。

③ 在验收中发现不合格的项目，应查明原因，分清责任，提出解决办法。

3）需检验的具体项目。

① 施工前检查。

a. 环境要求。检查土建施工中与综合布线工程相关部分的完成和质量情况。即：地面、墙面、门的位置及高度，开关方向、电源插座及地线装置等；土建工艺中的预留孔洞、预埋管孔位置及畅通情况；电力电源是否安全可靠；活动地板、敷设质量和承重测试。

b. 安全和防火要求。消防器材是否齐全有效；危险物的堆放是否有防范措施；预留孔洞是否有防火措施。

② 设备安装。

a. 设备机架。检查外观、规格、程式是否附和要求；检查安装垂直度、水平度；检查设备标牌、标志是否齐全；各种螺栓必须紧固；防震加固措施；检查测试接地措施是否可靠。

b. 信息插座。检查其质量、规格是否符合要求、安装位置是否符合要求；各种螺栓是否拧紧；各种标志、标牌是否齐全；屏蔽措施的安装是否符合要求。

③ 光缆、电缆的布放检查。

a. 电缆桥架及槽道安装。安装位置是否符合要求；安装工艺及美观是否符合要求；接地措施是否可靠。

b. 电缆布放。缆线规格、路由、位置是否符合设计要求；布放工艺是否符合操作规程要求。

④ 缆线终端。信息插座是否符合设计和工艺要求；配线模块是否符合工艺要求；光纤插座是否符合工艺要求；各类跳线的布放是否美观和符合工艺要求。

⑤ 系统测试。线路通断检测；电气性能测试；光纤特性测试；系统接地是否符合设计要求。

4）系统文档的验收。

① 工程正式开工前建设单位应将完整的工程设计资料交给验收机构一套，以备与竣工资料核对用。

② 竣工资料包括 a. 工程说明；b. 安装工程量；c. 设备、器材明细表、产品设备的技术资料与产品手册：色场图——配线架、色场区；详场图——配线架布放位置；配线表；点位布置竣工图；测试记录：超五类、光纤衰耗测试。d. 竣工图纸；e. 测试数据记录；f. 随工验收、隐蔽工程验收记录；g. 如采用微机设计、管理、维护、监测应提供程序清单和用户数据文件，如磁盘、操作说明等文件；h. 工程变更、检查记录及施工过程中，需要更改设计或采取相关措施，由建设、设计和施工单位之间的双方洽商记录；i. 竣工资料要真实，数据要准确，内容要齐全。

5）验收方式。

首先由施工单位在施工中应自检、自验，并准备好上述的各种系统文档，然后施工单位与总包单位联合验收。上述两项验收合格后，总包单位通知业主，由业主正式邀请专家组验收。

6）其他。

① 分包商在业主协助下完成与电话局的市话接入工作（本工程不设专用电话机房，直接引入若干对外线）。

② 穿线管为镀锌钢管。穿线管、槽、桥架等耗材，由分包商提出预算表及平面图，由业主负责材料费和施工费，此部分的施工另行安排。

③ 测试仪器应为满足超五类、六类系统要求的 DSP4000 等仪器。

④ 信息点抽查比例为：分包商自验 100%，甲方（总包）检查 50%，专家组抽查 3%～5%。

13.5 物业管理与安全运行

建筑智能化系统是为建筑物提供使用功能的电气设备系统，其大部操作管理落实于该建筑物的物业管理。

国际物业设施管理协会（IFMA）对物业管理（Facility Management，FM）的定义是：以保持业务空间高品质的生活和提高投资效益为目的，以最新的技术对人类有效的生活环境进行规划、整备和维护管理的工作。智能建筑的物业管理与传统的物业管理在管理特征、管理目标及管理重点等方面有诸多不同。简言之，智能建筑的物业管理就是在传统物业管理的基础上，通过中央集成管理系统及其子系统的数据采集、交换、共享，以低成本、高效率的运作方式，实现良性的经营管理，同时以本系统的基础数据，为其他系统提供便利。

虽然物业管理是建筑物建成后的经营活动，但对智能建筑而言，其物业管理系统的规划设计应与其他智能化系统同步进行，并在建设过程中完成其硬件设施及软件配套的相应工作。作为一项系统工程，应抓住设计、实施、管理三个环节。首先，在设计阶段，应充分考虑日后的管理模式和需求。只有实现全面的数字化科学管理，才能实现智能建筑物业管理所求的目标：高效率的综合管理，高水平的服务，高档次的竞争力以及不断进取的活力。其次，应前期介入，验收后再接管。

1. 物业管理目标

智能建筑物业管理的主要目的是为用户/住户提供良好的使用环境和配套服务，以高效的管理，求得良好的经济效益，树立起自己的企业形象和社会形象。具体目标应包括：

（1）管理和服务的工作质量目标，如智能建筑内的温度、湿度、空气、照度及色彩等物理条件应符合人体工程学对建筑环境舒适的要求；管理和服务的对象工作效率较高等。

（2）建筑智能化系统工作运行稳定可靠，长期保证大厦的使用需要。

（3）设备系统的能耗运行费、维护费及生命周期费用等综合费用的支出节约指标。

（4）智能建筑的设施充分利用，及时满足楼内用户的合理需求。

（5）符合环境保护要求，人工采光及设备噪声与四周环境相协调。

智能建筑物业管理的主要特点是管理人员的专业化、系统的复杂性、设备的先进性、功能的多样性、信息系统的开放性，以及在工作既安全又舒适的前提下，管理人员的责任空前的重大。

智能建筑物业管理的软件功能依管理类型不同而各异，依广义和狭义的区别而内容有别。广义的智能建筑物业管理的软件功能一般包括物业管理部门全部的办公自动化系统功能；狭义的智能建筑物业管理的软件功能一般包括出租出售管理、基本资料管理、物业财产管理、客户入住管理、人事管理、财务管理、设备维修管理、安全保卫管理、综合查询、办公工具及系统工具等。

智能建筑（包括高级公寓的物业、商住楼）物业管理系统需要管理的机电系统由以下系统组成：机电设备自控、遥控系统；因特网网络接入系统（微波扩频等专线接入）；综合布线系统；地下通信系统；汽车库自动管理系统；卫星及有线电视系统；公共广播及背景音乐系统；消防报警与联动系统；收费管理系统（包括 IC 一卡通系统；水、电、燃气三表远传测量、银行结账等）；公共安全管理系统（可视对讲、门禁、电子巡更、红外防盗、玻璃破碎、紧急救助、保安监控、围墙防入）等。

2. 住宅小区、高级公寓、商住楼的物业管理

住宅类物业管理的共同特点是以人为本，为住户的日常生活及消费提供各种便利服务。住宅小区的物业管理系统一般由小区管理中心、小区公共安全防范系统、三表/四表（IC 卡或远传）计量系统、小区机电设备监控系统及小区电子广告牌等组成。其中的内容仍在扩展中，如一卡通系统等。

住宅类物业管理系统的重点是计量系统和安全系统。计量系统有电力载波方式、电视网方式、一专多能数据网方式等。其组成包括四部分：综合管理软件、区域管理器、信号采集器、现场采集仪表。此系统可免除上门查表带来的不安全因素，节省人力，方便管理，计量准确，收费简捷，单据清晰，可远程断水断电，避免纠纷，杜绝费用拖欠现象。

安全系统一般包括火灾报警、巡更系统、小区周边防范系统、门禁系统、可视对讲系统、求助呼叫、住宅监控等。

一卡通系统是实现快捷方便的综合管理的好方法。用于各种消费、考勤、门禁等场合。IC 卡基于集成电路和计算机技术，有接触式、非接触式、复合式三种。其特点是存储量大，保密性好，操作性强，耐用待久，携带方便，网络要求不高。

常用的一卡通系统一般包括四部分模块：出入口门禁考勤管理模块；餐厅消费模块；停车管理模块；智能卡管理模块。管理中心通过主控计算机和网络将财务、消费、门禁等部分连接起来，并对系统进行管理。功能包括发卡、级别设置、统计、查询、中央控制、操作员设置、远程通信及财务管理等。

物业管理系统的核心是管理软件。其要求是：① 收费结算。收费项目可扩充，实用性好。② 报表生成工具功能强。打印好。提供大量常用报表。③ 方便直观的图形定位，鼠标点击。④ 允许用户自定义计算公式。

物业管理系统的管理软件应包含物业资源管理子系统、设备资源管理子系统、收费管理子系统、公用管理和系统维护、总经理查询管理子系统等。

3. 写字楼的物业管理

在我国，高层写字楼指的是 7 层及以上及高度超过 24m 的为办公使用的公共建筑物。分为一类高层（建筑高度 50m 及以上）、二类高层（建筑高度 24～50m）。其特点是：① 高层写字楼的办公单位集中，人口密度大；② 高层写字楼的设备复杂、庞大，管理难度大。大厦内的基本设备有供电、给水、电梯、中央空调、消防、保安、照明、通风等八大系统。再加上智能大厦的自动控制系统和备用发电机组等就更复杂，管理起来也有难度。

办公楼不仅要求建设标准高、配套设施齐全、现代化办公的条件完备，而且要求管理服务水平一流。与传统物业管理相比，高层写字楼的管理除了具备一般的日常事务管理工作如

保洁、维修、投诉、装修以外，还具有一些新的特点：

（1）大楼安全管理要求更高。高层写字搂是现代化的办公重点，其重要的财务机密、档案、文件都存放在大楼内，再加上大量的高科技通信设备、电线电路和相对高密度的人口，客户在写字楼里的工作安全感显得至关重要。其安全管理有以下几个方面：

1）人身安全。保证大楼内主要设备的完好，不出现意外事故；通过闭路电视监视系统，监控大楼停车场、楼宇大堂、电梯等人员流动大的地方；对电梯间、楼梯间及各隐蔽地方要加强定时巡查，并建立严格的督促机制；对楼内的各种管道、通风口、竖井等地设有相应的安全措施，不给犯罪分子以可乘之机；尤其是要做好应付突然事件的准备。因为高层写字楼的结构、设备及人员的复杂性，人口密度大，人口流量大，一旦有故障发生，比较难于控制，物业管理人员应正确控制，冷静处理。

2）财产安全。通过安装在大楼内的防盗系统，及时掌握大楼内的情况；保安人员全天在大楼内部及周围指定地点、指定路线上为用户服务；保证大楼治安保卫工作万无一失，不发生盗窃案件；节假日，对进入写字楼办公区域的人员要有严格的登记查证制度。

3）消防安全。消防工作既涉及人身安全，又涉及财产安全，应重点加强，特别强调。保证消防设备始终处于良好的状态，定期进行消防系统的测试，保证消防设施完好和消防通道的畅通，并在条件许可的情况下组织消防演习，增加用户防火和自救知识。

（2）设备管理成为高层写字楼管理的重点。高层写字楼为满足用户各方面不同需求，装配了完善的机电设备，通常包括供电、给排水、电梯、空调、消防、通信、保安、照明、发电、自控等系统。以上各系统内设备的运行状况，都直接影响到各个大楼内的办公效率，也最能反映一个物业公司的管理水平。因此，对设备的管理是物业管理应进行的重点工作。

由于智能化楼宇管理涉及多个技术领域与业务管理领域，因此，从资金投入与系统工程管理这两方面来分析，要求一次完成各个技术领域与管理领域的工程实施是不科学的、低效率的；结合系统总体目标的要求与工程实施的客观规律，应采取以下系统设计原则：① 自上而下的系统总体设计：在满足总体集成控制、有效数据交换共享、灵活升级扩充的基础上，保证系统能够在分布实施的各个阶段有明确的目标，每个阶段实施完成后都能产生实际的效益。② 自下而上的分阶段实施步骤：在保证每个阶段都能够符合系统设计的总体目标的基础上，选择成熟、开放的工业产品，提高建设速度、减小投资风险。在软件的实现过程中率先实现办公自动化的核心管理，提前大楼运营的时间，并为高级物业管理的实现创造有利条件。

物业管理的功能主要体现在软件上，一般包括办公自动化、物业资料、营销业务、设备、消防、安全防范、环境保洁、停车场、投诉、信息中心、网上商务、计费、权限（网域分隔）、查询、软件平台（中心数据库）。

下面就物业管理的重要组成分述如下：

（1）办公自动化。办公自动化管理信息系统一般包括三个子系统：日常办公自动化系统、基本信息管理系统、公共信息服务系统。

1）日常办公自动化系统。

① 公文管理。公文管理包括收文管理、发文管理、审批流程管理等模块。

a. 收文管理。完成单位外来公文的登记、拟办、批阅、主办、阅办、归档、查询等全过程处理。收到公文先行扫描登记，再将公文发送给文件拟办人，在拟办人指定批办、承办人后，公文将自动送至批办人处，完成公文处理的全过程，然后将公文送至档案室归档。

b. 发文管理。完成单位内部和对外公文的起草、审批、核稿、签发、发布、存档、查询等全过程处理。当需要发布一篇公文，首先由起草人起草公文，如文件、会议纪要、通知等，然后将公文发给审批人，根据公文性质的不同进行批阅或会签。在公文全部审批完后，由签发人进行最后的签发，系统自动生成发文稿。如果是对内发文，系统将自动将公文转至公文发布系统，在本系统中进行自动发布和工作反馈；如果是对外发文，则可以打印装订外发。处理完的公文最后将被送至档案室，进行归档保存。

c. 审批流程管理。完成单位内部各种申请、报告、文稿、纪要等在计算机网络起草、审批和自动传递的全过程。只需在计算机前对待批公文进行处理，审批后的公文会自动传递给下一审批人。提供顺序审批和会签审批两种形式，能处理公文审批流程的异常流程情况，包括审批收回、审批退回、更换审批人、审批跳过等功能，在审批过程中自动发送邮件通知有关人员，并能将成文稿发往公文发布系统，整个自动化系统形成了一个有机整体。

② 审批形式。公文可以逐级自动传送实现顺序批阅，也可以同时发给所有审批人进行会签。公文管理的内容还有签署方式、追踪审批过程、审批退回与收回、审批与跳过、成文归档、审批提醒等。公文管理的目标之一是实现无纸化办公。

③ 档案管理。包括案卷管理、文档管理和借阅管理。

④ 领导查询。包括信息查询、工作指示和常用信息，即随时查询各部门情况，打印各种统计报表及安排工作。

⑤ 人事行政管理。如何利用内部的人力资源，完善对人的管理，增加大楼的综合竞争力，已成为重要紧迫的问题。本系统通过计算机处理组织机构、人员档案、人员业绩考核和评估、培训、工资、福利、办公用品等信息，并进行查询和统计，生成相应报表。

⑥ 个人事务管理。包括名片夹、个人资料管理、日程安排管理等模块，属于个人信息。

2）基本信息管理系统。

大楼图纸管理主要对大楼的相关图纸进行处理，便于对大楼的基础信息、基础设施、设备进行管理和维护。

3）公共信息服务系统。

① 法律、法规服务：用于保存各类法律、法规、规章制度。网络用户可根据不同的权限查阅相关的内容，便于用户了解各项法律、法规、方针政策和规章制度。

② 电子公告通知板：完成各类面向单位内部的公告信息在计算机网络上的起草、发布和查阅。

③ 多媒体查询：采用触摸屏或电子滚动屏让大楼用户对有关管理信息和公用信息进行查询和公布，也用于列车、民航、客船时刻表的录入、修改和查询。可以按照发站、终点站、

中间站和车次等多种方式的查询等。

④ 电子电话、电子传真：通过 Internet 实现电子电话和电话传真。

⑤ 网上商务：通过 Internet 实现网上商务，例如采购办公用品等。

⑥ 权限管理：根据提供的访问与操作活动，设定大楼内部的各种网上用户身份的相关访问操作权限。

（2）物业资料管理。大厦内部各种数据化资料数据是各业务管理系统的基础数据，是物业管理的基础数据。通过这样的量化管理，可以做到资料的全面性、唯一性、权威性。

资料管理的内容有：土建、水暖、强电、弱电等方面的图纸；变配电等设备的位置、技术参数资料；通信线路等各种工程相关的图文资料；设备档案，包括设备组、单台设备的分类编号、从属部门、物理位置、技术参数、价值、购入价、维修历史、使用周期等技术及维护保养的各种参数。对于复杂的设备建立设备构成表，描述该设备的每个组/配件的级别，上下相关的组配件等。这样的管理方式，非常适于管理诸如中央空调、大型风机、变配电设备这样的大型设备。所有设备的技术操作说明书；房产相关的档案；保安布防分布、消防用品、消防设施分布的档案。从中央数据库中自动提取有关消防系统各种消防监测装置、消防设施、消防械的型号、名称、布放位置等信息，增加使用说明、启用日期、有效时限、配属消防物资的定额数量等描述数据。

通过本模块，管理者可以文字输入、图纸扫描、电子文档等多种方式将相关档案资料输入到数据库中，并可以以多种方式检索、输出。

（3）营销业务。营销业务管理是基于物业租赁合同，实现应收管理，能起到财务辅助建账功能，在实际应用过程中，与手工作业相比，可以提高 80%的工作效率，并极大地提高业务数据的准确程度，做到通过数据实时地掌握各种业务动态，是公司决策分析的良好工具。

营销业务内容有：建立租户档案；建立收费源资料；通知单管理（如物业 20 余种费用处理：租金、管理费、停车场费、电话费、水电费、预收款、垃圾清运费、俱乐部费用、城建费、加班空调费、维修管理费、租金借理费押金、装修期押金、水电费押金、电话线押金、胸卡押金、浴室押金、杂物押金等众多费用根据条件能出单，允许用户更改相应通知单的金额和币种）；结账管理；租户预订入住管理（对于没有正式入住的客户/租户，根据签订的租房合同的入住时间，建立租户预订入住时间表，可以按先后次序及客户重要级别进行排序显示，并且根据实际情况确认客户入住）；服务项目管理（建立服务类型与服务项目管理体制，确定服务项目是由哪一个控制系统提供相关服务，以及服务提供能力，如同时接受的用户数限制、服务响应时间段、最大提供量等，确定服务项目的标准收费价格与计价单位）；客户服务记录（接受客户对服务项目的请求，根据被请求服务的提供能力自动判断新的预订请求与原有预订请求之间是否冲突，并记录该请求的执行结果）；客户预订服务管理（根据客户的服务请求预订服务项目及时间，建立服务预订时间表，可以按先后次序及客户重要级别进行排序显示，并支持按客户重要性设置自动提示服务请求内容的功能）；结算管理（根据客户结算时间周期设置，自动汇总结算期间内客户在物业管理系统内接受的各服务项目与收费金额；打印客户消费、服务项目收费与未结算金额的明细清单；如果客户拥有计算机及电子邮件系统，可以支持将账单用电子邮件方式传递给用户；自动将新增客户账单通知财务管理系统；跟踪客户账单的财务结算状态，支持设定收款时限进行逾期未收完款账单的自动提示与打印催款通知书。可选择现金、支票、预收款、押金等多种付账方式，利息处理、币种转化、坏账处理、欠款处理切合实际，收费完成后自动转为相应的凭证转入财务账，实现账务处理自动化）；价格管理；分析决策。

（4）设备器材管理。大楼的办公环境与各种服务的质量以及管理效益的好坏，都受各种设备运行状况的直接影响。而设备运行效率又直接影响大楼总体成本的变化。因此从保证正常的工作与内部环境、降低能源消耗、控制运营成本的角度出发，建立完善的设备管理体制，使主要设备能够及时地检修、维修、润滑，消耗品、易损部件能够及时地补充更换，从而保证主要设备的运行正常。

设备器材管理内容有：专用工具管理；设备维修计划（根据中央数据库记录的设备运行时间、设备保养维修周期的参数，保养维修间隔与检修间隔，系统可以生成保养维修、润滑计划及设备组配件更换计划等）；设备检修报告（包括对应计划编号、检修类型、设备编号、检修内容、是否更换组配件、是否润滑、开始/结束的时间、消耗品及其用量、执行人、检验人、审核人。填写此报告后，系统将中央数据库中相应设备的检修期跟踪的计时单元清零，并更新相关的数据）；设备管理报表等。

设备故障与设备运行异常情况的记录与处理：读取中央数据库中有关设备运行报警的历史记录，分报警级别、重要设备、辅助设备，分别建档，交设备管理人员，记录对故障和异常情况的处理过程。

按照设备的名称或编号查询设备组、设备、组配件的档案，其中包括的主要内容是该设备的原始记录、历次检修的计划和记录、所有发生过的运行报警信息、组配件更换记录等信息，以设备卷宗的方式，给管理者以清晰的量化结果。

在中央数据库的支持下，计算机根据设备的实际运行时间，实现对设备周期性的检修及设备寿命的动态跟踪，并且以维修计划的方式交给设备维护人员。根据具体的维修养护工作的结果，由设备管理人员填写维修结果，从而形成计划、计划执行这一闭环管理的模式，从而避免了设备维护/检修、润滑、备件更换的遗漏与延误。以设备档案卷宗的形式来记录各设备自购入到报废的整个生命周期记录，无论是从信息管理还是从维修经验积累的角度，都为提高设备养护水平、维护人员的培训、维护成本控制等诸多方面提供了很好的依据。这一系统的实施将使设备管理工作产生质的飞跃。

（5）安全管理。各种消防设施的使用有效期报警：根据各种消防监测装置、消防设施、消防器械的使用说明、启用日期、有效时限等描述数据，设置报警提前期，自动进行提示使用到期报警提示。另有记录火警发生、消防记录查询及物资消耗分析、消防物资补充明细表的执行等。防盗防事故的保安管理，包括记录安防事件发生、安防事件处理记录等。

（6）环境保洁管理。建立清洁与环境维护档案、设置大楼各个区域应该进行的清洁与环境维护活动的具体内容等。

（7）车辆管理。建立车辆档案、车位管理、维修记录等。

（8）系统安全。采用数据加密、用户身份认证、文件存取控制、数据库存取控制、操作痕迹等技术通过严格限定用户口令权限、设置数据存取权限等方式，防止误操作或人为的数据破坏及防止数据在操作过程中的泄密事件发生。安全管理操作灵活，权限简单明了；提供用户组管理，便于各种权限的设定；字段级管理权限可保护重要字段。

4. 建筑智能化系统的安全运行与维护

智能建筑投资巨大，收益巨大。收益的前提是系统的安全运行。建筑智能化系统的安全运行包括系统内外技术措施，如网络防非法侵入、防雷、接地、防火、防停电、防意外等内容。其中，主要是防感应雷。“弱电”原来指工业系统50V及以下的36V、24V、12V等电气系统，移植到智能建筑里，泛指智能化各个子系统。弱电系统脆弱，易被感应雷瞬间毁坏，所以要做好SPD设置、等电位联结、MEB接地等工作，还要设置过载保护、防冻开关、压力检测、温度检测等安全装置。

具体的安全运行要点包括以下方面：

（1）防停电。许多业主反映，建筑智能化系统弱电机房运行中最常见的烦心事是动不动就停电停止运营，工作中断，被相关人员责备是“管理不善”。所以为了提高机房的供电可靠性，在设计规范里规定了与供电可靠性相关的双路终端自动切换、UPS设置、电源切换时间、导线和开关选择原则等内容。

建筑智能化系统的有效工作有赖于正常供电，尤其是机房不能停电，因为机房是智能建筑的心脏和神经中枢。众所周知，一台计算机正在工作时突然断电，就可能造成数据丢失。所以机房的配电很重要。对于楼宇或小区的配电系统，允许正常停电或事故停电，但对机房是不允许的。一般的解决办法是分为两部分，前端交流电源引入两路市电，有条件时可加设发电机，成为多路供电，提高供电可靠性；机房里设UPS，即可保证供电。

机房设备供电分为在线式和后备式。在线式就是UPS始终在供电状态，UPS代替了市电为计算机网络设备供电，UPS时刻都在工作着。后备式就是计算机网络设备平时供电靠市电，只在市电停电时才转而立即由UPS供电。后备式供电有个过零问题，即当市电停电时，无论何种合闸方式，避免不了供电过零问题。市电是50Hz，计算机是500MHz以上，显然，再停电的一瞬间，计算机可能丢失数据。具体办法是分而治之：如果系正常停电，事先必有通知，可提前将UPS投入；若系统因故障（短路、接地）停电，因电感上电流不能跃变，电容上电压不能跃变，可将UPS的接入设定为小于跳闸电流值，即在电路断开前，UPS就已接入。

（2）防火、防静电。建筑物整体的防火措施由现行的《建筑设计防火规范》指导落实。建筑智能化系统的防火主要是机房的消防措施。主要包括火灾自动报警、气体灭火、灭火器设置等组成。在设计、施工中，对于电线、电缆、管槽、灯具等的选择和施工敷设方式的消防规定，都要逐一落实。特别是对于机房内部配电系统的各个回路，要正确处理负荷、开关、导线三者之间的关系。

防静电主要指机房内部。摩擦生电是自然现象，静电的聚集会引发意外事故，静电火花可能引起火灾。因此，机房均应采用防静电地板，一般距地0.3m建设。为了保证施工质量，机房工程应由具有机房工程施工资质的单位来承担。除此之外，机房的安全防范设施还应有门禁、防盗、CCTV监控、烟感报警消防防火等。

阻燃线缆有A、B、C、D4个级别，机房线缆集中，火灾高发，应当注意线缆选型和电气火灾防范。

（3）机房环境监控。机房是智能建筑的心脏。机房里的工作人员不同于一般办公室里的人员，后者可以不时出来走一走，而前者要长期值班。加之其工作的重要性，机房的环境要求自然高于一般办公室。它在正常工作时不仅需要足够的照度，而且需要合适的温度、湿度、含氧量、二氧化碳含量、灰尘含量（洁净度）等。其环境监控高于一般办公室的表现之一就是建设标准不同。如今建筑智能化系统机房统称为数据中心机房，国家标准分为A级、B级和C级的建设标准。在《数据中心设计规范》（GB 50174—2017）里有表格详细列出了各方面的技术指标。

A级、B级、C级指标的主要区别在于对机房温度、湿度及洁净度的要求不同。A级标准包括的措施有：采用恒温、恒湿的专用空调即精密空调；机房的窗户采用双层窗；机房近旁设缓冲过渡区。

与传统的舒适性空调不同，机房采用的精密空调严格控制蒸发器内蒸发压力，增大送风量使蒸发器表面温度高于空气露点温度，因而不必除湿，产生的冷量全部用来降温，降低了湿量损失，提高了经济效益。由于送风量大，一方面送风焓值差别小，另一方面机房换气次数高使整个机房内形成整体气流循环，机房内的设备均能得到均衡冷却。精密空调的空气循环好的同时，应设有专用空气过滤器可及时有效地滤掉空气中的灰尘，使机房洁净度符合要求。

机房精密空调系统一般配备加湿系统、专用的高效率的除湿系统及电加热补偿系统，通过微处理器处理传感器送来的数据，可精确控制机房温度和湿度，而一般空调系统无加湿系统，只能控制温度，且精度较低，不能满足机房的需要。另外，由于机房密封系统好页发热设备多，连续工作，常年运转，可靠性要求高，一般空调系统难以胜任，尤其是冬季，一般空调由于室外冷凝压力过低，难以正常工作，而精密空调系统通过可控的室外冷凝器，可保证制冷循环的正常工作。

（4）防雷、接地、等电位联结。首先，要明确电击伤人是因为电位差，而不是电位。在电位相等的层面，即使是较高的高电位对人和设备也是没有伤害的。所以，各种有关机房安全的技术规定无不提到：弱电机房内所有设备的金属外壳、各类金属管道、金属线槽、金属线盒、建筑物金属结构等必须进行等电位联结并接地。

防雷、接地是建筑物的常规保护措施，技术比较成熟。智能建筑一般体形高大，加之内部精密设备较多，因此其防范各种雷击的措施应要求更高。在防雷方面一般采取的措施有：在楼顶设置避雷针、避雷带以防直击雷；在大楼通体将结构主筋互连，形成等电位法拉第笼、均压环以防侧击雷（智能建筑30m高度处及以上各层每三层利用圈梁钢筋与柱内主筋相接构成均压环）；在大楼基础利用基础桩导体互连，形成良好的接地及大厦内的地电位分布。另外，将建筑物表面的金属设备及入户金属管道与接地网良好连接，以保证大厦内的等电位。

接地方式一般采用联合接地方式，即防雷接地、保护接地、工作接地等均直接与接地网直接连接，总的接地电阻应小于 1Ω，即所谓零接地电阻。如果有的工程基础使用橡胶、塑料制作，则应采取加打人工接地极的方式，或采用 40mm×4mm 镀锌扁钢穿过防水层，形成良好的人工接地极。

为了保护机房设备，防止高压雷电波侵入，可在机房设备前端采用多种防过电压装置。

就接地系统而言，智能建筑工程的防雷接地系统、工作接地系统、保护接地系统在传统建筑中早已存在，为工程人员所熟悉，在专业分工中属于强电系统。而智能建筑所特有的弱电接地系统包括直流接地系统、功率接地系统、屏蔽接地及防静电接地系统。

数字电路中，提供等位面的逻辑接地和模拟电路中提供基准电位的信号接地成为直流接地。直流接地系统基准电位引自总的等电位铜排，工程上可采用截面积为 35mm^2 的绝缘铜芯线穿保护管引至弱电设备，作为直流接地。

电子设备中有不少的交直流滤波器，它们用于防止各种频率的干扰电压通过电源线侵入，以免影响低电平信号装置的工作。滤波器的接地称功率接地。功率接地系统是用与相导线等截面的绝缘铜芯线从配电箱引至弱电设备，此接地线在 TN－S 五线制中就是接 N 线（即中性线）。

屏蔽接地及防静电接地是为了解决电磁辐射和电磁干扰的问题。随着智能建筑中各种高频率的通信设施的不断增多，抗干扰日益重要。电磁干扰是电子系统辐射的寄生电能，它能降低数据传输的准确性，增加误码率，影响清晰度，造成电磁环境污染。为了防止外来的电磁干扰，将电子设备外壳体及设备内外的屏蔽线或者穿线金属管进行接地，全程屏蔽，叫做屏蔽接地。一般机房内的环境较为干燥，容易产生静电，进而对电子设备产生干扰，为此采用的接地为防静电接地。屏蔽接地及防静电接地的一般做法是：由楼内总等电位铜排引出 PE 弱电干线，每层设弱电等电位铜排，电子设备的外壳、金属管路及抗静电接地均与此等电位铜排相接。

在建筑智能化系统里，包括防雷接地的机房工程有着重要位置。为了推行新的先进技术，取代旧的电子计算机机房设计规范，在颁布不久的《数据中心设计规范》（GB 50174—2017）中设置了一些强制性条文，其中的 8.4.4 条规定：数据中心内所有设备的金属外壳、各类金属管道、金属线槽、建筑物金属结构必须进行等电位联结并接地。在《建筑物电子信息系统防雷技术规范》（GB 50343—2012）里有类似的规定，同时列出了具体的做法，如 S 型、M 型、SM 型等，应当在机房工程中严格执行这些防雷接地的安全措施。

（5）规范操作及维护。为了提高智能建筑的设施管理水平，让智能化系统的较高投资发挥应有的效益，必须在日常运行中加强管理，确保智能化系统各项功能持之以恒地、高效率地正常运行。虽然智能建筑的运行管理是一门新兴的学科，但是，只要规范操作，就可保证系统的正常工作。因此，应在认真培训基础上牢固掌握操作要领，常备不懈地执行有关规程。在实践中不断完善有关制度。

为实现智能建筑日常运行的科学管理，应针对建筑智能化系统的特点，编制一整套不断完善的运行管理制度是十分必要的，这些制度包括《岗位责任制》《机房管理出入制度》《值班制度》《智能化系统操作规程》《设备系统维护制度》《日常维护运行记录》《设备系统维修基金测算》《事故紧急处理程序及办法》等。

为规范设备的日常运行管理，落实设备的日常维护，维护工作应按计划要求进行。各种维护计划应在认真研读设备和系统材料，逐步积累经验的基础上，制订设备运行维护检修计划及单项设备维护记录单，并不断修订完善。

信息系统的安全防护主要表现在防火墙技术等软件、硬件方面，智能建筑应适时装备。为了加强信息资源的安全保护，应从人流、物流、信息流三个方面采取安全措施，不仅要防止显性的设备的不正常现象，还有防止隐性的信息的不正常流动。对内部的人员和信息资源都要严加管理，以通信为例，既要保证线路传输、工作载体的正常状态，又要采取口令、密码、多重复核等技术手段进行监控，以有效防止信息资源被非法入侵、被窃听窥视和非法复制，防止信息流失和系统被破坏。

上述条目的实现，有赖于做好前期有关准备。这些准备工作包括：

1）选拔合格素质的人员进行培训，这些人员的学历一般不低于大专，专业对口或相近，应既懂计算机又懂英语，还会管理。在上岗前，应对他们实行多种形式的岗位技术培训，使他们熟悉系统的原理、构成，尤其是操作管理技能需通过相应的考核，只有确信其胜任工作才能上岗。培养人才，留住技术人员，这是智能化系统安全运行的组织保证。

2）智能建筑的技术资料数量大，范围宽，尤其是原始的施工资料、设计图纸、会议纪要、变更单和竣工资料，对于日后的运行管理十分重要，必须妥善地进行档案管理，这是系统运行的必要技术条件。

3）业主的技术人员应当在专业对口的前提下，全程参与智能建筑的方案论证、设计会审、施工管理、调试验收等内容，以便在建设实践中使他们的智能化系统专业知识得到强化提高，并在熟悉情况的基础上为日后的物业管理做好充分的准备。

4）在智能化系统建设过程中，业主宜尽早拟定智能化系统的管理骨干。这些骨干在建设过程中应及时消化技术资料，参与深化设计及方案讨论，收集各类测试数据、施工资料，并能进行一定的汇总和分析。

5）在对智能建筑系统供应商提供的设备资料进行学习总结的基础上，业主的技术人员应针对本工程的实际配置、系统结构，根据物业管理人员的实际水平编制尽量详细的、图文并茂的《智能化系统操作手册》《智能化系统常见问题解答》。

（6）运行总结。为了提高智能化系统的安全运行管理水平，每隔一段时间对智能建筑的日常管理进行评比总结是一项行之有效的管理措施。这项工作的内容可以包括以下方面：

1）总体文档资料及各子系统文档资料是否规范齐全。从历史资料中可以找到解决问题的办法，提高运行的效益，并对决策者提供决策依据。

2）各系统运行管理的数据保存是否完好。

3）在系统管理方面，各专业人员岗位职责是否明确，维护保养制度是否健全，应急措施是否有效。

4）在人员素质方面，其技术水平、操作熟练程度是否与日增长，是否胜任工作要求，是否具有良好的敬业精神及职业习惯。机房管理是否制度落实、条理清楚、环境整洁、秩序井然。

通过这项总结评比工作，加强智能化系统的运行管理能力，可以有效发挥智能建筑的功能，树立良好的物业形象，保证智能化系统的投资效益。

常用建筑智能化系统标准、规范

(1)《智能建筑设计标准》(GB 50314—2015)。
(2)《智能建筑工程质量验收规范》(GB 50339—2013)。
(3)《民用建筑电气设计标准》(GB 51348—2019)。
(4)《综合布线工程设计规范》(GB 50311—2016)。
(5)《综合布线系统工程验收规范》(GB/T 50312—2016)。
(6)《民用闭路监视电视系统工程技术规范》(GB 50198—2011)。
(7)《有线电视网络工程设计标准》(GB/T 50200—2018)。
(8)《数据中心设计规范》(GB 50174—2017)。
(9)《建筑设计防火规范》(GB 50016)(2018 年版)。
(10)《火灾自动报警系统设计规范》(GB 50116—2013)。
(11)《火灾自动报警系统施工及验收标准》(GB 50166—2019)。
(12)《视频安防监控系统技术要求》(GA/T 367—2001)。
(13)《视频安防监控系统工程设计规范》(GB 50395—2007)。
(14)《出入口控制系统工程设计规范》(GB 50396—2007)。
(15)《建筑物电子信息系统防雷技术规范》(GB 50343—2012)。
(16)《建筑装饰装修工程质量验收标准》(GB 50210—2018)。
(17)《建筑电气工程施工质量验收规范》(GB 50303—2015)。
(18)《安全防范系统验收规则》(GA 308—2001)。
(19)《安全防范工程技术标准》(GB 50348—2018)。
(20)《智能建筑工程检测规程》(CECS 182—2005)。
(21)《电子会议系统工程设计规范》(GB 50799—2012)。
(22)《安全防范系统供电技术要求》(GB/T 15408—2011)。
(23)《体育建筑智能化系统工程技术规程》(JGJ/T 179—2009)。
(24)《智能建筑工程施工规范》(GB 50606—2010)。
(25)《公共广播系统工程技术规范》(GB 50526—2010)。
(26)《住宅区和住宅建筑内通信设施工程设计规范》(GB/T 50605—2010)。
(27)《电子工程节能设计规范》(GB 50710—2011)。
(28)《楼寓对讲电控安全门通用技术条件》(GA/T 72—2013)。
(29)《有线数字电视系统技术要求和测量方法》(GY/T 221—2006)。
(30)《会议电视会场系统工程设计规范》(GB 50635—2010)。
(31)《住宅区和住宅建筑内通信设施工程设计规范》(GB/T 50605—2010)。
(32)《城市消防远程监控系统技术规范(附条文说明)》(GB 50440—2007)。

（33）《厅堂扩声系统设计规范》（GB 50371—2006）。
（34）《互联网数据中心工程技术规范》（GB 51195—2016）。
（35）《通信电源设备安装工程设计规范》（GB 51194—2016）。
（36）《发光二极管（LED）显示屏通用规范》（SJ/T 11141—2017）。
（37）《消防控制室通用技术要求》（GB 25506—2010）。
（38）《火灾自动报警系统施工及验收标准》（GB 50166—2019）。
（39）《红外线同声传译系统工程技术规范》（GB 50524—2010）。
（40）《视频显示系统工程技术规范》（GB 50464—2008）。
（41）《公共建筑节能设计标准》（GB 50189—2015）。
（42）《出入口控制系统技术要求》（GA/T 394—2002）。
（43）《入侵和紧急报警系统 控制指示设备》（GB 12663—2019）。
（44）《数据中心基础设施施工及验收规范》（GB 50462—2015）。
（45）《安全防范工程建设与维护保养费用预算编制办法》（GA/T 70—2014）。
（46）《民用闭路监视电视系统工程技术规范》（GB 50198—2011）。
（47）《入侵报警系统工程设计标准》（GB 50394—2007）。
（48）《入侵探测器 第 5 部分：室内用被动红外探测器》（GB 10408.5—2000）。
（49）《通信管道与通道工程设计标准》（GB 50373—2019）。
（50）《通信管道工程施工及验收标准》（GB 50374—2018）。
（51）《民用建筑绿色设计规范》（JGJ/T 229—2010）。
（52）《建筑设备管理系统设计与安装》（19X201）。
（53）《会议电视系统工程设计规范》（YD/T 5032—2018）。
（54）《建筑物防雷工程施工与质量验收规范》（GB 50601—2010）。
（55）《智能建筑工程施工规范》（GB 50606—2010）。
（56）《智能建筑弱电工程设计与施工》（09X700）。
（57）《建筑设备监控系统工程技术规范》（JGJ/T 334—2014）。
（58）《建筑智能化系统工程设计规范》（DB11/T 1439—2017）。
（59）《住宅区和住宅建筑内光纤到户通信设施工程设计规范》（GB 50846—2012）。
以上标准、规范如遇更新改版，以现行有效标准、规范为准。

参 考 文 献

［1］中华人民共和国住房和城乡建设部. JGJ/T 334—2014 建筑设备监控系统工程技术规范［S］. 北京：中国建筑工业出版社，2014.

［2］中华人民共和国住房和城乡建设部，中华人民共和国国家质量监督检验检疫总局联合发布. GB/T 50314—2015 智能建筑设计标准［S］. 北京：中国计划出版社，2015.

［3］中华人民共和国住房和城乡建设部，中华人民共和国国家质量监督检验检疫总局联合发布. GB/T 50786—2012 建筑电气制图标准［S］. 北京：中国建筑工业出版社，2012.

［4］中华人民共和国建设部. 建设［1997］290 号文件，关于发布《建筑智能化系统工程设计管理暂行规定》的通知. http://www.mohurd.gov.cn/

［5］中华人民共和国住房和城乡建设部. 建筑工程设计文件编制深度规定（2016 年版）. http://www.mohurd.gov.cn/

［6］宫周鼎. 智能建筑设计与建设［M］. 北京：知识产权出版社，2001.

［7］宫周鼎. 建筑电气施工图设计与审查问题详解［M］. 北京：中国建筑工业出版社，2018.